JN485746

바이오펄과 함께하는

생명정보학

저자 김영창

충북대학교 출판부

서문

왜 생명과학도가 컴퓨터과학 기초에 대해 알아야 하고, 또한 프로그래밍을 할 줄 알아야 하는가? 그 해답이 이 책에 있다. 생명정보학에 관심 있는 컴퓨터과학도에게는 생명과학에 있어 작금의 핫 이슈는 무엇이며, 또 앞으로 풀어야 할 중요한 숙제는 무엇인가 고민이 아닐 수 없다. 그 해답이 이 책에 있다.

유전체 서열은 보물지도다. 그것도 쉽게 알아볼 수 없도록 암호화된 지도다. 21세기 합성생물학 시대에서 반드시 풀어야 할 암호는 유전체 구조의 원리이다. 유전체를 이루는 필수유전자들은 무엇이며, 이들은 어느 곳에 어떤 방향으로 배열되어 있는가? 필수유전자들의 네트워크는 어떻게 구성되어 있는가? 많은 의문들의 해답이 이 보물지도에 숨겨져 있다. 이 책에서는 펄 프로그래밍을 이용하여 이러한 수수께끼를 하나하나 풀어가는 길을 제시하는데 주안점을 두었다. 또한 학습과정에서 컴퓨터과학의 기본 개념들을 하나하나 익힐 수 있도록 하였다.

이 책은 복잡한 문법에 얽매이지 않고, 예제 중심으로 생명정보학의 핵심 정보처리 문제를 다루면서 자연스럽게 프로그래밍 기법을 익힐 수 있도록 하였다. 복잡한 설명을 글로 하는 대신 연습문제 소스코드를 스스로 수정하여 실행해 봄으로써 프로그래밍에 대한 막연한 두려움을 해소하고 쉽게 친해질 수 있도록 하였다. 더불어 생명정보학의 중요성과 프로그래밍의 필요성을 체득하고, 성취감과 즐거움을 맛 볼 수 있도록 노력하였다. 이에 대한 평가는 여러분의 몫이다. 인터넷 웹 페이지는 최신 것을 이용했지만 수시로 개편됨에 따라 다를 수 있음을 이해해 주기 바란다. 앞으로 홈페이지를 통해 소스코드와 강의 자료 등을 지속적으로 제공하고, 피드백을 반영하여 앞으로 더 나은 책으로 거듭날 수 있도록 노력할 것을 약속드린다.

이 책을 발간할 수 있도록 지원해 준 충북대 출판부에 감사드리고, 그 동안 많은 도움을 준 김상미, 원윤희, 김창완, 강하나, 신진경, 김동현, 이성환 군에게 고마움을 전하며, 이 책을 주님의 사랑으로 헌신적인 뒷바라지를 해준 아내와 사랑스런 두 딸에게 바친다.

청마의 해, 뜨거운 겨울을 보내며.....

SynB(신비) 연구실에서

김영창

목차

7장 바이오펄과 데이터베이스 • 221

8장 핵산 서열 및 구조 분석 • 267

9장 단백질 및 대사네트워크 분석 • 299

1장 생명과학과 컴퓨터

왜 생명과학도가 컴퓨터과학 기초에 대해 알아야 하고, 프로그래밍을 할 줄 알아야 하는가? 그 해답이 이 책에 있다. 생명정보학에 관심 있는 컴퓨터과학도는 생명과학에 있어서 작금의 핫 이슈는 무엇이며, 또 앞으로 풀어야 할 중요한 숙제는 무엇인지 고민이 아닐 수 없다. 그 해답이 이 책에 있다.

유전체 지도는 보물지도다. 그것도 누구나 쉽게 찾아내지 못하도록 암호화된 지도다. 암호를 풀지 못하면 지도가 있어도 무용지물이다. 암호를 풀어 보물이 숨겨져 있는 그곳까지 한 걸음 한 걸음 나아갈 수 있도록 하는 길잡이가 생명정보학(bioinformatics)이다.

생명정보학에 관심이 있다면 생명과학의 보물들이 무엇인지 가야할 방향과 목표를 명확하게 알아야 한다. 컴퓨터과학도에게 생명과학 지식이 필요한 이유다. 그리고 방대한 생명체 관련 자료를 체계적으로 수집, 정리하고, 분석, 이용하기 위하여 도구인 컴퓨터를 잘 다룰 줄 알아야 한다. 21세기 생명과학도가 갖추어야 할 덕목이다. 한 분야만 잘 아는 사람들이 모여서 할 수 있는 시대는 지났다. 의사소통에도 힘이 들고, 의미 있는 결과를 만들어 내는데도 많은 시간이 걸린다. 그만큼 자료들이 고도화되고 방대하기 때문이다.

생명과학도들은 생명정보학 도구들을 아무 생각 없이 쓰고, 결과를 무조건 받아드리는 태도를 버려야 한다. 프로그램의 내부를 들여다보도록 하자. 프로그램의 한계와 많은 문제점들을 발견하게 될 것이다. 또한 많은 도구들이 개발되어 있어도 정작 내가 필요로 하는, 내 입맛에 맞는 도구들은 없는 경우가 허다하다. 생명과학도가 스스로 프로그래밍을 할 줄 알아야 하는 이유다.

이 책에서 다루고 있는 주제들을 하나하나 접해가다 보면 생명과학과 컴퓨터가 하나가 되어버린 생명정보과학의 세계에 자신도 모르게 푹 빠져들어 가고 있음을 알게 될 것이다.

그러면 앞으로 여러분들이 무대의 주인공이 되는 그날 생명과학의 모습이 어떻게 변해 있을지 가늠해 보자.

1.1 게놈에서 마이크로비옴으로

Genome이라는 용어는 H. Winker (1920년)가 반수성의 염색체 1조를 나타내기 위하여 처음 사용하였는데, 일반적으로 배우자에 들어있는 염색체 또는 유전자 전체를 뜻한다. Genome은 gene + some의 합성어로, gene은 유전자이고 some은 형체를 뜻하기 때문에 유전체라고 번역되며, 그냥 게놈 혹은 지놈이라고 하기도 한다. (이 책에서는 유전체 또는 게놈이라는 용어를 사용하기로 한다.)

한 생물체가 지닌 모든 유전정보를 완전히 밝혀, 그 특성을 분석, 규명, 활용하고자 하는 Genome Project(유전체 사업)는 이미 헤아릴 수 없을 정도로 많은 생물체에서 완성되었거나, 현재 진행 중이다. 그러면 왜 이렇게 많은 연구들이 수행되고 있을까?

유전체는 생명체의 청사진이다. 생명체 자신이 누구인가, 나는 어떻게 살아가는가, 인간과 자연환경에 어떠한 이익을 주고 해를 주는가, 모든 해답의 실마리를 이 안에서 찾을 수 있기 때문이다. 현재의 문제에 대한 해답을 줌과 동시에 새로운 가설과 이에 따른 합리적 연구 방향을 제시해 주기 때문이다. 그리고 다른 어떤 연구 방법보다도 빠르고 정확하게, 그리고 대량으로 결과를 얻을 수 있고, 분석할 수 있기 때문이다. 그 만큼 많은 생명과학 지식이 축적되어 있으며, 이를 통합 분석할 수 있는 도구들도 많이 개발되어 있기 때문이다.

인간게놈프로젝트가 완료된 지 어언 10여년이 흘렀다. 이젠 고대인의 유전체 해석도 이루어지고 있다. 그러나 아직 찾아야 할 보물은 무궁무진하게 숨겨져 있다. 개척자들은 가치가 적은 보물들을 뒤로 하고, 또 다른 새로운 보물지도를 찾아 바삐 움직이고 있다.

1.1.1 인간미생물체사업

바로 인간마이크로비옴사업(human microbiome project, HMP)이다. 인간과 더불어 살아가는 수많은 미생물들, 이들을 인간미생물체(human microbiome)라고 한다. 미생물체의 모든 유전체 서열을 밝혀내고 우리 건강과의 연관성을 밝혀내고 있다. 혹자는 인간 제 2의 게놈이라고도 하고, 인간은 이들과 공생관계를 넘어 하나의 초유기체를 이루고 있다고도 한다.

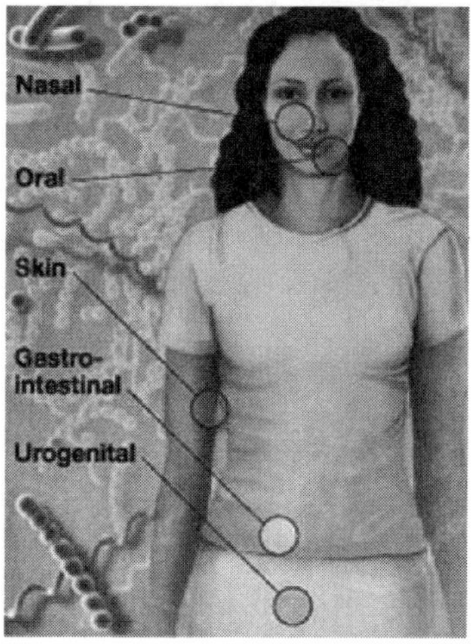

http://commonfund.nih.gov/hmp/

인체에는 사람 세포 수의 10배나 되는 100조개의 미생물 세포들이 있다. 유전자 수로는 360배에 이르는 800만개에 이른다. 인체 내의 각종 미생물은 생체대사 조절, 소화능력, 각종 질병 등 인체의 모든 기능에 영향을 미치는 것으로 알려져 있다. 특히 알레르기나 비염, 아토피, 비만과 관련된 각종 대사·면역질환, 장염, 심장병 등이 관련된 것으로 보고되고 있다.

여기에서 머물러 있을 순 없다. 항상 개척자들은 미지의 세계, 아직 밟아보지 않은 땅에서 펼쳐질 신세계에 대한 동경으로 가득하다. 새로 낸 길을 뒤에서 따라오는 사람들이 천천히 과실을 즐기는 동안 이들은 또 다른 미지의 세계로 급히 발걸음을 옮긴다.

1.1.2 지구미생물체사업

지구미생물체사업(earth microbiome project, EMP, http://www.earthmicrobiome.org/)이다. 다른 설명을 할 필요도 없이 이미 여러분의 뇌리를 스치는 생각. 그렇다. 전 지구에 걸쳐 미생물 군집을 조사하고 있다. 현재 분석할 시료수가 200,000 개에 달하고, 그 결과로 대략 500,000 개의 미생물유전체가 해석되고, 지구의 유전자 지도책(gene atlas)과 지구의 대사 모델 등을 밝힐 예정이다.

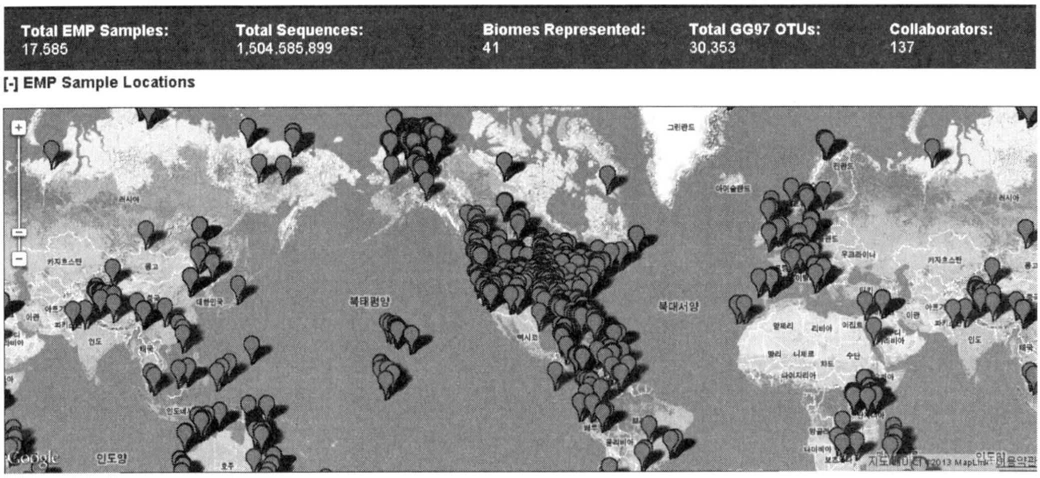

현재, 유전체 서열의 수가 86,925 개 (http://www.ncbi.nlm.nih.gov/bioproject/browse/)가 밝혀져 있는데, 약 7배에 달하는 유전체 서열이 한 사업에서 쏟아져 나올 것이다.

바이러스로부터 미생물, 식물, 동물 그리고 인간에 이르기까지 수많은 생명체들의 유전체 서열이 밝혀져 왔고, 또 밝혀질 것이다. 이렇게 쏟아져 나오는 방대한 유전체 자료부터 금광에서 금을 캐듯 우리는 유용한 정보를 발굴하고 적절하게 가공하여 이용하여야 한다. 이처럼 생명정보학은 21세기를 주도할 두 핵심 분야인 컴퓨터 정보통신 분야와 생명과학 및 공학 분야가 접목된 매우 중요한 학문 분야이다.

이렇게 급변하는 생명과학은 어디를 향하는가?

1.2 분자에서 시스템으로, 유전공학에서 합성생물학으로

1.2.1 환원주의적 접근에서 전인주의적 접근으로

20세기에는 생명과학/공학을 각각 대표하는 분자생물학과 유전공학이 꽃을 피웠다고 할 수 있다. 분자생물학은 생물체를 분자 수준에서 이해하고자 하는 학문이며, 이러한 분자생물학의 기초적인 연구를 산업적, 공학적으로 이용한 분야가 바로 유전공학이다. 생명체의 구성요소에 대한 정보들이 쏟아져 나오고 있지만 생명체를 완전히 이해하는 데에는 한계가 있다. 예를 들어 다이아몬드와 흑연은 모두 탄소로 이루어져 있다는 점에서 구성요소는 같지만 탄소끼리 어떻게 결합하고 있느냐에 따라 물질의 특성이 확연한 차이를 보인다. 구성요소를 연구하는 환원주의적 접근의 반대적 개념이 전인주의(holism) 또는 통합주의적 접근(integrative approach)이다. '부분의 합은 전체가 아니다' 라는 말로 전인주의를 나타낼 수 있는데, 이는 아무리 부분을 정확히 이해했다 하더라도 전체를 이해할 수는 없다는 의미이다.

"What I cannot
create
I do not
understand."

Richard Feynman, 1988

1.2.2 합성은 강력한 과학탐구방법

Richard Feynman은 노벨물리학상을 받은 물리학자로서 "What I cannot create I do not understand."라는 글을 남겼다. 이 글을 직역하면 "내가 만들 수 없는 것은 이해하지 못한다." 이며 이것을 바꾸어 말한다면 '내가 이해하는 것은 만들 수 있다' '내가 한 번 만들어봄으로써 그것에 대해서 완전히 이해할 수 있다'는 뜻이 된다. 합성의 중요성을 간명하게 표현한 것이다.

이제는 시스템을 구성하는 각 요소들의 상호작용을 모델링하고 가상공간에서 합성하여 만들어낸 가상세포의 시스템적 성격을 알아볼 수 있게 되었고, 이를 다시 실제 세포에서 확인해 보는 연구가 가능하게 되었다. 또한 가상공간이 아닌 실제 실험실에서 합성하여 만들어내는 세포를 합성세포(synthetic cell)라 하는데, 아직 성공하지는 못했지만 많은 학자들이 이에 관한 연구를 진행 중에 있고, 조만간 첫 번째 합성세포가 출현할 것으로 기대하고 있다. Venter 박사팀은 세균 유전체를 복제하여 합성하는데 성공하였을 뿐만 아니라, 이 유전체를 기존의 세포에 주입하여 합성한 유전체의 형질로 완전히 바꾸는데 성공하였다. 이제 해결해야 할 남은 문제는 자연계에 존재하지 않는 새로운 유전체를 어떻게 설계할 것인가 하는 것이다.

생명과학과 컴퓨터를 사랑하는 여러분의 몫이다.

1.3 컴퓨터 하드웨어

컴퓨터는 하드웨어와 소프트웨어로 구분된다. 하드웨어는 전자 회로 및 각종 장치로 이루어진 기계의 본체, 즉 중앙처리장치, 기억장치, 입출력장치 그리고 이들을 연결해주는 시스템버스로 구성되어 있다.

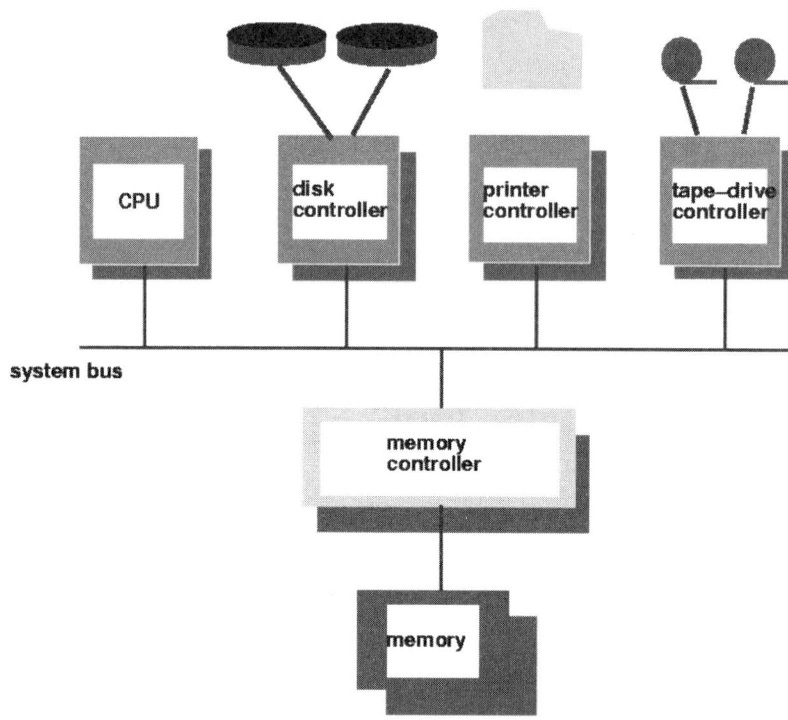

1.3.1 중앙처리장치

중앙처리장치(central processing unit, CPU)는 명령어를 해독하고 실행하는 장치로, 제어장치, 연산장치로 되어 있다. 하나의 칩으로 구성된 중앙처리장치를 마이크로프로세서(microprocessor)라고 한다.

1.3.1.1 제어장치

제어장치는 CPU에서 하는 모든 작업을 통제하고 관리한다. 즉, 프로그램의 명령어를 읽고 해석하며, 작동을 지시한다. 또한 RAM에 들어오고 나가는 프로그램과 데이터의 흐름을 제어한다.

제어장치에는 **레지스터**라고 하는 고속의 작업용 저장 영역이 있다. 이 레지스터는 명령어와 데이터를 빠른 속도로 다룰 수 있지만, 수 바이트의 자료밖에 저장할 수 없다. 따라서 즉각적으로 필요한 자료만을 저장한다. 현재 실행중인 명령어를 저장하는 **명령어 레지스터**(IR)와 다음에 실행될 명령어가 저장된 주소를 저장하는 **프로그램 카운터**, 그리고 주기억 장치 스택의 데이터 삽입과 삭제가 이루어지는 주소를 저장하는 **스택포인터**를 특수목적 레지스터라고 하고, 즉시 처리되어야 할 데이터를 저장하는 범용 레지스터와 구분한다.

1.3.1.2 연산장치(ALU)

연산장치(Arithmetic Logic unit)는 산술논리장치라고도 하는데, 산술연산과 논리연산을 수행한다.

1.3.1.3 중앙처리장치의 작동

• 기계 명령어(Machine Instruction)

컴퓨터 시스템은 프로그램에 의하여 순차적으로 작동하며, 프로그램은 각 장치를 제어하는 명령어의 집합으로 이루어져 있다. 이러한 명령어의 집합이 주기억 장치 내에 저장될 때에는 컴퓨터 시스템의 전자회로가 해석하고 실행할 수 있는 기계명령어로 저장된다.

• 기계 주기(Machine Cycle)

프로세서의 속도는 한 기계 주기를 완료하는데 걸리는 시간으로 나타내는데, 기계 주기를 구성하는 시간 간격은 명령어 시간(또는 I-time)과 실행 시간(또는 E-time)의 합으로 주어진다. 명령어 시간은 기계 주기 전반부의 두 가지 작동인 명령어 **인출(fetch)**및 **해독(decode)**으로 구성되며, 실행시간은 기계 주기 후반부의 두 가지 작동인 명령어의 **실행(execute)** 및 결과의 **저장(store)**으로 구성된다.

1.3.2 주기억장치

기억장치는 실행중인 프로그램과 필요한 데이터를 저장하는 장치로 RAM과 ROM으로 구분한다. 비트로는 두 가지 상태밖에 표현할 수 없다. 그래서 비트 저장소는 셀(cell)이라고 부르는 기본단위로 이루어져 있으며, 크기는 8비트다. 이를 바이트(byte)라고 한다. 컴퓨터의 주기억 장치 내의 각 셀을 구별하기 위하여 고유의 이름을 붙이는데 이것을 주소(address)라고 한다.

1.3.2.1 RAM (Random Access Memory)

RAM은 읽기/쓰기 메모리이며 프로그램과 데이터를 일시적으로 저장하는 장치다. 전원을 차단하면 다 지워지는 휘발성 메모리 장치다. RAM에는 CMOS(Complementary Metal-Oxide Semi-conductor)기술이 사용되며, CMOS 메모리칩에는 4백만 비트 또는 4십만 문자 이상의 데이터를 저장할 수 있다.

1.3.2.2 ROM (Read Only Memory)

읽기전용 메모리(ROM)는 부팅할 때 동작하는 바이오스 프로그램을 저장하는 장치로, 전원을 차단해도 내용이 지워지지 않는 비휘발성 메모리 장치다.

1.3.2.3 캐시메모리(Cache Memory)

프로그램과 데이터를 보조기억장치로부터 램으로 옮기는 이유는 접근 시간이 보조기억장치보다 RAM이 훨씬 짧기 때문이다. 명령어와 데이터를 프로세서로 전달하는 과정은 비록 순식간이긴 하지만 시간이 소요되기 때문에 이들을 더 고속으로 프로세서에 전달하기 위해서 컴퓨터에는 중앙처리장치와 주기억장치의 중계자 역할을 하는 캐시 메모리가 설계되어 있다. 휘발성 메모리 장치다.

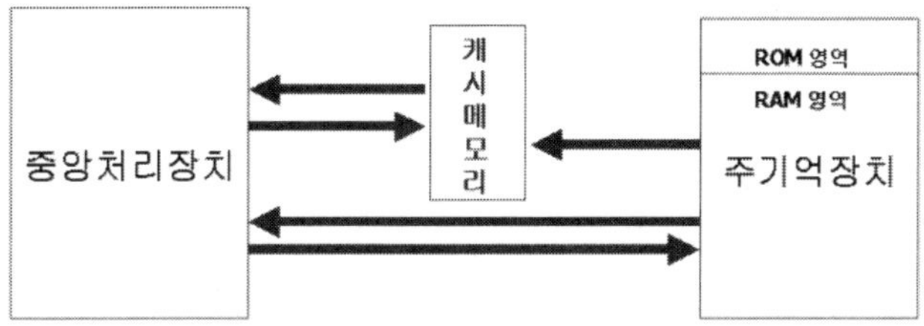

1.3.3 보조기억장치

컴퓨터 시스템을 효율적으로 사용하기 위해서는 대량의 데이터를 저장하고, 저장된 데이터를 처리할 수 있어야 한다. 대량의 정보를 저장해 놓고 관리하기 위한 장치를 주기억장치와 구별하여 보조기억장치라 한다. 드라이브(Drive)는 하드디스크, 플로피디스크, CD-ROM 등 주로 보조기억장치들의 명칭으로 쓰인다.

최근 NAND Flash 메모리가 USB, SSD, SIMM 등 휴대용 저장장치, 디지털카메라, 휴대폰, MP3 플레이어 및 하드디스크 대용으로 많이 사용되고 있다.

이러한 보조기억장치는 많은 양의 파일을 효과적으로 저장하고 관리하기 위하여 파일시스템을 구축해야 한다. 파일시스템은 넓은 기억공간을 일정한 크기의 단위공간으로 쪼개어 번호를 붙이고, 어떤 공간에 파일이 저장되고 지워지는지 관리하며 사용자가 원하는 파일을 쉽게 검색하여 찾아준다. 기억장치의 계층구조는 다음과 같다.

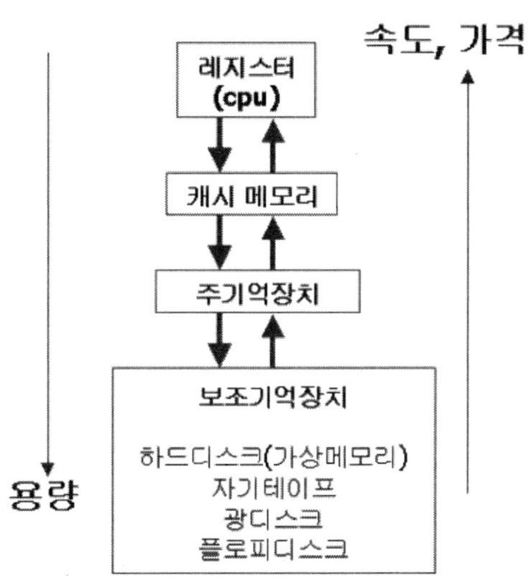

1.3.3.1 가상 메모리(Virtual Memory)

가상메모리는 보조기억장치의 일부를 주기억장치의 연속된 공간처럼 사용하도록 하는 기법이다. 따라서 컴퓨터가 작은 용량의 주기억장치를 가지고 있을 지라도 프로그래머는 매우 큰 주기억장치를 가지고 있는 것으로 간주하고 메모리의 용량제약 없이 큰 프로그램을 작성할 수 있고, 사용자의 입장에서는 실제 주기억 장치의 크기에 제약을 받지 않고 용량이 큰 프로그램을 실행하는 것이 가능해진다.

1.3.4 입력 장치

입력장치는 외부의 데이터를 컴퓨터로 읽어오는 일을 한다. 키보드, 마우스, 스캐너, 조이스틱, 광학문자 판독기(OCR : optical character reader), 바코드 판독기(barcode reader), 지문인식기, 홍채인식기 등이 있다.

1.3.5 출력장치

출력장치는 컴퓨터로 처리한 결과를 보여주는 일을 한다. 모니터(monitor), 프린터, 플로터 등이 있다.

모니터는 일반적으로 자유롭게 장소를 옮겨가면서 사용할 수 없는 것에 반해 프린터는 출력 결과를 인쇄물의 형태로 만들어 준다. 종이에 인쇄된 출력 결과는 모니터보다 시각적으로 편하게 보이고 이동에도 편리하다.

1.3.6 메인보드

CPU가 데이터를 처리하기 위해 디스크와 같은 저장장치에서 메모리로 데이터를 불러들이고 모니터 화면으로 출력하거나 소리 또는 기타장치로 출력을 하려면 PC장치들이 유기적으로 잘 연결되어 있어야 하고 데이터들을 CPU의 명령에 맞게 적절한 곳으로 보내주는 등의 제어하는 기능도 해주어야 한다. PC의 부품들은 유기적으로 하나의 전자 회로기판을 중심으로 연결되어 있는데 이것이 바로 메인 보드이다. PC의 모든 실행들이 이메인 보드를 중심으로 이루어지고 기본이 되기 때문에 마더보드라고도 한다. 메인보드에는 많은 칩들과 부품을 꽂거나 끼울 수 있는 소켓, 슬롯, 그리고 선(케이블)을 연결하는 접속단자 등이 있다.

1.4 컴퓨터 소프트웨어

소프트웨어는 컴퓨터 기계장치를 활용할 수 있도록 하는 프로그램을 말하며, 시스템 소프트웨어와 응용 소프트웨어로 구분한다.

1.4.1 운영체제(Operating System)

컴퓨터의 운영체제(OS : Operating System)란 하드웨어를 관리하면서, 또 다른 시스템 소프트웨어나 응용 소프트웨어의 실행에 도움을 준다. 사용자와 하드웨어 사이에서 중개자 역할을 한다. 사용자가 작성한 프로그램과 데이터를 컴퓨터의 내부에 입력시키면 이 프로그램이 원하는 대로 작동 될 수 있도록 지원해 주는 일련의 프로그램들을 의미한다.

1.4.1.1 운영체제의 구성

명령처리프로그램(Command Interpreter)은 사용자와 직접 대화하는 운영체제의 구성요소로서 사용자의 명령을 입력 받고 해독한다. 명령이 프로그램을 실행하라는 정당한 요구이면 스케줄러(Scheduler)에게 도움을 요청한다. 스케줄러는 요구한 프로그램이 실행되도록 준비하여 준다. 이 때 스케줄러는 파일 관리 프로그램(File Manager)과 자원할당프로그램(Resource Allocator)의 도움을 받는다. 파일 관리 프로그램과 자원할당프로그램은 프로그램이 수행을 위하여 정당한 요구를 하고 있는지를 검사하고 만일 불가능한 것이라면 이 사실을 스케줄러에게 알린다. 최종적으로 실행 담당 프로그램은 실행 준비 완료 상태인 프로그램들에게 순서대로 CPU의 시간을 할당해 준다. 프로그램의 실행이 완료되면 사용했던 자원을 회수하고, 실행이 완료되었음을 명령어 프로세서에게 알려 사용자에게 실행이 완료되었음을 알리게 된다.

1.4.1.2 컴퓨터 자원의 활용

운영체제는 컴퓨터가 가지고 있는 제한된 자원을 통해 최대로 효율을 높인다. 컴퓨터에 있어서 가장 중요한 자원은 프로세서(CPU)이다. 운영체제는 멀티태스킹 기법을 이용하여 컴퓨터가 가지고 있는 프로세서를 최대한 활용하게 된다. 멀티태스킹(Multitasking)은 한 번에 하나 이상의 작업을 동시에 수행하는 기법이다. 물론 엄밀히 말하자면 하나의 프로세서를 가진 컴퓨터는 한 번에 한가지 일 밖에 하지 못한다. 그러나 내부적으로는 프로세서가 주어진 작업을 처리하는데 소요되는 시간이 매우 짧으며, 따라서 여러 개의 프로그램을 실행할 때에 각 프로그램에 짧은 시간을 차례대로 할당해 줌으로써 여러 개의 프로그램이 동시에 실행되는 것처럼 보이게 할 수 있다.

1.4.1.3 사용자 인터페이스

• 텍스트기반 유저 인터페이스

프로그램의 작동 명령을 직접 타이핑하도록 설계된 환경을 말한다. 대표적으로 MS-Dos 환경을 예로 들 수 있는데 이는 사용자가 키보드를 통해 한 번에 하나씩 명령어를 직접 Dos에게 지시하는 형태를 취했다.

• 그래픽기반 유저 인터페이스

요즘은 사용자에게 편리한 그래픽 기반 방식인 GUI (Graphic User Interface)를 사용하는 것으로 변화 되었다. Windows를 비롯한 최근의 모든 운영체제는 모두 GUI를 제공한다. GUI환경에서는 사용자가 마우스나 키보드를 사용해 화면상의 메뉴판이나 조그만 그림조각(icon)을 선택함으로써 운영체제나 응용프로그램에 작업 명령을 내리게 된다. GUI가 도입됨으로써 사용자는 많은 명령어를 모두 기억할 필요가 없어졌고, 그것을 직접 입력할 필요도 없어졌다.

1.4.1.4 운영체제의 시작

컴퓨터에 전원이 들어오면 CPU가 초기화되고 ROM에 저장된 BIOS(basic input output system)라는 프로그램이 실행된다. 바이오스는 하드웨어의 장치 상태를 점검하여, 이상이 발견되면 오류 메시지를 출력하고 동작을 멈춘다. 정상이면 바이오스는 보조기억장치의 부트 섹터에 저장된 부팅 프로그램을 주기억장치로 이동시킨다.

• 부트스트랩 과정

부팅 프로그램은 보조기억장치의 운영체제를 주기억장치로 이동시키고, 운영체제의 첫 번째 명령어가 실행되도록 분기한다. 이와 같은 방식으로 컴퓨터가 켜지면 보조기억장치에 영구적으로 저장되어 있는 운영체제는 자동적으로 주기억 장치로 들어오게 되어 실행되게 된다. 이러한 과정을 부트스트래핑(bootstrapping) 혹은 간단히 부팅(booting)이라고 부른다.

• 응용프로그램의 수행

부팅이 완료되면 운영체제는 바탕화면이나 도스 창을 통하여 사용자의 명령을 받을 준비가 끝난다. 사용자가 컴퓨터에 입력하는 명령은 단지 원하는 프로그램을 실행시키도록 운영체제에게 요구하는 것이다. 운영체제가 하는 일은 요청 받은 프로그램 파일이 보조기억장치에 저장되어 있는지 확인하고 그것을 주기억장치에 적재(load)시키고 실행을 준비하는 것이다. 모든 프로그램은 반드시 주기억장치에 적재되어야 실행할 수 있다. 만일 다른 프로그램이 이미 기억장치를 사용하고 있으며 더 이상의 빈 공간을 확보하지 못한다면 운영체제는 '메모리 부족'에 직면하게 되어 작업을 완료하지 못하게 될 것이다. 그러므로 원활하게 작업을 수행하기 위해서는 주기억장치(RAM)를 충분히 확보하는 것이 중요하다.

1.4.1.5 다양한 운영체제들

• MS-DOS(Disk Operating System)

인텔 8086 계열의 마이크로프로세서를 위한 16비트 운영체제로서 IBM PC 및 호환기종에서 가장 일반적으로 쓰이던 운영체제이나 현재는 Windows 안에 포함된 형태로만 존재한다. 다중작업이 지원되지 않고, 기본 메모리가 640KB로 매우 제한적이다.

- **MS Windows**

1987년에 처음 출시되어 현재에 이르고 있다. 32비트, 64비트 운영체제로서 다중작업이 가능하며 사용자 인터페이스로 GUI를 제공한다.

- **Mac OS**

모토롤라의 마이크로프로세서를 사용하는 매킨토시의 운영체제로서 개인용 컴퓨터에서 최초로 GUI를 도입했으며 도스와 같은 명령어 인터페이스는 존재하지 않는다. 그래픽 기능이 매우 뛰어나 출판 및 그래픽 분야의 전문가들이 많이 사용하고 있다.

- **UNIX**

유닉스는 다른 모든 PC의 운영체제보다 오래된 운영체제로서 이후에 발표된 PC 운영체제에 많은 영향을 주었다. 유닉스는 오랜 동안의 발전으로 매우 안정화 되었으며 대형 컴퓨터에서 일반 개인용 컴퓨터까지 거의 모든 컴퓨터 기종에서 운영할 수 있는 유일한 운영체제다. 기본적으로 텍스트 기반의 사용자 인터페이스를 제공하지만 유닉스는 매우 견고하고 성능이 뛰어난 운영체제다. 단순하지만 많은 일을 할 수 있고 풍부한 명령어들을 제공한다. 현재 각 컴퓨터 기종에 따라 다양한 형태와 버전의 유닉스가 공존하고 있다.

- **LINUX**

핀란드의 리눅스 토발츠(Linus B. Torvalds)가 학생일 때 유닉스를 모델로 처음 만든 후 인터넷을 통하여 많은 프로그래머들에 의하여 발전된 PC용 운영체제로 누구나 무료로 사용 가능한 공개 운영체제다. 유닉스처럼 다중 사용자를 지원하며 소프트웨어도 풍부하고 무엇보다 무료라는 이점 때문에 급속하게 사용자가 늘고 있는 추세이다.

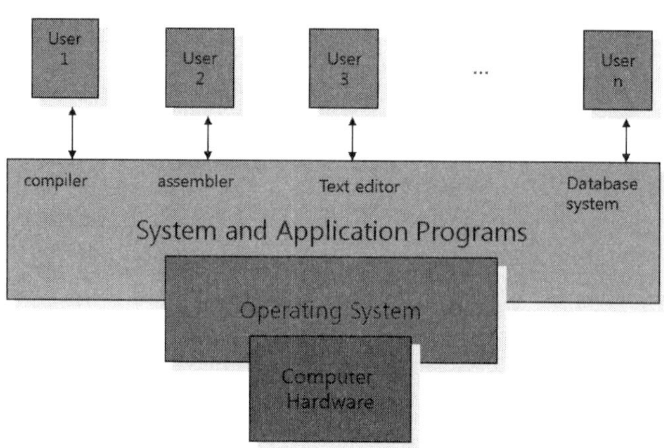

1.4.2 언어번역 프로그램

시스템 소프트웨어의 하나로서, 프로그래머가 작성한 프로그램을 컴퓨터가 이해할 수 있는 형식으로 번역하는 역할을 한다. 어셈블러, 컴파일러, 인터프리터 등이 있다.

1.4.3 응용 소프트웨어

특정 분야에 사용하기 위해 개발된 다양한 소프트웨어를 말한다. 워드프로세서, 스프레드시트, 그래픽 프로그램, 프레젠테이션 프로그램, 통신프로그램, 데이터베이스관리시스템 등이 이에 속한다.

1.5 알고리즘

알고리즘(algorithm)은 문제를 해결하는 방법을 의미하는 전산학 용어다. 다음과 같은 조건을 만족하여야 한다.

1)입력

데이터의 변환 대상이 되는 입력이 있어야 한다. 그러나 경우에 따라서는 데이터가 외부에서 투입되지 않고 내부에서 생성될 수도 있다.

2)출력

데이터 변환 과정을 거쳐 적어도 한 가지 이상의 결과가 출력되어야 한다.

3)명확성

알고리즘을 구성하는 각 명령어들은 그 의미가 명백하고 모호하지 않아야 한다.

4)유한성

알고리즘의 명령대로 순차적인 실행을 하면 언젠가는 반드시 실행이 종료되어야 한다.

5) 유효성

원칙적으로 모든 명령들은 오류가 없이 실행 가능해야 한다.

1.5.1 알고리즘의 표현

문제를 풀기 전에 정확히 이해하자.

1) 각 입력을 알아내고 명명: Givens
2) 각 출력을 알아내고 명명: Results
3) 알고리즘에 명명: Name
4) 앞의 세 정보를 조합해서 식으로 표현: Definition

Results:=Name(Givens)

예제 • 세 개의 주어진 숫자의 합을 구하는 알고리즘 쓰기

```
- NAME: SUM3
- GIVENS: N1, N2, N3
- RESULTS: Total
- DEFINITION: Total:=SUM3(N1, N2, N3)
_______________
- METHOD:
    Get N1
    Get N2
    Get N3

    Let Total = N1 + N2 + N3
    Give Total
```

세 개의 주어진 숫자의 합을 구하는 알고리즘을 Flow Chart로 나타내면 다음과 같다.

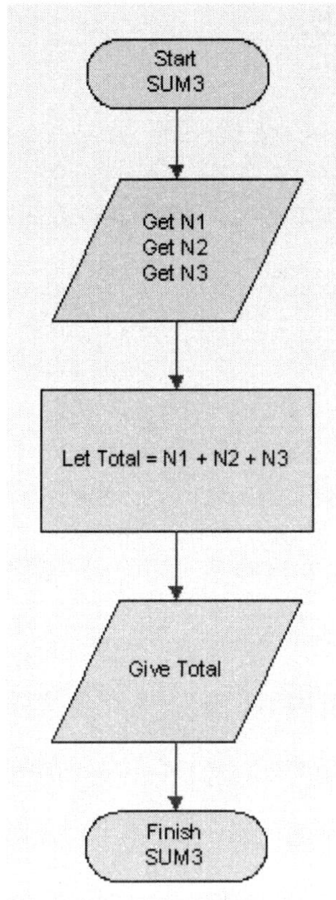

Nassi-Schneiderman Diagrams(NSD)로 표현하면 다음과 같다.

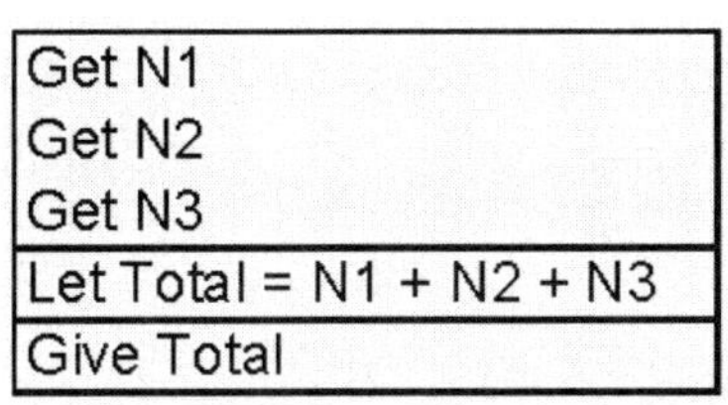

1.5.1 정렬

우리가 많은 데이터를 다루는 데 꼭 필요한 작업이 정렬과 검색이다.

정렬은 데이터를 어떤 기준에 의하여 크기순으로 나열하는 것을 말한다. 정렬의 방법은 오름차순과 내림차순으로 나누어 볼 수가 있다.

1.5.1.1 병합정렬(merge sort)

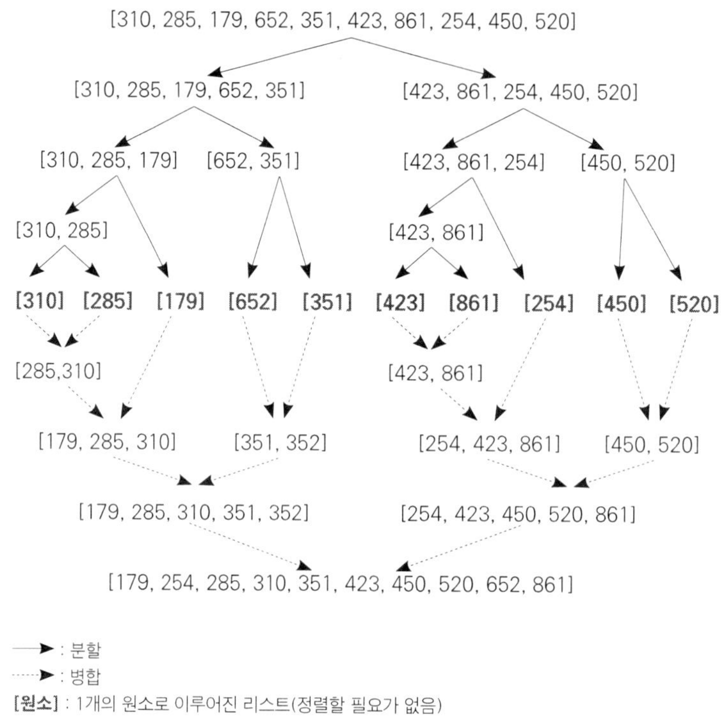

병합정렬이란 충분히 적은 크기의 리스트들을 각각 정렬한 다음, 이들을 병합하여 크기가 2배인 리스트를 만드는 과정을 되풀이 하여 전체 리스트를 정렬하는 방법이다.

그림처럼 정렬되지 않은 10개의 데이터가 주어져 있을 때 10개를 반으로 나누어 크기가 1/2인 리스트로 만들고 다시 5개를 반으로 나누고 하여 리스트의 크기가 1이 될 때까지 나눈다. 이제 크기 비교를 하면서 두개의 리스트를 병합함으로써 크기가 2배인 리스트를 만드는 과정을 되풀이하면 최종적으로 원래 크기의 정렬된 리스트가 얻어진다.

1.5.1.2 퀵 정렬(quick sort)

퀵 정렬은 1962년 Hoare에 의해 개발되었다. 먼저 퀵 정렬은 정렬하고자 하는 리스트를 2개의 부분 리스트로 분할하고 분할된 부분 리스트들을 각각 정렬시킨 후, 하나의 리스트로 묶는 과정으로 이루어진다. 즉, 주어진 리스트를 분할하고, 분할된 부분 리스트들을 정렬한 후 합친다는 점에서 앞에서 배운 병합 정렬과 비슷하다.

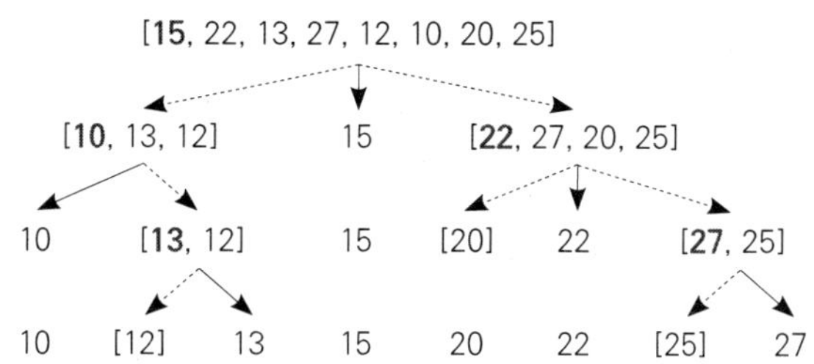

[원소] : 피봇(pivot)으로 선택된 원소
⟶ : 피봇원소
⋯▸ : 피봇을 기준으로 분할(partition)

그러나 앞에서 살펴본 병합 정렬에서는 정렬하고자 하는 리스트를 같은 크기를 갖는 2개의 부분 리스트들로 분할하는데 반해서, 퀵 정렬에서는 피봇(pivot) 원소를 기준으로 하여 리스트를 분할시킨다. 리스트 내의 어떠한 원소도 피봇이 될 수 있지만, 편의상 주어진 리스트의 첫 번째 원소를 피봇으로 한다(Randomized 퀵 정렬에서는 피봇 원소가 무작위적(randomized)으로 선택된다). 그런 후, 우리가 정렬하고자 하는 리스트를 ①피봇보다 작은 값을 갖는 원소들로 구성된 리스트와 ②피봇보다 값이 큰 원소들로 구성된 리스트로 분할시킨다.

(1)	(2)	(3)	(4)	(5)	(6)	(7)	(8)	(9)	(10)	i	j
65	**70**	75	80	85	60	55	50	**45**	+∞	**2**	9
65	45	**75**	80	85	60	55	**50**	70	+∞	**3**	8
65	45	50	**80**	85	60	**55**	75	70	+∞	**4**	7
65	45	50	55	**85**	**60**	80	75	70	+∞	**5**	6
65	45	50	55	60	85	80	75	70	+∞	**6**	5
60	45	50	55	**65**	85	80	75	70	+∞		

◆: 피봇원소,
◆: i번째 원소, ◆: j번째 원소 → 서로간의 교환이 요구되는 원소들
◆: 교환이 이루어진 원소

그림과 같이 9개의 원소를 정렬할 경우 첫 번째 원소가 피봇이 되고, 밑줄이 그어져 있는 원소들은 다음 행을 생성하기 위해서 위치가 바뀌어져야 할 원소들을 의미한다.

(1)	(2)	(3)	(4)	(5)	(6)	(7)	(8)	(9)	(10)	
65	70	75	80	85	60	55	50	45	+∞	(원시 데이터)
60	45	50	55	65	**85**	80	75	70	+∞	(1번째 분할 후)
45	50	55	60	65	**80**	75	70	85	+∞	(2번째 분할 후)
45	**50**	55	60	65	**75**	70	80	85	+∞	(3번째 분할 후)
45	50	**55**	60	65	**70**	75	80	85	+∞	(4번째 분할 후)
45	50	55	60	65	70	75	80	85	+∞	(정렬된 결과)

◆: 피봇원소,
◈: 전 단계의 피봇 원소로서, 이미 정렬된 상태

원소 a[1]=65(피봇)는, 배열의 원소들을 2부분으로 분할하는데 기준역할을 하며, 결과적으로 마지막 행에 있는 것처럼 배열의 5번째로 원소로서 위치가 결정된다. 이렇게 첫 번째 원소가 제 위치를 찾아간 후 정렬되지 않은 첫 번째 원소부터 네 번째 원소를 같은 방법으로 정렬하고 여섯 번째 원소부터 마지막 원소까지 정렬한다.

1.5.2 검색(search)

여러 개의 데이터 중에서 어떤 조건을 만족하는 데이터를 찾아내는 것을 검색이라고 한다. 전화번호부에서 "홍길동"의 전화번호를 찾아내는 문제를 생각해 보자. 한 가지 방법은 첫 페이지부터 시작하여 차례로 "홍길동"이란 이름을 찾을 때 까지 전화번호부를 넘겨보는 것이다. 이런 방법을 순차 검색(seqeuncial search)이라 한다. 그러나 이런 식으로 전화번호부에서 이름을 찾는 사람은 없을 것이다. 전화번호부는 이름이 가나다 순으로 정렬되어 있다는 점을 이용하면 보다 빨리 "홍길동"의 전화번호를 찾을 수 있다. 'ㅎ'이 있을 만한 곳으로 바로 전화번호부를 편다. 만약 너무 뒤로 갔으면 조금 앞으로 되넘긴다. 이런 식으로 "홍길동"이라는 이름이 있는 곳에 도달할 때까지 앞뒤로 계속 반복해서 뒤적인다. 이런 방법을 이진검색(binary search)이라 한다.

이진 검색은 정렬되어 있는 리스트에서 원하는 데이터를 검색하기 위하여 키 k를 검색 대상이 되는 리스트의 중간이 되는 원소와 비교한다. 그러면 그 결과는 다음 중 어느 하나가 될 것이다.

1) 주어진 키 k와 중간에 위치한 원소가 같은 경우

검색이 성공적으로 끝난 것이므로, 찾아진 원소와 함께 검색이 성공적으로 끝났다는 메시지를 되돌려 준다.

2) 주어지 키 k가 중간에 위치한 원소보다 작은 경우

주어진 키 k값이 리스트의 처음부터 중간에 위치한 원소 사이에 있음을 알 수 있다.

3) 주어진 키 k가 중간에 위치한 원소보다 큰 경우

주어진 키 k값이 리스트의 중간에 위치한 원소부터 마지막 원소 사이에 있음을 알 수 있다.

4) 위의 과정을 k가 리스트에서 발견되거나 혹은 없는 것이 판명될 때까지 되풀이한다.

1.5.3 생명정보학에서 활용되는 알고리즘

생명정보학에서는 유전체 데이터의 양이 방대하고, 생명 현상 자체의 확률성 및 복잡성 때문에 직관적인 정보처리가 어렵기 때문에 다양한 전산학 분야의 알고리즘이 활용되고 있다. 생명정보학 분야에서 많이 사용하는 방법으로는 신경회로망(neural network), HMM(Hidden Markov Model), 동적 프로그래밍(dynamic programming) 등이 있는데, 차후에 좀 더 자세히 살펴보기로 한다.

연습 문제

❶ 두 숫자를 바꾸는 알고리즘을 써보자. x를 8로 y를 9로 하여 알고리즘을 추적해 보자.

1.6 프로그래밍

컴퓨터 시스템의 환경을 고려하여 어떤 문제의 처리순서를 명령어의 집합으로 나타낸 것을 컴퓨터 프로그램이라 한다.

컴퓨터에게 문제의 처리를 지시하기 위해서 사용하는 언어가 프로그래밍 언어이다. 즉, 문제의 해결 순서를 컴퓨터에게 알려줄 수 있는 언어가 프로그래밍 언어이다. 컴퓨터에서 인식할 수 있는 것은 0 또는 1 숫자이다. 숫자를 이용해서 데이터나 명령을 전달하게 된다. 그러나 숫자는 컴퓨터가 이해하고 처리하기는 쉽지만 인간이 어떤 데이터를 표현하고 명령을 나타내기에는 너무 어렵다. 따라서 컴퓨터가 이해할 수 있는 언어를 인간이 표현하기 쉽도록 만든 것이 프로그래밍 언어이다.

1.6.1 프로그래밍 과정

프로그램을 작성하려면 가장 먼저 알아야 하는 것은 해결하여야 할 문제가 무엇인지를 명확하게 아는 것이다. 이때 문제가 컴퓨터를 이용하여 해결할 수 있는 것인지, 또 효과적인지를 고려해야 한다.

문제가 정의되었으면, 해결과정을 계획한다. 처리할 문제를 작게 나누어 처리 순서를 정하는 과정이라고 할 수 있다. 문제 해결 과정을 순서도나 의사코드를 사용해서 표현할 수 있다. 순서도는 처리단계를 기호를 사용하여 도표형태로 나타내는 그림이며, 의사코드는 중요한 내용을 간략하게 메모하듯이 일의 처리 순서를 간략한 용어를 사용하여 나타내는 것이다.

문제의 해결을 위한 처리과정이 결정되면, 프로그래밍 언어를 선택하여 선택한 언어의 문법에 맞추어 프로그래밍 한다. 이 과정을 코딩(coding)이라고 한다. 코딩 후에 컴파일하고 실행하여 문제가 잘 해결 되었는지, 정확한 답이 나오는데 적정한 시간이 소요되는지를 체크하여 이상이 없을 경우 프로그램 테스트가 완료되고, 프로그램을 설치하고 사용하게 된다. 사용하면서 문제가 생긴다거나 기능을 더욱 향상 시키거나 등등의 프로그램 유지, 보수가 필요하다.

작성된 프로그램을 프로그램의 작성자인 프로그래머 이외의 사용자가 사용할 수 있도록 하기 위해 문서화가 필요하다. 작성된 프로그램에 대한 설명, 프로그램 단위(모듈)별 하는 일에 대한 설명, 프로그램에 사용된 변수에 대한 설명, 프로그램 테스트 결과 등을 포함하도록 한다. 프로그램 코딩 시 넣는 주석문(comment) 자체가 문서가 될 수 있다.

1.6.2 순서도와 의사 코드

1.6.2.1 순서도(flow chart)

순서도는 문제 해결 과정 전반에 걸쳐 유용하게 사용된다. 초기에는 시스템 전체의 데이터 흐름을 기술하는 데에 시스템 순서도가 사용된다. 이에 따라 사용 가능한 입력 데이터를 사용하여 원하는 출력을 생성하는 전반적인 계획이 고안된다. 모든 사람이 전체 과정을 간결하게 도식적으로 예시하기 위해서 이와 같은 순서도를 사용할 수 있다. 시스템 순서도의 특정 과정이나 처리 절차가 컴퓨터에 의해서 어떻게 수행되는지 자세히 살펴보려면, 그 단계에 대한 프로그램 순서도를 분석하면 된다.

프로그램 순서도를 작성하는 두 번째 이유는, 프로그래머가 프로그래밍 언어의 상세한 구문에 구애 받지 않고 프로그램의 논리적 설계에 대해서만 집중할 수 있도록 해 준다는 것이다. 나중에 이 프로그램 순서도는 코딩의 바탕이 된다. 코딩 과정 중에 프로그래머는 순서도에 포함되어 있는 논리적 단계들을 적절한 프로그래밍 언어로 표현하는 데에 집중할 수 있다. 마지막으로 프로그램 순서도는 컴퓨터 프로그램을 문서화하는 데에 사용되기도 한다.

1.6.2.2 의사코드(pseudo code)

의사코드는 컴퓨터 코드를 흉내 낸 것이다. 의사코드는 프로그램의 논리 기술용으로 순서도 대신 사용될 수 있다. 의사코드는 순서도의 두 가지 주요 단점을 극복할 수 있다. 첫째로 순서도는 그리는 데에 시간이 오래 걸리며 고치려면 완전히 다시 그려야 하는 어려움이 있다. 둘째는 의사코드는 영어와 비슷하기 때문에 사용하기 좀 더 쉽다는 것이다. 의사코드에도 구조적 프로그래밍의 기본 구조인 순차, 분기, 반복의 구조를 사용할 수 있다.

1.6.3 프로그래밍 언어의 발달과정

1.6.3.1 기계어

컴퓨터는 정보를 0과 1로만 나타낸다. 0과 1을 사용한 조합으로 명령어나 데이터를 표현하게 된다. 따라서 컴퓨터가 이해하기는 쉽겠지만 사람이 이해하고 표현하기엔 어렵다.

1.6.3.2 어셈블리어

기계어의 의미를 연상할 수 있는 문자와 부호로 표현한 언어로서 어셈블리어로 작성된 언어를 기계어로 번역하는 프로그램인 어셈블러(Assembler)가 필요하다. 기계어와 1:1로 대응되므로 기계어로 쉽게 번역이 된다.

1.6.3.3 고급언어

사람이 이해하고 사용하기 쉬운 프로그래밍 언어, 따라서 기계가 이해할 수 있도록 언어 번역기가 기계어로 번역하는 일을 해주어야 실행이 가능하다. 사람이 작성한 프로그램을 컴퓨터가 알아들을 수 있는 명령어 형태로 바꾸어주는 프로그램을 컴파일러(compiler)라고 부른다. 우리가 작성한 프로그램 파일을 소스프로그램(또는 소스코드)라고 하고 이것을 CPU가 읽어 실행가능 한 형태로 바꾸어 준 파일이 executable 프로그램이라고 부르는 것이다.

이러한 번역기에는 컴파일러 외에도 인터프리터(interpreter)가 있다. 인터프리터는 한 줄씩 읽어 들이면서 해독해 그때그때마다 실행해주는 것을 말한다. 따라서 실행 중에 에러가 발생해도 어느 부분인지 쉽게 찾을 수 있고, 코드의 내용만 담고 있기 때문에 실행파일의 크기가 작다는 장점이 있다.

하지만, 컴파일러를 사용하면 모든 코드를 한 번에 다 해독해 실행파일로 만들어 주기 때문에 인터프리터 방식보다 실행속도가 더 빠르다. 단 해석한 모든 정보를 실행파일에 넣기 때문에 그 크기가 커진다는 단점이 있다.

1.6.4 프로그래밍 언어별 특징

1.6.4.1 FORTRAN (FORmula TRANslator)

1954년에 IBM에서 복잡한 수학, 공학 계산용 프로그램 개발에 적합한 언어. 비교적 문법이 간단하여 쉽게 사용할 수 있지만, 복잡한 프로그램 개발에는 적합하지 않다. 현재까지 사용되는 가장 오래된 프로그래밍 언어이다.

1.6.4.2 COBOL (Common Business Oriented Language)

CODASYL(Conference on Data Systems Languages)에서 1960년에 개발한 언어로 영어에 아주 가까운 구문을 가지고 있어 이해하기 쉽고 데이터 처리나 보고서 작성에 큰 장점을 갖고 있어 사무계산용 소프트웨어 개발에 널리 사용되고 있다. 기종에 상관없이 거의 표준화된 언어로 발전했으며, 풍부한 자료구조 능력, 구조적 기법 등을 잘 지원한다는 장점이 있으나 구문이 길어 간단명료하지 못하고 불필요한 부분이 많다는 단점이 있다.

1.6.4.3 BASIC (Beginner's All-purpose Symbolic Instruction Code)

1965년 Dartmouth College의 John Kemeny와 Thomas Kurtz에 의해서 주로 학교에서 학생들이 사용할 것을 목적으로 개발되었고, 비즈니스와 개인용 컴퓨터의 분야에까지 확산되어 사용되었다. BASIC의 가장 큰 특징은 이전에 프로그램을 전혀 개발해 보지않은 사람도 배우기 쉽다는 점이다. 때문에 주로 학교에서 학생들이 프로그래밍을 연습하는데 사용된다. 간단한 프로그램 개발에 적합하며 대화식 프로그래밍이다. 언어 번역기로 인터프리터(Interpreter)를 사용한다.

1.6.4.4 PASCAL

1971년 개발되었는데 프랑스의 유명한 수학자이자 철학자인 PASCAL의 이름으로 명명되었다. 유럽에서 개발된 ALGOL언어를 근간으로 하여 개발되어 구조적 프로그래밍을 지원하며 또한 배우기 쉽다. PASCAL은 범용, 실시간, 상업용, 그리고 과학계산에 이르기까지 다양한 분야의 프로그래밍언어로 적합하며, PC용으로 저렴한 컴파일러가 개발되어 널리 사용되어왔다.

1.6.4.5 C

1972년 UNIX를 디자인 하던 중 Bell 연구소의 Dennis M. Ritchie와 Ken Thompson에 의해 개발된 언어이다. 어셈블리어(assembly language)와 고급언어의 장점을 통합한 언어이다. 파스칼(Pascal)과 같은 구조적 언어보다 배우기 어려우며 시스템 소프트웨어나 유틸리티 프로그램을 개발하는 시스템 프로그래머들이 많이 사용하는 언어이다. 국내외에서 가장 선호되는 언어로서 많은 소프트웨어들이 C로 개발되어 있다. C가 주요언어로서 인기를 얻은 이유는 활용범위가 넓고, 운영체제인 UNIX와의 관련성이 높다.

1.6.4.6 C++

기존의 C언어에 객체지향프로그래밍을 지원하도록 하기 위해 만들어진 언어가 C++이다. 효율적이면서도 크기가 작고 실행속도가 빠르며 호환성이 뛰어난 C의 특성을 그대로 물려받았다. 객체지향 프로그래밍 언어의 특징인 상속성, 다형성, 캡슐화 등의 속성을 가지고 있으면서 C의 장점을 그대로 포함하고 있는 언어이다. C 언어 문법과 유사한 점이 상당히 많은 언어이다.

1.6.4.7 JAVA

1990년에 그린 프로젝트(Green Project)라는 이름으로 시작한 자바 언어의 개발이 시작되었다. 텔레비전, VCR, 토스터기 등 백화점에서 살 수 있는 가전 장비들의 내장된 소프트웨어 프로그램을 개발하는 프로젝트의 일환으로 19991년 SUN사에서 개발되었다. 그 당시 자바의 개발목표는 폭넓은 하드웨어 장비들에 대하여 작고 빠르며, 효과적이고 이식성 좋은 언어를 만드는 것이었다. 이러한 개념을 바탕으로 자바 언어는 웹(Web)상에서 실행

가능한 프로그램을 전달하기 위한 이상적인 언어로 만들어지게 되었다.

컴퓨터의 탄생이후 최대의 화제가 인터넷이라면 이 인터넷(internet) 탄생 이후 최대의 화제는 자바의 탄생이다. 자바는 기존의 프로그래밍 언어로 작성한 응용프로그램과는 사용법과 수행환경에서 많은 차이가 있다. 지금까지의 프로그래밍언어들이 주로 자신의 PC에서 프로그램을 만들고 수행시키는 데 반해 자바는 인터넷을 환경으로 프로그램을 만들고 수행시킬 수 있는 언어이다. 자바는 금융, 사무 자동화와 같은 실시간(real-time) 환경이 요구되는 환경에서 유용한 언어이다. 최근에 인터넷과 데이터베이스(database), 사무용 기업 환경이 결합한 인트라넷(intranet)의 주요 기술로 사용되는 등 인터넷과 밀접한 프로그래밍 언어로 자리 잡고 있다.

1.6.5 윈도우 프로그래밍

개인용 컴퓨터의 운영체제가 문자중심의 DOS(Disk Operating System)에서 GUI(Graphic User Interface)를 기본으로 하는 윈도우(Windows)환경으로 바뀜에 따라 복잡한 명령을 일일이 기술하는 환경 대신에 마우스(mouse)를 통해 시스템을 쉽게 이용할 수 있게 되었다. 따라서 프로그래밍 방식도 점차로 변하여 윈도우용 응용프로그램(Application program) 개발이 필요하게 되었다.

윈도우 프로그래밍은 GUI환경이므로 윈도우를 구성하는 부분에 사용자나 시스템으로부터 명령을 받게 된다. 이러한 명령을 이벤트(event)라고 부르며, 이 주어진 명령을 중심으로 문제를 해결하도록 프로그래밍 하는 방식이 이벤트처리방식 프로그래밍이다. 이벤트 처리 방식 프로그램의 예로서 Netscape사의 Navigator와 Microsoft사의 Internet Explorer 같은 웹브라우저(Web Browser)를 들 수 있다.

1.6.5.1 Visual C++

개발환경과 MFC(Microsoft Foundation Class)라이브러리를 계속 발전되어 온 컴파일러이다. 응용프로그램 개발을 위한 통합 개발환경인 개발자 스튜디오(studio)를 제공한다. 개발자 스튜디오는 단순한 컴파일러이기 보다는 애플리케이션(application) 개발을 위한 많은 툴(tool)들이 조직적으로 구성된 하나의 커다란 윈도우 애플리케이션 개발 툴이다.

1.6.5.2 C#

c#은 닷넷 프레임워크 (.NET FrameWork)의 한 부분으로 만들어 졌으며, c++나 자바와 유사한 문법 체계를 가지고 있다. 객체 지향적이고 구성요소(Component)지향적인 언어이며, 기존 언어들의 장점을 모아 만든 언어이고 데이터 형식 관리가 확실하여 데이터의 관리나 메모리 관리 면에서 좋다.

또한 XML, SOAP, COM+, DLL 과 다른 .NET 언어와 호환이 되고 통합 개발환경(IDE)나 프로젝트 템플릿, 코드 위저드 등 여러 기능들을 제공하여 빠르고 편리하게 Win32 응용 프로그램을 만들 수 있다.

1.6.5.3 Visual Basic

비주얼 베이직은 윈도우 기반의 언어로서 코드를 일일이 직접 기술하지 않고도 마우스만을 사용해 프로그램의 틀을 잡을 수 있고 간단한 프로그램은 직접 실행 시킬 수 있다. 비주얼 베이직은 1991년 version 1.0으로 처음 소개된 이래 계속해서 업그레이드(Upgrade)되고 있으며, 쉽지만 강력한 툴(tool)로서 역할을 하고 있다.

1.6.6 스크립트 프로그래밍(Script Programming)

1.6.6.1 스크립트 언어(script language)

스크립트란 보통 컴파일하지 않고 소스 차원에서 실행되는 인터프리터 형식의 언어를 말한다. 즉 스크립트 엔진이라는 일종의 해석기를 띄워서 이것이 소스를 한 줄씩 읽고 실행하는 종류의 프로그래밍 언어를 지칭한다. 대표적인 예로 자바 스크립트(Java script)나 ASP(Active Server Page)를 들 수 있는데, 별도로 컴파일하는 과정이 없으므로 관리나 유지보수가 쉽다는 장점이 있는 반면, 보안에 취약하고 속도가 느리다는 단점이 있다. 하지만 속도가 느리다는 단점은 PC의 사양이 점점 높아지는 추세에 있기 때문에 그다지 문제가 되지 않는다. DOS에서라면 배치파일(batch file)을 코딩하는 명령어 셋(set)도 스크립트라고 할 수 있을 것이며, 유닉스(UNIX)에서는 명령해석기, 즉 쉘(shell)에 따라 사용할 수 있는 명령들이 다른데, 어떻게 사용자가 접하는 기본 쉘에서 쓰는 스크립트를 가리켜 쉘 스크립트(shell script)라고 한다. 쉘 스크립트는 기본적으로 도스의 배치명령과 비슷하지만 변수를 사용하고 복잡한 입출력도 가능한 등 도스의 배치명령을 훨씬 뛰어넘는 성능을 가지고 있다.

1.6.6.2 자바 스크립트(Java Script)

웹 사이트를 만들 때 사용하는 HTML에서 제공하지 못하는 이벤트(사용자의 키보드 조작이나 마우스 클릭 등)를 처리해 줄 수 있고, 서버에 의존하지 않고 직접 이벤트를 처리해 줄 수 있도록 하는 기능을 제공하는 일종의 간이 프로그래밍 언어

자바 스크립트는 HTML소스 내에 Java script 프로그램을 포함시켜 웹브라우저에 HTML의 내용이 표현될 때 사용자로 하여금 이벤트를 받아 이에 적절한 처리를 할 수 있도록 하는 프로그램 언어이다.

1.6.6.3 펄 스크립트(Perl Script)

이 책의 주제다. 차근차근 폭넓게 부딪혀 보자.

2장 펄과 생명정보학

펄이란 'Practical Extraction and Report Language'의 약자로 스크립트 프로그래밍 언어이다. 래리 월(Larry Wall)이 1987년 개발하였다. 특히 텍스트 처리 기능이 뛰어나, 임의의 형태를 갖춘 텍스트 파일을 읽고, 이 파일에서 의미 있는 정보를 추출하여, 이 정보에 근거한 보고서를 출력하는 작업에 최적화된 언어이다. 현재는 시스템 관리, 웹 개발, 네트워크 프로그래밍, GUI 개발 등에 광범위하게 사용되고 있다.

Mangalam(2002)이 기반 프로그래밍 언어와 파생 bio 언어의 대중성을 조사한 결과를 보면 펄은 2위, 바이오펄은 단연 우위를 차지하고 있음을 알 수 있다.

Language	Amazon	Usenet	Google	Google	Bio*
Perl	292	13,279	9,440,000	406,000	BioPerl
Java	1,161	33,296	23,300,000	92,000	BioJava
Python	39	11,880	3,590,000	44,600	BioPython
Lisp	126	5,190	1,630,000	190	BioLisp
Vbasic	983	?	2,370,000	–	–
C++	1,188	17,313	5,730,000	–	–

2013년 7월 28일 기준 google에서 bioperl은 217,000, biojava는 76,000, biopython은 133,000, biolisp는 5,670 건이 검색된다.

우리가 일반적으로 말할 때, 펄은 인터프리터라고 한다. 즉, 소스를 읽어서 바이너리 파일로 바꾸어서 저장하고, 실행할 때에는 바이너리 파일을 실행하는 컴파일러(C, C++)가 아니라, 실행할 때마다 소스를 읽어서 기계가 이해할 수 있는 형식으로 바꾼 후 실행한다는 뜻이다. 펄을 인터프리터라고 하지만 펄이 소스파일을 읽고 실행하는 단계는 컴파일 단계와 인터프리팅 단계로 나누어진다. 컴파일 단계에서 펄은 소스파일에 오류가 있는지 검사하게 된다. 만일 오류가 없다면 프로그램 소스는 펄이 내부적으로 알아볼 수 있는 옵코드라는 형태로 바꾼다. 옵코드는 기계가 알아볼 수 있는 형식이 아니라 가상기계가 이해하는 형식이다. 이 옵코드를 펄의 가상기계가 실행하게 되는 것이다. 전통적인 인터프리터는 한 줄을 해석한 후 그 줄을 즉시 실행하므로, 앞부분을 잘 실행하다가도 뒷부분의 문법오류 때문에 실행이 중지된다. 그러나 펄의 경우는 문법이 완벽하다고 판단이 된 후에야 비로소 실행되므로 전통적인 인터프리터와는 다르다고 할 수 있다.

2.1 왜 펄인가?

2.1.1 배우기 쉽다.

사용자들이 문법의 구조나 논리에만 집중하면 되도록 언어가 고안되었다. 즉 C 언어와는 달리 논리 구현과는 무관한 데이터관리 에 대해 신경 쓸 필요가 없다.

펄에는 몇몇 보편적인 바이오정보처리 과제를 단순화시켜주는 특성이 있다. 펄은 GenBank나 PDB 데이터베이스, 또는 그 외의 다른 곳에 있는 ASCII 문서 파일이나 플랫 파일에 있는 정보를 다룰 수 있다. 펄은 DNA와 단백질과 같은 긴 서열의 처리와 조작뿐 아니라 하나 또는 그 이상의 프로그램을 통제하는 프로그램 작성에 편리하다.

펄에 대해 완벽하게 알 필요는 없다. 펄을 사용하면 현재 자신이 알고 있는 수준에 맞는 해결책을 만들 수 있다. 하지만, C나 Java와 같은 언어로는 '어느 정도만' 공부해서는 원하는 프로그램 혹은 해결책을 만들기가 어렵다.

2.1.2 텍스트 데이터에 최적화 되어 있다.

펄은 초기에 유닉스 운영체제를 위한 도우미 언어로 고안되었다. 대부분의 유닉스 설정파일이나 로그파일들은 텍스트로 쓰여 있는 만큼 펄은 텍스트 데이터 처리에 최적화 될 수밖에 없었다. 지금도 펄은 유닉스 계열에서 다양한 시스템 관리에 활용되고 있다. 우리가 사용하는 생물 데이터도 대부분이 텍스트 파일이다. php와 같은 웹 전용 스크립트가 생기기

전에는 CGI를 구현하기 위해 많이 이용되었던 것도 펄이 갖는 텍스트 처리능력 때문이다. 물론, 지금도 펄은 많은 CGI 프로그래머들이 애용하고 있다.

2.1.3 무료로 사용할 수 있다.

펄 프로그램을 실행하기 위해 사용하는 펄도 무료이고 , 펄을 확장시키는 모듈들도 무료이다. 2013년 7월 현재 10,773 명의 저자가 작성한 122,711 개의 펄 모듈이 무료로 배포되고 있다(http://www.cpan.org/). 펄로 프로그램을 만들어서 배포할 때도 라이센스에 대한 비용을 줄 필요가 없고 펄로 만들어진 많은 프로그램들이 무료이다. 이 점이 이 언어를 지금까지 발전시킨 원동력중의 하나임이 분명하다. 펄 사이트(http://www.perl.com/)에서 언제나 무료로 우리가 사용하는 OS에 맞는 펄을 다운받아 사용할 수 있다.

2.1.4 다양한 운영체제에서 사용할 수 있다.

여러 유형의 컴퓨터 시스템에서 펄을 실행할 수 있다. 예를 들어 매킨토시에서 펄로 작성한 프로그램을 윈도우 체제의 컴퓨터로 옮겼을 경우 보통 그대로 실행 할 수 있거나 조금 바꾸어 주면 된다.

2.1.5 C 언어와의 호환성

C 언어로 프로그래밍 할 수도 있지만, 펄을 사용하면 더욱 편리한 경우가 종종 있다. 펄은 C 프로그램에 내장 할 수 있고, C 코드와 펄 스크립트가 데이터를 교환할 수도 있다. 펄은 C 언어로 작성된 만큼, 확장 역시 C 언어로 할 수 있다. C 언어를 이용한 확장성은 펄이 성공한 가장 큰 이유 중 하나다.

2.2 펄 설치

유닉스와 리눅스 컴퓨터에는 펄이 설치되어 나온다. 우리는 윈도우 환경에서 펄을 배울 것이기 때문에 펄이 설치되어 있는지 확인해야 한다.

윈도우의 Start => Run에서 cmd를 입력하여 명령 프롬프트 창을 연 다음 다음과 같이 perl -v 라고 입력한 후

```
perl -v
```

enter 키를 누르면, 아래와 같이 perl 5의 버전 16 서브버전 3 (v5.16.3) ..... 이라고 화면에 나타나지 않으면 펄이 설치되어 있지 않은 것이니 다음으로 이동한다.

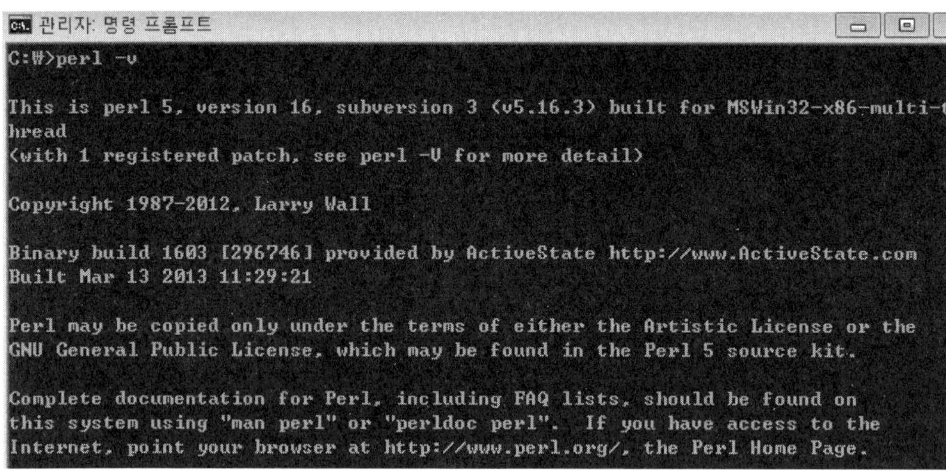

2.2.1 펄 내려받기

펄에서는 여러 C 코드를 활용하기 때문에 GNU Compiler Collection(GCC) 컴파일러를 미리 설치해 두어야 한다. 윈도우 환경에서 사용할 수 있는 gcc 컴파일러는 여러 가지가 있지만 http://users.csc.calpoly.edu/~akeen/courses/csc101/references/gcc.html에서 내려받기 한 gcc.zip 을 이용한다. 적절한 폴더(c:\Program Files\gcc)에 풀고 아래와 같이 path를 지정한다.

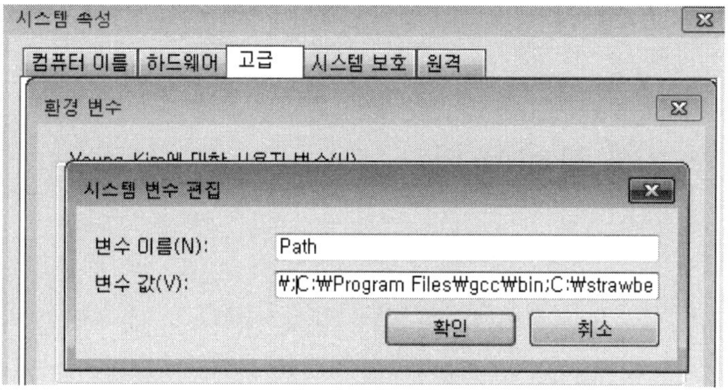

혹은 MinGW(Minimalist GNU for Windows)를 설치해도 된다.
http://users.csc.calpoly.edu/~akeen/courses/csc101/references/gcc.html

2.2.2 설치하기

펄은 다양한 플랫폼에 설치하고 사용할 수 있다. 대부분의 유닉스 계열의 컴퓨터에는 펄 사이트의 다운로드 페이지 혹은 CPAN(http://www.cpan.org/)의 배포 페이지에서 제공하는 펄을 설치하여 사용하면 된다.

윈도우 용 펄은 Active State에서 운영하는 홈페이지에서 제공한다. 자신의 컴퓨터에서 사용하고 있는 OS에 맞는 펄(ActivePerl-5.16.3.1603-MSWin32-x86-296746.exe)을 다운받으면 된다.

ActivePerl-5.16.3.1603-MSWin32-x86-296746.exe 프로그램을 실행하면 다음과 같은 화면이 나온다. 설치화면의 순서에 따라서 설치하면 된다. 설치가 끝난 후 위에서 설명했던 것처럼 명령 프롬프트 창에서 perl -v 라고 입력한 후 설치가 제대로 되었는지 확인한다.

2.3 펄 프로그래밍

2.3.1. 펄 프로그램 실행 방법

윈도우 시스템에서 펄 프로그램을 실행하는 방법을 알아보자. 일반적으로 펄 설치 디렉토리는 c:\perl 이지만 설치과정에서 환경변수인 PATH를 지정해 주었기 때문에 어느 위치에서나 실행할 수 있다. 펄 프로그램은 .pl 이라는 파일 확장자를 갖는다. 펄 프로그램인 welcomel.pl을 자신의 컴퓨터(교재에서는 D:\)에 복사한 다음 윈도우의 커맨드(command, cmd.exe)를 실행하여 D:\ 로 이동한다. 다음과 같이 타이핑한다.

예제 • welcome.pl - 펄 프로그램 실행하기

```
D:\>perl welcome.pl
```

그러면,

라고 화면에 나타날 것이다. 펄 프로그램을 처음으로 실행하는데 성공한 것이다.

만약 PATH 환경변수에 지정하지 않은 디렉토리에 있는 펄 프로그램을 실행하려 한다면 해당 프로그램의 전체 경로명을 지정해 주어야 한다.

```
C:\>perl D:\perl\source\welcome.pl
```

2.3.2. 문서 편집기

프로그램을 작성하려면 문서 편집기를 사용해야 한다. 윈도우에서 사용할 수 있는 문서 편집기의 종류는 매우 다양하다. 그 중에 노트패드는 이미 익숙할 것이다. 워드패드, 한글, 마이크로소프트 워드를 사용할 수도 있지만 반드시 ASCII나 텍스트로 저장해야 한다. 자신이 사용하기 편리한 편집기를 사용하면 된다.

이제 welcome.pl 프로그램의 내용을 살펴보자. 탐색기에서 파일명을 더블클릭하면 메모장 또는 워드패드로 프로그램을 읽을 수 있다. 아래와 같을 것이다.

예제 • welcome.pl 소스코드 보기

```
#!C:/perl/bin/perl -w
# welcome.pl


print "₩n";
print '************* Welcome! ***************';
print "₩n₩n";
print "'생명과학과 컴퓨터' 수강을 환영합니다^^₩n₩n";
print '펄과 함께하는 즐거운 생명정보학의 세계로 여러분'
print "을 초대합니다~~₩n";
exit;
```

모든 프로그램은 특별한 경우가 아니면 첫 행에서 시작해 마지막 행까지 차례로 프로그램 문을 실행해 나간다. 위 프로그램에서 비어있는 행은 무시되며, 읽기 쉽게 하기 위해서 띄어 놓은 것이다. #기호로 시작하는 행은 주석으로 나중에 **프로그램문(program statement)**에 대한 이해를 돕도록 설명한 것인데, 실행 시에는 무시된다.

첫 행은 명령어해석이라 불리는데, 이 프로그램이 펄 프로그램임을 컴퓨터에 알려주기 위한 것으로, 윈도우에서는 없어도 되나, 모든 펄 프로그램에서 공통으로 사용하는 것이 편리하다. 유닉스에서는 보통 #!/usr/bin/perl -w 로 표현하는데 코드에 이렇게 적혀 있어도 윈도우에서 실행하는데 문제는 없다. 첫 행의 끝 부분에 **-w**는 warnings의 약자로 에러가 생길 경우 펄로 하여금 에러메시지를 출력하도록 한다.

print는 그 다음에 나오는 문자열, 숫자 등을 모니터 화면으로 출력하라는 명령어이다.

\n은 개행문자라고 하며, 줄바꿈을 의미하는 특수문자이다. 하나의 **문(statement)**이 끝나면 반드시 뒤에 ';' 기호를 붙여야 한다. **문자열**은 **따옴표**로 묶는다. 문자나 문자열은 작은 따옴표 ' '나 큰 따옴표 " "로 묶는다. 큰 따옴표 안에는 변수나 특수문자를 대입하여 사용할 수 있지만 작은 따옴표에서는 그렇게 할 수 없다. **exit** 명령어로 프로그램을 종료한다.

만약 여러분이 이 소스코드에 의문점이 생긴다면 직접 수정하여 실행함으로써 해답을 얻을 수 있다.

알아두어야 할 펄 문법

print : print 다음에 나오는 문자열, 숫자 등을 표준출력기인 STDOUT으로 출력한다. STDOUT은 생략할 수 있다.

\n : 개행문자, 즉 줄바꿈을 의미하는 특수 문자다.

문자열 : 두 문자열 사이에 , 를 하면 하나의 문자열로 합칠 수 있다.

exit : exit 문은 프로그램을 종료하라는 명령문이다. 없어도 되나, 프로그램 코드의 잘못으로 종료되지 않는 경우를 대비하여 늘 사용하는 것이 좋다.

연습 문제

❶ 소스코드에서 "\n" 대신에 '\n'으로 바꾸어 다른 이름(예, welcome-1.pl)으로 저장한다. 이때 반드시 텍스트파일로 저장함을 잊어서는 안 된다. 그리고 welcome-1.pl을 실행해 보라. 큰 따옴표와 작은 따옴표의 차이에 대한 의문에 해답을 얻었는가?

❷ print "'생명과학과 컴퓨터' 수강을 환영합니다^^\n\n";에서 작은 따옴표를 한 생명과학과 컴퓨터 부분을 출력시 문장에 큰 따옴표로 표시하고 싶다면 어떻게 표현하면 될까? 여러분의 생각대로 수정을 하여 실행해 보라. 원하는 결과가 나왔는가? 그렇다면 여러분의 생각이 옳은 것이다. 그렇지 않다면 다음 절에서 그 해답을 배우게 되길 기다리자.

❸ 소스코드 중에서

```
print '펄과 함께하는 즐거운 생명정보학의 세계로 여러분'
print "을 초대합니다~~\n";
```

부분을 print 명령어를 한번만 사용하여 달리 표현해 보자. 프로그래밍에서 같은 의미를 다양하게 표현할 수 있다.

2.3.3. 첫 펄 프로그래밍

펄로 만들어진 프로그램은 스크립트라고도 하고, 다른 언어에서처럼 코드라고도 한다. 프로그램은 문서편집기에서 작성한 후, 텍스트파일로 저장해야 한다. 편집기에 다음과 같이 입력한다.

예제 • MyFirstPerl.pl - 변수 사용하기

```
#!C:/perl/bin/perl -w
# MyFirstPerl.pl

$MyMessage = 'My Message';

print $MyMessage;
print ": 재밌당~~ 생컴^^₩n";

exit;
```

작성한 펄 소스코드를 적절한 디렉토리에 MyFirstPerl.pl로 저장한다. 이 프로그램을 실행시키기 위해서는 명령 프롬프트에서 해당 디렉토리(본 교재에서는 D;\)로 이동한다. 'perl MyFirstPerl.pl'이라고 타이핑한 후 enter 키를 누른다. 명령 프롬프트에서는 대소문자를 구별하지 않지만 펄 프로그램 안에서는 대소문자를 구별한다. 아래 그림은 프로그램 실행 결과이다.

컴퓨터 환경을 설정할 때, **PATH** 변수에 등록한 폴더에 설치되지 않은 프로그램을 실행하려면 해당 프로그램의 전체 경로명을 함께 지정해 주어야 한다.

변수명은 임의로 지정할 수 있지만 무엇을 위한 변수인지를 알 수 있도록 하면 코드를 읽기가 쉬워진다. 변수명인 $MyMessage에 있는 $기호는 이 변수가 단일 항목의 데이터를 보유한 스칼라 변수(scalar variable) 임을 뜻한다. **스칼라** 변수는 문자열이나 숫자와 같은 데이터를 할당하기 위해 사용한다.

펄은 변수에 어떤 값을 주기 위해 등호(=)를 사용하는데, 이를 할당연산자라고 한다. print 문은 변수에 할당되어 있는 값을 출력하는 방식으로 변수를 다룬다.

주석에 대해서 부연 설명하면, 코드의 시작 부분에 있는 주석에는 그 프로그램이 무엇을 위한 것인지 누가 작성했는지를 분명히 나타낼 수 있으며 누군가 그 코드를 이해할 필요가 있을 때 도움을 줄 수 있는 여러 정보를 표현할 수도 있다. 코드의 중간에 있는 주석에는 그 부분이 무엇을 위한 것인지, 주의할 점은 무엇인지 등의 특기 사항을 기록해 두어, 코드의 가독성을 높일 수 있다.

알아두어야 할 펄 문법

변수 : 변수란 데이터의 저장장소를 말한다. 한 개의 값이 하나의 변수에 저장된다. 펄 언어는 변수이름 앞에 특별한 기호를 붙여줌으로써 변수형태를 구분한다. 펄에서 사용되는 변수는 크게 3가지로 나누어진다.

타입	머리글자	예	설 명
스칼라	$	$DNA	특정한 값(숫자나 문자열)
배열	@	@array	여러 값을 순서에 따라 저장하는 데이터 구조
조합 배열	%	%hash	일반변수를 모아놓은 데이터의 집합, 순서가 없음

= : 변수에 어떤 값을 주기 위해 사용하는 할당연산자. 즉 우측의 값을 좌측의 변수에 저장, 할당, 또는 초기화하기 위해 사용한다. 좌우의 값이 같다는 의미의 연산자는 == 이다.

연습
문제

❶ 소스코드 중에서

```
print $MyMessage;
```

변수 $MyMessage를 따옴표로 묶어보라. 경우에 따라 변수명을 그대로 출력하고 싶을 때도 있고, 변수의 값을 출력하고 싶을 때도 있다. 각 경우 어떤 따옴표를 써야 하는가?

❷ 1번 문제에서 변수명을 그대로 출력하고 싶을 때 작은 따옴표를 하면 된다는 것을 알았을 것이다. 만약 맨 윗줄에 있는 명령어 해석 부분에 있는 -w를 삭제한 채로 변수 $MyMessage에 작은 따옴표를 하고 다시 실행해 보라. 에러 메시지가 보이는가? 이유는 무엇일까?

❸ 펄은 어떤 경우에는 잘못을 지적해 주고, 문제 해결 방법을 알려주기도 한다. 펄이 프로그램의 자기 진단에 얼마나 훌륭한 도구를 제공하는지 느꼈을 것이다. 이러한 디버그(버그를 바로 잡는 것) 기능이 #!C:/perl/bin/perl -w에 있는 -w 기능이다. -w 대신에 use warnings; 문을 주석 바로 아래 실행문 제일 위쪽에 넣어 실행해 보자.

2.4 서열 데이터 다루기

2.4.1 DNA 서열을 저장하고 화면으로 출력

이제 펄 프로그래밍을 실제 생명정보학 분야에서 어떻게 활용할 수 있는지 예제와 함께 배워보자. 생명정보를 다루는 가장 기본은 서열을 저장하고, 출력하는 일이다. 이 절에서는 임의의 DNA 서열을 변수 $DNASeq에 저장하고 이를 화면으로 출력하는 프로그램을 직접 만들어 보자. 지금까지 배운 지식으로 충분히 할 수 있을 것이다.

예제 • ch2-1.pl - DNA 서열 저장/출력

```
#!C:/perl/bin/perl -w
# DNA 서열을 변수에 저장하고 화면으로 출력하기

$DNASeq = 'GATACAATGCCCCGAATTCATGAGTGACTAA';
print $DNASeq;
exit;
```

위와 같이 펄 프로그램을 노트패드와 같은 문서편집기로 작성하여, 파일 형식을 '모든 파일'로 지정하여 텍스트 포맷으로 저장한다. 파일 이름은 ch2-1.pl로 한다(임의로 변경 가능). 이 프로그램을 아래와 같이 명령 프롬프트 창에서 실행시키면 DNA 서열이 그대로 출력된다.

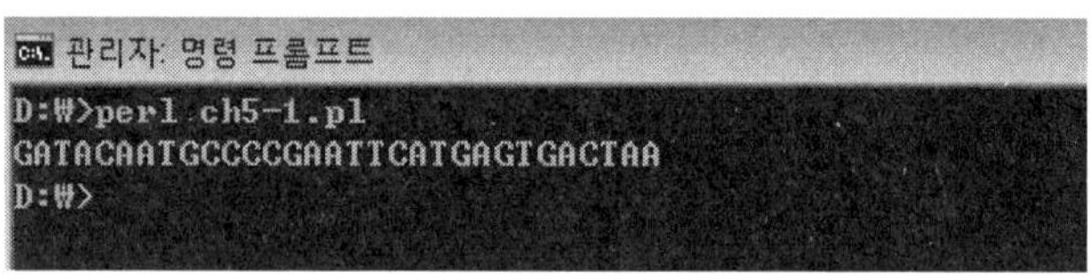

알아두어야 할 펄 문법

문자열 연결하기: 클로닝에서 벡터와 삽입 DNA 서열의 연결, 스플라이싱에서 엑손 서열의 연결 등, 두 DNA 서열을 하나로 합치는 것은 문자열을 연결하는 조작과 마찬가지다.

1) 화면출력 형태만 연결해서 보이기

```
print $DNA1, $DNA2, "\n";
```

2) 연결된 데이터를 새로운 변수에 저장하기

(1) 문자열 보간(string interpolation) 이용

```
$DNA3 = "$DNA1$DNA2";
```

(2) 점 연산자(dot operator) 이용

```
$DNA3 = $DNA1 . $DNA2;
```

연습
문제

❶ **임의의 DNA 서열 두 조각을 하나의 서열로 합치는 프로그램을 작성해 보자.**

2.4.2 DNA 서열을 RNA 서열로

이번에는 전사과정을 예로 들어 문자[열]를 치환하는 방법에 대해 살펴보자.

예제 • ch2-2.pl - 전사

```
#!/usr/bin/perl -w
# DNA 서열을 RNA 서열로 전사하기

$DNASeq = 'GATACAATGCCCCGAATTCATGAGTGACTAA';

# 변수 $DNASeq에 저장되어 있는 값을 변수 RNASeq에 복사
$RNASeq = $DNASeq;

#모든 T를 U로 바꾼다.
$RNASeq =~ s/T/U/g;

print "DNA 서열: $DNASeq₩n";
print "RNA 서열: $RNASeq";
exit;
```

소스코드 중에

```
$RNA =~ s/T/U/g
```

에서 =~ 는 **연결연산자(바인딩연산자)**로서 오른쪽의 연산을 왼쪽 변수에서 수행하라는 의미이다.

오른쪽의 **s/T/U/g**는 **정규표현식**의 **패턴매칭** 중의 하나다. 정규표현식에 대해서는 다음 절에서 자세히 다룬다. 여기에 나온 **치환 함수(s///)**를 살펴보면 s는 **치환연산자**이며, 첫 번째 **/** (연산자를 구분하는 **구분자**) 다음에는 문자열에서 치환될 원소(T)를 표시해 주며, 두 번째 / 다음에는 치환할 원소(U)를 표시해 준다. 세 번째 / 다음에 오는 **g**는 **패턴수정자**로서 문자열의 처음부터 끝까지 전역방식으로 치환하라는 뜻이다.

따라서 $RNA =~ s/T/U/g 는 변수 $RNA에 저장된 문자열 데이터에 있는 T를 모두 U로 치환하라는 의미이다.

이 소스코드의 명령어 해석 부분은 unix 프로그램에 사용하는 일반적 형태인

```
#!/usr/bin/perl -w
```

을 한번 사용해 보았다. 이미 앞 절에서 설명한 바와 같이 윈도우에서는 아무 문제가 되지 않는다.

실행 결과는 다음과 같다.

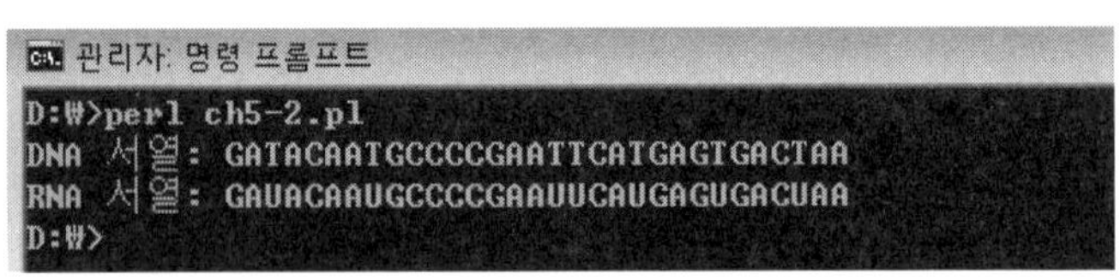

2.4.3 파일로부터 데이터 입력받기

지금까지의 예제에서는 필요한 값(서열 정보)을 프로그램 코드에 삽입하였다. 이와 같이 프로그램 실행 코드와 데이터가 분리되지 않은 형태는 매우 비효율적이다. 사용할 데이터가 바뀔 때마다 매번 코드를 수정해야 하기 때문이다.

프로그램 실행 중에 원하는 값을 입력 받을 수 있는 방법은 (1) 명령어 라인에서 입력, (2) 데이터 파일에서 입력, (3) 실행 중에 대화식으로 입력, (4) 데이터베이스를 통한 입력 등이

있다. 이 장에서는 1, 2번에 한하여 살펴본다.

예제 • ch2-3.pl - 명령어라인과 파일로부터 필요한 값 입력받기

```
#!C:/perl/bin/perl -w
# ****** part 1. 필요한 값을 입력받는 방법 ***************
# (1) 명령어 라인에서 입력, (2) 데이터 파일에서 입력

# (1) 사용자에게 데이터 파일 이름을 묻고, 키보드에서 수집
# 스칼라변수에 저장************************************

print "Please type the filename of the DNA sequence data: ";
$DNAfilename = <STDIN>;
chomp $DNAfilename; # 파일명에 붙어있는 개행문자를 제거

# 파일이 있으면 열고, 없으면 메시지를 보내고 종료
unless (open(DNAFILE, $DNAfilename)) {
    print "Cannot open file ₩"$DNAfilename₩"₩n₩n";
    exit;
}

# (2) 데이터 파일에서 입력*******************************
# while 반복문: 파일 끝까지 한줄 읽고 저장 및 출력을 반복

while( $DNASeq = <DNAFILE> ) {
    print $DNASeq;
    print "₩n";          # 한 줄씩 읽는지 확인하기 위해
}
close DNAFILE;       # 파일을 닫는다.
exit;
```

입력이란 자판을 통하여 사용자로부터 자료를 받거나, 파일에 들어있는 내용을 메모리로

읽어 들이는 것 등을 말한다. 사용자로부터 입력을 받으려면 **표준입력장치(standard input device)** 즉 자판을 통하게 된다. 유닉스 계열에서는 전통적으로 모든 장치를 파일로 간주한다. 따라서 장치제어기에서 어떤 정보를 보내거나 받는 것은 파일에 그 정보를 쓰거나 읽는 것과 똑같이 생각하면 된다. 펄 역시 유닉스 환경에서 탄생하였기 때문에, 그러한 철학을 그대로 이어받았다.

파일핸들이란 어떤 파일(장치제어기이건, 진짜 파일이건)과 펄 프로그램 사이의 연결고리 같은 것이다. 파일핸들을 통하여 프로그램은 파일에 정보를 쓰거나 파일로부터 정보를 읽게 되는데, STDIN이 바로 표준입력장치라는 "파일"과 프로그램을 연결하는 파일핸들인 것이다. **표준출력장치(standard output device)**의 파일핸들은 **STDOUT**이라고 한다.

```
$DNAfilename = <STDIN>;
```

이 실행되면 프로그램은 사용자가 무언가를 입력하고 Enter↵ 키를 누를 때까지 기다린다. 그리고 $DNAfilename에 그 내용을 저장하는데, 문자열의 맨 뒤에는 사용자가 Enter↵ 키를 누를 때 발생한 \n, 즉 줄바꿈 문자가 따라붙게 된다. 이 줄바꿈 문자는 필요 없는 내용이므로 chomp라는 함수를 사용하여 제거한다.

이제는 파일로부터 원하는 정보를 얻는 방법을 살펴보자. 파일을 읽기 위해서는 먼저 파일핸들을 만들어야 한다. 이때 **open**이라는 함수를 사용한다. 다음은 $DNAfilename라는 파일을 읽기 위하여 DNAFILE이라는 파일핸들을 만드는 문장이다.

```
open(DNAFILE, $DNAfilename);
```

unless는 if의 반대로, 조건식이 참이 아니면 블록을 실행하라는 뜻이다. 즉

```
unless (open(DNAFILE, $DNAfilename))
```

는 파일이 있으면 열고 블록을 빠져나가며, 만약 파일이 없어 열지 못하면 블록을 실행하게 되어, 소스코드에 있는대로 에러 메시지를 보내고 프로그램을 종료하게 된다.

열린 파일을 이용하여 데이터를 읽어 들이는 방법은

```
$DNASeq = <DNAFILE>;
```

으로, 파일의 첫 번째 줄을 읽어 들일 수 있다. 즉, 파일핸들을 〈 와 〉사이에 넣어 사용하면, 한 번에 한 줄의 문자열을 읽어 들이게 된다. 이 때, 이 문자열의 끝에는 \n이 붙어 있을 것이다. 이처럼 스칼라 변수를 이용해서는 한 줄밖에 읽지 못하기 때문에 **while 반복문**을 사용하여 파일의 끝까지 한 줄씩 반복해서 읽는 것이다.

while은 주어진 조건식이 참인동안 실행블록안의 문장(들)을 계속 반복 실행하며, 조건식이 거짓이 되면 비로소 블록을 빠져 나가게 된다.

```
while( $DNASeq = <DNAFILE> )
```

에서 만일 모든 줄을 읽어 들인 후에 다시 한 번 문자열을 읽으려는 시도를 하게 되면 $DNASeq는 undef(정의되지 않은 값) 값, 즉 조건식이 거짓이 되기 때문에 while 블록을 빠져나오게 된다.

파일을 다 읽고 나면 **close**를 이용하여 열린 파일을 닫아야 한다. 이렇게 함으로써 파일핸들의 일생은 끝나게 된다.

```
close DNAFILE;
```

이 예제에서 우리는 명령 프롬프트에서 우리가 원하는 값을 얻는 방법과 파일로부터 원하는 값을 얻는 방법을 배웠다. 펄 프로그램을 실행한 결과와 직접 명령 프롬프트에서 직접 DOS 명령어인 type을 이용하여 출력된 결과를 비교해 보라. 프로그램으로 실행한 결과에는 각 줄 사이에 빈 줄이 한 줄씩 있음을 알 수 있다. 이는 우리가 while 반복문에서 파일을 한 줄씩 읽어 스칼라 변수에 저장함을 보여 주기 위해서 while 반복문에 print "\n"; 이라는 명령문을 삽입했기 때문이다. 프로그램에서 이 줄을 삭제하고 프로그램(ch2-3-1.pl)을 한 번 더 실행해 보자. 복잡한 프로그래밍 과정에서 프로그램의 진행을 추적, 감시할 수 있도록 프로그램 실행에는 이 같은 없어도 될 print 문을 종종 삽입하곤 한다.

```
관리자: 명령 프롬프트
D:₩>perl ch5-3.pl
Please type the filename of the DNA sequence data: ch5-3.seq
>ch5-3.seq

ATCGCCATCTGCTGCACGCGGAAGAAGGCACATGGCTGAATATCGACGGTTTCCATATGGGGATTGGTGG

CGACGACTCCTGGAGCCCGTCAGTATCGGCGGAATTCCAGCTGAGCGCCGGTCGCTACCATTACCAGTTG

GTCTGGTGTCAAAAATAATAATAACCGGGCAGGCCATGTCTGCCCGTATTTCGCGTAAGGAAATCCATTA


D:₩>type ch5-3.seq
>ch5-3.seq
ATCGCCATCTGCTGCACGCGGAAGAAGGCACATGGCTGAATATCGACGGTTTCCATATGGGGATTGGTGG
CGACGACTCCTGGAGCCCGTCAGTATCGGCGGAATTCCAGCTGAGCGCCGGTCGCTACCATTACCAGTTG
GTCTGGTGTCAAAAATAATAATAACCGGGCAGGCCATGTCTGCCCGTATTTCGCGTAAGGAAATCCATTA

D:₩>
```

알아두어야 할 펄 문법

표준입출력 파일핸들(STDIN, STDOUT) : 프로그램이 〈STDIN〉을 만나면 사용자가 표준입력장치에서 무언가를 입력하고 특수변수 $/에 들어있는 문자가 입력될 때까지 기다린다. 이 변수 $/의 기본 값이 바로 줄바꿈 문자이다. 우리가 그 동안 print 함수를 별 생각 없이 사용해 왔지만, 이 함수는 사실 단순히 모니터에 문자를 표시하는 함수라기보다는 특정 파일에 데이터를 쓰는 함수이며, 어떤 파일에 문자를 쓸 것인지를 명시하지 않을 경우 펄에서는 기본적으로 표준출력장치에 쓰도록 되어 있기 때문에, print 함수를 모니터에 문자를 표시하는 데에 사용했던 것이다. 이름을 부여할 필요가 없다. 아래 두 print 문은 같은 의미이다.

```
print "Please type the filename: ";
print STDOUT "Please type the filename: ";
```

chomp : 내장함수의 하나인 chomp 함수는 인수로 주어진 변수 혹은 **목록**의 모든 변수들의 끝에서 특수변수 $/에 저장되어있는 문자를 제거하고, 제거된 문자수를 반환한다. 만일 chomp에 넘겨지는 인수가 하나도 없다면, 특수변수 $_를 인수로 받은 것처럼 동작한다. $/에는 기본 값으로 줄바꿈 문자(\n)가 들어 있으므로, 사용자로부터 입력을 받거나, 텍스트 파일에서 자료를 읽은 후에 불필요한 줄바꿈문자를 제거하는 데에 유용하다. 만일 $/가 빈 문자열이라면, 주어진 문자열의 끝에 있는 모든 줄바꿈 문자(\n)들은 몇 개이든 제거한다.

unless 조건문 : unless는 if의 반대로, 조건식이 참이 아니면 블록을 실행하라는 뜻이다.

반복문 : 루프는 중괄호{}로 싸인 문을 반복해 실행하도록 한다. 펄에서는 while 루프, for 루프 등 여러 가지 루프가 있다.

파일열기 함수 open : open 호출은 시스템호출로서 파일을 열기 위한 것이다. 이때 파일 열기에 성공했는지 실패했는지 확인하는 것이 좋은 습관이다. 또한 파일을 열 수 없을 때 프로그램 사용자에게 즉시 알려주어야 한다.

\" : 소스코드 중

```
print "Cannot open file \"$DNAfilename\"\n\n";
```

print 문 전체에 걸쳐 큰 따옴표가 나오는데, 이것이 문자열임을 알려 주는 것임을 이미 배웠다. 그런데 이 문자열 속에 있는 특정 단어에 따옴표를 해서 출력하고 싶으면 어떻게 할까? 이 예문에 해답이 있다. **\"** 즉 따옴표

앞에 \를 함으로써 이 따옴표는 따옴표로 출력된다. 즉 문자열 속에 있는 \"$DNAfilename\" 부분은 출력 시에 "$DNAfilename" 형태로 출력하게 된다. $DNAfilename는 그대로 출력되는 것이 아니라 이 스칼라변수의 값을 출력하게 됨을 주목하라. 즉 아래처럼 파일이 존재하지 않는 경우, 키보드로 입력한 실제 파일명이 큰 따옴표에 묶여 에러 메시지가 출력된다.

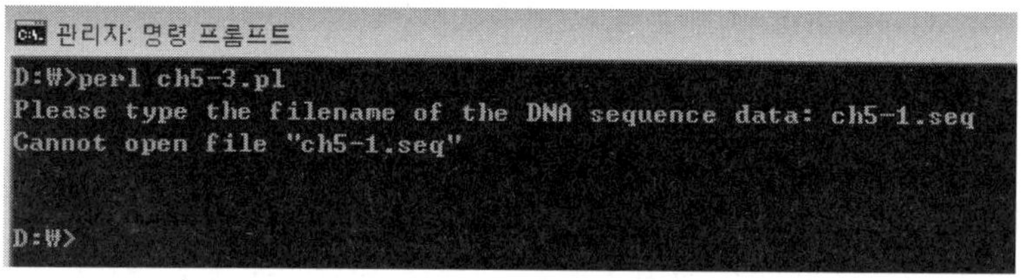

파일 읽기 : 위에서 설명한 대로 파일에서 한 줄을 읽는 방법은

```
$DNASeq = 〈DNAFILE〉;
```

이다. 이에 비해 아래처럼 배열 변수를 사용하면

```
@DNASeq = 〈DNAFILE〉;
```

파일의 모든 줄을 읽어 들이는데, @DNASeq 배열변수의 첫 번째 요소에는 첫 줄이, 두 번째 요소에는 둘째 줄이, 그리고 n 번째 요소에는 n 번째 줄이 저장된다. 파일을 읽을 때, 한 줄의 기준이 되는 것은 특수변수 $/에 포함되어 있는 문자며, 기본 값은 \n임을 배웠다.

파일의 모든 줄을 하나의 스칼라 변수로 한꺼번에 읽어 들이려면

```
local $/ = undef;
$all_lines = 〈FILEHANDLE〉;
```

과 같이 하면 된다. 이 구문은 다음에 자세한 설명을 할 것이다.

코드 배치: 펄은 공백의 사용을 제한하지 않기 때문에 프로그래머가 코드의 제어 흐름을 이해하기 쉽게 임의로 코드를 배치하면 된다. 교재에서는 일반적으로 많이 사용되는 포맷을 따랐다.

연습문제

❶ **파일의 모든 줄을 하나의 스칼라 변수로 한꺼번에 읽어 들일 수 있도록 소스코드를 수정해 보자.**

❷ **배열변수를 사용하여 소스코드 중에서 파일 읽고 출력하는 부분을 수정해 보자.**

2.4.4 FASTA 파일에서 서열 데이터 추출하기

앞의 예제에서 다룬 ch2-3.seq 파일은 **FASTA** 포맷으로 정리된 서열 데이터 파일이다. FASTA 포맷은 다음에 다룰 **GenBank** 포맷과 함께 가장 많이 다루게 될 형식이다. FASTA 파일은 첫 번째 행이 >로 시작되는데 이 행은 서열에 대한 ID 등의 간단한 정보를 담고 있다. 다음 행부터는 서열이 나타나는데, 계속 붙여 써도 되고, 적절하게 행으로 나누어 써도 된다. 대부분의 서열 분석도구들은 서열 부분의 공백은 모두 무시하기 때문이다.

지금까지 우리는 print와 같은 펄의 **내장함수**들을 이용해 왔다. 그러나 때로는 우리 스스로가 정의하는 함수가 필요할 수 있다. 이것을 **사용자 정의함수** 또는 **서브루틴**이라 한다. 서브루틴은 특정 작업을 수행하는 코드의 블록이다. 프로그래밍을 할 때 자주 반복해서 사용하는 작업은 서브루틴으로 작성하는 것이 프로그램을 짧게 줄일 수 있어 좋다. 또한 서브루틴은 분리하여 시험할 수 있고, 확인된 서브루틴은 쉽게 재사용할 수 있어 좋다.

생명정보학 분야에서 FASTA 형식의 파일에서 서열 부분만을 추출하는 일은 매우 빈번한 일이다. 이 작업은 파일 전체의 내용(FASTA 데이터)을 읽어 모두 저장하는 단계와 이로부터 서열 데이터만 추출하는 단계로 나눌 수 있다. 물론 파일을 읽어 드리는 과정에서 헤더 부분은 그냥 지나가고, 서열부분이 나타나면 바로 저장하는 방식으로 서브루틴을 작성할 수도 있지만, 나눌 수 있는 한 최대로 나눈 기본적인 기능 단위로 나누어 작성하는 것이 여러 상황에서도 쉽게 이용할 수 있는, 즉 활용성이 높은 서브루틴이 될 수 있다.

우선 예제 ch2-3.pl 중에서 파일 이름을 명령 프롬프트에서 입력받아 파일의 정보를 저장하는 1 단계 작업을 수행하는 서브루틴을 작성해 보자. 직접 서브루틴을 작성하는 대신 서브루틴에 해당하는 부분만을 따로 실행 가능한 코드로 프로그래밍해서 시험한다.

예제 • ch2-4-1.pl - 파일에서 FASTA 데이터 얻기

```
#!C:/perl/bin/perl -w


print "Please type the filename to extract: ";
$DNAfilename = <STDIN>;
chomp $DNAfilename;
unless (open(DNAFILE, $DNAfilename)) {
```

```
    print "Cannot open file ₩"$DNAfilename₩"₩n₩n";
    exit;
}
@FileData = <DNAFILE>;
close DNAFILE;
print @FileData;
exit;
```

위 코드는 기본적으로 예제 ch2-3.pl 코드의 part1 부분과 같다. 바뀐 부분은 바탕색을 회색으로 표시한 단 두 줄이다. 파일데이터를 한 줄 코드로 할당할 수 있는 배열변수 @FileData를 사용함으로써

```
@FileData = <DNAFILE>;
```

FASTA 데이터를 읽어드리는 코드를 단순화한 것이다. 실행한 결과는

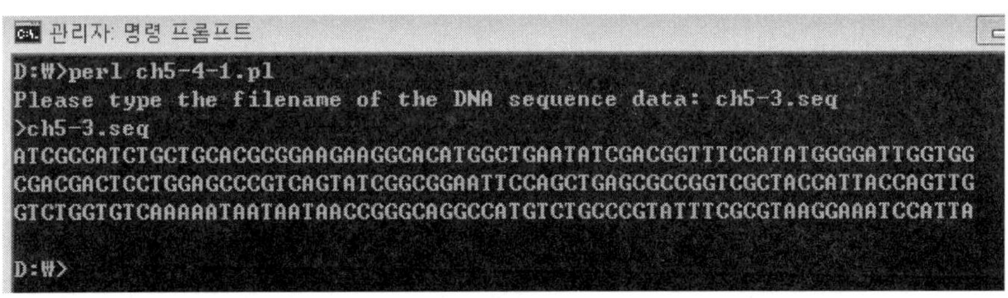

위와 같이 예제 ch2-3.pl의 실행결과와 같음을 알 수 있다. 지금까지 설명한 것은 이미 느꼈겠지만 실제 바로 앞의 연습문제 2번의 해답이다.

이제 위 프로그램을 서브루틴으로 전환해 보도록 하자. 서브루틴을 정의하는 방법은 다음과 같다.

```
sub 서브루틴 이름 {
    실행문;
}
```

sub라는 키워드 다음에 서브루틴의 작업내용을 이해하기 쉽게 서브루틴의 이름(본 예제에서는 get_fasta_data_from_a_file)을 적절하게 붙이고 중괄호로 묶은 실행 블록 안에 코드를 작성한다.

서브루틴을 이용하여 예제 ch2-4-1.pl과 같은 작업을 수행하도록 하려면 주프로그램에 아래와 같이 한 줄의 코드만 더 있으면 된다.

```
get_fasta_data_from_a_file();
```

즉, 서브루틴을 호출하는 코드이다. 서브루틴은 일반적으로 주프로그램 아래에 둔다.

예제 • ch2-4-2.pl - 서브루틴을 이용하여 FASTA 데이터 얻기

```
#!C:/perl/bin/perl -w

read_a_fasta_file();
exit;

sub read_a_fasta_file {
        print "Please type the filename to extract: ";
        $filename = <STDIN>;
        chomp $filename;
        unless (open(FastaFile, $filename)) {
           print "Cannot open file ₩"$filename₩"₩n₩n";
           exit;
        }
        @FileData = <FastaFile>;
        close FastaFile;
        print @FileData;
}
```

이제 ch2-4-2.pl을 실행해 보면

```
관리자: 명령 프롬프트
D:₩>perl ch5-4-2.pl
Please type the filename to extract: ch5-3.seq
>ch5-3.seq
ATCGCCATCTGCTGCACGCGGAAGAAGGCACATGGCTGAATATCGACGGTTTCCATATGGGGATTGGTGG
CGACGACTCCTGGAGCCCGTCAGTATCGGCGGAATTCCAGCTGAGCGCCGGTCGCTACCATTACCAGTTG
GTCTGGTGTCAAAAATAATAATAACCGGGCAGGCCATGTCTGCCCGTATTTCGCGTAAGGAAATCCATTA

D:₩>
```

FASTA 데이터가 제대로 배열 변수에 저장되어 있음을 알 수 있다.

앞의 예제는 파일 전체의 내용(FASTA 데이터)을 저장하여 출력하는 것이었다. 이제는 서열 데이터를 추출하는 2 단계 작업을 해 보기로 한다. 우리가 서열을 분석하고자 할 때는 헤더 부분인 〉로 시작하는 행은 제외하고, 다음 행부터 나타나는 서열 부분만 추출해야 한다. 이 작업도 빈번하게 사용되기 때문에 서브루틴 (extract_sequence_from_fasta_data)으로 만들 것이다. 한번 배웠기 때문에 이번에는 직접 서브루틴 코드를 작성해 보자.

이제는 두 개의 서브루틴을 호출해야 하며, 또한 첫 번째 서브루틴(get_fasta_data_from_a_file)에서 얻은 FileData 정보를 두 번째 서브루틴(extract_sequence_from_fasta_data)에 전달해 주어야 한다.

따라서 이미 작성한 get_fasta_data_from_a_file 서브루틴를 수정해 보자. 두 곳을 수정하면 된다.

먼저 서브루틴에서 작업한 결과물을 주프로그램에 되돌려주기 위하여 마지막 줄을 print 문에서 return 문으로 바꾼다.

```
return @FileData
```

return 문의 마지막에는 ; 기호를 붙이지 않아도 된다.

그리고 주프로그램에서는 서브루틴의 호출과 동시에 반환값을 저장하기 위해서 할당연산자를 사용한다.

```
@FileData = get_fasta_data_from_a_file();
```

이러한 일련의 과정이 제대로 수행되어 @FileData에 정보가 저장되어 있는지 확인하려면 이미 배웠듯이 print 문을 첨가하면 된다.

이젠 extract_sequence_from_fasta_data 서브루틴을 작성할 차례이다. 이 서브루틴에서는 FASTA 데이터의 특징을 고려하여, 배열변수에 저장되어 있는 데이터 중에서 〉로 시작되는 첫 행은 건너뛰고, 두 번째 행부터 나타나는 서열 정보를 별개의 스칼라 변수에 저장하도록 할 것이다. 그리고 주프로그램에서는 이 서브루틴를 호출하여 반환받은 스칼라 변수를 출력하도록 코드를 작성하면 될 것이다.

주프로그램의 수정부분은

```
$seq = extract_sequence_from_fasta_data(@FileData);
print $seq;
```

로, 이 부분에서는 우선 get_fasta_data_from_a_file 서브루틴에서 반환받은 FASTA 데이터가 저장되어 있는 배열변수 @FileData를 전달하는 인수로 사용하여 extract_sequence_from_fasta_data 서브루틴을 호출하고, 여기서 반환받은 값을 $seq에 할당한다. 그리고 이를 출력한다.

예제 • ch2-4.pl - 서브루틴을 이용하여 서열데이터 추출하기

```
#!C:/perl/bin/perl -w

@FileData = get_fasta_data_from_a_file();
$seq = extract_sequence_from_fasta_data(@FileData);
print $seq;
exit;

sub get_fasta_data_from_a_file {
    print "Please type the filename to extract: ";
    $filename = <STDIN>;
    chomp $filename;
    unless (open(DNAFILE, $filename)) {
            print "Cannot open file ₩"$filename₩"₩n₩n";
            exit;
    }
    @FileData = <DNAFILE>;
    close DNAFILE;
```

```
    return @FileData
}
sub extract_sequence_from_fasta_data {
    @fasta = @_;
    foreach $line(@fasta) {
            if ($line =~ /^\s*$/) {
              next;
            }elsif($line =~ /^>/) {
              next;
            }else{
              $seq .= $line;
            }
    }
    $seq =~ s/\s//g;
    return $seq;
    }
```

실행한 결과를 보면 앞의 예제와는 달리 헤더 부분은 삭제되고, 서열 부분만 출력되어 있음을 알 수 있다. 또한 서열의 형태도 줄바꿈이 없이 하나의 문자열로 전환되어 있음을 알 수 있다.

```
관리자: 명령 프롬프트
D:₩>perl ch5-4.pl
Please type the filename to extract: ch5-3.seq
ATCGCCATCTGCTGCACGCGGAAGAAGGCACATGGCTGAATATCGACGGTTTCCATATGGGGATTGGTGGCGACGACTCC
TGGAGCCCGTCAGTATCGGCGGAATTCCAGCTGAGCGCCGGTCGCTACCATTACCAGTTGGTCTGGTGTCAAAAATAATA
ATAACCGGGCAGGCCATGTCTGCCCGTATTTCGCGTAAGGAAATCCATTA
D:₩>
```

서브루틴의 장점은 주프로그램에서 특정 서브루틴을 여러 번 호출할 필요가 있을 때, 서브루틴 코드를 주프로그램 안에 매번 복사하여 넣지 않고, 뒤쪽에 위치한 서브루틴을 그저 호출하기만 하면 되므로 주프로그램의 코드 길이가 짧아지고, 시작부터 exit 문까지의 주프로그램 영역을 보다 쉽게 이해할 수 있다는 것이다.

이제는 서브루틴 extract_sequence_from_fasta_data()에 대해서 좀 더 살펴보자.

```
@fasta = @_;
```

@_ 은 주프로그램에서 서브루틴을 호출하면서 전달하는 인수를 서브루틴에서 받아들이는 장치이다. 따라서 위의 문은 인수를 받아드려서 @fasta에 저장하라는 뜻이다. 사실 @_는 배열이다. 다른 모든 배열이 그러한 것처럼, @_도 앞에 @부호를 가지고 있다.

호출에 사용한 인수명은 서브루틴에서 중요하지 않다. 인수의 값만이 중요하다. 서브루틴은 @_ 배열에서 값을 모아 새로운 변수에 그 값을 할당한다. 서브루틴이 이 배열을 통하여 외부의 값을 넘겨받는 방법은 매우 단순하다. 인수를 넘겨줄 때, 첫 번째로 넘겨준 값은 이 배열의 첫째 요소가 되고, 두 번째로 넘겨준 값은 이 배열의 둘째 요소로 저장이 된다.

그러나 서브루틴은 넘겨받는 것들을 배열로 이해하지 않고, 목록으로 이해한다. 즉, extract_sequence_from_fasta_data(@FileData)의 배열변수를 사실 extract_sequence_from_fasta_data($FileData[0], $FileData[1], $FileData[2], ... $FileData[$#_])와 같이 스칼라변수의 목록으로 처리한다.

따라서 배열 @_의 각 요소를 사용할 때도 다른 배열에서처럼 $_[0], $_[1], ... $_[$#_]와 같이 사용할 수 있다. 이 배열이 다른 일반적인 배열과 다른 점은 모든 서브루틴이 자기만의 @_배열을 갖고 있으며, 다른 서브루틴의 @_배열에는 접근할 수 없다는 것이다.

```
foreach $line(@fasta){}
```

foreach 제어문은 배열 @fasta의 각 요소인 문자열을 차례대로 스칼라 변수 $line에 할당하면서 실행블록을 반복 수행한다.

```
$seq .= $line;
```

은

```
$seq = $seq . $line;
```

과 같은 뜻으로 현재의 $seq 와 $line 문자열을 연결하여, $seq 에 저장하라는 것이다.

if 조건문은 조건이 참이면 뒤에 이어지는 조건문을 실행하고, 거짓이면 조건문을 실행하지 않고 다음으로 넘어간다. if 조건문은 if 단독으로, 또는 if else 나 if elsif else 등의 형식으로 쓰이는데, 첫 번째 if와 다음의 elsif 조건절이 차례로 평가되고, 이중 하나가 참으로 평가되면 해당 블록이 실행되며, 모두 거짓이면 else 블록이 실행된다.

```
if ($line =~ /^\s*$/) { next; }
```

if 조건절을 보면 /^\s*$/ 라는 표현이 나오는데, 이는 **정규표현식**의 하나로 /와 /사이의 패턴이 존재하는지를 검사하라는 의미이다. 정규표현식에 대해서는 다음 절에서 자세히 다룬다.

펄의 정규표현식은 **패턴일치**를 검사할 때 일치에 대한 **기준점**을 제시하면 특정한 부분에서만 확인한다. 이 기준점은 특정 문자가 아니라 특정 위치이다.

부호	설명
^	문자열의 맨 처음
$	문자열의 맨 마지막
\b	단어의 경계(word boundary)
\B	단어의 경계가 아닌 곳

\s*는 공백문자중의 어느 하나를 뜻하는 메타문자이다. 따라서 위 코드는 만약 공백행이면 다음을 수행하라는 뜻이 된다.

. **^>** 는 문자열의 맨 처음이 > 이라는 뜻이며,

```
if ($line =~ /^>/) { next; }
```

는 행이 >으로 시작되면, 즉 헤더 행이면 건너뛰라는 의미이다.

알아두어야 할 펄 문법

서브루틴 : 서브루틴의 명명은 변수나 배열 등의 규칙을 그대로 따른다. 다만, $, @, % 과 같은 기호가 앞에 붙지 않는다. 또, 이미 사용하고 있는 변수, 배열, 조합배열 등의 이름과 같아도 무관하다. 이는 펄이 변수, 배열, 조합배열, 사용자 정의함수 등의 이름을 기록하는 공간(name space)을 모두 따로 갖고 있기 때문이다.
서브루틴 안에서의 변수사용은 밖에서의 사용과 크게 다르지 않다. 서브루틴 밖에 존재하는 변수를 안에서 사용할 수 있고, 안에서 처음으로 사용된 변수를 밖에서 접근하거나 바꿀 수 있다.
데이터를 서브루틴으로 보내는 방법은 두 가지가 있다. 값에 의한 전달과 참조에 의한 전달이 있다.

서브루틴에서 값을 반환받기 : 서브루틴의 코드에 따라, return 문을 사용하지 않아도 주프로그램이 반환값을 받을 수 있는 경우도 있다. return 함수는 서브루틴 중간에서도 사용할 수 있는데, 조건문 블록 안에서 종종 볼 수 있다. 만약 서브루틴 실행 중에 return 문을 만나게 되면 값을 반환하고 그 곳에서 실행이 끝나게 된다. 또한 서브루틴은 **목록을 반환**할 수도 있다.
서브루틴은 소스파일의 어디에 두어도 무방하다. 그러나 대개는 파일의 뒤쪽에 둔다. 파일을 열었을 때 직접 실행할

내용이 첫머리에 나오게 함으로써 소스파일의 유지와 관리가 편리하도록 하기 위함이다.
서브루틴은 구조적인 프로그래밍을 하는데 중요한 방법이다. 서브루틴은 정의된 입력과 출력으로 조작이 쉬운 모듈화를 가능하게 한다. 일단 만들어 놓은 서브루틴이 있으면 세부적인 내부 내용을 몰라도 전달되는 값과 반환되는 값의 종류만 알면 프로그램에서 서브루틴을 호출하여 간단히 활용할 수 있다. 일반적으로 하나의 서브루틴은 한 가지 일을 잘 수행해야 하고 코드가 한 두 페이지를 넘어서는 안 된다.

연습 문제

❶ @FileData = 〈DNAFILE〉에서 다이아몬드 연산자 〈〉를 빼면 결과가 어떻게 될까?

2.4.5 모듈 사용하기

서브루틴을 사용하는 것이 편리하긴 한데, 프로그램마다 해당 서브루틴들을 계속 복사해 넣는다면 번거로울 뿐만 아니라, 코드의 분량도 많아지고, 따라서 코드의 가독성, 이해도가 떨어지게 된다.

그래서 서브루틴을 모듈 또는 라이브러리라고 하는 편리한 파일에 모아 둔다. 파일 이름은 프로그래머가 이해하기 쉽게 작성하면 되고, 확장자는 .pm으로 한다.

모듈을 정의하는 방법은 다음과 같다. 지금까지 작성한 2개의 서브루틴을 포함하는 모듈 MyPerlModule.pm을 만들어 보자. 아래에서 보는바와 같이 두 서브루틴들을 나열하기만 하면 되고 맨 마지막 줄에 1;을 반드시 포함시켜야 한다.

```
# MyPerlModule.pm
sub get_fasta_data_from_a_file {
# 실행문 생략
}
sub extract_sequence_from_fasta_data {
        # 실행문 생략
```

```
}
1;
```

모듈의 저장 위치는 프로그램의 위치와 같게 하면 된다. 그러나 일반적으로 perl의 하위 디렉토리인 lib에 둔다.

모듈을 사용하기 위해서는 주프로그램 윗 부분에

```
use lib '............';        # 완전한 경로명
use 모듈 이름;        # .pm은 생략한다.
```

를 포함시켜야 한다.

예제 • ch2-5.pl - 모듈 사용하기

```
#!C:/perl/bin/perl -w

use MyPerlModule;

@File_Data = get_fasta_data_from_a_file();
$seq = extract_sequence_from_fasta_data(@File_Data);

print "Fasta Data:₩n";
print @fasta;
print "Extracted Sequence:₩n$seq";
exit;
```

모듈을 사용함으로써 프로그램이 얼마나 단순화되었는지 쉽게 알 수 있다. 프로그램을 실행해 보면 앞의 예제와 같은 결과를 얻을 수 있음을 알 수 있다.

```
관리자: 명령 프롬프트
D:₩>perl ch5-5.pl
Please type the filename to extract: ch5-3.seq
Fasta Data:
>ch5-3.seq
ATCGCCATCTGCTGCACGCGGAAGAAGGCACATGGCTGAATATCGACGGTTTCCATATGGGGATTGGTGG
CGACGACTCCTGGAGCCCGTCAGTATCGGCGGAATTCCAGCTGAGCGCCGGTCGCTACCATTACCAGTTG
GTCTGGTGTCAAAAATAATAATAACCGGGCAGGCCATGTCTGCCCGTATTTCGCGTAAGGAAATCCATTA
Extracted Sequence:
ATCGCCATCTGCTGCACGCGGAAGAAGGCACATGGCTGAATATCGACGGTTTCCATATGGGGATTGGTGGCGACGACTCC
TGGAGCCCGTCAGTATCGGCGGAATTCCAGCTGAGCGCCGGTCGCTACCATTACCAGTTGGTCTGGTGTCAAAAATAATA
ATAACCGGGCAGGCCATGTCTGCCCGTATTTCGCGTAAGGAAATCCATTA
D:₩>
```

앞의 프로그램이 정상적으로 잘 작동하지만, 프로그램 작성 시 고려할 사항이 몇 가지 더 있다.

위 프로그램에서 사용한 @File_Data, $seq, @fasta 등 모든 변수는 전역변수로 선언되었다. 전역변수란 프로그램의 어디에서나 접근할 수 있는 변수이다. 서브루틴 밖에 존재하는 변수를 안에서 사용할 수 있고, 안에서 처음으로 사용된 변수를 밖에서 접근하거나 바꿀 수 있다. 예제 ch2-5.pl에서 @fasta가 서브루틴에서 선언되고, 초기화 되었지만 주프로그램에서 사용할 수 있음을 알 수 있다. 사실 프로그램에서

```
print "Fasta Data:\n";
print @fasta;
```

이 두 줄은 이 같은 사실을 알려주기 위해서 삽입한 것이며, 구태여 새로운 변수명 @fasta를 사용한 것이다. 그러나 프로그램이 커지고, 다른 사람이 작성한 모듈들을 이용하다 보면, 특정 변수가 서로 충돌하여 원하지 않았던 결과를 초래할 가능성이 많다.

따라서 my 연산자를 사용하여 **사적변수(private variable)**로 정의하는 것이 바람직하다. 서브루틴 안에서 my 연산자를 이용하여 초기화된 사적변수는 그 서브루틴 내에서만 보이게 된다. 또한 서브루틴 안에서 바깥의 변수를 보려면 **$::variable** 또는 **$main::variable**처럼 사용하여야 한다. 이렇게 함으로써, 서브루틴 안과 밖에서 서로 같은 이름의 변수를 각각 안심하고 사용할 수 있는 것이다. 물론 이것은 배열이나, 조합배열에도 같이 적용된다. my에 의해 선언되면, 변수나 배열, 조합배열의 각 요소는 undef 값으로 초기화된다.

local 연산자로 선언된 변수는 **지역변수**라 한다. local 연산자에 의해 변수가 선언되면, 그 변수의 원래 값은 일단 별도 장소에 저장되고, 그 서브루틴 또는 실행블록이 끝나면, 원래의 값이 그 변수에 다시 저장된다. my로 변수가 선언되었을 때, 서브루틴 외부에 존재하는 같은 이름의 변수를 $main::variable과 같이 접근할 수 있다고 하였다. 그러나 local로 선언된

변수에는 적용되지 않는다. 또, local을 사용하여 선언된 지역변수의 경우 my와는 달리, 지역변수를 선언한 서브루틴 sub1에서 다른 서브루틴 sub2를 호출할 경우, sub2는 sub1의 지역변수를 볼 수 있게 된다.

my 연산자는 $_와 같은 특수변수를 사적변수로 선언할 수 없는 반면, local 변수는 이들을 지역 변수로 선언할 수 있다. 이러한 특수변수의 지역화는 때로 유용하게 사용될 수 있다.

그렇다면 local과 my중 어떤 것을 사용해야 할까? 가능하다면 local보다는 my를 쓰는 것이 좋다. my를 이용하여 변수를 선언하면 프로그램이 조금이나마 빨라지고 항상 안전하다. 단, 특수변수를 서브루틴 내에서 사용할 예정이라면, 그 서브루틴 첫머리에서 local로 선언하여 서브루틴 외부의 값을 보호하는 것이 좋다.

펄의 장점이자 단점 중의 하나가 바로 변수를 미리 선언하지 않아도 사용할 수 있다는 점이다. 프로그래머는 중간 중간 언제든지 변수를 초기화할 수 있고, 또 사용할 수 있다. 이런 편리함은 때때로 프로그램에 다소 치명적인 오류를 야기할 수 있다. 윗부분에서 정의한 변수명을 아랫부분에서 사용하고자 하는데, 잘못하여 오타를 했다면 펄은 이것이 새로운 변수명인지 오타인지를 구분하지 못한다. 이를 방지하려면 **use strict;**라는 문장을 파일 첫머리에 추가하는 것이 좋다. 이렇게 함으로써 변수 이름을 잘못 입력하였을 경우, 펄이 그 사실을 쉽게 알아 경고 메시지를 출력할 수 있게 해 준다. 또한 디버그가 용이하도록 use warnings;를 쓰도록 하자.

그러면 주프로그램부터 수정해 보자. 아래 두 줄을 삽입한다.

```
use strict;
use warnings;
```

실행해 보면 많은 경고와 함께 컴파일 에러가 발생한다. use strict;를 사용하면 모든 변수를 my 연산자로 선언하고 초기화해야 하기 때문이다.

```
my @FileData = ( ); #변수의 선언과 초기화
my $seq = '';
```

이제는 프로그램이 정상적으로 돌아갈 것이다. 이젠 모듈에 있는 각 서브루틴을 수정해 보자. 모든 서브루틴에 use strict;와 use warnings;를 첨가한다. 그리고 get_fasta_data_from_a_file에서는 변수들을 원래의 위치에서 my 연산자만 붙였다.

```
my $filename = <STDIN>;
my @FileData = <DNAFILE>;
```

아무 이상 없이 수행된다. extract_sequence_from_fasta_data 서브루틴에서는 상황이 조금 다르다. 아래에서 보는바와 같이 $seq는 앞줄에 별도로 변수를 선언하고 초기화했는데,

```
my @fasta = @_;
my $seq = '';
foreach my $line(@fasta) {
```

$line은 foreach 루프 안에서만 사용되는 흔한 변수명이기 때문에 처음 나오는 조건절에 위치한 $line 변수에 my 연산자를 적용하였다. 사실 my나 local 연산자는 서브루틴을 기준으로 적용되는 것이 아니라, 실행블록을 단위로 적용된다.

이제 모두 완성되었다. 지금까지 수정한 새로운 주프로그램에서 use MyFirstModule;이라 추가로 수정한 다음, ch2-5-1.pl로 저장하고, 수정한 모듈은 MyFirstModule.pm으로 저장하자. 실행해 보면 예제 ch2-5.pl의 결과와 같을 것이다.

알아두어야 할 펄 문법

my와 local: 펄은 local로 선언된 변수에 값을 저장하기 전에 외부에서 변수에 이미 저장되어있던 값을 별도의 장소에 잠시 저장해 둔다. 그리고 서브루틴이 종료한 시점에 원래의 값을 다시 변수에 저장한다. 그러나 my로 선언된 값과는 달리 서브루틴의 내부에서 $main::variable과 같은 형식으로 출력을 했을 때, 출력된 값은 서브루틴에서 저장된 값이다. 따라서 my 연산자는 전혀 새로운 변수공간에 이름만 같은 변수를 만들어 내는 것에 반해, local 연산자는 이미 존재하는 변수를 잠시 다른 값으로 설정하여 사용할 뿐이라는 것을 알 수 있다.

연습문제

❶ get_fasta_data_from_a_file 서브루틴은 더 세분화된 두 개의 서브루틴으로 작성하는 것이 좋다. 파일 이름을 사용자로부터 얻는 서브루틴과 파일의 내용을 읽어 변수에

저장하는 서브루틴으로 나누어 작성해 보자.

❷ extract_sequence_from_fasta_data 서브루틴에서 my $seq = '';을 삽입하는 대신 제일먼저 나오는 $seq에 my 연산자를 적용해 보자. 결과가 어떻게 나오는가? 그 이유를 알겠는가?

❸ 본문에서는 언급되지 않았지만 완전히 수정된 주프로그램에서 print @fasta;를 print @File_Data로 바꾸었다. 이렇게 수정해도 같은 결과가 나오는 이유는 무엇인가? print @fasta;만 수정하지 않고 그대로 두면 컴파일 에러가 발생한다. 그 이유를 확인하고 정상적으로 수행되도록 주프로그램을 수정하라.

2.4.6 모티프 검색

모티프란 DNA, RNA, 단백질 서열 등에서 특별한 의미를 갖는 부분 서열을 말한다. 예를 들어 DNA 서열(ch2-3.seq) 중에 제한효소 EcoRI 인식부위(GAATTC)가 있는지 알아보자. 우선 모티프 검색을 위한 서브루틴을 작성해 보자.

```
sub motif_search {
        use strict;
        use warnings;
        my ($seq) = @_;
        my $motif = 'GAATTC';
        print "Motif Search Results₩n";
        if ( $seq =~ /$motif/ ) {
            print "$motif found!₩n";
        } else {
            print "$motif not found!₩n";
        }
}
```

위 코드에서 배경색을 회색으로 표시한 두 줄 코드만 설명하면 충분히 이해가 될 것이다. 우선

```
my ($seq) = @_;
```

에서 @_는 인수를 받아들이는 장치임을 배웠다. 앞에서 배운 서브루틴 extract_sequence_from_fasta_data에서는 수집한 인수를 배열변수 @fasta에 저장하였다. 이런 경우는 @fasta = @_;로 표현한다. 여기서는 수집한 인수를 스칼라 변수에 저장한다. 이 경우에는 변수를 소괄호로 묶어 준다. 그 이유는 @_가 배열이기 때문이다.

다음은 if 조건문에 위치한 정규표현식은 가장 간단한 형태로 그 의미를 이미 배웠다. 패턴일치 연산자를 $seq에 대해 실행하라는 뜻이다.

```
$seq =~ /$motif/
```

이제는 위 서브루틴을 모듈에 추가하고, MyBioPerlModule.pm이라는 새로운 이름으로 명명하자. 그리고 주프로그램을 수정한다.

예제 • ch2-6.pl - 정규표현식과 패턴매칭

```
#!C:/perl/bin/perl

use strict;
use warnings;
use MyBioPerlModule;

my @File_Data = ( );
my $seq = '';
@File_Data = get_fasta_data_from_a_file();
$seq = extract_sequence_from_fasta_data(@File_Data);
print "₩nExtracted Sequence:₩n$seq₩n₩n";
motif_search($seq);
exit;
```

새로 추 가된 행은 회색으로 칠한 motif_search 서브루틴이다. 위 세 종류의 서브루틴은 호출할 때 인수를 넘겨주는 경우와 그렇지 않은 경우, 그리고 주프로그램에서 반환값을 받는 경우와 그렇지 않은 경우, 가능한 모든 경우를 우리에게 보여주고 있다.

실행 결과 화면은 아래와 같다.

```
관리자: 명령 프롬프트
D:₩>perl ch5-6.pl
Please type the filename to extract: ch5-3.seq

Extracted Sequence:
ATCGCCATCTGCTGCACGCGGAAGAAGGCACATGGCTGAATATCGACGGTTTCCATATGGGGATTGGTGGCGACGACTCC
TGGAGCCCGTCAGTATCGGCGGAATTCCAGCTGAGCGCCGGTCGCTACCATTACCAGTTGGTCTGGTGTCAAAAATAATA
ATAACCGGGCAGGCCATGTCTGCCCGTATTTCGCGTAAGGAAATCCATTA

Motif Search Results
GAATTC found!

D:₩>
```

알아두어야 할 펄 문법

스칼라 문맥과 리스트 문맥 :

(1) 배열을 스칼라 변수로 할당한다. $a = @bases; 이러한 종류의 스칼라 문맥에서는 배열은 배열의 크기(원소들의 수)로 평가된다. 왼쪽의 스칼라 변수를 보고 알 수 있다.

(2) 배열을 다른 리스트로 할당한다. ($a) = @bases; 이러한 종류의 리스트 문맥에서는 배열은 원소들의 리스트로 평가된다. 왼쪽의 소괄호로 표시한 리스트를 보고 알 수 있다. 이 리스트는 $a라고 하는 하나의 변수만 갖는 경우다.

내장함수 : 펄은 언어 자체에 매우 다양한 내장함수를 가지고 있다. 펄을 공부해 나가면서 필요에 따라 하나씩 익혀 나가기 바란다.

펄의 함수들은 함수에 넘겨주는 인수들의 주위에 괄호를 사용할 수도 있고, 사용하지 않을 수도 있다. 아래의 두 문장은 같다.

```
print( "안녕 ", $name, " !₩n" );
print "안녕 ", $name, " !₩n";
```

대개의 경우는 괄호를 사용하지 않지만, 괄호를 사용하지 않았을 때 발생할 수 있는 혼동을 피하거나, 특정한 부분에 우선적인 처리를 해야 할 경우에는 괄호를 사용한다. 예를 들어, "(3 + 1) * 4"의 값을 출력하고 싶을 경우

```
print ( 3 + 1 ) * 4;
```

를 사용하면 이 문장은 얼마를 출력할까 ? 이 문장은 16이 아닌 4를 출력한다. 펄은 이 문장을

```
( print ( 3 + 1 ) ) * 4;
```

로 해석하기 때문이다. 기본적으로 명심해야 할 것은, 펄은 "함수처럼 보이면 함수로 여긴다"는 것이다. 즉 위 문장의 경우 print (3 + 1)이 함수 호출로 보이기 때문에 먼저 이 부분이 실행되고 그 결과값에 4를 곱하는 일을 하는 것이다. 이러한 경우는 종종 있을 수 있으므로, 만일 조금이라도 의심이 갈 경우에는 아래와 같이 괄호를 사용하여 그 한계를 명확히 구분 지어 주기 바란다.

```
print( ( 3 + 1 ) * 4 ); # 16을 출력
```

정규표현식 : 정규표현식은 문자열의 패턴을 기술한 것이다. 정규표현식은 패턴 매칭에서 사용한다. 즉 문자열에 어떤 패턴이 존재하는지 아닌지를 단순히 알아볼 경우에 사용할 수 있다. 또한 패턴이 존재하는 경우 다른 값으로 변경하고자 할 때도 사용할 수 있다.

패턴일치 연산자(/..../)

```
$DNAseq =
"GACCTTAGCTGTAGTGCTAGTGGTCTGAGTCGTGCAA
CTCTCGTGTCGT";
```

이 서열에 "GAATTC"라는 문자열 패턴이 포함되어 있는지 확인하는 방법이다.

```
if( $DNAseq =~ /GAATTC/ ){
  print "EcoRI site found.\n";
}
```

$DNAseq 서열에서 "GAATTC" 패턴이 발견되면 참, 그렇지 않으면 거짓을 반환한다. 연결연산자는 오른쪽에 있는 연산을 왼쪽 변수에 적용하라는 뜻이다.

만약 패턴이 일치하지 않음을 확인하려면 연결연산자 !~를 사용한다.

```
if( $DNAseq !~ /GAATTC/ ) {
  print "EcoRI site was not found.\n";
}
```

```
$DNASeq =~ s/\s//g;
```

오른쪽의 치환함수에서 치환될 원소는 \s이다. \s는 **메타심볼** 중의 하나로 [\t\n\f\r]로 표현할 수도 있다. 즉 \s는 스페이스. 탭, 공백문자, 캐리지리턴, 라인피드 중의 어느 하나를 뜻한다. 치환할 원소가 들어갈 첫 번째 슬래쉬와 두 번째 슬래쉬 사이에는 아무것도 없다. 따라서 공백문자들을 삭제하라는 의미가 된다.

메타심볼 : 메타심볼은 보통의 문자 앞에 백슬래쉬가 있는 문자 서열이다. 이 메타심볼은 펄 정규표현식이나 큰따옴표를 한 문자열에서 특별한 의미를 갖는다.

\t 탭

\f 라인피드

\r 캐리지 리턴

\s 모든 공백문자

표현	의미
\n	줄바꿈(new line)
\r	줄의 첫머리로 커서를 이동(carriage return)
\t	탭(tab)
\f	폼 피드(Form feed)
\v	수직탭(vertical tab)

불특정한 문자의 패턴 : 정규표현식에 있어서 불특정한 문자를 대표하는 것은 "점"(. dot)이다. 점 문자는 \n을 제외한 모든 문자를 표현한다.

```
$string =~ /./
```

은 $string이 빈 문자열('')이 아니면서 하나 이상의 개행문자로만 이루어진 문자열("\n\n\n\n")이 아니라면 참이다. 정규표현식 /a./는 "aa", "ab", "ac", "ad", "aA", "aX", "aZ"등을 포함하면 일치한다. 그 다음의 불특정한 문자표현은 [...]인데, 이를 "**문자클래스**"라고 한다. 문자클래스에는 어떤 문자도 들어갈 수 있으며, [ ]와 이 안의 문자들 전체가 하나의 문자에 대응되어 일치여부를 판단하는데 사용된다. 예를 들어,

```
/[ant]/
```

는 문자열 "ant"가 포함되어 있는지를 확인하는 것이 아니라. 문자 a, n, t 중 어떤 한 글자라도 포함되어 있는지를 확인하는 것이다.

경우에 따라서는 일치하는 문자가 아니라 일치하지 않는 문자만을 나열하는 것이 쉬울 수도 있다. 이런 경우에는 문자클래스를 ^로 시작하면 된다.

```
/[^a]/            # a가 아닌 모든 문자
/[^a-zA-Z0-9]/    # 모든 영문자와 숫자를 제외한 모든 문자
```

바로 위 정규표현식에 나타냈듯이 문자를 나열하는 대신에 범위를 나타내는 부호 '-'를 사용할 수 있다.

패턴에 양(量)의 개념을 사용하기 : 지금까지는 한 문자 또는 단순한 문자의 연속에 대해서만 이야기하였다. 하지만 이것은 정규표현식에 있어서 아주 기본적인 내용일 뿐이다. 정규표현식의 강력함은 패턴에 양(量)의 개념을 사용할 때이다. 어떤 특정한 문자 혹은 문자클래스 또는 문자클래스약부호에 양의 개념이 들어가게 되면, 문자 몇 개, 문자클래스에 해당하는 문자 몇 개 등으로 해석될 것이다. 이 양의 개념을 사용할 수 있게 하는 부호가 바로 분량부호(quantifier) ?, *, + 이다.

연산자 ?:(조건연산자), *(곱하기), +(더하기)와 혼동하지 말기 바란다. 이 분량부호들은 단지 패턴일치연산자 내에서만 사용되므로 혼동할 일은 없을 것이다. ? 부호는 이 부호 바로 앞의 문자가 0 또는 1개가 있음을 의미하고, * 부호는 0 또는 1개 이상, + 부호는 1개 이상을 의미한다.

```
/colou?r/     # ? 바로 앞의 문자 u가 0개 또는 1개가 있으면
              되므로 "color" 또는 "colour"를 만족시킨다.
/hm*/         # 문자 m이 0개 또는 1개 이상이므로, "h", "hm",
              "hmm", "hmmm"... 등을 모두 만족시킨다.
/[aeiou]?/    # 모음이 0개 또는 1개
```

**특수변수 $`, $&, $' :** 이 변수들은 마지막으로 패턴이 일치된 문자[열]을 기준으로 앞의 문자열($`), 실제 일치된 문자[열]($&), 일치된 문자[열] 뒤의 문자열($')을 의미한다.

이 변수들을 이용하면, 문자열을 분할하거나 정규표현식의 오류를 찾아내는 일이 편리해 진다.

use와 require : 라이브러리에는 많은 서브루틴이 있다. 주프로그램에서

```
require '/home/Mylib/lib.pl';
```

을 작성하여 라이브러리 안에 있는 서브루틴의 사용을 준비하고, 실제로 몇 개의 서브루틴만 호출한다고 할 때, 펄은 실제 호출 되는 서브루틴만을 컴파일하여 사용하고, 나머지들은 효율을 위하여 컴파일하지 않는다. require가 제대로 동작하기위해서는, require에 인수로 사용되는 라이브러리 파일이 "접근 가능한 곳"에 있어야 한다. 펄은 이 "접근 가능한 곳"을 특수배열 @INC에 지정하여 둔다. 이 배열은 펄을 설치할 때 지정되며, 이 배열에 어떤 내용이 들어있는지 알아보려면 명령 프롬프트에서 다음과 같이 하면 된다.

```
perl -e "print qq!@INC\n!"
```

출력되는 내용은 여러분의 시스템에 있는 몇 개의 디렉토리들일 것이다. 예를 들면 C:\perl\site\lib, C:\perl\lib 이며, 현재 디렉토리를 가리키는 .(점, dot)이 항상 포함되어 있다.

"객체지향적 프로그래밍"과 관련된 use 라는 함수는 require와 유사하게 다른 라이브러리를 불러들일 때 사용한다.

그러나 use 함수는 펄 프로그램이 컴파일되는 시점에서 미리 실행된다. 따라서 펄에는 use를 사용한 라이브러리 호출 시에 사용할 수 있도록 lib이라는 모듈을 제공한다. 이 모듈을 사용하면 배열 @INC에 지정된 디렉토리들 외의 디렉토리에 존재하는 모듈들도 사용할 수 있다.

```
use lib( '/home/Mylib' );
use MyModule;
```

연습 문제

❶ 다양한 모티프 검색이 가능하도록 모티프서열을 사용자로부터 입력받을 수 있도록 프로그램을 변경해보자.

❷ join 함수를 사용하여 $seq에 서열을 저장할 수 있도록 MyPerlModule.pm 파일의 extract_sequence_from_fasta_data 서브루틴을 수정해 보자.

〈참고문헌〉

1. Perl for biologists(http://www.woolfit.net/perl/)

3장 바이오펄과 GenBank

3.1 미국국립생명공학정보센터 (NwCBI)

유전자나 단백질에 관한 정보는 NCBI(http://www.ncbi.nlm.nih.gov)에서 얻을 수 있다. NCBI는 생명과학 논문 인덱스 데이터베이스인 PubMed, 염기서열 데이터베이스인 GenBank를 비롯하여 다양한 정보와 분석도구들을 제공하고 있다.

3.1.1 NCBI 검색

위에서 보듯 NCBI의 모든 데이터베이스를 통합 검색한 결과를 GQuery 홈페이지에서 보여준다. NCBI 홈에서 데이터베이스 종류를 디폴트 값인 "All Databases"로 놔두고 질의어로 'O157 verotoxin'이라고 입력한 다음, Search 단추를 클릭한 결과 화면이다. GQuery 홈페이지에 나타나는 메뉴는 Literature, Health, Nucleotide Sequences, Genomes, Genes, Proteins, Chemicals, Pathways 등이다. GQuery를 이용하면 검색어와 관련된 문헌 정보, gene과 protein 서열 정보, 대사회로 정보 등 다양한 정보를 얻을 수 있다.

만약 이 주제어에 대해 자주 또는 체계적인 검색이 필요하다면 html 문서에 아래처럼 링크하여 두면 편리하다. 어떠한 결과가 화면에 나타나는지 http://www.ncbi.nlm.nih.gov/gquery/?term=O157+verotoxin 을 눌러보자.

GQuery는 NCBI의 모든 데이터베이스를 통합 검색할 때 사용된다. 만일 문헌정보, 혹은 서열정보 등과 같이 특정 정보에만 관심이 있다면 해당 데이터베이스를 선택해서 검색할 수 있다.

GQuery 검색 결과 화면이다.

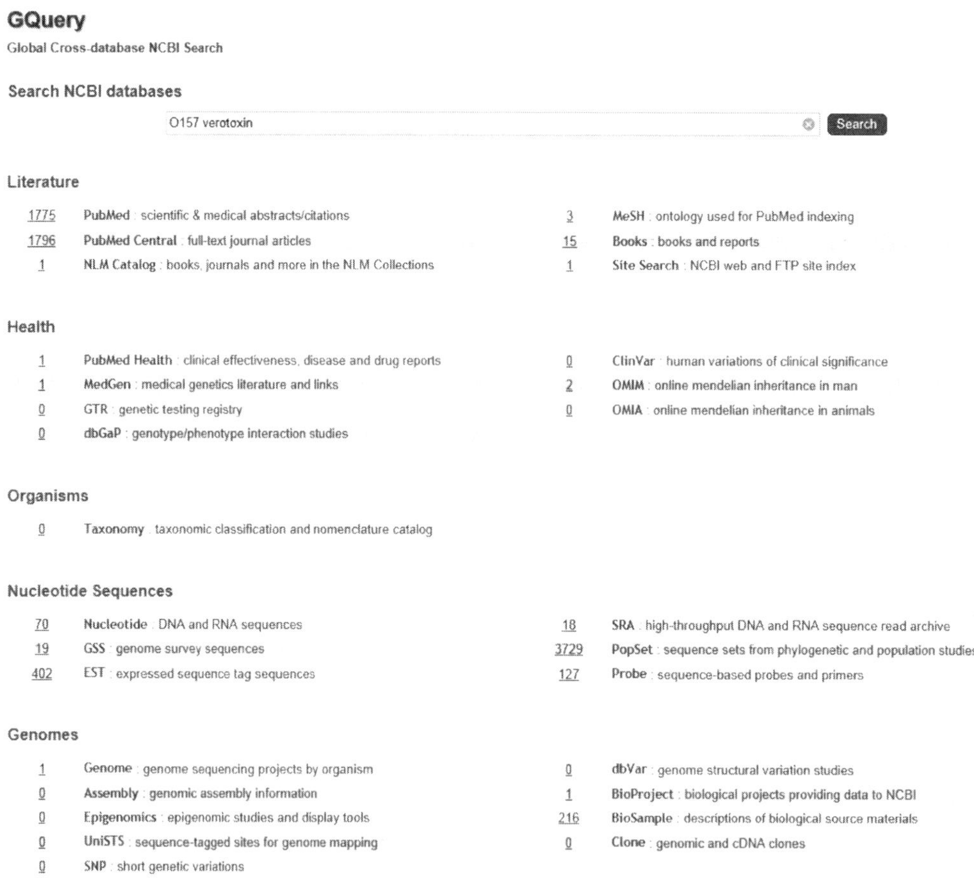

3.1.2 PubMed를 이용한 자료검색

PubMed를 이용하여, 미국국립의학도서관에서 소장하고 있는 MEDLINE의 학술논문을 검색할 수 있다. 검색한 문헌 정보에는 이와 관련된 GenBank의 DNA 서열, 단백질 서열 등과 링크되어 있어 쉽게 관련 정보도 획득할 수 있다.

PubMed를 이용한 문헌 정보의 검색은 앞 절에서처럼 NCBI 홈페이지에서 직접 할 수 있다. 데이터베이스 종류를 PubMed로 선택하고 O157 verotoxin이라는 검색어로 검색을 한다면 1775개의 문헌을 찾아준다. http://www.ncbi.nlm.nih.gov/pubmed/?term=O157+verotoxin 을 눌러 신속하게 확인하여 보자.

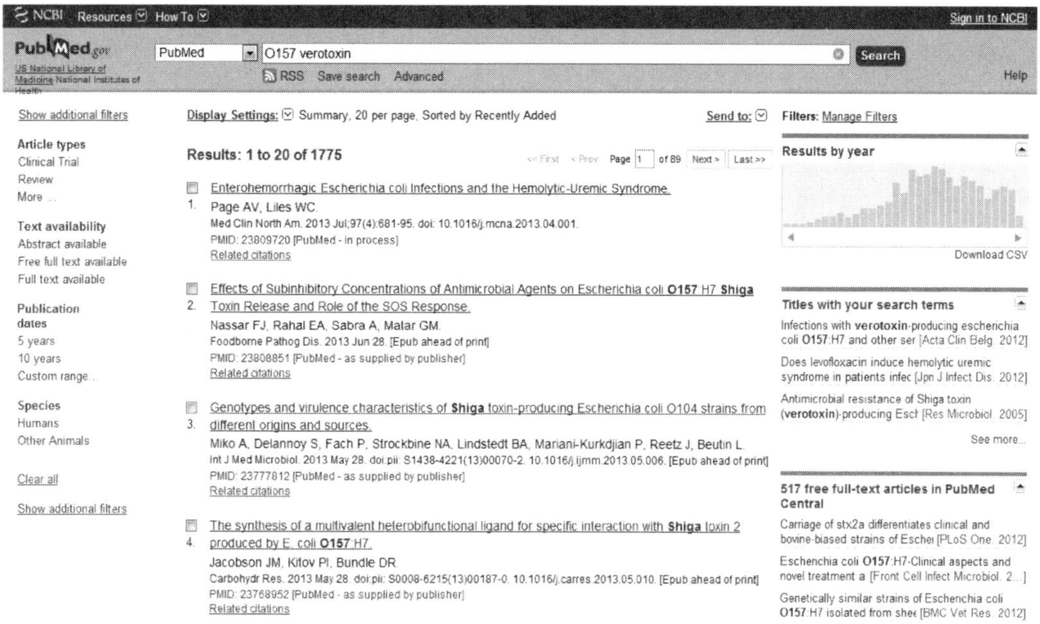

위의 그림에서 보는바와 같이 총 1775개의 문헌 중에서 1-20까지를 먼저 보여주고 있다. 첫 번째 저자명, 논문제목, 학술지명, 날짜, 권수, 호수, 쪽수 등이 주어져 있다. 각 문헌의 초록을 보려면 링크되어 있는 이름 부분을 누르면 된다. 만약 여러 문헌을 택하여 한꺼번에 보려면 번호 앞에 있는 체크박스에 표시를 한 다음에 display 단추를 누르면 된다.

3.1.3 DNA 서열 정보 획득

NCBI의 홈페이지에서 데이터베이스 종류를 "nucleotide" 로 선택하고, 검색어를 위와 마찬가지로 "O157 verotoxin" 으로 검색해 보자. 검색된 자료의 요약 정보를 보여주고 있다. 이중에서 좀 더 자세히 살펴보고 싶은 서열의 체크박스를 선택한 다음 "Display Settings"의 화살표를 눌러 Format을 GenBank (full)라디오버튼을 누르고, Apply 단추를 누르자.

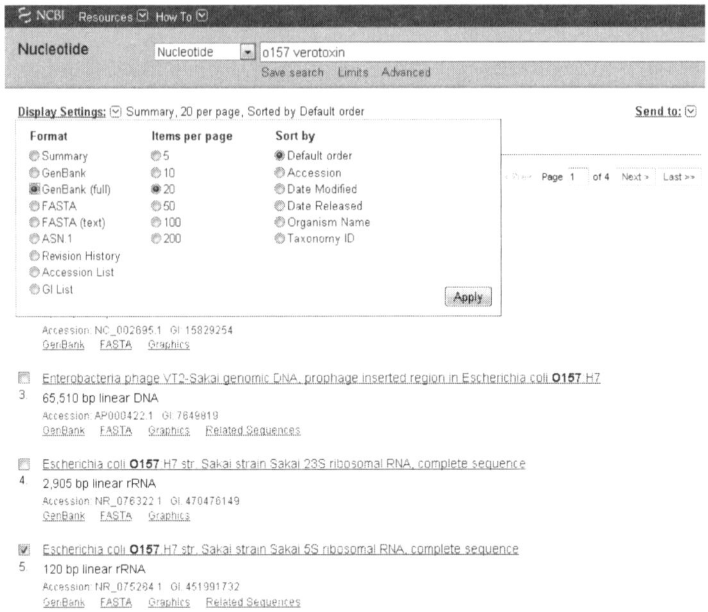

그러면, 다음 화면과 같이 해당 서열의 GenBank 형식 자료를 보여 준다. 이 형식을 눈여겨보자. 앞으로 자세히 설명될 것이고, 자주 다루어야 할 포맷이기 때문이다. 요약컨대, 제일 윗부분에 서열의 ID와 간단한 설명, 그리고 참고문헌 등이 나오며, 후반부에 서열에 대한 설명 즉 features 와 서열이 나온다.

또한 더 상세한 정보들은 링크되어 있다. 예를 들어 ORGANISM에 대한 상세 정보를 보려면 해당 링크를 클릭하면 된다.

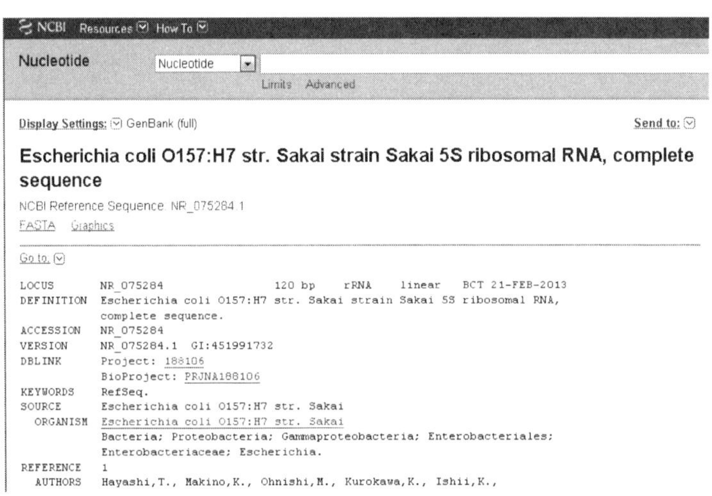

------------------------ 중간 생략 ------------------------

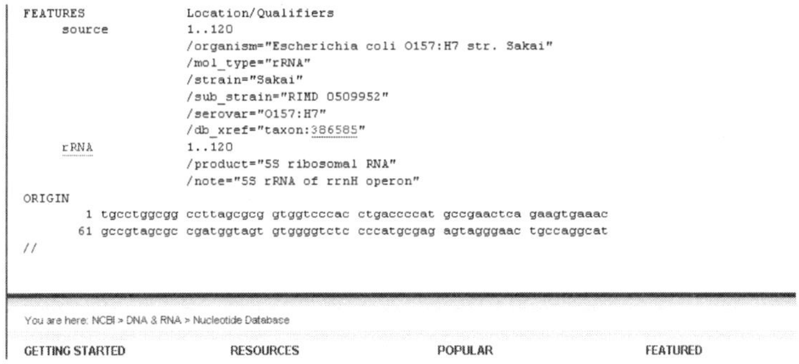

이제 이 서열 정보를 내 컴퓨터로 가져와 보자. 좌상단에 있는 Send to 의 화살표를 누르자. File 라디오버튼을 선택하고 Create File을 클릭한다.

그러면 GenBank 포맷의 파일을 저장할 수 있다. 파일 이름과 저장 장소를 잘 기억해서 해당 파일을 노트패드로 열어 확인해 보자.

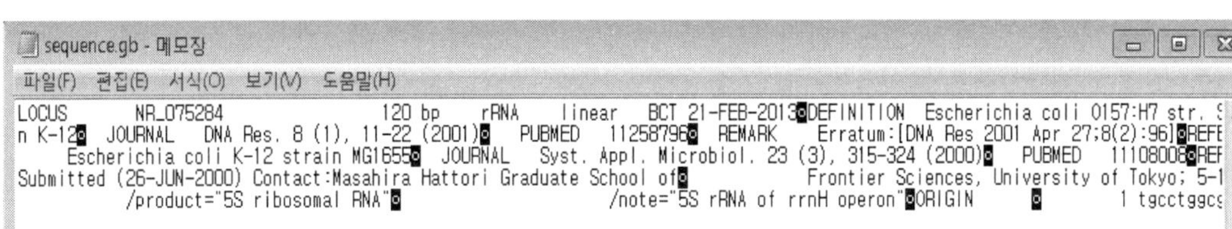

이 파일을 이번에는 워드패드로 열어보자. 텍스트로 저장을 하여 덮어쓰기 한 다음 노트패드로 다시 열어보자.

질서 정연하게, 일정한 형식에 따라 정리되어 있음을 알 수 있다. 그러면 우리가 행한 일련의 과정 중에서 어떤 일이 벌어진 것일까? 생각해 보자.

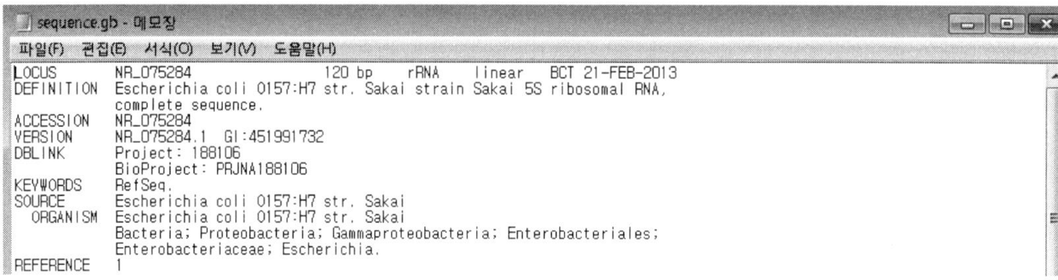

```
sequence.gb - 메모장
파일(F) 편집(E) 서식(O) 보기(V) 도움말(H)
LOCUS       NR_075284                120 bp    rRNA    linear   BCT 21-FEB-2013
DEFINITION  Escherichia coli O157:H7 str. Sakai strain Sakai 5S ribosomal RNA,
            complete sequence.
ACCESSION   NR_075284
VERSION     NR_075284.1  GI:451991732
DBLINK      Project: 188106
            BioProject: PRJNA188106
KEYWORDS    RefSeq.
SOURCE      Escherichia coli O157:H7 str. Sakai
  ORGANISM  Escherichia coli O157:H7 str. Sakai
            Bacteria; Proteobacteria; Gammaproteobacteria; Enterobacteriales;
            Enterobacteriaceae; Escherichia.
REFERENCE   1
```

3.1.4 NCBI에서 제공하는 데이터 형식

DNA 서열은 GenBank 형식 외에도 FASTA, ASN.1, XML, Feature Table, Accession List, GI List 등 다양한 형식으로 다운 받을 수 있다. 이중에서 앞으로 자주 사용하게 될 FASTA 형식으로 저장해 보자. 이번에는 워드패드로 열어 바로 저장하고 노트패드로 열어 본다.

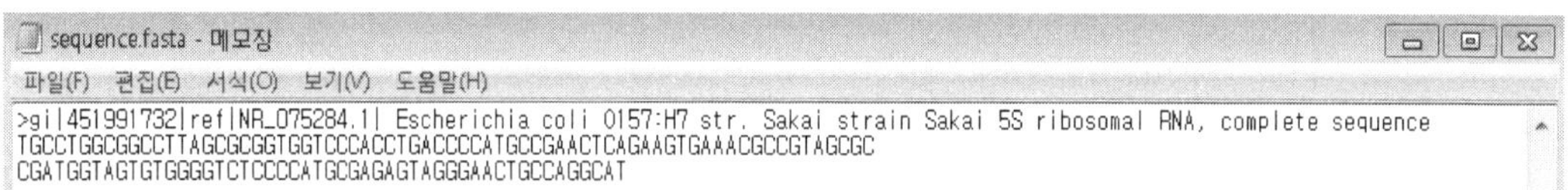

```
sequence.fasta - 메모장
파일(F) 편집(E) 서식(O) 보기(V) 도움말(H)
>gi|451991732|ref|NR_075284.1| Escherichia coli O157:H7 str. Sakai strain Sakai 5S ribosomal RNA, complete sequence
TGCCTGGCGGCCTTAGCGCGGTGGTCCCACCTGACCCCATGCCGAACTCAGAAGTGAAACGCCGTAGCGC
CGATGGTAGTGTGGGGTCTCCCCATGCGAGAGTAGGGAACTGCCAGGCAT
```

첫 줄은 반드시 〉 기호로 시작해야 하고, 이어 간단한 정보가 나온다. 둘째 줄부터는 서열이 나타난다. 이러한 형태를 FASTA 포맷이라 한다.

다른 포맷도 각자 확인해 보면 나중에 많은 도움이 될 것이다.

이번엔 검색 결과화면으로 되돌아가서 모든 서열 정보의 Accession List를 받아보도록 하자. 이전에 했던 5번 서열에 대한 체크를 해제하고, Send to에서 Accession List를 태하면 70개 서열 모두에 대한 수납번호 정보를 얻을 수 있다. 이번엔 파일을 메모장에서 직접 연다.

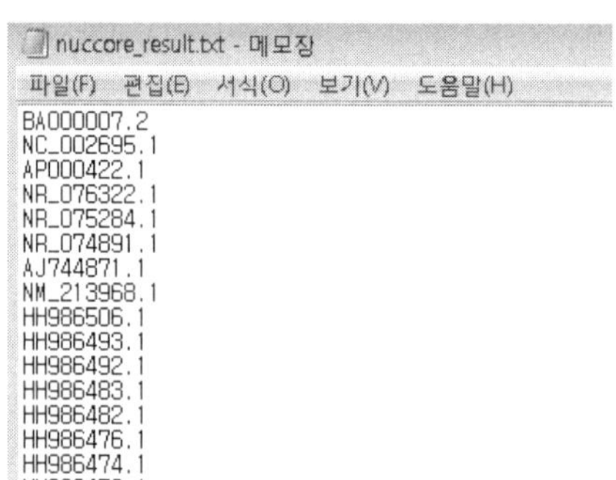

```
nuccore_result.txt - 메모장
파일(F) 편집(E) 서식(O) 보기(V) 도움말(H)
BA000007.2
NC_002695.1
AP000422.1
NR_076322.1
NR_075284.1
NR_074891.1
AJ744871.1
NM_213968.1
HH986506.1
HH986493.1
HH986492.1
HH986483.1
HH986482.1
HH986476.1
HH986474.1
HH986472.1
```

아래 부분을 생략했지만 70개 서열의 수납번호가 일렬로 정리되어 있다. 이러한 파일의 형태를 아는 것이 중요한 것은 나중에 배우게 될 파일 입출력을 다루는 프로그래밍에서 반드시 필요로 하는 내용이기 때문이다.

3.1.5 GenBank의 sequence entry 구조

Sequence entry의 각 record (line)는 1-10열에 기재되는 keyword 부분과 13열부터 80열까지 기록되는 내용으로 구성되어 있다. 핵산 또는 아미노산 서열자료는 10개단위로 60개가 11열부터 75열까지 표시된다. 각 1-10열에 표시할 수 있는 keyword 종류는 아래와 같다.

- Keyword: 첫 번째 열부터 시작(예, REFERENCE).
- Subkeyword: 3번째 열부터 시작(예, AUTHORS는 REFERENCE의 subkeyword).
- Blank character(공백): keyword 없음. 앞 line 내용의 연속임을 표시한다.
- Code: 6번째 열부터 시작(예, source는 FEATURES의 하부 code).
- Number: 9번째 열에서 끝. 핵산 또는 아미노산 서열의 번호를 나타냄.
- Two slashes (//): 1,2열에 표시, entry의 끝을 나타냄.

GenBank 파일을 열어보고, 기타 키워드들에 대하여 숙지하자.

3.2 바이오펄(BIOPERL)

3.2.1 바이오펄 소개

1998년 이래 바이오인포매틱스를 위해 꾸준히 개발되고 있는 펄 모듈의 집합이 바이오펄 프로젝트이다. 바이오펄은 상용 패키지를 포함하지 않으며 Entrez나 SRS와 같은 공개 웹기반 환경을 제공한다. 다른 한편으로 바이오펄은 염기 서열을 다루기 위한 펄 스크립트 작성을 편리하게 해주는 펄 모듈의 반복적 사용을 가능하게 하고 BLAST, ClustalW,

TCoffee, Genescan, ESTscan, HMMER 등의 다양한 분자생물학 프로그램의 실행, 얻은 결과의 파싱(parsing), 그리고 서로 다른 데이터 포맷의 전환, 데이터베이스로의 접근을 용이하게 한다. 따라서 바이오펄은 기존의 전통적인 방법의 웹 기반 시스템으로는 분석하기 어렵거나 혹은 불가능한 많은 양의 서열 데이터와 텍스트 기반 데이터들을 분석 할 수 있는 스크립트 개발을 가능하게 한다. 일련의 과정을 pipeline을 구성함으로써 보다 편하게 활용할 수 있게 한다.

바이오펄은 객체 지향 프로그래밍을 지향하고 있다. 사용자는 perl references, modules, objects, methods의 개념에 대한 이해와 펄 프로그래밍 언어의 기본 정도는 알고 있어야 한다. 바이오펄에 관한 정보는 http://www.bioperl.org/에서 얻을 수 있다. CPAN(http://www.cpan.org/)에서는 필요한 각종 모듈, 패키지 등을 검색하고, 다운로드 받을 수 있다. 펄 코드나 명령 프롬프트 창 이외의 입력에서는 대소문자를 잘 구별해서 사용해야 한다.

바이오펄은 완전한 프로그램을 제공하지 않는다. 오히려 일반적이고 흔한 일 처리를 위해 상당히 크고 점차 확장되고 있는 일련의 모듈을 제공한다. 여러분은 모듈을 한데 묶는 코드를 작성할 임무가 있다. 이러한 준비된 모듈을 손쉽게 이용할 수 있게 됨으로써 바이오펄을 이용해 펄에서 더 빠르고 쉽게 바이오인포매틱스 응용 프로그램을 만들 수 있게 되었다.

대부분의 공개 소스 프로그램처럼 바이오펄은 단편화와 고르지 못한 문서화로 인해 어려움을 겪었다. 그것은 엄격히 말하자면 자원 인력이라는 점과 사람들이 지리적으로 떨어진 채로 작업을 했기 때문이었다. 그러나 2001년 4월에 0.7 버전 배포 프로그램을 이끌어 내는 프로젝트와 관련한 최근의 업적은 이 프로젝트를 더 한 층 발전시켰다. 특히 여러분이 코드를 잘 활용할 수 있게 하는 모듈 사용에 대한 안내가 잘 되어 있다.

난제가 아직 좀 남아있기는 하다. 대부분의 코드가 유닉스나 리눅스에서 개발되었기 때문에 모두가 윈도우에서 잘 작동하는 것은 아니지만 대부분은 큰 문제가 없다. 강조하고 싶은 것은 여러분이 프로그램이 간혹 제대로 작동하지 않는 것을 보게 될 수도 있다는 점이다.

만일 여러분이 바이오펄을 사용해보고자 한다면 우선 설치된 펄이 최신 버전인가 하는 점을 확인해야 한다.

3.2.2 바이오펄 설치

바이오펄을 윈도우에서 설치하는 방법은 4가지가 있다. 그러나 안내서를 따라 해도 설치가 제대로 되는 경우는 흔치 않다. 무엇이 문제인지, 제대로 되지 않아도 배울 바는 많다. 여러분들이 펄에 대해 좀 더 깊이 이해할 수 있게 되리라 믿는다. 초기 펄이 주로 유닉스나 리눅스를 기반으로 해서 개발되었기 때문이다. 설치 안내서는 http://www.bioperl.org/wiki/Installing_BioPerl_on_Windows에 있다.

ActivePerl로 설명을 하고 있지만 Strawberry 펄의 경우는 약간의 차이가 있다는 점도 알아두자. ActivePerl이 설치되어 있는 윈도우 운영체제를 사용하는 사용자는 명령프롬프트를 실행한 후에 PPM(Perl Package Manager)을 실행한다. 명령 프롬프트 창에서 ppm이라고 치던가 아니면 윈도우의 시작을 누르면 PPM 아이콘이 보인다. 아이콘을 누르자.

```
edit -> preferences
view -> all packages
```

다음 검색창에 bioperl 이라고 친다. PPM으로는 버전 1.6.1을 설치할 수 있다. 2013.7월 현재 버전 1.6.9가 배포되고 있다.

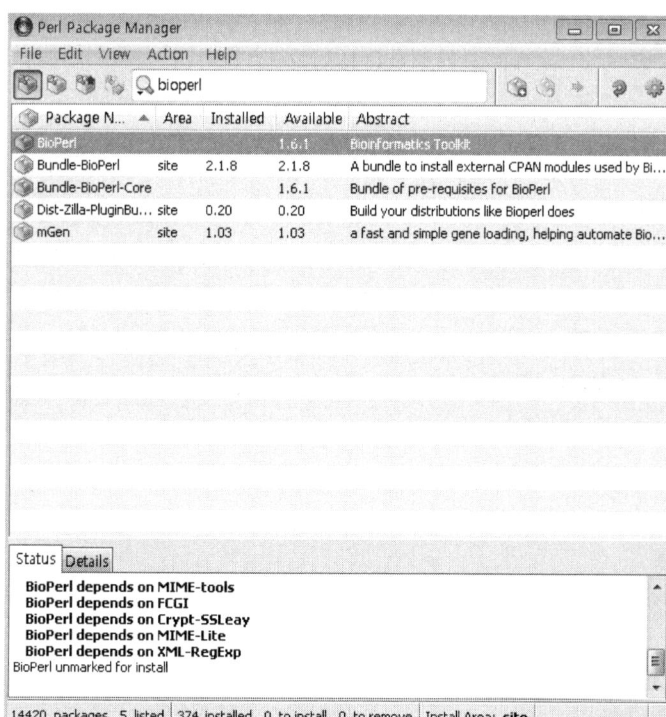

아래쪽 status 부분에서 알려주는 대로 BioPerl을 설치하기 전에 필요한 5개의 package를 search에서 찾아 mark를 하고 난 후 bioperl을 mark한다. 다음 파란 화살표를 눌러 설치를 한다.

성공!!

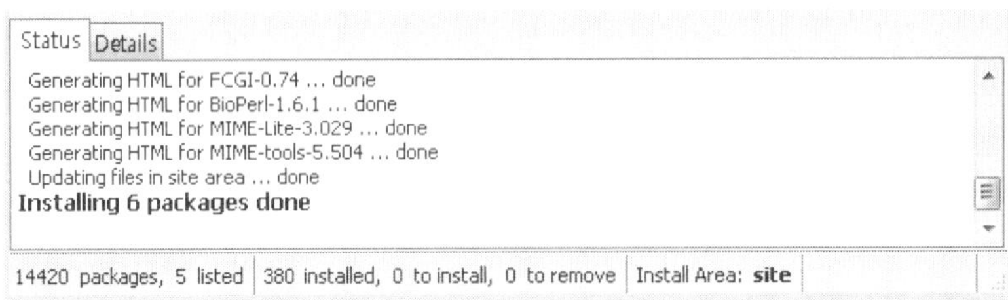

위 화면처럼 status 창에 6 패키지가 추가로 설치되었음을 알려준다.

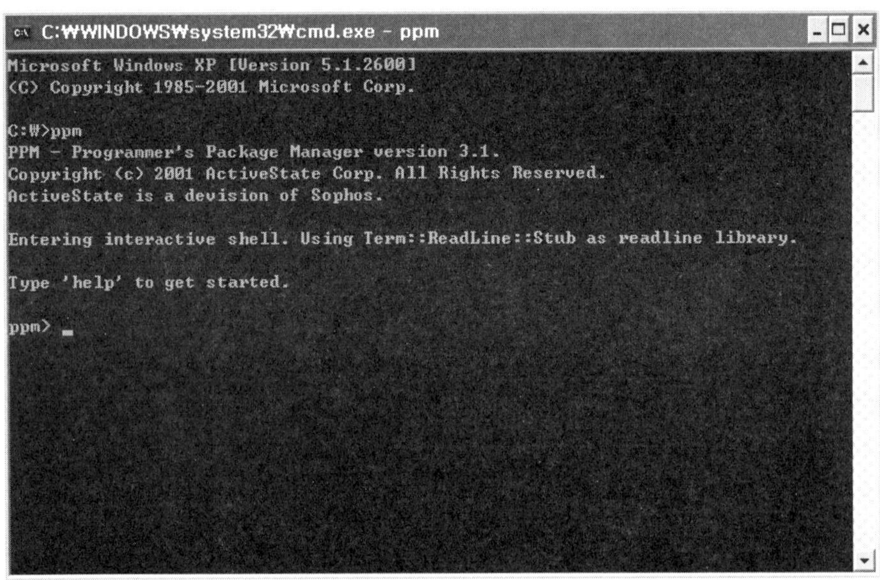

다음으로 'repository add bioperl http://bioperl.org/DIST'를 입력하면 다음과 같은 화면을 볼 수 있다.

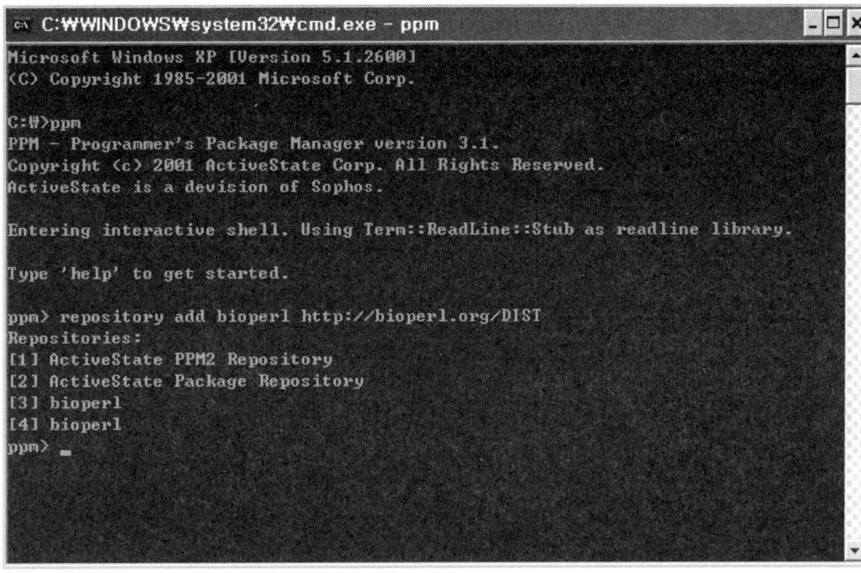

그리고 'search bioperl'을 실행하면 바이오펄의 여러 가지 버전 중에서 어떤 것을 설치 할 것인지 묻게 된다. 버전을 선택하지 않고 install을 실행하시기 바란다.

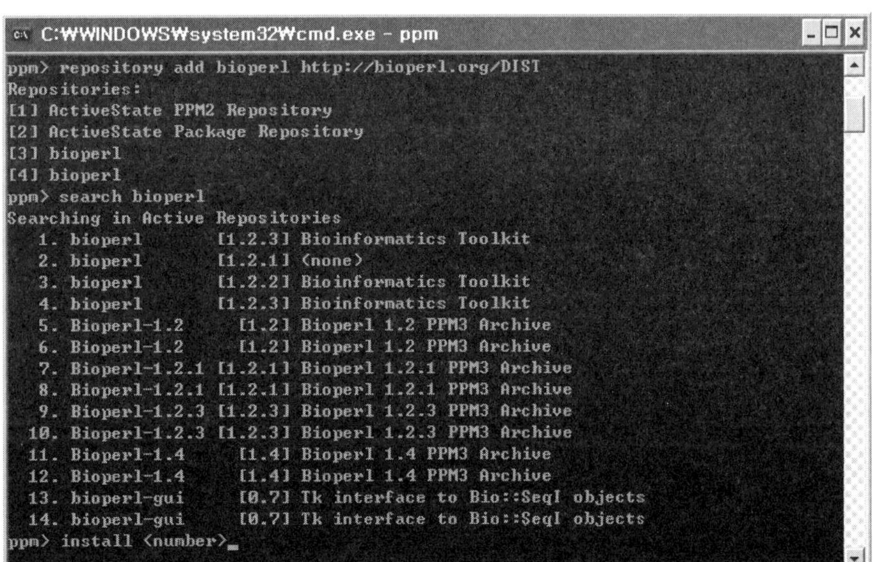

설치가 끝난 후 바이오펄은 펄이 설치되어 있는 디렉토리의 /perl/site/lib/ 에 설치되게 된다. 여기까지 확인 하였으면 여러분은 바이오펄을 제대로 설치 한 것이다. 설치 후 bptutorial.pl을 실행하거나 문서편집기로 열어서 반드시 읽어 보기 바란다.

GUI 기반 PPM이 잘되지 않는다면 명령프롬프트를 이용할 수도 있다. 명령 프롬프트에서 ppm-shell 이라고 입력한 다음

```
ppm> repo
```

를 입력하면 설치된 repository를 알 수 있다. PPM-Repositories 를 설치해 보자.

```
ppm> install PPM-Repositories
```

바이오펄 1.6.1 에서는 적어도 다음과 같은 repositories가 필요하다.

```
ppm> repo add http://bioperl.org/DIST
ppm> repo add uwinnipeg
ppm> repo add trouchelle
```

이제 준비가 끝났다. 바이오펄을 설치한다.

```
ppm> install BioPerl
```

ActiveState Perl 5.10을 사용하고 있으면 SOAP::Lite 때문에 문제가 생긴다.
만일 문제가 있다면,

```
ppm> repo
```

그러면 설치된 repositories 현황을 알 수 있다.

```
| id |   pkgs | name                              |
```

```
|  1 | 11431 | ActiveState Package Repository   |
|  2 |    14 | bioperl.org                      |
|  3 |   291 | uwinnipeg                        |
|  4 | 11755 | trouchelle                       |
```

만일 위와 같이 나타났다면, 아래 명령을 수행한다. 다르다면 그에 맞춰 수정해야 한다. ActiveState, trouchelle repos를 정지시킨다.

```
ppm> repo off 1
ppm> repo off 4
```

SOAP-Lite-0.69를 uwinnipeg으로부터 설치한다.

```
ppm> install SOAP-Lite
```

ActiveState, trouchelle를 다시 킨다.

```
ppm> repo on 1
ppm> repo on 4
```

이제 바이오펄을 설치한다.

```
ppm> install BioPerl
```

perl 설치할 때 gcc 컴파일러가 컴퓨터에 설치되어 있지 않아 펄 요소 중 일부가 설치되지 않는 경우가 있다. 예를 들어 IPC-Run 패키지가 문제가 되는 경우는 아래 CPAN 싸이트에서 내려 받아 펄의 lib 폴더인 c:/perl/lib 나 c:/perl/site/lib에 IPC 서브폴더 이름으로 몽땅 풀어 넣으면 된다.

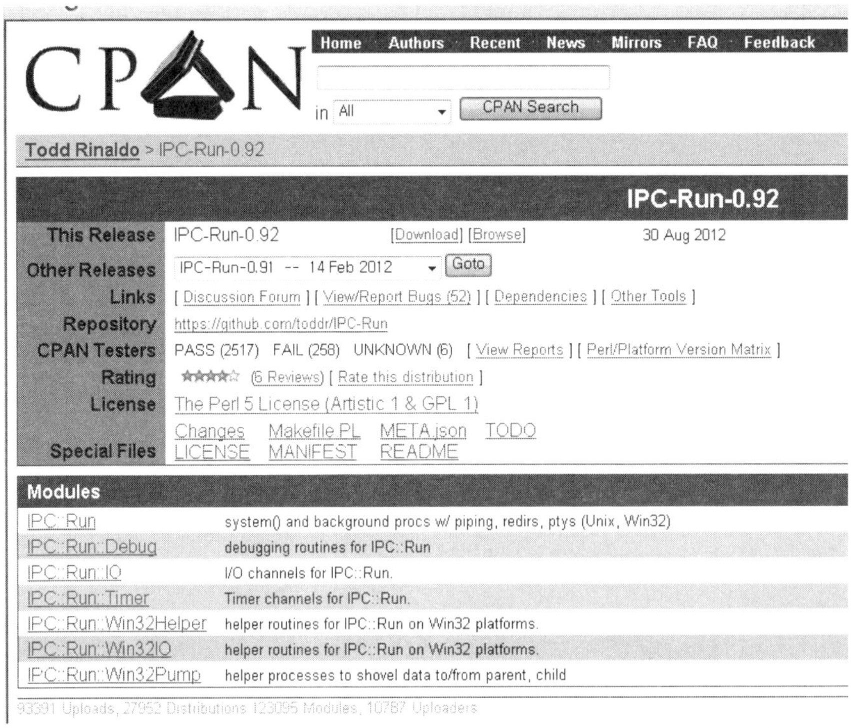

이처럼 사용 도중에 특정 모듈이 없어서 문제가 되는 경우는 해당 모듈을 적당한 위치에서 풀어주면 된다. 또한 모듈 중에서 ppm이 지원하지 않는 모듈이 있는데, 이 경우는 아래와 같이 설치한다. strawberry perl의 경우도 마찬가지다.

3.2.3 모듈 설치

cpanm 명령을 쓰게 되면 디렉토리 구조에 신경을 쓰지 않아도 자동적으로 복사해 주고, 이 모듈이 활용되는 환경이 제대로 갖추어졌는지 검사도 해 준다. 의존적인 모듈이 없다면 그 모듈도 함께 깔아준다.

우선 CPAN을 upgrade 하자. 명령 프롬프트 창에서 cpan 이라고 입력하면 프롬프트가 cpan>으로 바뀐다. install CPAN을 입력한다.

```
cpan>install CPAN
```

버전 2.0으로 업그레이드되었다. 다음에 reload cpan을 입력한다.

```
cpan>reload cpan
```

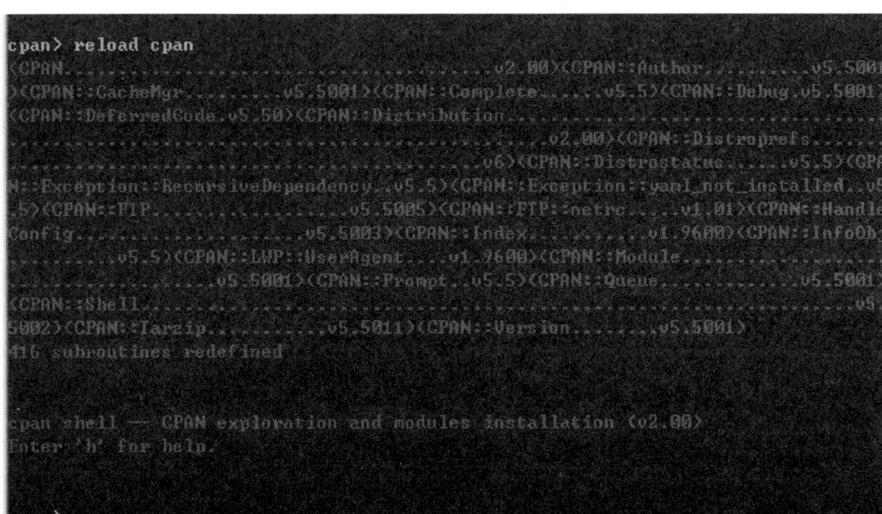


```
cpan>quit
```

를 입력하여, 명령 프롬프트 창으로 다시 빠져나온 뒤 임의의 디렉토리에서

```
cpan App::cpanminus
```

를 입력하자. 이제 명령 프롬프트 창에서 cpanm IPC::Run이라고 입력하면,

```
C:₩Users₩Young-Kim>cpanm IPC::Run
Set up gcc environment - 3.4.2 (mingw-special)
--> Working on IPC::Run
Fetching http://www.cpan.org/authors/id/T/TO/TODDR/IPC-Run-0.92.tar.gz ... OK
Configuring IPC-Run-0.92 ... OK
Building and testing IPC-Run-0.92 ... OK
Successfully installed IPC-Run-0.92
1 distribution installed

C:₩Users₩Young-Kim>
```

패키지가 성공적으로 설치된다. 설치된 디렉토리는 C:\perl\site\lib\IPC이며 이 폴더에 5개의 모듈이 설치되어 있다.

3.3 바이오펄 모듈

바이오펄에서 자주 사용하는 모듈을 정리한 것이다.

Modules	Description
Bio::Seq	Sequences and their properties
Bio::SeqIO	Sequence data input/output
Bio::Index	Flat-file sequence database indexing and retrieval
Bio::DB	Remote database access for sequences and references via HTTP
Bio::DB::GFF	SQL GFF database for DAS and GBrowse backends
Bio::SeqFeature	Annotations or features that have a sequence location
Bio::Annotation	Generic annotations such as Comments and References
Bio::AlignIO, Bio::SimpleAlign	Multiple sequence alignments and their Input/Output
Bio::LiveSeq, Bio::Variation	Sequence variations and mutations
Bio::Search, Bio::SearchIO	Sequence database searches and their Input/Output
Bio::Tools	Miscellaneous analysis tools
Bio::Tools::Run	Wrapper for executing local and remote analyses
Bio::Tree, Bio::TreeIO	Phylogenetic trees and their Input/Output
Bio::Structure	Protein structure data
Bio::Map, Bio::MapIO	Biological maps and their Input/Output
Bio::Biblio, Bio::DB::Biblio	Bibliographic References and Database retrieval
Bio::Graphics	Graphical displays of sequences

바이오펄의 모듈은 1000여개가 넘으며, 이들은 7개의 패키지로 나누어진다.

Bioperl Packages	Functions
bioperl (the core)	Most of the main functionality of Bioperl
bioperl-run	Wrappers to a lot of external programs
bioperl-ext	Interaction with some alignment functions and the Staden package
bioperl-db	Using Bioperl with BioSQL and local relational databases
bioperl-microarray	Microarray specific functions
bioperl-pedigree	manipulating genotype, marker, and individual data for linkage studies
bioperl-gui	Some preliminary work on a graphical user interface to some Bioperl functions

3.4 바이오펄로 GenBank 다루기

3.4.1 서열 객체 만들기

바이오펄은 객체지향적으로 쓰여졌다. 바이오펄의 모든 객체는 각기 특정한 바이오펄 모듈에 의해 만들어진다. 그렇기 때문에 어떤 객체를 만들 때는 항상 펄에게 어떤 모듈을 사용할 것인지 알려주어야 한다. 서열 객체를 만들기 위해서는 use Bio::Seq; 이라고 써야 하는데, 펄은 Bio/Seq.pm이라는 모듈을 불러 사용하게 된다.

```
use Bio::Seq;
```

이제 서열객체를 만들고 그 서열을 출력하는 프로그램을 작성해 보자. 이미 5장에서 배운 MyFirstPerl.pl에서 사용한 서열을 가지고 펄과 바이오펄 프로그램을 비교해 보자.

새로운 객체를 만들 때에는 객체 이름과 함께 항상 new() 메소드(method)를 써야한다. 이제까지는 함수나 서브루틴이란 용어를 써 왔지만 객체지향 프로그래밍에서는 메소드란 용어를 쓴다. 객체가 자신의 메쏘드를 호출할 때는 -> 기호를 쓴다. 새로운 객체를 만들 때, -seq, -display_id, -desc, -alphabet 등의 인수(argument)의 값을 설정(=>)할 수 있다.

```
$seq_obj = Bio::Seq->new(-seq => "GATACAATGCCCCGAATTCATGAGTGACTAA");
```

본 프로그램에서는 인수 중에서 -seq의 값만 지정했다.

Bio::Seq 객체의 서열을 출력하려면 Bio::Seq 모듈에 있는 seq() 메소드를 이용한다.

```
print $seq_obj->seq();
```

예제 • MyFirstBioPerl.pl - 서열 객체를 만들고, 출력하기

```
#!/bin/perl -w
use Bio::Seq;
$seq_obj = Bio::Seq->new(-seq => "GATACAATGCCCCGAATTCATGAGTGACTAA");
print $seq_obj->seq();
```

이제 완성되었다. 실행해보면 그 결과가 5장의 결과와 같음을 알 수 있다. 화면 첫줄의 경고문은 우선은 무시하자.

```
D:\source>perl MyFirstBioPerl.pl
Replacement list is longer than search list at C:/Perl/site/lib/Bio/Range.pm lin
e 251.
GATACAATGCCCCGAATTCATGAGTGACTAA
D:\source>
```

두 코드를 비교해 보면 바이오펄 프로그램이 훨씬 복잡해 보일 것이다. 우선은 참도록 하자. 익숙해지면서 보다 복잡한 문제를 다루게 되면 객체지향 프로그램 언어인 바이오펄의 힘을 느끼게 될 것이다.

이번에는 객체의 서열을 파일에 저장하는 방법을 알아보자. 앞의 예제를 이용한다. 단 이번에는 다른 인수들도 값을 설정해 주자. -display_id, -desc 등은 해당 서열이 잘 묘사되도록 적절하게 값을 부여하면 된다. -alphabet 인수는 dna, rna, protein 중에서 하나의 값을 갖는다. 그리고 앞의 예제에선 서열을 출력하는 것으로 그쳤지만, 이번에는 파일에 저장하기 위해 세 줄의 코드가 더 필요하다.

파일을 다루어야 하기 때문에 표준입출력 객체인 Bio::SeqIO를 이용하여

```
use Bio::SeqIO;
```

new 메소드로 파일 객체를 생성해야 한다. 인수로는 파일명과 파일형태가 있다. 파일 포맷은 fasta, genbank 등이 있다. 아래 코드 중에서 파일 이름 앞에 있는 〉는 생성과 동시에 파일을 열라는 뜻이다.

```
$seqio_obj = Bio::SeqIO->new(-file => '>ch5-1.fas', -format => 'fasta' );
```

피일에 쓰기 위해서는 write_seq 메소드를 호출하면서 $seq_obj 객체를 인수로 $seqio_obj 객체에 전달하면 된다.

```
$seqio_obj->write_seq($seq_obj);
```

이제 ch31.pl을 실행해 보자.

예제 • ex31.pl - 서열을 파일에 쓰기

```
#!/bin/perl -w
use Bio::Seq;
use Bio::SeqIO;
$seq_obj = Bio::Seq->new(-seq => "GATACAATGCCCCGAATTCATGAGTGACTAA",
                         -display_id => "ID_20130719",
                         -desc => "example sequence",
                         -alphabet => "dna" );
print $seq_obj->seq();
$seqio_obj = Bio::SeqIO->new(-file => '>ex31.fas', -format => 'fasta' );
$seqio_obj->write_seq($seq_obj);
exit;
```

실행한 결과 화면은 앞의 예제와 같다. 다른 점은 새로운 파일(ex31.fas)이 현 디렉토리에 생겼다는 것이다. type 도스 명령어로 파일 내용을 확인해 보자.

```
D:\source>perl ex31.pl
Replacement list is longer than search list at C:/Perl/site/lib/Bio/Range.pm lin
e 251.
GATACAATGCCCCGAATTCATGAGTGACTAA
D:\source>type ex31.fas
>ID_20130719 example sequence
GATACAATGCCCCGAATTCATGAGTGACTAA

D:\source>
```

화면에서 보는 바와 같이 FASTA 포맷의 서열 파일이 생성되었는데, 헤더 부분이 인수로 전달한 값으로 묘사되어 있다.

이번에는 fasta 대신 genbank 포맷으로 파일을 생성해 보자. 위의 코드 중에서 파일 생성 시 전달하는 인수의 값만 수정하면 된다.

```
new(-file => '>ex31.gbk', -format => 'genbank' );
```

실행하여 생성된 ex31.gbk 파일을 type 명령으로 출력해 보면,

```
D:\source>perl ex31-1.pl
Replacement list is longer than search list at C:/Perl/site/lib/Bio/Range.pm lin
e 251.
UNIVERSAL->import is deprecated and will be removed in a future perl at C:/Perl/
site/lib/Bio/Tree/TreeFunctionsI.pm line 94.
GATACAATGCCCCGAATTCATGAGTGACTAA
D:\source>type ex31.gbk
LOCUS       ID_20130719              31 bp    dna     linear   UNK
DEFINITION  example sequence
ACCESSION   unknown
FEATURES             Location/Qualifiers
ORIGIN
        1 gatacaatgc cccgaattca tgagtgacta a
//

D:\source>
```

GenBank 파일 포맷으로 파일이 생성되었음을 알 수 있다. 같은 작업을 펄로 프로그래밍하려면 훨씬 복잡하고 긴 코드가 필요할 것이다.

3.4.2 파일에서 서열 추출하기

앞의 예제에서는 new 메소드로 파일을 생성함과 동시에 쓰기 위해서 파일 열기를 하였지만 읽기 위해서는 > 이 필요 없다.

```
new(-file => 'ch5-1.fas', -format => 'fasta' );
```

Bio::SeqIO 의 next_seq 메소드는 SeqIO 객체에서 다음으로 취할 수 있는 서열을 얻기 위해 사용한다. 서열의 끝까지 출력할 수 있도록 while 반복문을 쓴다.

```
while ($seq_obj = $seqio_obj->next_seq)
```

예제 • ex31.pl - 서열을 파일에 쓰기

```
#!/bin/perl -w
use Bio::SeqIO;
$seqio_obj = Bio::SeqIO->new(-file => "ch31.fas", -format => "fasta" );
while ($seq_obj = $seqio_obj->next_seq){
   print $seq_obj->seq,"₩n";
}
```

실행 결과는 서열 출력 형태 면에서 앞의 예제 ch31.pl과 같다.

그러나 코드의 양을 비교해 보라. 바이오펄의 편리함을 느끼겠는가?

3.4.3 데이터베이스에서 서열 가져오기

바이오펄의 강점은 포맷에 상관없이 모든 소스, 파일, 원격 DB, 로칼 DB 상관없이 정보를 추출할 수 있다는데 있다. 모듈만 사용하면 된다. GenBank는 Bio::DB::GenBank를 이용하면 되고, 다른 DB도 GenBank와 유사하게 해당 모듈을 쓰면 된다. SwissProt (Bio::DB::SwissProt), GenPept (Bio::DB::GenPept), EMBL (Bio::DB::EMBL), Entrez

Gene (Bio::DB::EntrezGene), RefSeq (Bio::DB::RefSeq) 등 다양한 모듈이 준비되어 있다.

```
use Bio::DB::GenBank;
```

이제 데이터베이스 객체를 만들 차례이다. 역시 new로 생성하는데, 인수는 생략한다.

```
$db_obj = Bio::DB::GenBank->new;
```

인수는 데이터베이스 객체의 메소드를 호출할 때 전달한다. accession 번호를 인수로 하는 get_Seq_by_acc 메소드가 있고, 버전을 붙인 accession 번호(예, X07903.1)를 인수로 하는 get_Seq_by version, 그리고 GenBank의 GI 번호를 인수로 하는 get_Seq_by_id 등이 있다.

```
$seq_obj = $db_obj->get_Seq_by_acc("X07903");
$seq_obj = $db_obj->get_Seq_by_version("X07903.1");
$seq_obj = $db_obj->get_Seq_by_id("46946");
```

일반 텍스트 파일이 아닌 한글 파일 등에서 인수를 따옴표와 함께 복사해서 메모장으로 붙여넣기 하면 에러가 발생한다. 반드시 메모장에서 직접 따옴표를 입력해야 한다.

예제 • ex33.pl - 데이터베이스에서 서열 가져오기

```
#!/bin/perl -w
use Bio::Seq;
use Bio::DB::GenBank;
$db_obj = Bio::DB::GenBank->new;
$seq_obj = $db_obj->get_Seq_by_id("46946");
print $seq_obj->seq,"₩n";
exit;
```

실행하면 아래와 같이 NCBI로부터 해당 서열을 가져왔음을 볼 수 있다.

GenBank의 경우는 좀 더 효율적인 방법이 있다. Bio::DB::Query::GenBank 모듈을 이용하는 것이다. 예를 들어 GenBank Nucleotide에 등록되어 있는 Shigella 독소 유전자를 모두 받기 위해서는 우리가 NCBI 검색 창에서 데이터베이스를 nucleotide로 선택하고, 질의어를 입력할 때와 마찬가지로 펄 코드에 질의어를 삽입한다.

```
$query = "Shigella[ORGN] AND toxin[TITL] and 0:3000[SLEN]";
$query_obj= Bio::DB::Query::GenBank->new(-db => 'nucleotide', -query => $query );
```

서열 객체 하나를 가져올 때는 $seq_obj와 get_Seq_by_id 등을 쓰지만
여러 서열 객체를 가져올 때는 $stream_obj와 get_Stream_by_query 메소드를 사용한다.

```
$stream_obj = $gb_obj->get_Stream_by_query($query_obj);
```

다음과 같이 $seq_obj-> 아래에 서열, ID, 길이 등 사용자가 원하는 다양한 메소드(아래 표 참조)를 이용하여 쉽게 정보를 추출할 수 있다.

```
print $seq_obj->display_id, "\t", $seq_obj->length, "\n";
```

```
#!/bin/perl -w
use Bio::Seq;
use Bio::DB::GenBank;
use Bio::DB::Query::GenBank;
$query = "Shigella[ORGN] AND toxin[TITL] and 0:3000[SLEN]";
$query_obj= Bio::DB::Query::GenBank->new(-db => 'nucleotide', -query => $query );
$db_obj = Bio::DB::GenBank->new;
$stream_obj = $db_obj->get_Stream_by_query($query_obj);
while ($seq_obj = $stream_obj->next_seq) {
  print $seq_obj->display_id, "₩t", $seq_obj->length, "₩n";
}
exit;
```

(**주의 1**: 직접 NCBI에서 많은 서열데이터를 가져오기 위해 반복문을 쓰면 여러분의 IP를 막아 버린다. 따라서 GenBank의 필요한 데이터를 ftp로 내려 받아 사용하자.)
(**주의 2**: 최근 nucleotide 데이터에는 유전체 서열이 다수 포함되어 있어, 추출할 서열의 길이를 제한하지 않으면 매우 긴 유전체 서열 때문에 여러분의 컴퓨터가 곤란을 당할지 모른다.)

결과 화면이다.

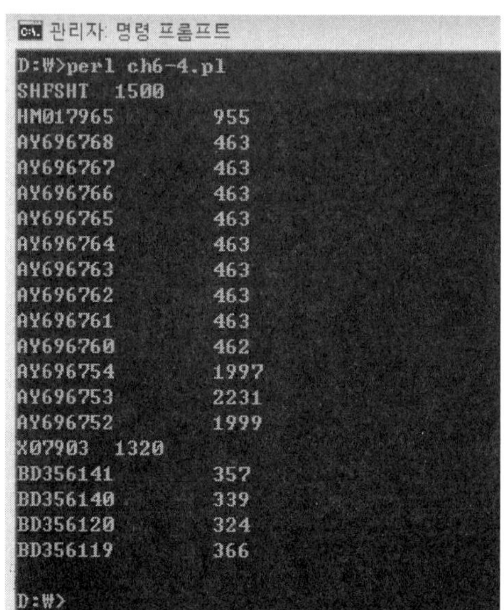

다른 DB의 경우는 아직 충분하고 다양하게 준비되어 있지 못하다.

이들을 이해하기 위해서는 예제에서 사용한 전형적인 GenBank 포맷인 X07903.gbk 파일의 내용을 보면서 포맷과 다양한 feature들에 대해 자세히 살펴보는 것이 좋다.

```
LOCUS       X07903               1320 bp    DNA     linear   BCT 23-OCT-2008
DEFINITION  Shigella dysenteriae gene for toxin A- and B-subunit.
ACCESSION   X07903 M32511
VERSION     X07903.1  GI:46946
KEYWORDS    enterotoxin; toxin.
SOURCE      Shigella dysenteriae
  ORGANISM  Shigella dysenteriae
            Bacteria; Proteobacteria; Gammaproteobacteria; Enterobacteriales;
            Enterobacteriaceae; Shigella.
REFERENCE   1  (bases 1 to 1320)
  AUTHORS   Kozlov,Y.V., Kabishev,A.A., Fedchenko,V.I. and Baev,A.A.
  TITLE     Cloning and primary structure of Shigella toxin genes
  JOURNAL   Dokl. Biochem. 295, 740-744 (1987)
COMMENT     Data kindly reviewed (22-FEB-1988) by Kozlov Y.V.
FEATURES             Location/Qualifiers
     source          1..1320
                     /organism="Shigella dysenteriae"
                     /mol_type="genomic DNA"
                     /db_xref="taxon:622"
                     /clone_lib="cosmid pCH79"
     promoter        66..72
                     /note="put.-35 region"
     promoter        91..96
                     /note="put.-10 region"
     RBS             112..117
                     /note="put.rRNA binding site"
     CDS             129..1076
                     /note="unnamed protein product; precursor for toxin
```

A-subunit (AA -22 to 293)"

/codon_start=1

/transl_table=11

/protein_id="CAA30741.1"

/db_xref="GI:46947"

/db_xref="GOA:Q9FBI2"

/db_xref="InterPro:IPR001574"

/db_xref="InterPro:IPR016138"

/db_xref="InterPro:IPR016139"

/db_xref="InterPro:IPR016331"

/db_xref="InterPro:IPR017988"

/db_xref="PDB:1DM0"

/db_xref="PDB:1R4Q"

/db_xref="UniProtKB/Swiss-Prot:Q9FBI2"

/translation="MKIIIFRVLTFFFVIFSVNVVAKEFTLDFSTAKTYVDSLNVIRS

AIGTPLQTISSGGTSLLMIDSGTGDNLFAVDVRGIDPEEGRFNNLRLIVERNNLYVTG

FVNRTNNVFYRFADFSHVTFPGTTAVTLSGDSSYTTLQRVAGISRTGMQINRHSLTTS

YLDLMSHSGTSLTQSVARAMLRFVTVTAEPLRFRQIQRGFRTTLDDLSGRSYVMTAED

VDLTLNWGRLSSVLPDYHGQDSVRVGRISFGSINAILGSVALILNCHHHASRVARMAS

DEFPSMCPADGRVRGITHNKILWDSSTLGAILMRRTISS"

sig_peptide 129..194

/note="signal peptide (AA -22 to -1)"

mat_peptide 195..1073

/product="mature toxin A-subunit (AA 1 to 293)"

repeat_region 997..1004

/note="direct repeat 1"

repeat_region 1008..1014

/note="inverted repeat A"

repeat_region 1018..1024

/note="inverted repeat A'"

repeat_region 1022..1030

/note="direct repeat 1"

```
     promoter        1028..1033
                     /note="put.-35 region"
     RBS             1075..1078
                     /note="put.rRNA binding site"
     CDS             1086..>1296
                     /note="unnamed protein product; precursor toxin B-subunit
                     (AA -20 to 148)"
                     /codon_start=1
                     /transl_table=11
                     /protein_id="CAA30742.1"
                     /db_xref="GI:736314"
                     /db_xref="GOA:Q7BQ98"
                     /db_xref="InterPro:IPR003189"
                     /db_xref="InterPro:IPR008992"
                     /db_xref="PDB:1DM0"
                     /db_xref="PDB:1R4Q"
                     /db_xref="UniProtKB/Swiss-Prot:Q7BQ98"
                     /translation="MKKTLLIAASLSFFSASALATPDCVTGKVEYTKYNDDDTFTVKV
                     GDKELFTNRWNLQSLLLSAQITGMTV"
     sig_peptide     1086..1145
                     /note="signal peptide (AA -20 to -1)"
     mat_peptide     1146..1293
                     /note="mature toxin B-subunit (AA 1 to 148)"
ORIGIN
        1 gaatatgatt atcattttca ttacgttatt gttacgttta tccggtgcgc cgtaaaacgc
       61 cgtccttcag ggcgtggagg atgtcaagaa tatagttatc gtatggtgct caaggagtat
      121 tgtgtaatat gaaaataatt atttttagag tgctaacttt tttctttgtt atcttttcag
      181 ttaatgtggt tgcgaaggaa tttaccttag acttctcgac cgcaaagacg tatgtagatt
      241 cgctgaatgt cattcgctct gcaataggta ctccattaca gactatttca tcaggaggta
      301 cgtctttact gatgattgat agtggcacag gggataattt gtttgcagtt gatgtcagag
      361 ggatagatcc agaggaaggg cggtttaata atctacggct tattgttgaa cgaaataatt
      421 tatatgtgac aggatttgtt aacaggacaa ataatgtttt ttatcgcttt gctgattttt
```

```
  481 cacatgttac ctttccaggt acaacagcgg ttacattgtc tggtgacagt agctatacca
  541 cgttacagcg tgttgcaggg atcagtcgta cggggatgca gataaatcgc cattcgttga
  601 ctacttctta tctggattta atgtcgcata gtggaacctc actgacgcag tctgtggcaa
  661 gagcgatgtt acggtttgtt actgtgacag ctgaaccttt acgttttcgg caaatacaga
  721 ggggatttcg tacaacactg gatgatctca gtgggcgttc ttatgtaatg actgctgaag
  781 atgttgatct tacattgaac tggggaaggt tgagtagtgt cctgcctgac tatcatggac
  841 aagactctgt tcgtgtagga agaatttctt ttggaagcat taatgcaatt ctgggaagcg
  901 tggcattaat actgaattgt catcatcatg catcgcgagt tgccagaatg gcatctgatg
  961 agtttccttc tatgtgtccg gcagatggaa gagtccgtgg gattacgcac aataaaatat
 1021 tgtgggattc atccactctg gggcaattc tgatgcgcag aactattagc agttgagggg
 1081 gtaaaatgaa aaaaacatta ttaatagctg catcgctttc attttttca gcaagtgcgc
 1141 tggcgacgcc tgattgtgta actggaaagg tggagtatac aaaatataat gatgacgata
 1201 cctttacagt taaagtgggt gataaagaat tatttaccaa cagatggaat cttcagtctc
 1261 ttcttctcag tgcgcaaatt acggggatga ctgtaaccat taaaactaat gcctgtcata
//
```

3.4.4 해독(translation)

생명정보학에서 DNA나 RNA 서열을 단백질의 아미노산 서열로 해독하는 것은 매우 중요한 일이다. 예제 ch6-3.pl의 코드에 아래 코드를 삽입하고

```
$prot_obj = $seq_obj->translate;
```

생성된 단백질 객체($prot_obj)를 출력해 보자.

```
print $prot_obj->seq."\n";
```

예제 • ch6-5.pl - DNA 서열을 아미노산 서열로 바꾸기

```
#!/bin/perl -w
use Bio::Seq;
use Bio::DB::GenBank;
$db_obj = Bio::DB::GenBank->new;
$seq_obj = $db_obj->get_Seq_by_id("46946");
$prot_obj = $seq_obj->translate;
print $prot_obj->seq,"₩n";
exit;
```

실행된 결과를 보면

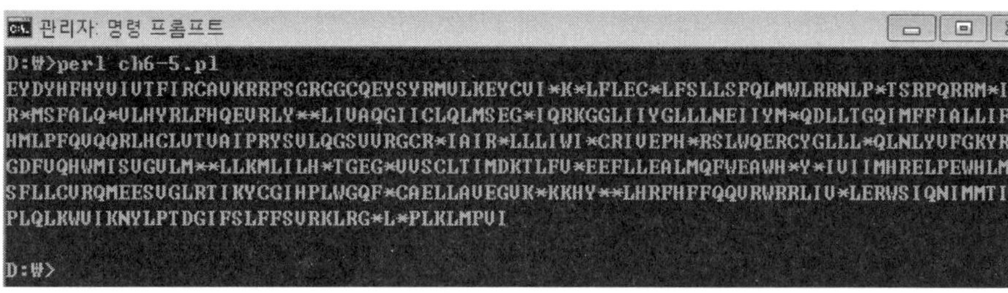

아미노산 서열로 바뀌긴 하였는데, 무조건 첫 염기부터 3개씩, 즉 +1 reading frame으로 끝까지 해독했음을 알 수 있다.

translate 메소드에는 다양한 인수를 사용할 수 있는데, -frame, -complete, codontable_id, -orf, -start, 등이 있다. frame은 0, 1, 2 로 구분 사용한다(1, 2, 3이 아니다). 다양하게 실습해 보자. 디폴트 reading frame은 0 인데, 이번에는 2번 reading frame을 사용하기 위해

```
$prot_obj = $seq_obj->translate(-frame => 2);
```

로 수정한 ch6-5-1.pl을 실행해 보자. 결과를 보면 다르게 해독되어 있음을 볼 수 있다. 정확한 orf는 어떻게 찾는가? 다음으로 미루자.

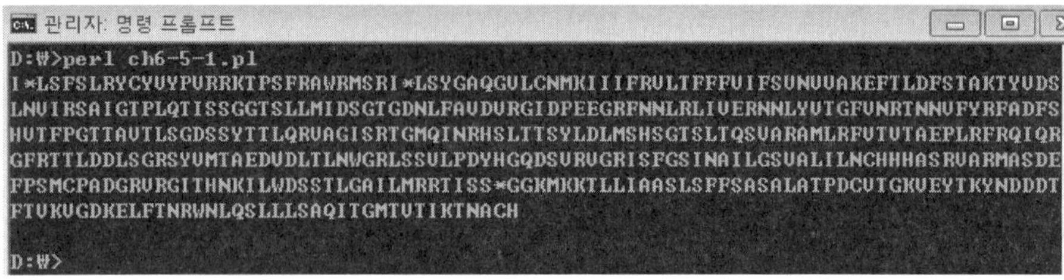

3.4.5 GenBank 파일에서 주석(annotation)과 feature 파싱하기

GenBank 파일에 있는 서열에 관한 정보를 보면 계층적 구조로 되어 있음을 알 수 있다. feature의 최상위 요소를 primary tag이라 하는데, 각 primary tag은 중간 요소인 태그(tag)로 이루어져 있다. 각 태그는 최하위 요소인 값(value)을 가진다.

아래 표는 앞에서 살펴 본 46947.gbk GenBank 파일에서 볼 수 있는 primary tag, 태그(tag) 및 값을 몇 가지 정리해 본 것이다.

Tag name	Tag type	Tag value
source	primary tag	
organism	tag	Shigella dysenteriae
gene	primary tag	
CDS	primary tag	
note	tag	.. toxin A-subunit ..
protein_id	tag	CAA30741.1
translation	tag	MKIIIF........RRTISS
db_xref	tag	.. PDB:1R4Q ..

예를 들어 primary tag CDS에는 많은 태그가 있으며, 이 중 db_xref 태그를 보면 많은 값을 가지고 있다. 위 표에는 그 중 한 가지 값만 나타내었다.

따라서 모든 feature를 가져와서 출력하기 위해서는 $seq_obj의 get_SeqFeatures 메소드로 feat_obj를 만들고

```
for my $feat_obj ($seq_obj->get_SeqFeatures){
```

안쪽의 두 번째 for 루프에서는 $feat_obj의 get_all_tags 메소드로 태그를 $tag에,

```
for my $tag ($feat_obj->get_all_tags){
```

마지막 제일 안쪽의 for 루프에서는 $feat_obj의 get_tag_values 메소드로 해당 태그의 값을 $value에 저장하도록 하면 된다.

```
for my $value ($feat_obj->get_tag_values($tag)){
```

예제 • ch6-6.pl - GenBank 파일에서 주석(annotation) 또는 feature 파싱하기

```
use Bio::Seq;
use Bio::DB::GenBank;
$db_obj = Bio::DB::GenBank->new;
$seq_obj = $db_obj->get_Seq_by_id("46946");
for my $feat_obj ($seq_obj->get_SeqFeatures) {
  print "primary tag: ", $feat_obj->primary_tag, "₩n";
  for my $tag ($feat_obj->get_all_tags) {
    print "  tag: ", $tag, "₩n";
    for my $value ($feat_obj->get_tag_values($tag)) {
      print "    value: ", $value, "₩n";
    }
  }
}
```

이를 실행하면 다음 화면처럼 모든 feature 내용이 계층구조임을 알 수 있다.

관리자: 명령 프롬프트

```
D:₩>perl ch6-6.pl
primary tag: source
  tag: clone_lib
    value: cosmid pCH79
  tag: db_xref
    value: taxon:622
  tag: mol_type
    value: genomic DNA
  tag: organism
    value: Shigella dysenteriae
primary tag: promoter
  tag: note
    value: put.-35 region
primary tag: promoter
  tag: note
    value: put.-10 region
primary tag: RBS
  tag: note
    value: put.rRNA binding site
primary tag: CDS
  tag: codon_start
    value: 1
  tag: db_xref
    value: GI:46947
    value: GOA:Q9FBI2
    value: InterPro:IPR001574
    value: InterPro:IPR016138
    value: InterPro:IPR016139
    value: InterPro:IPR016331
    value: InterPro:IPR017988
    value: PDB:1DM0
    value: PDB:1R4Q
    value: UniProtKB/Swiss-Prot:Q9FBI2
  tag: note
    value: unnamed protein product; precursor for toxin A-subunit (AA -22 to 293
)
  tag: protein_id
    value: CAA30741.1
  tag: transl_table
    value: 11
  tag: translation
    value: MKIIIFRVLTFFFVIFSVNVVAKEFTLDFSTAKTYVDSLNVIRSAIGTPLQTISSGGTSLLMIDSGTGD
NLFAVDVRGIDPEEGRFNNLRLIVERNNLYVTGFVNRTNNVFYRFADFSHVTFPGTTAVTLSGDSSYTTLQRVAGISRTG
MQINRHSLTTSYLDLMSHSGTSLTQSVARAMLRFVTVTAEPLRFRQIQRGFRTTLDDLSGRSYVMTAEDVDLTLNWGRLS
SVLPDYHGQDSVRVGRISFGSINAILGSVALILNCHHHASRVARMASDEFPSMCPADGRVRGITHNKILWDSSTLGAILM
RRTISS
primary tag: sig_peptide
  tag: note
    value: signal peptide (AA -22 to -1)
primary tag: mat_peptide
  tag: product
    value: mature toxin A-subunit (AA 1 to 293)
primary tag: repeat_region
  tag: note
    value: direct repeat 1
primary tag: repeat_region
```

결과는 똑 같이 나오나, 앞부분에 경고문이 많은 줄 나온 경우는 다음과 같이 해보자.

```
Bio::Tools::Run::StandAloneBlastPlus
BioPerl-Run-1.006900
```

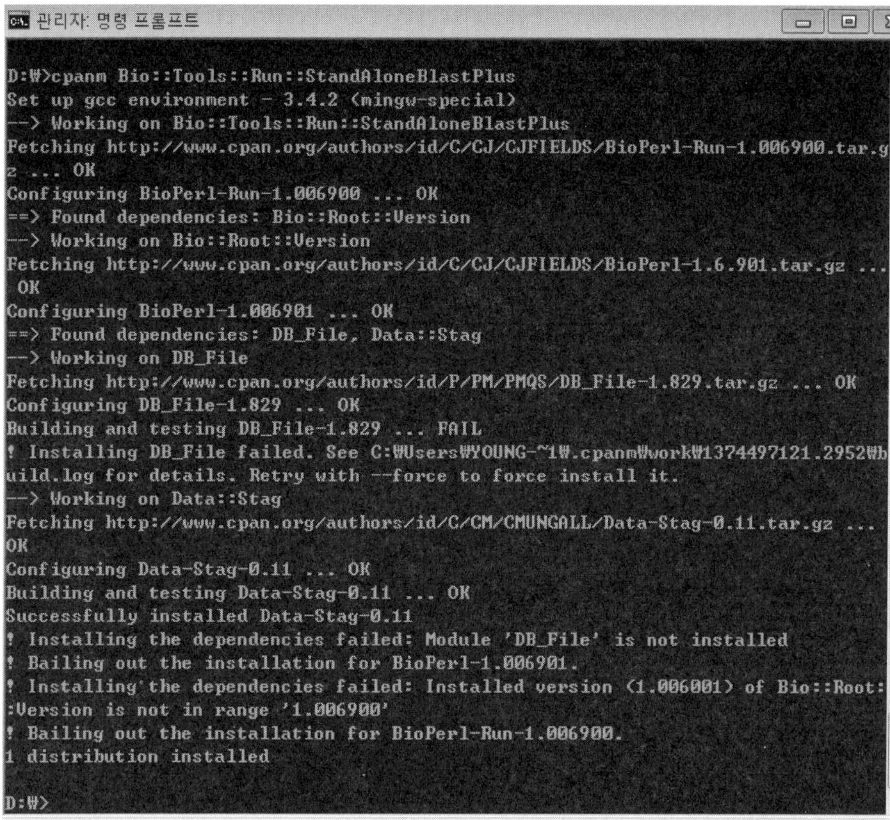

기타 보다 많은 관련 메소드를 공부하려면 HOWTO:Feature-Annotation (http://www.bioperl.org/wiki/HOWTO:Feature-Annotation)을 읽어보자.

Name	Returns	Example	Note
accession_number	identifier	$acc = $so->accession_number	get or set an identifier
alphabet	alphabet	$so->alphabet('dna')	get or set the alphabet ('dna','rna','protein')
authority	authority, if available	$so->authority("FlyBase")	get or set the organization
desc	description	$so->desc("Example 1")	get or set a description
display_id	identifier	$so->display_id("NP_123456")	get or set an identifier
division	division, if available (e.g. PRI)	$div = $so->division	get division (e.g. "PRI")
get_dates	array of dates, if available	@dates = $so->get_dates	get dates

get_secondary_accessions	array of secondary accessions, if available	@accs = $so->get_secondary_accessions	get other identifiers
is_circular	Boolean	if $so->is_circular #	get or set
keywords	keywords, if available	@array = $so->keywords	get or set keywords
length	length, a number	$len = $so->length	get the length
molecule	molecule type, if available	$type = $so->molecule	get molecule (e.g. "RNA", "DNA")
namespace	namespace, if available	$so->namespace("Private")	get or set the name space
new	Sequence object	$so = Bio::Seq->new(-seq => "MPQRAS")	create a new one, see Bio::Seq for more
pid	pid, if available	$pid = $so->pid	get pid
primary_id	identifier	$so->primary_id(12345)	get or set an identifier
revcom	Sequence object	$so2 = $so1->revcom	Reverse complement
seq	sequence string	$seq = $so->seq	get or set the sequence
seq_version	version, if available	$so->seq_version("1")	get or set a version
species	Species object	$species_obj = $so->species	See Bio::Species for more
subseq	sequence string	$string = $seq_obj->subseq(10,40)	Arguments are start and end
translate	protein Sequence object	$prot_obj = $dna_obj->translate	
trunc	Sequence object	$so2 = $so1->trunc(10,40)	Arguments are start and end

아래 표는 feature 메소드와 주석 메소드를 요약한 것이다.

Name	**Returns**	**Note**
get_SeqFeatures	array of SeqFeature objects	
get_all_SeqFeatures	array of SeqFeature objects array	includes sub-features
remove_SeqFeatures	array of SeqFeatures removed	
feature_count	number of SeqFeature objects	
add_SeqFeature	annotation array of Annotation objects	get or set

알아두어야 할 펄 문법

특정 값만 취하고자 할 때는

```
for my $feat_obj ($seq_obj->get_SeqFeatures) {
  push @ids, $feat_object->get_tag_values("db_xref")
                          if ($feat_obj->has_tag("db_xref"));
}
```

특정 feature 타입만을 얻고자 할 때는 primary_tag을 사용한다.

```
my @genes = grep { $_->primary_tag eq 'toxin'} $seq->all_SeqFeatures();
```

더 깊이 있게 공부하려면 바이오펄 사용지침서
(http://www.bioperl.org/wiki/Tutorials)를 참고하기 바란다.

〈참고문헌〉

Brian Osborne, HOWTO:Beginners
(http://www.bioperl.org/wiki/HOWTO:Beginners)

4장 바이오펄과 BLAST

바이오펄을 이용해서 내외부의 다양한 서열분석 프로그램을 접속하여 실행시키고, 그 결과를 파싱하여 원하는 보고서 형태로 출력할 수 있다.

4.1 BLAST

NCBI의 BLAST (Basic Local Alignment Search Tool)는 2개의 서열을 상호 비교 정렬함으로써 상동성을 분석하는 대표적인 프로그램이다. 1990년에 Karlin과 Altschul이 발표하였다. 가장 대표적인 상동성 분석 프로그램인 BLAST(**blast+**)를 예로 살펴보자.

4.1.1 BLAST 프로그램의 종류

질의서열과 대상서열데이터베이스에 따라 달리 사용되는 여러 프로그램이 있다. 단백질서열을 PIR이나 SwissProt과 같은 단백질 데이터베이스에 대해 상동성 검색하는 blastp, 핵산서열을 GenBank와 같은 핵산 데이터베이스에 대해 상동성 검색하는 blastn, 단백질서열을 핵산 데이터베이스에 대해 상동성 검색하는 (데이터베이스의 각 핵산서열을 6개의 reading frame으로 번역한 후 분석) tblastn, 핵산서열을 단백질 데이터베이스에 대해 상동성 검색하는 (질의 핵산서열을 6개의 reading frame으로 해독한 후 분석) blastx, 핵산서열을 핵산 데이터베이스에 대해 단백질로 번역하여 상동성 검색하는 (질의 및 데이터베이스의 각 핵산서열을 6개의 reading frame으로 번역한 후 분석) tblastx 등이 있다.

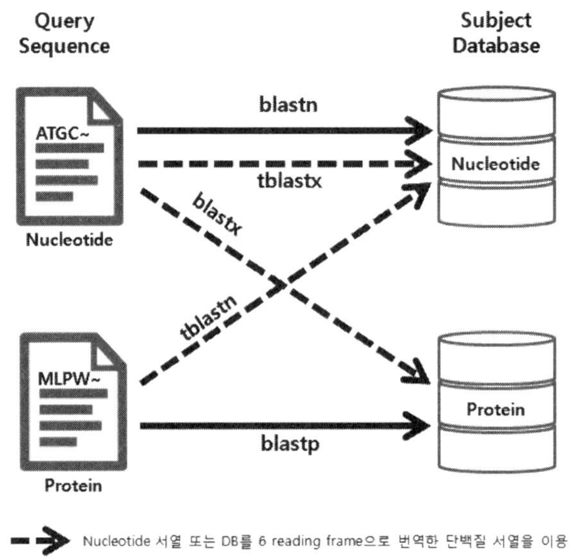

BLAST 실행에서 사용하는 옵션은 약 20개가 되지만, 실제로 사용되는 옵션은 몇 가지로 제한된다.

Karlin 등은 데이터베이스가 특정 composition을 가질 경우에, 특정 점수를 가진 국부정렬이 나타날 확률을 구하는 방법을 고안하였다. 따라서, 특정의 국부상동성 점수 S (score)가 어떤 데이터베이스에서 나타날 수 있는 기대치 E를 이 방법으로 구할 수 있으며, 어떤 점수의 국부상동성이 있는 국부정렬이 우연히 N개 나타날 확률도 구할 수 있다. 국부상동성 중 어떤 점수 이상만을 선택하기 위해 S를 사용하는데, 이는 앞에서 설명한 E, 즉 그러한 점수가 나타날 수 있는 개수의 기대치와 1:1 관계이므로, E 또는 S는 하나만을 설정하는 것이 의미가 있다.

또 다른 옵션으로 역시, 점수 행렬 (scoring matrix)과 GOP, GEP인데, 점수 행렬은 자동설정 값 (default value: 즉, 별도로 설정하지 않았을 때 자동으로 설정되는 값)으로 BLOSUM62가 사용된다.

그밖에 출력을 조절하기 위해 사용되는 여러 옵션이 있다. BLAST의 실행과정을 이해할 경우에 사용할 수 있는 옵션으로 W, T 등이 있는데, 이는 결과 생성의 1차 단계에 영향을 주는 매우 중요한 옵션이다.

4.1.2 BLAST 사용법

NCBI의 홈페이지에서 "BLAST" 라는 버튼을 누른다. 그러면 BLAST의 홈페이지(http://blast.ncbi.nlm.nih.gov/Blast.cgi?CMD=Web&PAGE_TYPE=BlastHome)가 나타나는데, 기본 blast인 nucleotide blast 즉, blastn을 클릭한다.

서열 입력 방법은 다양한데, 찾아보기... 버튼을 활용하여 직접 서열을 파일로부터 업로드할 수도 있고, 혹 GenBank의 Accession 번호를 알고 있다면 번호를 빈칸에 적어서 수행할 수도 있다, 우리의 질의서열은 책과 함께 배포한 seqB.fan 파일로서 메모장으로 열어 전체 선택 후 복사하여, 텍스트박스에 붙이기 하자.

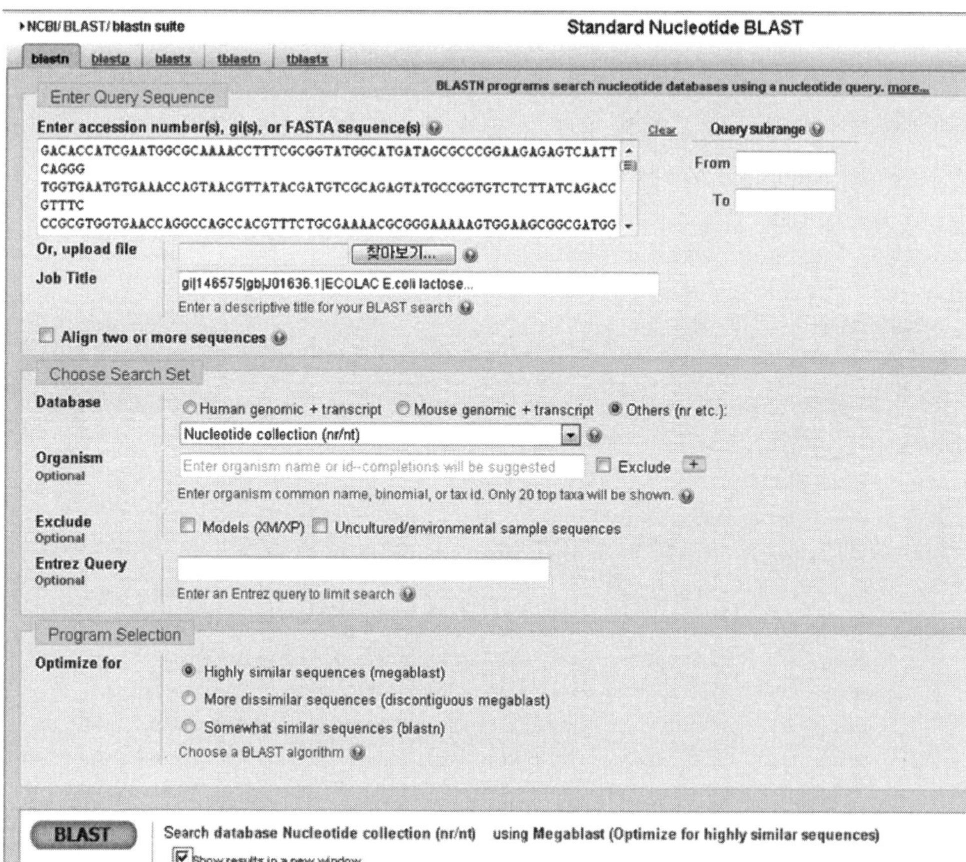

그리고 "BLAST" 버튼을 누른다. 잠시 후 blastn 분석 결과 화면이 나타난다.

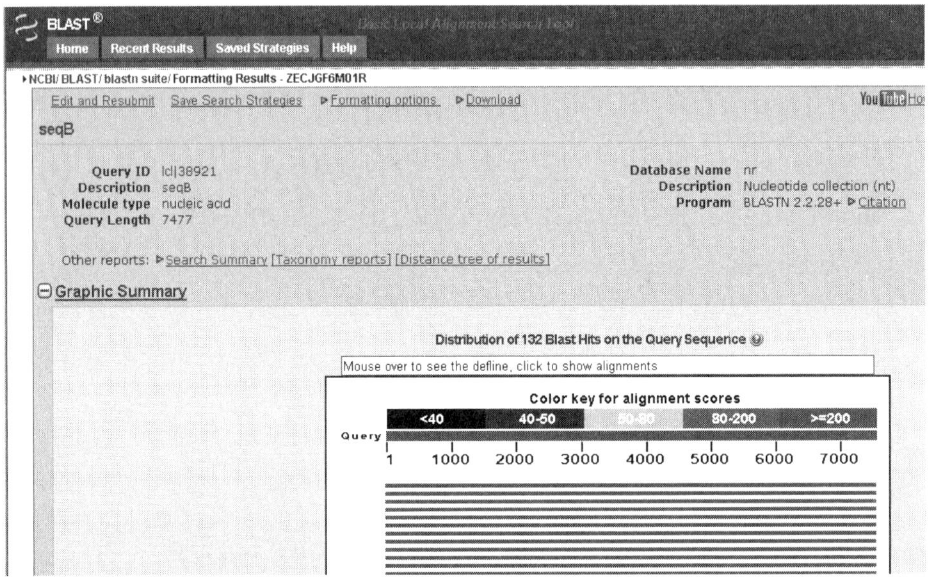

결과화면의 아랫부분에 위치한 가로 방향의 줄들을 마우스로 클릭하거나, 스크롤을 내리면 각각의 alignments에 대한 자료를 얻을 수 있다. 스크롤을 내려 점수가 제일 높은 첫 번째 정렬결과를 보면,

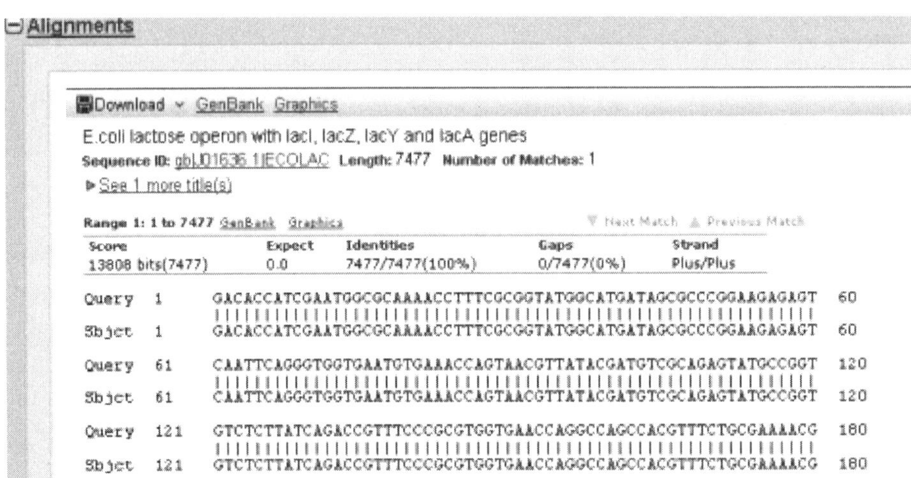

질의서열과 상동성이 제일 높은 데이터베이스의 대상서열의 정렬 결과를 볼 수 있는데, 대상서열의 설명문, 일치도, 정렬된 위치 등을 보여 준다. 실제 정렬된 부분은 아미노산이

일치하면 줄로, 비슷한 아미노산으로 치환되어 있으면 + 기호로, 전혀 성질이 다른 아미노산으로 서로 다른 경우는 빈칸으로 표시되어 있다. 이 결과로부터 우리의 질의서열은 lac operon 서열임을 알 수 있게 된다.

4.1.3 blastn 이외의 프로그램을 사용하려면?

예를 들어 blastx를 이용하려면 blast 홈페이지 상단에 프로그램 종류를 tab 형태로 구분해 놓은 곳에서 blastx tab을 누르면 된다. 이후 실행 요령은 동일하다.

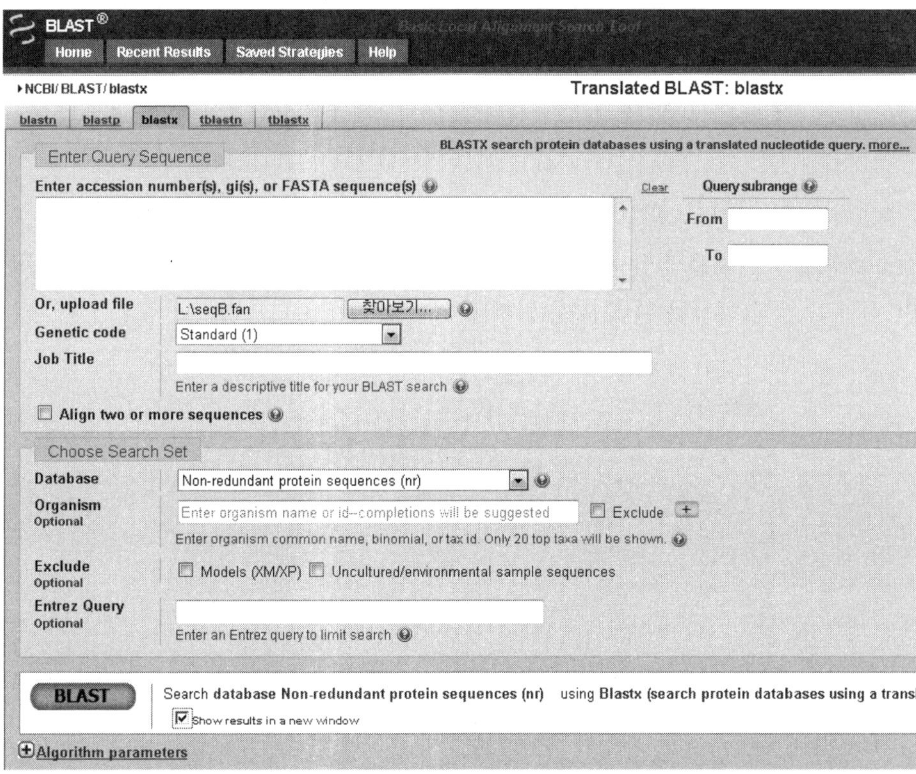

blastx 프로그램은 질의 염기서열을 6가지 reading frame으로 번역한 결과를 가지고 단백질 서열 데이터베이스와 상동성을 분석한다. 위 화면처럼 blastx를 선택하게 되면 database가 Non-redundant protein sequence (nr) 로 자동적으로 바뀌는 것을 주목하라.

결과화면이 약간 다른데, 이는 단백 서열을 비교하였기 때문이고, 하면 상단에 질의서열에서 어떤 도메인이 발견되는지를 요약해서 보여준다.

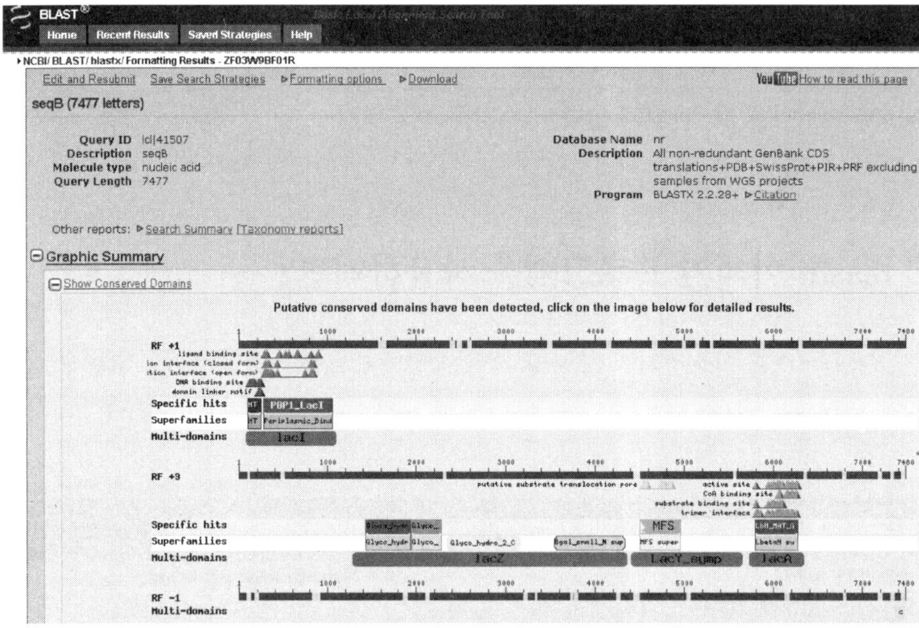

아랫부분에 위치한 가로 방향의 줄들을 마우스로 클릭하거나, 스크롤을 내리면 각각의 alignments에 대한 자료를 얻을 수 있다. 스크롤을 내려 점수가 제일 높은 첫 번째 정렬결과를 보면, 아래와 같이 다양한 단백질 서열 정렬 결과를 보여준다.

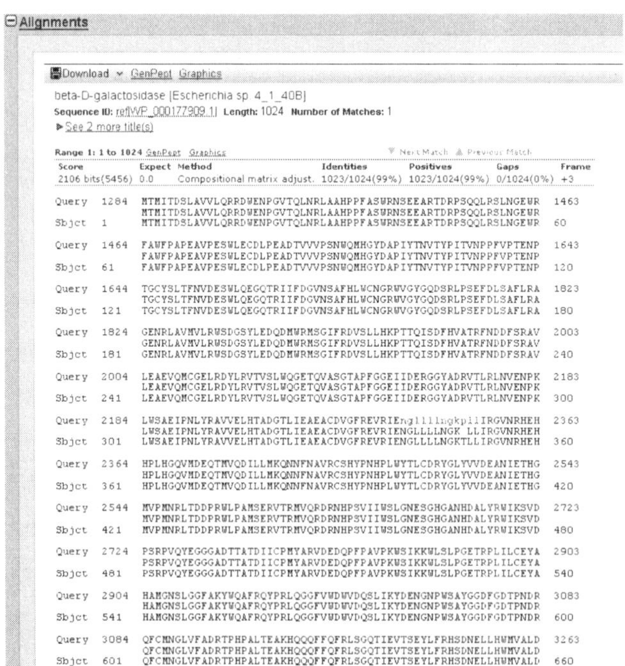

4.2 Stand-alone BLAST

blast 프로그램은 공개되어 있기 때문에 stand-alone blast를 NCBI FTP 사이트에서 내려받아 자신의 PC에 설치 사용할 수도 있다.

연습 문제

❶ NCBI protein 데이터베이스에서 대장균 GST(glutathione S-transferae)의 아미노산 서열의 GI 혹은 Accession 번호를 확인하고, NCBI Blast 홈페이지에서 tblastn 프로그램을 선택하여, nr (non-redundant) 염기서열 데이터베이스에서 상동성이 있는 단백질을 암호하고 있는 유전자들을 조사하라.

4.2.1 blast+ 설치

stand-alone blast+를 다운받아 자신의 컴퓨터에 설치해서 실행해 보자.

NCBI 홈페이지 좌측에 Data & Software를 클릭한다.

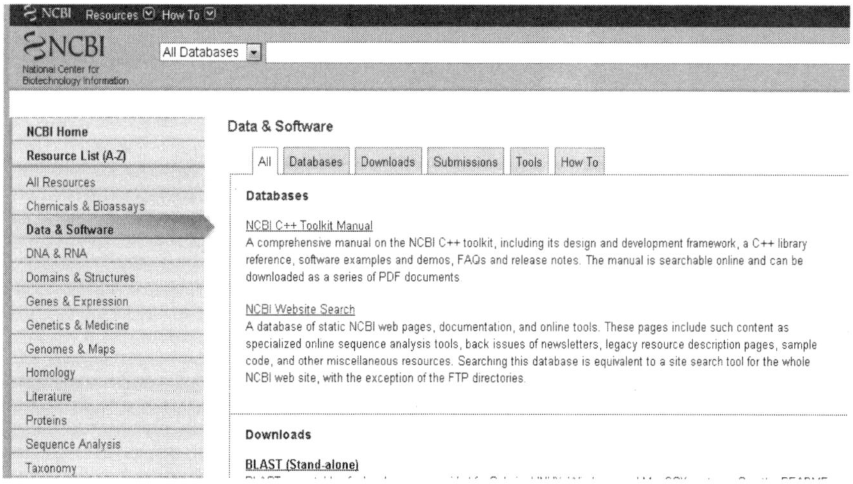

그러면 새 창에서 BLAST(Stand-alone)과 FTP: BLAST Databases 링크를 볼 수 있는데, 자신의 컴퓨터에서 blast를 실행하려면 프로그램과 데이터베이스가 모두 필요하다. 클릭하면 다운로드 페이지로 안내하는데, 먼저 실행프로그램은 최근 발표된 blast+ (ncbi-blast-2.2.28+-win32.exe)를 다운받고

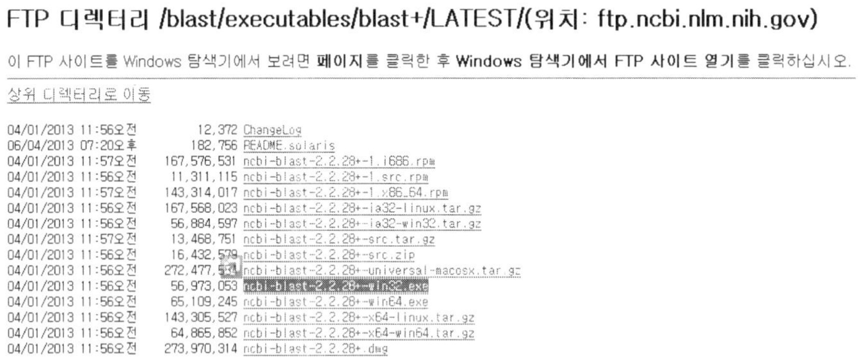

다운로드 된 BLAST+ 아카이브에는 내장 된 설치 프로그램이 포함되어 있다. 더블 클릭 후 사용권 계약에 동의하면, 설치 프로그램은 설치 디렉토리를 묻는 메시지가 나온다. "D:\blast-2.2.28+" 에 설치해 보자. 'Install' 버튼을 클릭한 후 프로그램 설치가 완료되면 사용자 설명서를 포함한 'doc'과 BLAST 프로그램과 accessory 지원프로그램을 보관하는 "bin"서브디렉토리가 만들어진다.

이미 언급한대로 BLAST 프로그램뿐만 아니라, 대상 데이터베이스는 BLAST 검색의 핵심 구성 요소이다. 보다 효과적인 데이터베이스 관리를 위해 "db" 서브디렉토리를 D:\blast-2.2.28+\db 와 같이 만든다. 그리고 실습을 위해 output 서브디렉토리와 seq 서브디렉토리도 함께 만들어 두자.

BLAST 데이터베이스는 매우 용량이 크므로, 가장 작은

FTP 디렉터리 /blast/db/(위치: ftp.ncbi.nlm.nih.gov)

이 FTP 사이트를 Windows 탐색기에서 보려면 **페이지**를 클릭한 후 **Windows 탐색기에서 FTP 사이트 열기**를 클릭하십시오.

상위 디렉터리로 이동

```
07/30/2013 02:30오전        2,198,279 16SMicrobial.tar.gz
07/28/2013 05:51오전               54 16SMicrobial.tar.gz.md5
07/30/2013 04:27오전          디렉터리 FASTA
07/12/2011 12:00오전               25 README
07/30/2013 02:31오전      915,727,989 cdd_delta.tar.gz
07/28/2013 05:55오전               51 cdd_delta.tar.gz.md5
07/29/2013 09:56오후      829,258,667 env_nr.00.tar.gz
07/28/2013 06:03오전               51 env_nr.00.tar.gz.md5
07/29/2013 09:56오후      177,891,097 env_nr.01.tar.gz
07/28/2013 06:04오전               51 env_nr.01.tar.gz.md5
07/29/2013 09:57오후      882,398,525 env_nt.00.tar.gz
07/28/2013 06:00오전               51 env_nt.00.tar.gz.md5
07/29/2013 09:58오후    1,047,363,083 env_nt.01.tar.gz
07/28/2013 06:08오전               51 env_nt.01.tar.gz.md5
07/29/2013 09:59오후      824,035,330 env_nt.02.tar.gz
07/28/2013 06:13오전               51 env_nt.02.tar.gz.md5
07/29/2013 10:00오후      346,685,714 env_nt.03.tar.gz
07/28/2013 06:15오전               51 env_nt.03.tar.gz.md5
07/30/2013 02:31오전              282 est.tar.gz
```

16SMicrobial.tar.gz를 내려 받자. 이것은 미생물의 16S rRNA 서열만을 모아둔 데이터베이스이다. 다운로드 된 데이터베이스는 압축 해제 프로그램을 이용하여 압축된 파일을 풀어주어야 한다. "db"폴더에 "16SMicrobial" 이라는 서브디렉토리를 만든 후, '알집으로 알집풀기'를 실행하자.

데이터베이스를 가져올 때 blast+패키지의 bin 디렉토리에 있는 update_blastdb.pl을 사용할 수도 있다. update_blastdb.pl 스크립트는 bin 폴더에 있는데, 이를 복사하여 db 폴더에 두는 것이 편리하다. 명령 프롬프트에서 "D:\blast-2.2.28+\db\" 디렉토리로 이동한 다음,

```
perl update_blastdb.pl —passive base_database_name
```

"base_database_name"는 "##. tar.gz" 확장자가 없는, 대상 데이터베이스의 이름이다. 위의 예에서는 16SMicrobial 이다.

```
D:\blast-2.2.28+>cd db

D:\blast-2.2.28+\db>perl update_blastdb.pl --passive 16SMicrobial
Connected to NCBI
Downloading 16SMicrobial.tar.gz... [OK]

D:\blast-2.2.28+\db>
```

그러면 16SMicrobial.tar.gz 파일과 16SMicrobial.tar.gz.md5 파일이 다운로드된다.

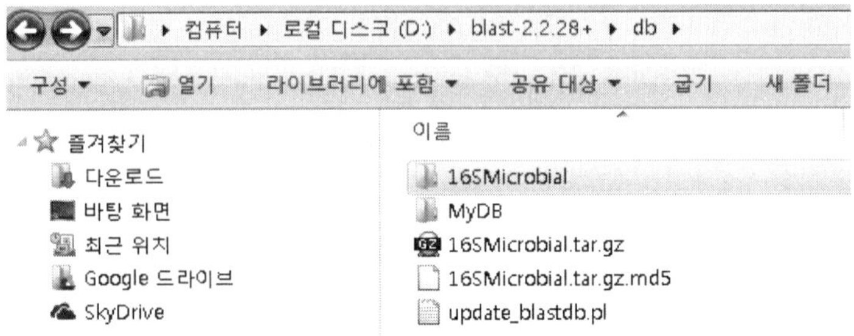

4.2.2 환경 변수(Environment Variables) 설정하기

환경 변수를 설정하는 방법은 아래와 같다.

1) "시작" => "제어판" => "시스템 및 보안" => "시스템"을 클릭한다.

2) "고급 시스템 설정" => "고급" => "환경 변수" 버튼을 클릭한다.

3) 시스템변수 Path에 **C:\blast-2.2.28+\bin;** 을 추가한다.

"확인", "확인", "확인"을 클릭하여 설정을 마친다.

4.2.3 실행

Blast+는 그래픽 사용자 인터페이스(GUI)를 가지고 있지 않고, 명령 프롬프트 창(CMD)에서 실행해야 한다. "시작=>모든 프로그램=>보조 프로그램=>명령 프롬프트"의 순서대로 클릭하여 열거나, '시작'의 '프로그램 및 파일 검색'에서 "cmd"를 입력한다. 현 위치에서 "D:\blast-2.2.28+" 폴더로 이동한다.

다음은 BLAST+의 실행에 필요한 질의서열을 생성하는 방법이다. 다음 blastdbcmd 명령문은 데이터베이스 내의 서열을 질의서열을 만들기 위해 사용한다. cmd에 다음의 명령문을 입력하고 enter를 누른다.

```
blastdbcmd -db ./db/16SMicrobial/16SMicrobial -entry nr_044619 -out ./seq/nr044619.fan -outfmt "%f"
```

각 옵션이 의미하는 것은 다음과 같다.

1. **blastdbcmd**: "blastdbcmd"를 실행한다.
2. **-db**: 사용할 데이터베이스, 디폴트는 nr 이다.
3. **-entry**: 서열 ID
4. **-out**: 출력 파일의 이름
5. **-outfmt**: 출력 파일의 형식
6. **"%f"**: FASTA 형식

아래 그림은 cmd에 앞의 명령문을 입력한 후 enter를 누른 다음의 화면이다.

그러면 'blast-2.2.28+/seq' 폴더에 'nr044619.fan'이란 이름의 fasta 파일이 생성된다.

```
>gi|343199125|ref|NR_044619.1| Thermoanaerobacter ethanolicus JW 200 strain JW-200 16S ribosomal RNA, complete sequence
TTTGATCCTGGCTCAGGACGAACGCTGGCGGCGTGCCTAACACATGCAAGTCGAACGATTCAGAGNCCGGAAATCGACTT
CCGACNTCCGACCTCTGGATAGCGGCGGACGGGTGAGTAACGCGTGGGCAACCTACCCTTAAGACCGGGATAACACCTCG
------------------------------ 이하 생략 --------------------------------
```

생성된 'nr044619.fan' 파일은 blast 검색을 할 질의서열로 사용된다. 다음의 명령문을 사용하여 blastn을 실행시켜 보자.

```
blastn -query ./seq/nr044619.fan -db ./db/16SMicrobial/16SMicrobial -out
./output/nr044619.bla
```

그러면 'blast-2.2.28+/output' 폴더에 'nr044619.bla'라는 blast 결과 파일이 생성된다.

```
BLASTN 2.2.28+


Reference: Zheng Zhang, Scott Schwartz, Lukas Wagner, and Webb
Miller (2000), "A greedy algorithm for aligning DNA sequences", J
Comput Biol 2000; 7(1-2):203-14.



Database: 16S Microbial Sequences
          8,852 sequences; 13,021,473 total letters



Query= gi|343199125|ref|NR_044619.1| Thermoanaerobacter ethanolicus JW 200
strain JW-200 16S ribosomal RNA, complete sequence
```

```
Length=1740

                                                                          Score    E
Sequences producing significant alignments:                               (Bits) Value

ref|NR_044619.1|  Thermoanaerobacter ethanolicus JW 200 strain JW...   3192   0.0
ref|NR_044620.1|  Thermoanaerobacter acetoethylicus 16S ribosomal...   3109   0.0
ref|NR_044618.1|  Thermoanaerobacter thermohydrosulfuricus strain...   2575   0.0
ref|NR_028743.1|  Thermoanaerobacter siderophilus strain SR4 16S ...   1921   0.0
ref|NR_075059.1|  Thermoanaerobacter wiegelii Rt8.B1 strain Rt8.B...   1829   0.0
ref|NR_029301.1|  Thermoanaerobacter wiegelii Rt8.B1 16S ribosoma...   1784   0.0
ref|NR_026458.1|  Thermoanaerobacter sulfurophilus strain L-64 16...   1749   0.0
ref|NR_074779.1|  Thermoanaerobacter sp. X514 strain X514 16S rib...   1661   0.0
---------------------------- 이하 생략 ----------------------------
```

4.2.4 blast 데이터베이스 도구

위에서 사용한 바 있는 blastdbcmd는 데이터베이스를 다루는데 사용하며, makeblastdb는 BLAST 데이터베이스를 만드는 명령행 도구다. 각종 옵션에 대한 도움을 받으려면 다음과 같이 해보자.

```
makeblastdb -help
```

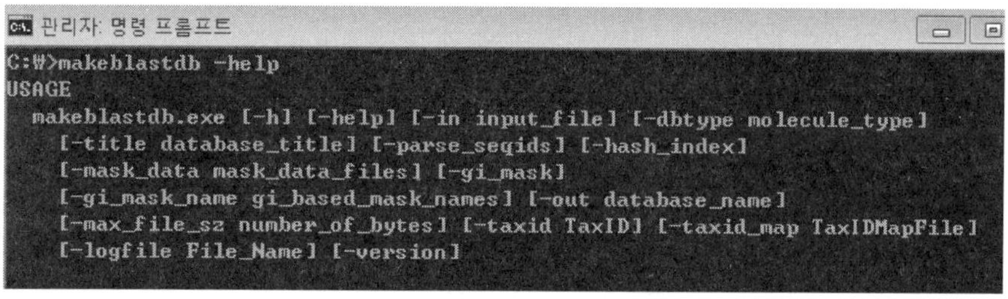

-in, -dbtype, -out 은 필수항목이다.

```
D:\blast-2.2.28+\seq>makeblastdb -in ex42.fan -dbtype nucl -out ../db/MyDB/ex42


Building a new DB, current time: 08/12/2013 14:15:14
New DB name:   ../db/MyDB/ex42
New DB title:  ex42.fan
Sequence type: Nucleotide
Keep Linkouts: T
Keep MBits: T
Maximum file size: 1000000000B
Adding sequences from FASTA; added 1 sequences in 0.000814546 seconds.

D:\blast-2.2.28+\seq>
```

MyDB 폴더에 ex42.nhr, ex42.nin, ex42.nsq 3개의 파일이 생성되었다.

4.2.5 Sequence filtering 도구

Segmasker는 단백질 서열에서 low complexity 부위를 찾아 mask 하는데 사용한다. Dustmasker는 뉴클레오티드 서열에서 사용하며, windowmasker는 genome 서열에서 사용한다.

seqmasker를 사용하여 masking하는 방법을 살펴보기로 한다.

```
>segmasker -in refseq_protein -infmt blastdb -parse_seqids -outfmt
maskinfo_asn1_bin -out refseq_seg.asnb
```

만약 input format이 fasta 파일이면 input format만 바꾸어 주면 된다.

```
>segmasker -in refseq_protein.fa -infmt fasta -parse_seqids -outfmt
maskinfo_asn1_bin -out refseq_seg.asnb
```

〈참고문헌〉

1. NCBI http://www.ncbi.nlm.nih.gov/
2. Standalone BLAST Setup for Windows PC
http://www.ncbi.nlm.nih.gov/books/NBK52637/
3. BLAST command line applications user manual
http://www.ncbi.nlm.nih.gov/books/NBK1763/

4.3 바이오펄로 blast 실행하기

4.3.1 바이오펄로 외부프로그램 연동하기

바이오펄로 blast와 같은 외부프로그램을 연동하려면 BioPerl-Run 1.6.9 패키지 (http://www.bioperl.org/wiki/Main_Page)가 필요하다.

윈도우에서 bioperl-run 1.6.9 패키지를 설치하는 요령은 앞에서 배운 bioperl-core의 설치 요령(http://www.bioperl.org/wiki/Installing_BioPerl_on_Windows)과 같다. 간단히 압축파일을 내려 받아 압축을 풀고 lib 폴더에 있는 Bio와 IPC 폴더를 펄 프로그램이 설치되어 있는 폴더의 site/lib 밑에 복사해 두면 된다.

4.3.2 바이오펄로 blast 실행하기

Bio::Tools::Run::StandAloneBlastPlus 객체는 blast+ 프로그램 실행을 지시하는 factory이다. 우선 new() 생성자를 이용하여 Bio::Tools::Run::StandAloneBlastPlus factory를 생성한다. 다음은 factory 객체의 이름을 통해 원하는 blast 프로그램을 호출하여 분석한다.

존재하는 데이터베이스를 사용하거나, 갖고 있는 fasta 파일로 데이터베이스를 만들어 사용할 수 있다.

1) 존재하는 blastdb를 사용하는 경우

```
$fac = Bio::Tools::Run::StandAloneBlastPlus->new(
  -db_name => 'MyDB');
```

2) fasta 파일로부터 blastdb를 생성하여 사용하는 경우

```
$fac = Bio::Tools::Run::StandAloneBlastPlus->new(
  -db_name => 'MyDB',
  -db_data => 'shigatoxin_subunit_B.faa',
  -create => 1 );
```

-create 옵션을 1로 지정해줌으로써 자신이 가지고 있는 fasta 서열파일(옵션 -db_data)을 데이터베이스화할 수 있다.

먼저 (2)의 경우를 실습해 보자. 단백질 서열이기 때문에 이번에는 blastp 프로그램을 사용한다. 그리고 파일에 11개의 서열이 있는데 모두 blast 질의서열로 사용할 것이다. 그리고 DB는 db/ShigatoxinB 서브폴더에, 서열은 seq 서브폴더에, blast 결과 파일은 output 서브폴더에 생성되도록 한다. 자신의 컴퓨터에 해당 서브폴더를 미리 만들어 두고 실행한다.

예제 • ex41.pl - fasta 서열파일을 데이터베이스화 하고 blastp 실행하기

```
#!C:/perl/bin/perl -w
use Bio::Tools::Run::StandAloneBlastPlus;


$fac = Bio::Tools::Run::StandAloneBlastPlus->new(
  -db_name => 'D:/blast-2.2.28+/db/ShigatoxinB/ShigatoxinB',
  -db_data => 'D:/blast-2.2.28+/seq/shigatoxin_subunit_B.faa',
  -create => 1 );
$fac->blastp( -query => 'D:/blast-2.2.28+/seq/shigatoxin_subunit_B.faa',
-outfile=>'D:/blast-2.2.28+/output/shigatoxinB.bla',
  -method_args => ['-num_alignments' => 1, '-evalue' => 100]);
exit;
```

아래와 같은 8개의 DB 파일이 생긴다.

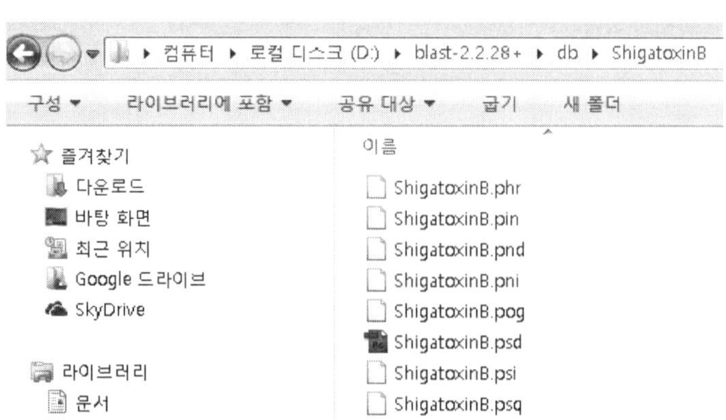

blast 결과 파일은 텍스트나 XML 등 다양한 형태로 저장할 수 있다. -format를 지정하지 않고 디폴트로 실행하면 출력 파일은 다음과 같은 형식으로 저장된다.

```
------------------------------------ 위 생략 ------------------------------------
Database: ShigatoxinB
           11 sequences; 976 total letters


Query= gi|23343475|emb|CAC95106.1| shigatoxin 2, subunit B [Enterobacteria phage Nil2]
Length=89
                                                                        Score     E
Sequences producing significant alignments:                             (Bits)   Value


gb|EDU51954.1|      shigatoxin 2, subunit B [Escherichia coli O157:H7...   185    1e-065
gb|EDU67653.1|      shigatoxin 2, subunit B [Escherichia coli O157:H7...   185    1e-065
gb|EDU77858.1|      shigatoxin 2, subunit B [Escherichia coli O157:H7...   185    1e-065
gb|EDU88537.1|      shigatoxin 2, subunit B [Escherichia coli O157:H7...   185    1e-065
gb|EDZ79463.1|      shigatoxin 2, subunit B [Escherichia coli O157:H7...   185    1e-065
gb|ACI38120.1|      shigatoxin 2, subunit B [Escherichia coli O157:H7...   185    1e-065
ref|YP_002271220.1| shigatoxin 2, subunit B [Escherichia coli O1...        185    1e-065
gb|EDZ75769.1|      shigatoxin 2, subunit B [Escherichia coli O157:H7...   185    1e-065
gb|EDZ87529.1|      shigatoxin 2, subunit B [Escherichia coli O157:H7...   185    1e-065
emb|CAC95106.1|     shigatoxin 2, subunit B [Enterobacteria phage Nil2]    185    1e-065
emb|CAC95081.1|     shigatoxin 1, subunit B [Enterobacteria phage La...    102    3e-033

>gb|EDU51954.1| shigatoxin 2, subunit B [Escherichia coli O157:H7 str. EC4113]
Length=89


 Score =  185 bits (469),  Expect = 1e-065, Method: Compositional matrix adjust.
 Identities = 89/89 (100%), Positives = 89/89 (100%), Gaps = 0/89 (0%)


Query 1  MKKMFMAVLFALVSVNAMAADCAKGKIEFSKYNENDTFTVKVAGKEYWTSRWNLQPLLQS  60
           MKKMFMAVLFALVSVNAMAADCAKGKIEFSKYNENDTFTVKVAGKEYWTSRWNLQPLLQS
```

```
Sbjct  1   MKKMFMAVLFALVSVNAMAADCAKGKIEFSKYNENDTFTVKVAGKEYWTSRWNLQPLLQS  60
-------------------------------------- 중간 생략 --------------------------------------
Query= gi|23343492|emb|CAC95081.1| shigatoxin 1, subunit B [Enterobacteria phage Lahn1]
Length=86
                                                                   Score      E
Sequences producing significant alignments:                        (Bits)     Value


emb|CAC95081.1|    shigatoxin 1, subunit B [Enterobacteria phage La...    177     7e-063
gb|EDU51954.1|     shigatoxin 2, subunit B [Escherichia coli O157:H7...   102     3e-033
gb|EDU67653.1|     shigatoxin 2, subunit B [Escherichia coli O157:H7...   102     3e-033
-------------------------------------- 중간 생략 --------------------------------------
>emb|CAC95081.1| shigatoxin 1, subunit B [Enterobacteria phage Lahn1]
Length=86


 Score =  177 bits (450),  Expect = 7e-063, Method: Compositional matrix adjust.
 Identities = 86/86 (100%), Positives = 86/86 (100%), Gaps = 0/86 (0%)


Query 1   MKKTLLIAASLSFFSASALATPDCVTGKVEYTKYNDDDTFTVKVGDKELFTNRWNLQSLL  60
          MKKTLLIAASLSFFSASALATPDCVTGKVEYTKYNDDDTFTVKVGDKELFTNRWNLQSLL
Sbjct  1  MKKTLLIAASLSFFSASALATPDCVTGKVEYTKYNDDDTFTVKVGDKELFTNRWNLQSLL  60


Query61 LSAQITGMTVTIKTNACHNGGGFSEV  86
        LSAQITGMTVTIKTNACHNGGGFSEV
Sbjct 61 LSAQITGMTVTIKTNACHNGGGFSEV  86
-------------------------------------- 이하 생략 --------------------------------------
```

결과 파일을 보면 11개의 서열이 각각 데이터베이스에 대해 blastp를 실행했음을 알 수 있다.

실행 시 명령 프롬프트 창에 많은 경고문이 뜨는데, 이는 무시해도 좋다. 생성된 데이터베이스 및 결과 파일에는 오류가 없다. 이는 Bio::Search::Result::GenericResult 모듈(http://search.cpan.org/~cjfields/BioPerl-1.6.901/Bio/Search/Result/GenericResult.pm)에서 해당 서브루틴이 재정의 되었기 때문이다. blast+ 프로그램 역시 새로이 개발된 것이라 아직 완벽하게 펄에 적용되지 못한다.

이번에는 (1)의 경우처럼 기존 데이터베이스를 이용하여 BLAST를 실행해 보자. 앞에서 makeblastdb.exe를 사용하여 만든 ex42 데이터베이스를 사용할 것이다.

먼저 StandAloneBlastPlus factory를 생성하면서 사용할 데이터베이스를 지정해 준다.

```
$fac = Bio::Tools::Run::StandAloneBlastPlus->new(
  -db_name => 'ex42',
  -db_dir => 'D:/blast-2.2.28+/DB/MyDB/');
```

는 new()를 사용하여 필요한 blast의 parameters를 규정한다. Blast object를 만들고 Sequence object를 전달한다. Sequence object는 질의 서열로 한다.

```
$fac->blastn( -query => 'D:/blast-2.2.28+/seq/ex42.fan',
                         -outfile=>'D:/blast-2.2.28+/output/ex42.bla');
```

앞의 예제와는 달리, outfile의 인수를 지정하는 방법이 차이가 있음을 유념하자.

예제 • ex42.pl 기존 데이터베이스를 이용하여 blastn 실행하기

```
#!C:/perl/bin/perl -w
use Bio::Tools::Run::StandAloneBlastPlus;


my $fac = Bio::Tools::Run::StandAloneBlastPlus->new(
     -db_name=>'ex42', -db_dir => 'D:/blast-2.2.28+/DB/MyDB/');
$fac->blastn(-query => 'D:/blast-2.2.28+/seq/ex42.fan',
     -outfile=>'D:/blast-2.2.28+/output/ex42.bla');
exit;
```

blast 결과 파일이 앞의 예제 ch6-7.pl과 같음을 확인할 수 있다.

4.4 BLAST 결과 파싱(parsing) 하기

언어학에서 파싱은 구문분석이라 하는데, 문장을 그 구성성분으로 분해하고, 그들 사이의 위계 관계를 분석하여 문장의 구조를 결정하는 것을 말한다. 즉 문장을 구성요소로 분석하는 것이다. blast 결과를 제대로 파싱하기 위해서는 blast 결과 파일을 좀 더 구체적으로 살펴봐야 한다.

4.4.1 BLAST 출력 파일

Blast 결과 파일을 파싱하려면 파일구조를 잘 살펴야 한다. 분석에 사용한 프로그램, 인용문헌, 데이터베이스 종류, 질의 서열 정보 등이 앞부분에 나타나고, 이어 상동성 점수가 높은 서열부터 차례로 서열의 ID, 서열 설명문의 일부, 점수, E 값에 관한 정보를 요약해서 보여준다. 이어 각각의 서열정렬 결과를 보다 구체적이고 다양한 정보들과 함께 보여준다. 마지막으로 추가적인 일부 정보와 분석 통계가 나타나고 있다.

생물학적인 문자열 매칭은 유사성(similarity)을 찾아서 그것을 상동성의 증거로 삼는다. BLAST는 질의와 대상서열간의 일치도(percent identity)를 측정하고, 또한 상응하는 영역의 길이(염기수)도 측정한다. 단백질의 기능을 변경시키지 않는 비슷한 성질을 가진 아미노산 잔기로 변한 곳도 양성으로 판단한 유사도(percent similarity)도 측정한다. 서열간의 상동성은 두 서열이 진화론적으로 관련되어 있음을 의미한다. BLAST 검색의 출력에서 S값은 유사성과 매치의 크기를 측정한 것이다. BLAST 출력은 E값으로 순서가 매겨진 일련의 히트(hit)를 나열한다. E(기대)값은 같은 크기와 구성으로 된 임의로 생성한 데이터베이스에서 문자열 매칭이 발생하는 가능성을 측정한다. E값이 0에 가까울수록 그것이 우연히 발생할 가능성은 더 적어진다. 즉, E값이 낮을수록 매치가 잘 이루어진 것이다.

4.4.2 BLAST 출력 파싱

그러면 왜 BLAST 결과를 파싱하는가? blast를 이용하는 이유를 살펴보자. 우리가 가지고 있는 서열과 상동성이 높은 DB의 서열을 찾는데 이용된다. 그런데 질의 서열이 하나가 아니라 매우 많을 때, 일일이 눈으로 보고, 정리하는 것은 시간과 노력이 매우 많이 들 것이다. **파서**를 이용하여 정리된 요약본을 보고 판단하면 훨씬 쉬워질 것이다. 오쏠로그 존재 유무도 적절한 점수 이상을 받은 결과만 정리하도록 함으로써 컴퓨터에 일을 맡길 수 있다. 또한 우리가 관심을 갖고 있는 질의 서열과 상동성이 높은 새로운 서열이 데이터베이스에 등록되는지 궁금하다면? 그렇다고 매일 blast 분석하고 그 결과를 들여다 볼 순 없지 않은가? 그러나 파싱하는 방법을 알고 있다면 간단히 해결된다. 매일 자동으로 BLAST 검색을 수행하고 그 결과를 전날의 것과 비교하는 프로그램을 작성한다. 간단히 비교할 수 있는 방법은 히트의 요약 목록을 파싱하는 것이다. 이를 전날의 요약 목록과 비교하여 새로운 것이 추가되었을 때, 프로그램이 여러분에게 이메일을 보내 알려주도록 하면 될 것이다. 이는 다른 여러 정보에 대한 경보나 알림서비스에도 활용할 수 있다. 일일이 언급할 수 없을 만큼 적용 범위는 넓다 하겠다. 이처럼 편리한 도구를 자신만의 것으로 만들 생각이 왜 없겠는가?

이번에는 Bio::SearchIO 모듈을 사용하여 파싱해 보자. Blast 결과 파일은 이전에 생성된 shigatoxinB.bla를 사용한다.

예제 • ex43.pl - SearchIO를 사용하여 BLAST 결과 파싱하기

```
use strict;
use Bio::SearchIO;
my $IOStream = Bio::SearchIO->new(-format => 'blast',
                -file   => 'D:/blast-2.2.28+/output/shigatoxinB.bla');
while( my $result = $IOStream->next_result ) {
  while( my $hit = $result->next_hit ) {
    while( my $hsp = $hit->next_hsp ) { #High Scoring Segment Pairs (HSP)란
                                        #두 서열에서 높은 상동성을 보인 부분이다.
     if( $hsp->length('total') > 50 ) {
        if ( $hsp->percent_identity >= 75 ) {
          print "Query=",   $result->query_name,
         " Hit=", $hit->name,
         " Length=",       $hsp->length('total'),
         " Percent_id=", $hsp->percent_identity, "₩n";
         }
     }
    }
  }
}
```

SearchIO를 사용한 결과는 다음과 같고, 아무런 경고문도 뜨지 않음을 기억하자.

```
D:₩source>perl ex43.pl
Query=gi|23343475|emb|CAC95106.1| Hit=gb|EDU51954.1| Length=89 Percent_id=100
Query=gi|23343492|emb|CAC95081.1| Hit=emb|CAC95081.1| Length=86 Percent_id=100
Query=gi|208739847|gb|EDZ87529.1| Hit=gb|EDU51954.1| Length=89 Percent_id=100
Query=gi|208726168|gb|EDZ75769.1| Hit=gb|EDU51954.1| Length=89 Percent_id=100
Query=gi|209399287|ref|YP_002271220.1| Hit=gb|EDU51954.1| Length=89 Percent_id=1
00
Query=gi|209160687|gb|ACI38120.1| Hit=gb|EDU51954.1| Length=89 Percent_id=100
Query=gi|208730773|gb|EDZ79463.1| Hit=gb|EDU51954.1| Length=89 Percent_id=100
Query=gi|189370121|gb|EDU88537.1| Hit=gb|EDU51954.1| Length=89 Percent_id=100
Query=gi|189359439|gb|EDU77858.1| Hit=gb|EDU51954.1| Length=89 Percent_id=100
Query=gi|188998667|gb|EDU67653.1| Hit=gb|EDU51954.1| Length=89 Percent_id=100
Query=gi|188013832|gb|EDU51954.1| Hit=gb|EDU51954.1| Length=89 Percent_id=100

D:₩source>
```

4.4.3 BLAST에서 self-hit를 제외시키기

자신의 질의서열이 NCBI blast DB에 등록되어 있다면 서로 같은 서열이기 때문에 제일 높은 점수를 받게된다. 이러한 self-hit를 제외시키려면 다음과 같이 해보자.

먼저 데이터베이스에서 GI를 추출한다.

```
$ blastdbcmd -entry all -db ecoli -dbtype nucl -outfmt %g | head -1 | \
  tee exclude_me
1786181
```

self-hit가 나타나지 않도록 제한된 데이터베이스를 이용하여 blast를 수행한다.

```
blastn -db ecoli -negative_gilist exclude_me -show_gis -num_alignments 0 \
  -query exclude_me | grep `cat exclude_me`
Query= gi|1786181|gb|AE000111.1|AE000111
```

4.4.4 BLAST 실행과 파싱을 한꺼번에

blast를 호출하여 실행하고, 그 결과를 파싱할 수 있다. report object인 $report_obj과 result object인 $result_obj는 SearchIO 모듈에 있다. SearchIO HOWTO를 살펴보면 blast

분석 결과로부터 유용한 데이터를 추출할 수 있는 객체에 대해 알 수 있다.

아래에서 SearchIO를 이용하여 BLAST 결과로부터 정보를 얻어내는 방법을 볼 수 있다. 사용 DB는 NCBI에서 내려받은 16SMicrobial 이다.

예제 • ex44.pl - 질의 서열을 DB에 대해 BLAST하고, 그 결과를 파싱하기

```
use strict;
use Bio::SearchIO;
use Bio::Tools::Run::StandAloneBlastPlus;

my $fac = Bio::Tools::Run::StandAloneBlastPlus->new(
  -db_name=>'16SMicrobial', -db_dir => 'D:/blast-2.2.28+/db/16SMicrobial/');
$fac->blastn(-query => 'D:/blast-2.2.28+/seq/Sch16S.fasta',
  -outfile=>'D:/blast-2.2.28+/output/Sch16S.bla');

my $IOStream = Bio::SearchIO->new(-format => 'blast',
    -file   => 'D:/blast-2.2.28+/output/Sch16S.bla');

my $result = $IOStream->next_result;

&sort_results($result);
$result->rewind;
&print_blast_results($result);

sub sort_results{
  my $result = shift;
  my @hits;
  while(my $hit = $result->next_hit()){
    push @hits, $hit;
  }
  # accession 번호로 정렬
  my @acc = sort {$a->accession cmp $b->accession} @hits;
```

```
  print join("₩t", $_->accession,$_->description),"₩n" for @acc;
}

sub print_blast_results{
  my $result = shift;
  while(my $hit = $result->next_hit()){
    while(my $hsp = $hit->next_hsp()){
      print join(", ",$hit->name,$hsp->bits)."₩n";
    }
  }
}
exit;
```

Blast 결과 파일인 Sch16S.bla가 생기면서

```
BLASTN 2.2.28+


Reference: Zheng Zhang, Scott Schwartz, Lukas Wagner, and Webb
Miller (2000), "A greedy algorithm for aligning DNA sequences", J
Comput Biol 2000; 7(1-2):203-14.



Database:  16S Microbial Sequences
           8,852 sequences; 13,021,473 total letters



Query= gi|61103517|gb|AF159257.2| Sphingomonas chungbukensis strain DJ77
16S ribosomal RNA gene, complete seque nce
Length=1502
```

```
                                                                          Score   E
Sequences producing significant alignments:                               (Bits) Value

ref|NR_102886.1|Sphingobium japonicum UT26S strain UT26S (= NBR...  2601   0.0
ref|NR_041701.1|Sphingobium japonicum strain UT26 16S ribosomal...  2497   0.0
ref|NR_042944.1|Sphingobium francense strain Sp+ 16S ribosomal ...  2494   0.0
ref|NR_026249.1|Sphingobium chlorophenolicum strain ATCC 33790 ...  2471   0.0
ref|NR_042943.1|Sphingobium indicum strain B90A 16S ribosomal R...  2460   0.0
ref|NR_074241.1|Sphingobium chlorophenolicum L-1 strain L-1 16S...  2433   0.0
ref|NR_042595.1|Sphingobium olei strain : IMMIB HF-1 16S riboso...  2399   0.0
ref|NR_043537.1|Sphingobium fuliginis strain TKP 16S ribosomal ...  2372   0.0
ref|NR_044226.1|Sphingobium rhizovicinum strain CC-FH12-1 16S r...  2364   0.0
ref|NR_028622.1|Sphingobium amiense strain Y 16S ribosomal RNA,...  2357   0.0
ref|NR_074396.1|Sphingobium sp. SYK-6 strain SYK-6 16S ribosoma...  2340   0.0
ref|NR_040807.1|Sphingobium herbicidovorans strain MBIC3166 16S...  2326   0.0
ref|NR_027233.1|Sphingobium cloacae strain S-3 16S ribosomal RN...  2296   0.0
ref|NR_044171.1|Sphingobium ummariense strain RL-3 16S ribosoma...  2250   0.0
ref|NR_042479.1|Sphingobium aromaticiconvertens strain : DSM 12...  2226   0.0
ref|NR_026304.1|Sphingobium xenophagum strain BN6 16S ribosomal...  2213   0.0
ref|NR_036767.1|Sphingobium yanoikuyae strain IFO 15102 16S rib...  2185   0.0
ref|NR_074280.1|Sphingopyxis alaskensis RB2256 strain RB2256 16...  2182   0.0
----------------------------- 이하 생략 -----------------------------
```

동시에 파싱한 결과를 화면으로 출력하였다.

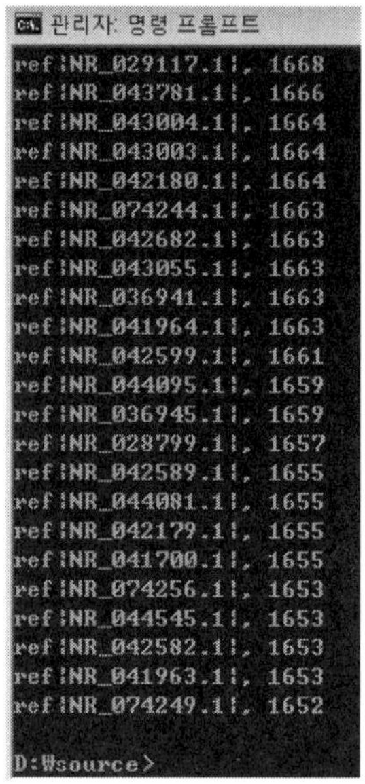

4.4.5 원격 DB를 사용하여 BLAST하고, 그 결과를 파싱하기

Stand-alone blast를 실행할 때, NCBI 데이터베이스를 사용할 수도 있다.

예제 • ex45.pl - NCBI의 nr DB를 사용하여 BLAST하고, 그 결과를 파싱하기

```
..... ex44.pl과 같은 위 부분 생략 ...............
my $fac = Bio::Tools::Run::StandAloneBlastPlus->new(
   -db_name=>'nr', -remote=>1);
$fac->blastn(-query => 'D:/blast-2.2.28+/seq/Sch16S.fasta',
   -outfile=>'D:/blast-2.2.28+/output/Sch16S-nr.bla');

my $IOStream = Bio::SearchIO->new(-format => 'blast',
   -file   => 'D:/blast-2.2.28+/output/Sch16S-nr.bla');
...... ex44.pl과 같은 아래 부분 생략 ..............
```

-remote=>1 파라미터 값을 사용하면 된다.

Sch16S-nr.bla 파일을 메모장으로 읽어 보면

```
BLASTN 2.2.24+


Reference: Zheng Zhang, Scott Schwartz, Lukas Wagner, and Webb
Miller (2000), "A greedy algorithm for aligning DNA sequences", J
Comput Biol 2000; 7(1-2):203-14.



Database: Nucleotide collection (nt)
         26,522,277 sequences; 49,914,169,446 total letters



Query=  gi|61103517|gb|AF159257.2| Sphingomonas chungbukensis strain DJ77
16S ribosomal RNA gene, complete sequence
Length=1502

RID: YUHG4S4H015
                                                                     Score    E
Sequences producing significant alignments:                          (Bits) Value

gb|EU679660.1|  Sphingobium chungbukense rrnC operon, complete se...  2774   0.0
gb|EU679659.1|  Sphingobium chungbukense rrnB operon, complete se...  2774   0.0
gb|EU679658.1|  Sphingobium chungbukense rrnA operon, complete se...  2774   0.0
gb|AF159257.2|  Sphingomonas chungbukensis strain DJ77 16S riboso...  2774   0.0
ref|NR_102886.1| Sphingobium japonicum UT26S strain UT26S (= NBR...   2601   0.0
dbj|AP010804.1|  Sphingobium japonicum UT26S DNA, chromosome 2, c...  2601   0.0
dbj|AP010803.1|  Sphingobium japonicum UT26S DNA, chromosome 1, c...  2601   0.0
gb|AY699586.1|  Uncultured soil bacterium clone PHE7d9 16S riboso...  2584   0.0
gb|AF335468.1|  Sphingomonas sp. VM506 16S ribosomal RNA gene, pa...  2579   0.0
gb|AY151392.1|  Sphingomonas chungbukensis 16S ribosomal RNA gene...  2579   0.0
gb|AF335501.1|  AF335501 Sphingomonas sp. LB126 16S ribosomal RNA ... 2523   0.0
gb|JF979222.1|  Uncultured Sphingobium sp. clone 1b02 16S ribosom...  2518   0.0
gb|GQ915273.1|  Sphingomonas sp. HZ-1 16S ribosomal RNA gene, par...  2516   0.0
gb|DQ123672.1|  Uncultured soil bacterium clone PYR10d12 16S ribo...  2516   0.0
gb|JF979292.1|  Uncultured Sphingobium sp. clone 2a02 16S ribosom...  2514   0.0
gb|JF979301.1|  Uncultured Sphingobium sp. clone 2b02 16S ribosom...  2512   0.0
gb|AY506539.1|  Sphingomonas agrestis 16S ribosomal RNA gene, par...  2507   0.0
```

결과가 데이터베이스를 16S Microbial을 이용해서 행한 결과와 다르다. 이는 nt 데이터베이스가 훨씬 더 방대한 자료(26,522,277개 서열)를 갖고 있기 때문이다. 이에 비해 16SMicrobial은 8852개의 자료 밖에 갖고 있지 않다. 화면으로 출력되는 부분도 비교해 보자.

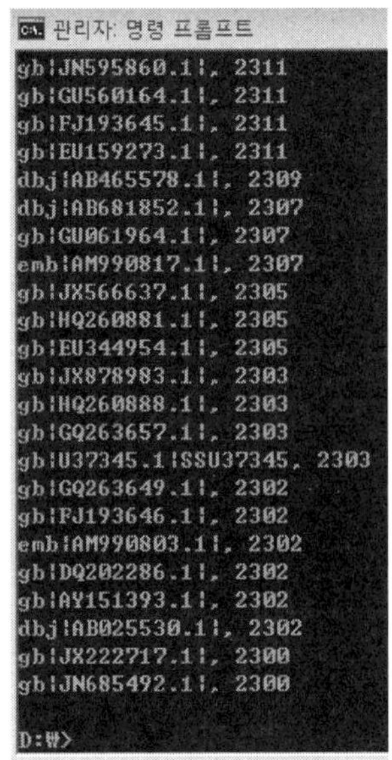

4.4.6 다양한 형식의 파서

아래 프로그램은 한 개의 주 프로그램과 두 개의 새로운 서브루틴으로 구성되어 있다. 서브루틴(parse_BLAST와 parse_BLAST_alignment)은 스칼라 문자열에서 다양한 데이터를 추출하기 위해 정규표현식을 사용한다.

예제 • ex46.pl - 다양한 형식의 파서

```
use strict;
use Bio::SearchIO;
die "Usage: $0 <BLAST-report-file> <number-of-top-hits> <output-file>₩n", if
(@ARGV != 3);
my ($infile,$numHits,$outfile) = @ARGV;
print "Parsing the BLAST result ...";
```

```
my $in = Bio::SearchIO->new(-format => 'blast', -file => $infile);
open (OUT,">$outfile") or die "Cannot open $outfile: $!";
print OUT "query_name₩tquery_length₩taccession_number₩tlength₩tdescription₩
tE value₩tbit score₩tframe₩tquery_start₩t";
print OUT "query_end₩thit_start₩thit_end₩tpositives₩tidentical₩n";
while ( my $result = $in->next_result ) {
print OUT $result->query_name . "₩t";
        print OUT $result->query_length;
        if ( $result->num_hits == 0 ) {    # 히트가 없는 경우 대비
                print OUT "₩tNo hits found₩n";
        } else {
        my $count = 0;
        while (my $hit = $result->next_hit) { # 히트 반복 처리
                        print OUT "₩t" if ($count > 0);
        print OUT "₩t" . $hit->accession . "₩t";
       print OUT $hit->length . "₩t";
        print OUT $hit->description . "₩t";
        print OUT $hit->significance . "₩t";
        print OUT $hit->bits . "₩t";
       my $hspcount = 0;
                while (my $hsp = $hit->next_hsp) {# HSP 처리
        print OUT "₩t₩t₩t₩t₩t₩t₩t", if ($hspcount > 0);
                print OUT $hsp->query->frame . "₩t";
                print OUT $hsp->start('query') . "₩t" . $hsp->end('query'). "₩t";
                print OUT $hsp->start('hit') . "₩t" . $hsp->end('hit') . "₩t";
                printf OUT "%.1f" , ($hsp->frac_conserved * 100);
                print OUT "%₩t";
                printf OUT "%.1f" , ($hsp->frac_identical * 100);
                print OUT "%₩n";
            $hspcount++;
            }
                $count++;
                last if ($count == $numHits);# 분석에 필요한 히트 수를 조절
                }
        }
}
close OUT;
exit;
```

아래 화면에서 보이는 대로 입력하여 실행하면 현재 폴더에 Sch16S-nr.parse라는 파일이 생성된다. 중간에 "5" 라는 숫자는 상위 5개만 파싱하라는 뜻이다.

```
D:₩source>perl ex46.pl D:₩blast-2.2.28+₩output₩Sch16S-nr.bla 5 Sch16S-nr.parse
Parsing the BLAST result ...
D:₩source>
```

파싱한 결과 파일 Sch16S-nr.parse는 tab의 크기와 값의 크기가 맞지 않아 밀려서 보이긴 하지만 엑셀 표로 만드는 데에는 아무 문제가 없다. 다음은 엑셀에서 데이터를 import한 결과이다. 질의서열의 시작과 끝, 히트의 시작과 끝, 서열의 상동성과 일치도가 일목요연하게 정리되어 있다.

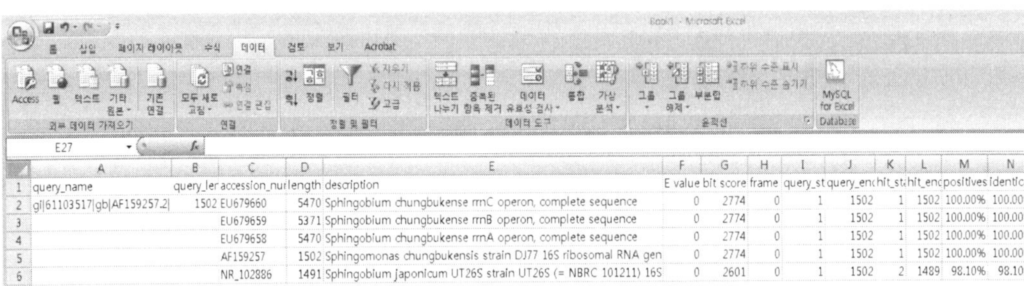

	A	B	C	D	E	F	G	H	I	J	K	L	M	N
1	query_name	query_ler	accession_nur	length	description	E value	bit score	frame	query_st	query_enc	hit_sta	hit_enc	positives	identical
2	gi|61103517|gb|AF159257.2|	1502	EU679660	5470	Sphingobium chungbukense rrnC operon, complete sequence	0	2774	0	1	1502	1	1502	100.00%	100.00%
3			EU679659	5371	Sphingobium chungbukense rrnB operon, complete sequence	0	2774	0	1	1502	1	1502	100.00%	100.00%
4			EU679658	5470	Sphingobium chungbukense rrnA operon, complete sequence	0	2774	0	1	1502	1	1502	100.00%	100.00%
5			AF159257	1502	Sphingomonas chungbukensis strain DJ77 16S ribosomal RNA gen	0	2774	0	1	1502	1	1502	100.00%	100.00%
6			NR_102886	1491	Sphingobium japonicum UT26S strain UT26S (= NBRC 101211) 16S	0	2601	0	1	1502	2	1489	98.10%	98.10%

주프로그램은 파싱 서브루틴을 호출하고 그 결과를 프린트할 뿐이다. 공백으로 초기화된 인수는 레퍼런스에 의해 패스된다. 서브루틴 parse_BLAST는 BLAST 출력 파일을 초반의 주석, 중반의 정렬, 후반의 주석, 세 부분으로 분리하는 상위 파싱 작업을 한다. 이것은 가운데 서열 부분에서 개별적인 서열을 추출하기 위해 parse_BLAST_alignment 서브루틴을 호출한다. 데이터는 get_file_data 서브루틴으로 명명된 파일에서 읽어 들인다. 파일 데이터 배열을 스칼라 문자열에 저장하기 위해서는 join 함수를 사용한다.

알아두어야 할 펄 문법

조합배열(Associative Array, Hashes) : 배열이 일반변수들의 집합인 것처럼, 조합배열 역시 일반변수들을 모아놓은 데이터의 집합이다. 배열(Array)이 어떤 값들을 일정 순서에 따라 메모리에 저장하는 방법을 제공하는 반면에, 조합배열은 어떤 값들을 특정한 검색어(key)에 의존하여 저장하거나 검색하는 방법을 제공한다.
그리고 조합배열에 사용되는 검색어나 그에 대응하는 값 모두 스칼라 값이다. 비유하자면, 배열은 우리가 책을 볼 때, 페이지를 참조하는 것과 유사하고, 조합배열은 파일상자 속에 파일이름을 꼬리표에 적어서 보관해둔 종이파일 같은 것과 유사하다.

조합배열의 명명법은 일반변수나 배열과 같고, $나 @부호를 붙이는 대신 %를 붙인다. 또, 배열 @some이 일반변수 $some과 무관한 것처럼 조합배열 %some 역시 $some이나 @some과 무관하다. 조합배열 관계를 구성하는 예는 다음과 같다.

```
%theHash = (
    "LOCUS",         "AB031069",
    "ORGANISM",      "Homo sapiens",
    "Division",      "PRI",
    "Length",        "2487",
);
```

조합배열과 관련된 함수들 : 조합배열과 관련된 함수에는 keys, values, each, exists, delete가 있다.

keys	조합배열의 모든 검색어들을 추출하여 목록으로 반환한다.
values	조합배열의 모든 값들을 추출하여 목록으로 반환한다.
each	조합배열의 하나의 검색어와 그에 대응하는 값을 차례로 목록으로 반환한다.
exists	어떤 검색어가 조합배열에 있는지 검사한다.
delete	조합배열에서 특정 검색어와 그에 대응하는 값을 지운다.

펄의 표준모듈 목록 : 펄은 약 100여개 또는 그 이상의 모듈들과 함께 제공되는데, 이들을 표준모듈이라고 한다. 표준모듈들 중에는 펄 자체로 구현하기는 어렵거나 복잡한 것들을 사용자가 상황에 따라 손쉽게 사용할 수 있도록 된 것들이 많이 있다.

바이오펄의 모듈 : 바이오펄은 다양한 생물학 데이터를 처리 할 수 있는 여러 가지 생명정보학적 도구의 모듈을 제공한다. 아래 표는 바이오펄에서 제공하는 다양한 모듈들의 일부다.

모듈	**설명**
Bio::DBLinkContainerl (KO)	데이터베이스 크로스 레퍼런스 사용을 원하는 객체에 대한 추상화 인터페이스
Bio::DB::Ace	서버의 데이터베이스 인터페이스 오브젝트
Bio::DB::GDB	질의에 대한 데이터베이스 인터페이스 오브젝트
Bio::DB::GenBank	GenBank에 대한 데이터베이스 오브젝트 인터페이스
Bio::DB::GenPept	GenPept에 대한 데이터베이스 오브젝트 인터페이스
Bio::DB::NCBIHelper	NCBI 데이터베이스 질의를 위한 유용한 루틴의 집합
Bio::DB::SwissProt	Swiss-Prot 검색을 위한 데이터베이스 오브젝트 인터페이스
Bio::SeqFeature::FeaturePair	BLAST 검색결과에서 염기서열 짝짓기의 정보를 보관
Bio::Tools::BLAST	BLAST 시퀀스 분석 오브젝트
Bio::Tools::BPbl2seq	BLAST 알고리즘을 사용하여 시퀀스 짝맞추기를 위한 라이트웨이트 블라스트 파서
Bio::Tools::BPlite	라이트웨이트 BLAST 파서
Bio::Tools::BPpsilite	PSI-BLAST 보고서를 위한 라이트웨이트 BLAST 파서
Bio::Tools::BLAST::HSP	BLAST 높은 점수를 기록한 세그먼트 오브젝트
Bio::Tools::BLAST::HTML	HTML 형식의 BLAST 보고서를 위한 바이오펄 유틸리티 모듈
Bio::Tools::BLAST::Sbjct	BLAST Hit 오브젝트 모듈
Bio::Tools::BLAST::Run::LocalBLAST	로컬 BLAST 분석을 위한 바이오펄 모듈
Bio::Tools::BLAST::Run::WebBLAST	http 인터페이스를 이용하여 BLAST 분석을 하기 위한 바이오 펄 모듈

연습 문제

❶ 다음 코드를 활용하여 프로그래밍을 하라.

```
Bio::SeqFeature::Similarity - A sequence feature based on similarity
print "significance: ", $sim_fea->significance(), "\n";
print "bit score: ", $sim_fea->bits(), "\n";
print "score: ", $sim_fea->score(), "\n";
print "fraction of identical residues: ", $sim_fea->frac_identical(), "\n";
```

❷ HSP를 기준으로 정렬을 하는 서브루틴과 서열의 말단 위치를 추출해내는 서브루틴을 작성하라. 그리고 blast 결과를 파싱하는 주프로그램을 작성하라,

❸ NCBI의 웹 페이지로 가지 않고 직접 NCBI 데이터베이스에 대해 blast를 수행할 수 있다. 아래 펄 스크립트는 이런 용도로 NCBI toolbox에서 제공하는 web_blast.pl (http://www.ncbi.nlm.nih.gov/IEB/ToolBox/C_DOC/lxr/source/doc/blast/web_blast.pl) 이다.

web_blast.pl - 스크립트로 NCBI BLAST 실행하기

```
# $Id: web_blast.pl,v 1.7 2009/01/12 18:48:49 coulouri Exp $
# Please refer to http://www.ncbi.nlm.nih.gov/blast/Doc/urlapi.html
# for a complete list of allowed parameters.
# return codes:
#     0 - success
#     1 - invalid arguments
#     2 - no hits found
#     3 - rid expired
#     4 - search failed
#     5 - unknown error
```

```
use URI::Escape;
use LWP::UserAgent;
use HTTP::Request::Common qw(POST);

$ua = LWP::UserAgent->new;

$argc = $#ARGV + 1;

if ($argc < 3)
{
print "usage: web_blast.pl program database query [query]...₩n";
print "where program = megablast, blastn, blastp, rpsblast, blastx, tblastn, tblastx₩
n₩n";
print "example: web_blast.pl blastp nr protein.fasta₩n";
print "example: web_blast.pl rpsblast cdd protein.fasta₩n";
print "example: web_blast.pl megablast nt dna1.fasta dna2.fasta₩n";

exit 1;
}

$program = shift;
$database = shift;

if ($program eq "megablast")
{
$program = "blastn&MEGABLAST=on";
}

if ($program eq "rpsblast")
{
$program = "blastp&SERVICE=rpsblast";
```

```
sleep $rtoe;

# poll for results
while (true)
{
sleep 5;

$req = new HTTP::Request GET => "http://www.ncbi.nlm.nih.gov/blast/Blast.cgi?CMD
=Get&FORMAT_OBJECT=SearchInfo&RID=$rid";
$response = $ua->request($req);

if ($response->content =~ /₩s+ Status=WAITING/m)
{
# print STDERR "Searching...₩n";
next;
}

if ($response->content =~ /₩s+ Status=FAILED/m)
{
print STDERR "Search $rid failed; please report to blast-help₩@ncbi.nlm.nih.gov.₩n";
exit 4;
}

if ($response->content =~ /₩s+ Status=UNKNOWN/m)
{
print STDERR "Search $rid expired.₩n";
exit 3;
}

if ($response->content =~ /₩s+ Status=READY/m)
{
if ($response->content =~ /₩s+ ThereAreHits=yes/m)
```

```
{
#  print STDERR "Search complete, retrieving results...₩n";
last;
}
else
{
print STDERR "No hits found.₩n";
exit 2;
}
}

# if we get here, something unexpected happened.
exit 5;
} # end poll loop

# retrieve and display results
$req = new HTTP::Request GET => "http://www.ncbi.nlm.nih.gov/blast/Blast.cgi?CMD
=Get&FORMAT_TYPE=Text&RID=$rid";
$response = $ua->request($req);

print $response->content;
exit 0;
```

실행하면,

```
D:₩source>perl web_blast.pl blastp nr ../blast-2.2.28+/seq/shigatoxin_subunit_B.
faa
```

output은 화면으로 출력된다. 파일로 출력되도록 코드를 완성해 보자.

5장 바이오펄과 인터넷

5.1 인터넷 기초

기원은 1969년 미국방성의 지원으로 미국 내의 4개 대학을 연결하기 위해 구축한 아르파네트(ARPANET)이다. 처음에는 군사적 목적으로 구축되었지만 프로토콜로 TCP/IP를 채택하면서 일반인을 위한 아르파네트와 군용의 MILNET으로 분리되어 현재의 인터넷 환경이 기반을 갖추었다. 미국 국립과학재단(NSF)도 TCP/IP를 사용하는 NSFNET라고 하는 새로운 통신망을 1986년에 구축하여 운영하기 시작하였다. NSFNET는 미국 내 5개소의 슈퍼컴퓨터 센터를 상호 접속하기 위하여 구축되었는데 1987년에는 ARPANET를 대신하여 인터넷의 근간을 담당하게 되었다.

정보는 공개되어야 하고, 보다 많은 사람들이 활용할 수 있도록 하는 것이 인류 복지를 위하여 바람직한 일이다. 생명과학 분야에도 많은 기관에서 서버를 구축하여 유용한 정보를 공유하고자 노력하고 있어 이들을 어떻게 찾아 필요할 때 이용하느냐 하는 것이 매우 중요하다.

기초적인 용어 : Internet, Network, LAN(Local area network), backbone, protocol, ethernet, TCP/IP, telnet, ftp(file transfer protocol), IP Adress, WAN(Wide area network), Router, Gateway, STMP(Simple mail transfer protocol), POP3 server, HTTP(Hyper text transfer protocol), Hypertext, Hyperlink, HTML(Hypertext markup language), URL(Uniform resource location), Browser,

5.1.1 네트워크란 무엇인가?

인터넷(Internet)은 네트워크(network)들을 연결하는 네트워크란 뜻이다. 인터넷을 이루는 네트워크의 최소 단위는 한 기관 내에 존재하는 컴퓨터 사이를 연결하는 LAN(Local Area Network)이라 부르는 것이다. 이들이 다시 대용량의 백본 (backbone)에 물리고, 이들은 다시 또 다른 백본, 인공위성, 해저 광케이블 등을 통해 전 세계에 걸쳐 연결되어 있는 통신망이 인터넷이다.

네트워크는 서로 같은 문법의 같은 언어를 사용해야 의사소통이 된다. 그렇지 않을 경우에는 번역이 필요하게 된다. 언어의 문법에 해당하는 컴퓨터 용어는 프로토콜(protocol)이다. 같은 프로토콜을 사용하거나, 또는 서로 이해할 수 있도록 번역해주어야 한다. ethernet, TCP/IP라는 용어는 네트워크 프로토콜의 이름이다. ethernet이 가장 낮은 계층의 것이고, TCP가 그 다음, TCP와 거의 항상 물려 다니므로 함께 부르게 되는 IP(Internet Protocol)가 상위 프로토콜이다. IP 위에는 다시 telnet, ftp, http와 같은 우리가 실제로 사용하게 되는 최상위의 프로토콜들이 존재한다. 여기서 낮다는 것은 하드웨어에 더 가깝다는 것을 뜻하고, 높다는 것은 더 논리적이며 실제 응용과 사용자에 더 가깝다는 뜻이다.

만약 두 대 이상의 컴퓨터를 연결하고자 한다면 각각의 컴퓨터는 서로 구별되어야 하므로 특정한 주소를 지정해 주어야 한다. 인터넷 상에서는 크게 세 가지 종류의 주소에 의해 구별된다. 첫째는 ethernet 주소며, 둘째는 IP 주소다. 4개의 정수를 점으로 구분하여 표시하는데, IP 프로토콜 규칙에 따라 각 기관에 보통 세 번째 숫자까지 부여된다. 마지막 4번째 숫자는 기관 내부의 각 컴퓨터에 부여하며, 그 기관 스스로 관리를 한다. 셋째는 우리가 흔히 사용하는 영어 또는 한글 이름이다. 이 이름은 하나의 IP 주소에 대응이 되며, 이 대응 관계를 관리해주는 체계가 따로 존재한다. 인터넷상의 IP 주소와 이름도 상위 관리자에게 등록하여 관리를 받게 된다.

Ethernet으로 구성된 각각의 네트워크는 라우터(Router)를 통하여 연결된다. 라우터는 2개 이상의 네트워크를 서로 연결해 주고, 전송되는 정보를 목적하는 네트워크에 전달하여 준다. 이러한 라우터로 연결된 LAN들은 다시 게이트웨이라 불리는 고용량의 라우터를 통하여 연결되어 소위 광역 통신망(WAN : Wide Area Network)을 이룬다. 이들이 다시 전 세계적으로 연결된 것이 바로 인터넷이다.

5.1.2 전자우편 (Email : Electronic Mail)

Email이란 네트워크를 통하여 컴퓨터 사용자간에 편지를 주고받는 기능이다. Email은 현재 웹 다음으로 가장 많이 쓰이는 인터넷 응용이다. 우리는 인터넷을 통하여 전 세계 어디에나 email 주소를 갖고 있는 사람에게 편지를 보낼 수 있다. 상대방이 편지를 받지 않을 때는 반송되어 오기도 하고, 상대방 시스템이 작동하지 않을 때는 계속 편지를 재발송하기도 한다. 자신에게 온 편지를 다른 사람에게 전해줄 수도 있다. 또한, 편지를 보낸 사람에게 자신이 출타 중임을 알릴 수도 있고, 자신의 편지를 선별적으로 누군가 대신 처리하게 해줄 수도 있다. 또한 받은 email을 장기보관하고 관리하는 일도 컴퓨터에서 이루어지므로 매우 편리하다. 무엇보다도 이 모든 것에 드는 비용이 매우 저렴하다.

Email은 원래는 텍스트로 되어 있는 문서를 주고받는데 사용하도록 설계된 것이나 실행 파일과 같은 이진 파일들도 보낼 수 있도록 확장이 되었다. 이진 파일을 다루는 방법에는, 이진 파일을 ASCII 파일로 전환한 후 편지를 보내고 상대방이 다시 ASCII 파일을 이진 파일로 전환하는 uuencode 방식, BINHEX나 MIME과 같이 이를 위해 특별히 디자인된 기술을 사용하는 방식 등 여러 가지가 있다. Email을 보내고 받기 위해 사용하는 프로그램들에는 다양한 것들이 있다. 윈도우 환경에서는 Eudora와 같은 전문적인 전자우편 프로그램과 MS Explorer와 같은 웹브라우저(Web browser)에 추가되어 있는 email 기능도 많이 사용된다.

인터넷상의 email 프로토콜의 이름은 SMTP(Simple Mail Transfer Protocol)이다. 우리가 전 세계적인 교류를 위해 인터넷 상에서 사용하는 email은 SMTP를 따르는 것이어야 한다. 윈도우에는 기본적으로는 SMTP 지원 기능이 들어 있지 않다. 따라서, 우리가 데스크탑 컴퓨터로 주로 사용하는 이들 환경에서 email을 사용하기 위해서는 SMTP 기능을 가진 컴퓨터가 중간에서 매개 역할을 해주어야 한다. 이것이 POP3라는 서비스이다. 즉, SMTP 기능을 갖고 있어 인터넷을 통해 email을 직접 주고받을 수 있는 유닉스 호스트에 POP3 서버를 설치하고, 우리는 PC에서 이 POP3 서비스를 받아 email을 주고받는 것이다.

5.1.3 Anonymous FTP(File Transfer Protocol)

ftp는 인터넷으로 연결된 컴퓨터 간에 파일을 주고받는 기능이다. ftp를 이용하면 전세계 컴퓨터들과 접속하여 파일을 보내거나 반대로 받을 수 있다. 일반적인 ftp는 상대 컴퓨터에 접속할 수 있는 ID가 있어야 하지만, anonymous ftp는 ID 없이도 마음대로 접속하여 제한된 디렉토리나 파일에 대하여 받아가거나 올려놓을 수 있도록 한 것이다. 윈도우에서는 Winsock ftp나 웹 브라우저의 ftp 기능을 이용하면 쉽게 파일 전송을 할 수 있다. Anonymous ftp는 대량의 파일들을 한꺼번에 주고받는 데에 매우 편리하다.

5.2 웹과 HTML(HyperText Markup Language)

5.2.1 웹

WWW(World Wide Web)은 오늘날 WWW는 인터넷과 같은 의미로 쓰이고 있다 해도 과언이 아닐 정도로 폭발적인 인기를 끌고 있다. WWW는 그 기본 아이디어가 1989년에 개발되었다. WWW를 만든 곳은 유럽의 CERN(스위스의 입자 물리 연구소)이었다. 당시의 목적은 입자 물리 실험에서 나오는 방대한 양의 데이터를 효율적으로 공유하는 도구를 개발하는 것이었다. 이를 바탕으로 미국의 NCSA(National Center for Supercomputing Applications)에서는 Mosaic이란 프로그램으로 WWW를 사용하는 편리한 환경을 제공하였고, 이때부터 사용자가 폭발적으로 늘기 시작했다. Mosaic을 만들었던 멤버 몇 명이 따로 독립하여 회사를 만들었는데 이들이 만든 것이 Netscape이다.

다른 여러 인터넷 도구와 비교해서 WWW가 갖는 최고의 장점은 텍스트뿐만 아니라 그림, 음성, 오디오, 동영상 등을 동시에 제공하여 준다는 것이다. 이것은 마치 텍스트 중심의 MS-DOS와 아이콘으로 이루어진 Windows를 비교 하는 것과 같은 개념이다. DOS가 윈도우로 대체 되었듯이 텍스트 중심의 인터넷 도구들이 WWW에 의해 대체 되어 가는 것은 어쩔 수 없다.

5.2.1.1 하이퍼텍스트(Hypertext), 하이퍼링크(Hyperlink)

하이퍼텍스트, 하이퍼링크는 WWW가 작동하는 기본 원리이다. 텍스트 위에 마우스를 갖다 놓고 두 번 클릭하면 현재의 화면이 없어지고 새로운 화면으로 이동하는 것, 이것이 바로 하이퍼텍스트의 개념이다. 물론 아무 텍스트나 다 그런 것은 아니다. 특별한 텍스트만 그렇다. 이것을 '하이퍼텍스트'라 하고 이러한 연결을 '하이퍼링크'라고 한다. 이런 구조의 장점중의 하나는 자료의 중복 저장을 막을 수 있다는 것이다. 필요한 자료가 있을 때 그 자료와 연결만 시켜 놓으면 된다. WWW란 인터넷 상에 존재하는 엄청나게 많은 정보들이 서로서로 하이퍼링크로 거미줄처럼 얽힌 것이라 할 수 있다.

5.2.1.2 HTTP (HyperText Transfer Protocol)

HTTP라 함은 '하이퍼텍스트를 전송하는 규약'이다. 웹의 주소를 URL(Uniform Resource Locator) 이라 하는데, 아래와 같이 표기한다.

예) http://www.naver.com/

http://www.ncbi.nlm.nih.gov/Ftp/

5.2.2 HTML

하이퍼텍스트를 만드는 언어란 뜻이다. HTML은 WWW 문서 구조를 기술하는 언어이고 HTML로 작성된 언어는 .html (DOS에서는 .htm)의 확장자를 갖게 된다.

HTML은 tag와 문서로 이루어져 있다. 문서는 웹 페이지에 나타내기를 원하는 실제 내용이고 tag는 그 내용을 나타내는 방식에 대한 명령어이다. 따라서 이런 방식에서 중요한 건 내용이다. 일단 내용을 쓰고 나중에 포맷은 맘대로 변경 할 수 있다. HTML을 배운다는 것은 결국 tag의 종류와 그 효과를 배운다는 것과 같은 의미가 된다.

홈페이지에 "My Home Page!"라고 나타내게 하려면 아래와 같은 파일을 만든다.

```
〈HTML〉
  My Home Page!
〈/HTML〉
```

모든 HTML 문서는 〈HTML〉 로 시작해서 〈/HTML〉로 끝난다. 그리고 tag는 기본적으로 〈tag〉로 시작해서 〈/tag〉로 끝난다. 위 내용을 index.html 이란 파일 이름으로 저장한다. 이제 연결프로그램을 익스플로러로 하여 열어보자.

웹페이지에 보이는 글씨가 너무 작다. 그렇다면 글씨를 키워보자.

```
〈HTML〉
  〈H1〉My Home Page!〈/H1〉
〈/HTML〉
```

HTML에서 제목의 크기는 〈H#〉 tag를 써서 나타낸다. #에는 숫자가 들어가는데 1, 2, 3, 4가 있고, 이중에서 '1'이 가장 크다. 그리고 H# tag는 제목의 크기를 정하는 tag 이기 때문에 자동으로 줄이 바뀌게 된다. 중앙으로 정렬하고 싶다면,

```
〈HTML〉
  〈H1〉〈center〉My Home Page!〈/center〉〈/H1〉
〈/HTML〉
```

이제 중요한 태그 중 몇 가지만 살펴보고 홈페이지를 꾸며 보자.

1) 문서에서 글자의 크기제어

본문에서의 글자 크기 제어는 〈FONT SIZE=#〉 〈/FONT〉를 이용한다. 이번엔 #가 작을수록 작은 크기이다. #는 1에서 7까지 가능하며 특별히 지정하지 않으면 "3"으로 정해진다.

2) 문단 바꾸기

〈BR〉은 줄을 바꾸는 거고 〈P〉는 줄을 바꾸고 한 줄을 띄어 준다.

3) 코멘트 〈!- -〉

문서를 작성하는 자신만 보고, 브라우저로는 볼 수 없게 하는 tag이다.

4) 작성한 그대로 보이게 하기 〈PRE〉

문서가 보이는 형식은 전적으로 브라우저의 권한이다. 문서를 작성할 때 내가 아무리 스페이스를 넣고 혹은 리턴을 쳐서 줄 바꾸기를 해도 브라우저는 무시해 버린다. 만약 내가 작성한 문서가 그대로 보이기를 원한다면 〈PRE〉 태그를 쓰자.

5) HTML의 핵심인 하이퍼링크를 살펴보자. 다른 홈페이지와 연결하기 위해서는 다음과

같은 tag를 사용한다. 구글에 링크를 하려면 다음과 같이 한다.

```
<A HREF="http://www.google.com">구글</A>
```

위에서 배운 것을 이용하여 간단히 꾸며 본 홈페이지의 HTML 문서다.

```
<HTML>
  <H1><center> My Home Page!</center></H1>
  <PRE>     HTML 문서 작성법     software tools     데이터베이스     <A
      HREF="http://www.google.com">구글</A></PRE>
  <H2>Software Tools</H2>
  <P>BLAST</P>
  <P>CLUSTALW</P>
  <P>CGI</P>
</HTML>
```

실제 브라우저에서는 위와 같은 모양으로 나타난다. "구글"을 클릭해 보자. 구글 홈페이지로 연결될 것이다.

6) 이번엔 내 컴퓨터의 다른 문서를 연결시켜 보자. 먼저 연결될 문서를 만든다. blast.html을 만들어 보자. 그리고 index.html과 같은 폴더에 저장한다. 이 경우 링크하는 방법은

```
〈A HREF="blast.html"〉BLAST〈/A〉
```

로 직접 문서가 있는 경로를 포함하여 파일명을 적어주면 된다. 태그는 대소문자 구별하지 않는다.

7) 홈페이지에 그림을 넣고 싶다면 .gif나 .jpg로 끝나는 파일들을 준비해야 한다.

```
〈IMG SRC="생컴.gif"〉
```

그림을 가운데에 위치시키려면 이미 배운 〈CENTER〉 tag를 사용한다.
더 예쁘게 치장하려면 HTML 문서 작성법을 좀 더 자세히 공부하도록 하자. 이제 완성된 홈페이지의 HTML 문서는

```
〈HTML〉
  〈IMG SRC="생컴.gif"〉
  〈H1〉〈center〉 My Home Page!〈/center〉〈/H1〉
  〈PRE〉      HTML 문서 작성법      software tools      데이터베이스      〈A
HREF="http://www.google.com"〉구글〈/A〉〈/PRE〉
  〈H2〉Software Tools〈/H2〉
  〈P〉〈A HREF="blast.html"〉BLAST〈/A〉〈/P〉
〈/HTML〉
```

위와 같고, 브라우저에는 아래와 같이 나타난다.

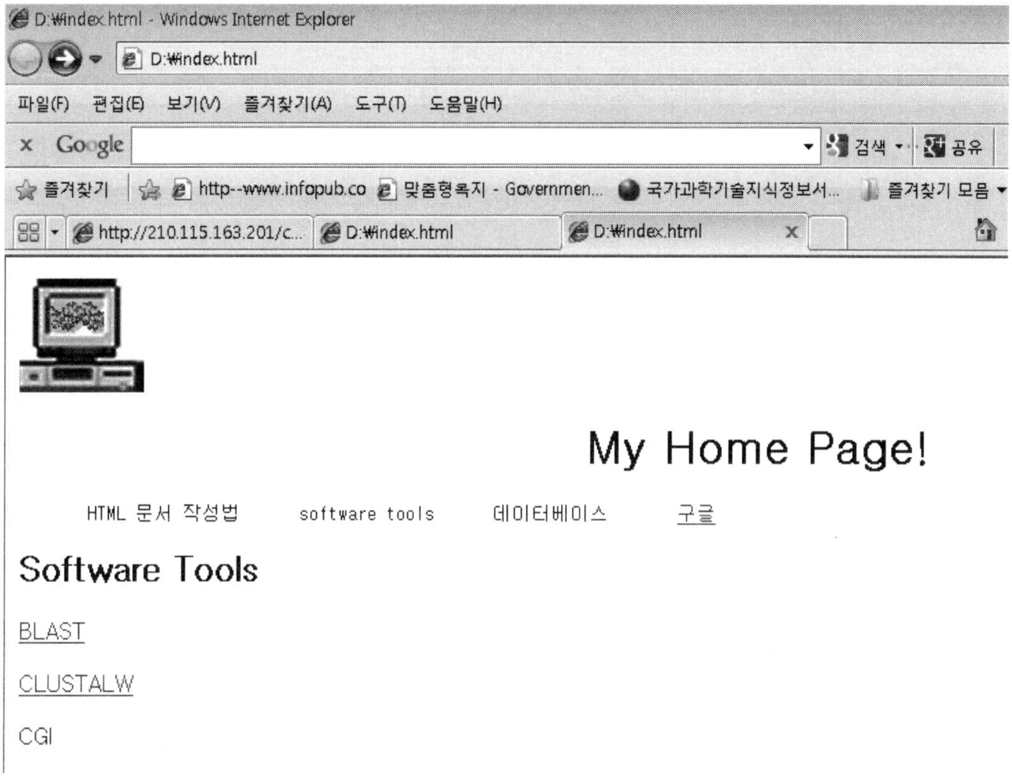

5.3 아파치 웹서버

이제 여러분은 자신의 홈페이지 문서를 갖게 되었다. 현재로는 자신의 컴퓨터에서만 확인된다. 다른 사람들에게 보여 주기 위해서는 웹 서버의 설치가 필요한데, 이 책에서는 Apache 서버를 설치할 것이다. 아파치는 원래 유닉스용 웹서버였으나, 많은 사용자들의 성원에 힘입어 최근 윈도우용 버전이 출시되었다. 따로 웹서버가 없는 분들이라면 이 웹서버를 아파치의 홈페이지에서 다운로드 받아 컴퓨터에 설치하기 바란다.

2012년 8월 18일부터 보안서버 인증서 설치가 의무화되었다. 따라서 보안서버를 지원하는 openssl 용으로 설치하야 되지만 편의상 본 책에서는 httpd-2.2.25-win32-x86-no_ssl.msi 를 http://httpd.apache.org/download.cgi#apache24 에서 다운받자.

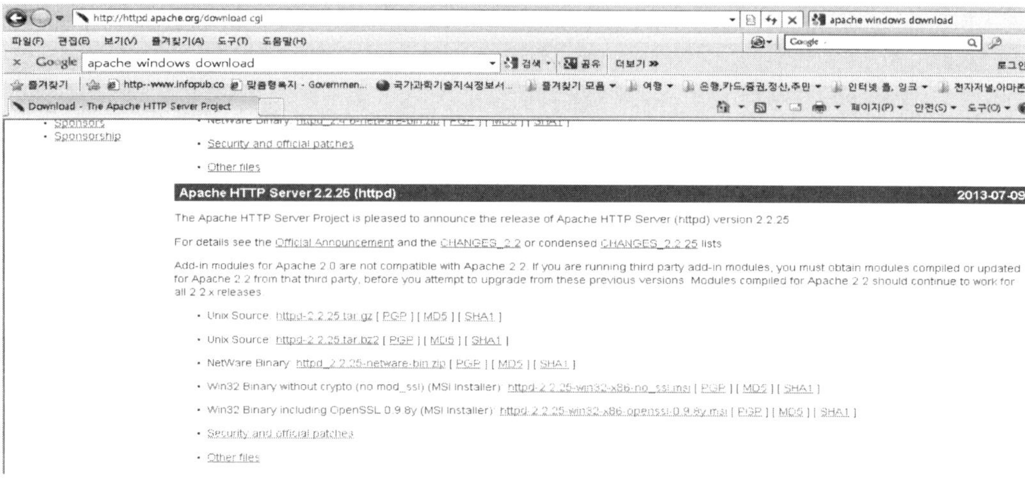

먼저 네트워크 연결상태를 아래와 같이 확인하고,

설치를 시작한다. Next>를 계속 누르다가, Server Information 창이 나타나면 Network Domain과 Server Name에 주소를 입력하고 도메인이 없으면 localhost를 입력한다. 그리고 Administrator's Email Address에 자기 메일 주소를 입력한다.

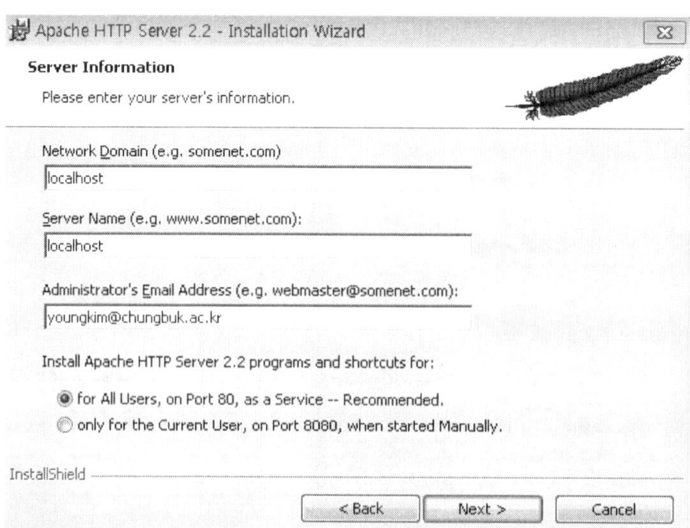

Next를 누르고 아래와 같이 Destination Folder를 묻는 창이 나오면 Change 버튼을 눌러,

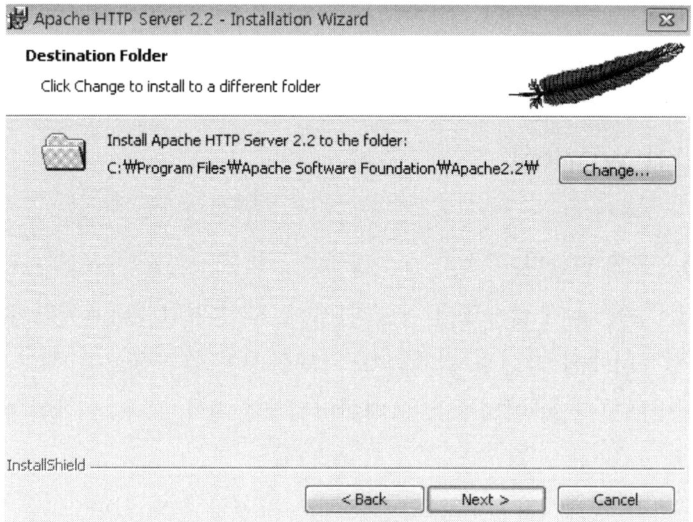

C:\apache2225 로 바꾸자.

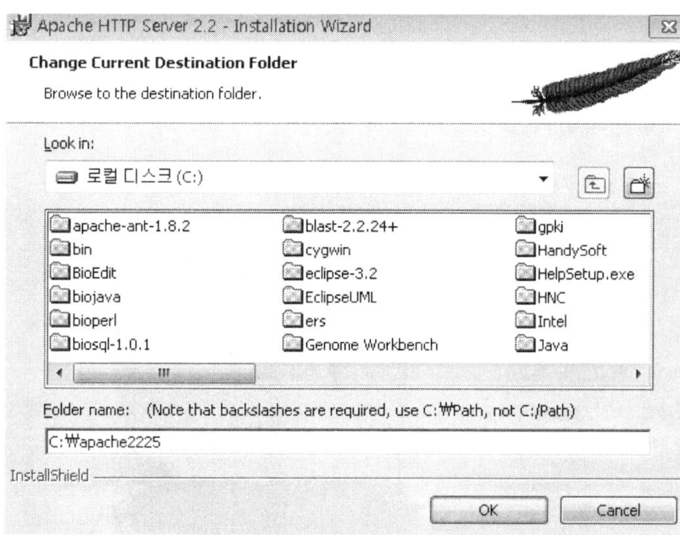

아파치를 공백이 포함된 폴더명을 사용하거나 드라이브 루트보다 하위에다 설치하면 cronolog 가 제대로 작동하지 않아 셋팅 오류를 일으킬 수 있다.

Next>를 계속 누르다가 설치가 완료되면 Finish 버튼이 나타난다.

설치를 완료하고 나면 시작프로그램에 Monitor Apache Server라는 아이콘이 보일

것이다.

이제는 익스플로러의 인터넷 주소 입력창에 localhost라고 입력해 보자. 그러면

설치가 성공했음을 알려준다.

위와 같은 방법으로는 내부접속만이 가능하다. 즉 자신의 컴퓨터에서만 접속이 가능하다. 이번에는 다른 컴퓨터에서 자신의 컴퓨터로 외부접속이 가능하도록 해보자. 일단 자신의 아이피주소를 알아야한다. 아이피주소는 네이버검색창에서 'ip주소 확인'이라고 검색하면 확인할 수 있다.

혹은 명령 프롬프트 창에서 ipconfig 명령을 쳐서 확인할 수도 있다.

그 다음, httpd.conf 파일의 설정을 수정해야 한다.

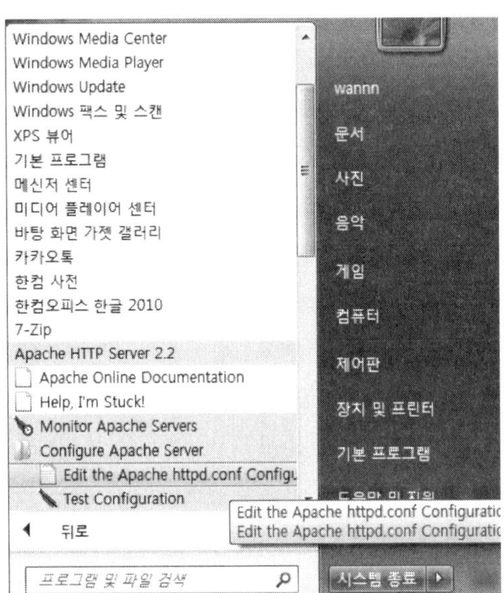

```
#
# ServerAdmin: Your address, where problems with the server should be
# e-mailed.  This address appears on some server-generated pages, such
# as error documents.  e.g. admin@your-domain.com
#
ServerAdmin admin@chungbuk.ac.kr

#
# ServerName gives the name and port that the server uses to identify itself.
# This can often be determined automatically, but we recommend you specify
# it explicitly to prevent problems during startup.
#
# If your host doesn't have a registered DNS name, enter its IP address here.
#
#ServerName local:80

#
# DocumentRoot: The directory out of which you will serve your
# documents. By default, all requests are taken from this directory, but
# symbolic links and aliases may be used to point to other locations.
#
DocumentRoot "C:/Program Files/Apache Software Foundation/Apache2.2/htdocs"
```

'#ServerName local:80'을 찾아 주석 기호를 제거한다. 혹은 'ServerName (자신의 아이피 주소 혹은 localhost) : 80'으로 수정한다.

다시 test configuration을 실행시킨다.

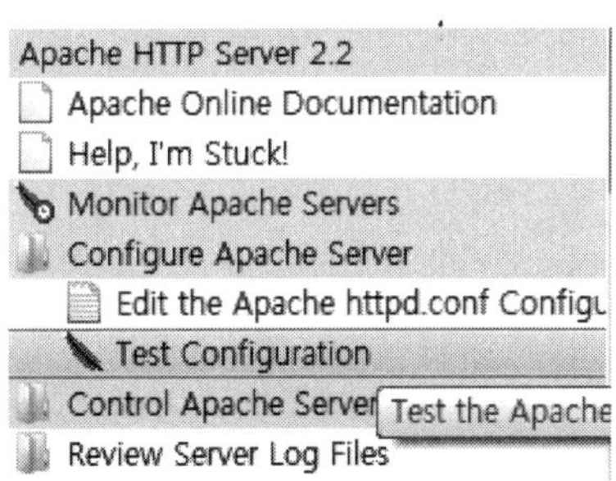

명령 프롬프트창이 잠시 나타났다 사라지면, 오른쪽 하단의 '숨겨진 아이콘 보기'에서 Apache 아이콘을 찾아 클릭한다.

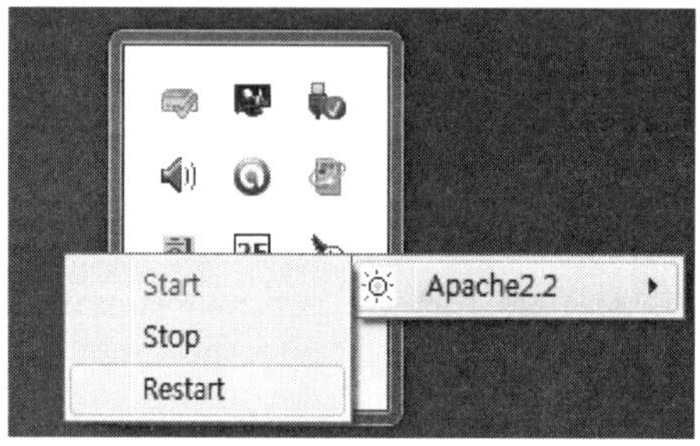

팝업 메뉴에서 Restart를 클릭한다.

그 다음에는 방화벽 예외 설정을 해주어야한다. 제어판 =〉 시스템 및 보안 =〉 Windows 방화벽 =〉 왼쪽에 고급설정 순으로 클릭한다.

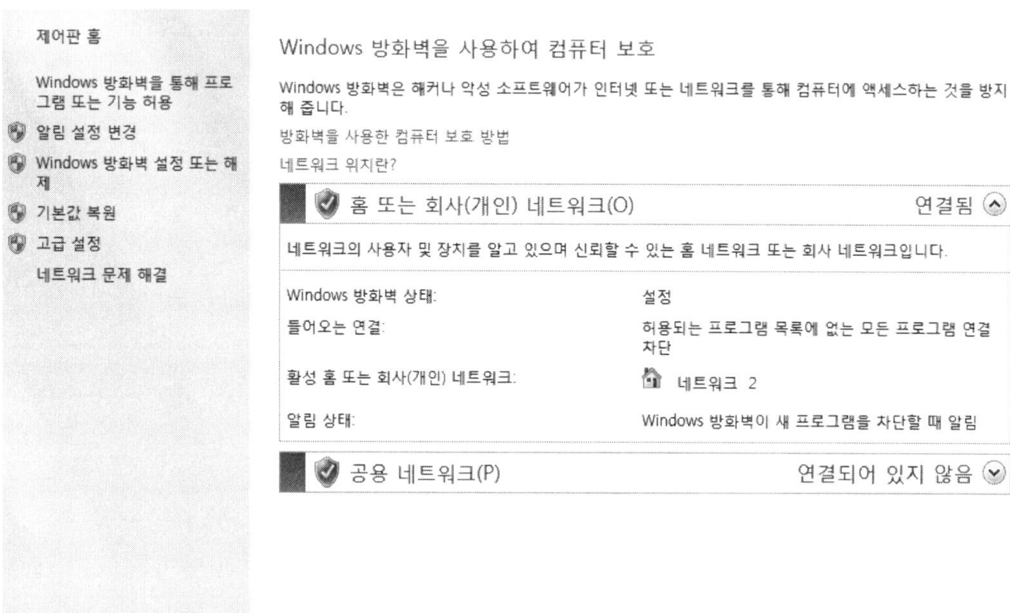

인바운드 규칙 =〉 새 규칙을 클릭한다.

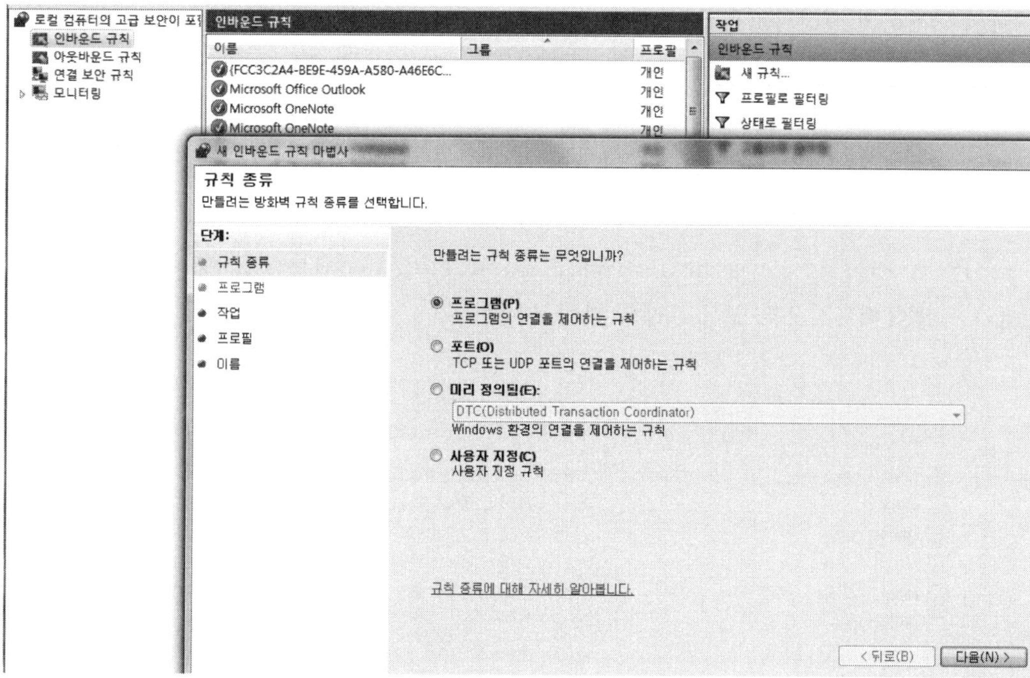

포트(O) 체크 =〉 텍스트 박스에 80입력 =〉 연결 허용 =〉 이름 및 설명 입력 =〉 마침을 누르면 끝이 난다.

이제 자신의 홈페이지에 담을 모든 파일들을 저장할 디렉토리를 만들어 보자. 교재에서는 모든 html 파일을 D;\WebSite\htdocs에, 모든 cgi 스크립트를 D;\WebSite\cgi-bin에 저장할 것이다. 즉 자신의 웹써버 루트가 D:\WebSite\가 되고 문서루트는 D;\WebSite\htdocs가 되는 것이다. 아파치의 설정파일에 나오는 값들을 이에 맞춰 수정해야 한다.

아파치 웹서버의 설정파일은 httpd.conf 이다.

아파치 설정에서 하나 주의할 점은, 윈도우즈에서는 디렉토리 구분을 \를 이용하지만 아파치는 유닉스에서처럼 /를 사용한다. 예를 들어 D: 최상위에 "WebSite"라는 폴더가 있다면 윈도우즈에서는 D:\WebSite 라고 표현하지만 아파치에서는 D:/WebSite 라고 해야 한다. 일반적인 웹페이지 주소(url)도 마찬가지다.

C:\Program Files\Apache Software Foundation\Apache2.2\conf 폴더에 있는 httpd.conf를 메모장으로 열어 아래와 같이 수정한다.

이름	수정한 날짜	유형	크기
extra	2013-07-25 오전...	파일 폴더	
original	2013-07-25 오전...	파일 폴더	
charset.conv	2013-07-25 오전...	CONV 파일	2KB
httpd	2013-07-25 오전...	텍스트 문서	18KB
magic	2013-07-25 오전...	파일	14KB
mime.types	2013-07-25 오전...	TYPES 파일	54KB

먼저 찾기 기능(CTRL-F 키)를 이용하여 DocumentRoot를 찾는다.

```
DocumentRoot "C:/Program Files/Apache Software Foundation/Apache2.2/htdocs"
```

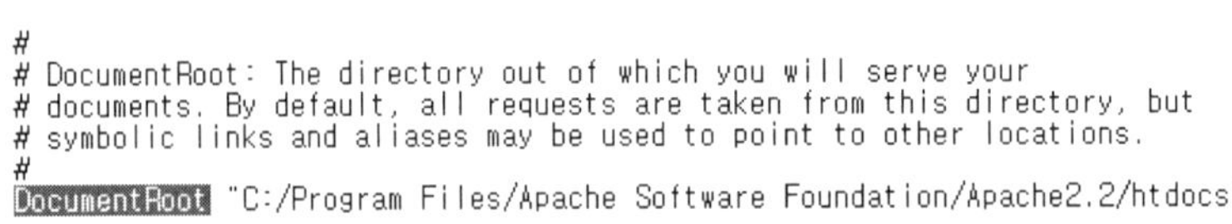

```
#
# DocumentRoot: The directory out of which you will serve your
# documents. By default, all requests are taken from this directory, but
# symbolic links and aliases may be used to point to other locations.
#
DocumentRoot "C:/Program Files/Apache Software Foundation/Apache2.2/htdocs"
```

라고 되어 있을 것이다. 이것을

```
DocumentRoot "D:/WebSite/htdocs"
```

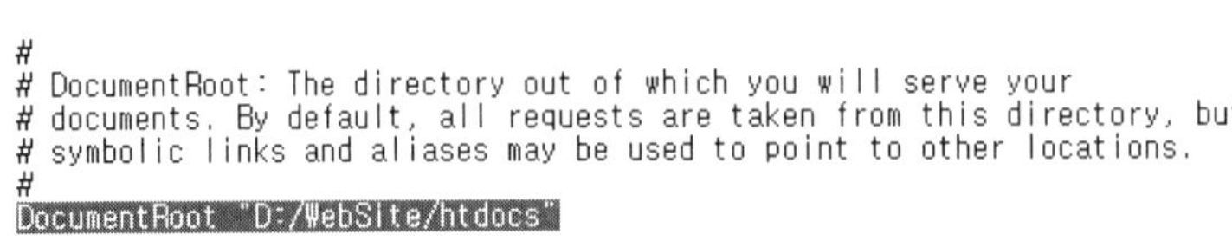

```
#
# DocumentRoot: The directory out of which you will serve your
# documents. By default, all requests are taken from this directory, but
# symbolic links and aliases may be used to point to other locations.
#
DocumentRoot "D:/WebSite/htdocs"
```

로 바꾼다. 아래로 조금 더 내려가면

```
<Directory "C:/Program Files/Apache Software Foundation/Apache2.2/htdocs">
```

```
#
# This should be changed to whatever you set DocumentRoot to.
#
<Directory "C:/Program Files/Apache Software Foundation/Apache2.2/htdocs">
```

가 나온다. 이것도

```
<Directory "D:/WebSite/htdocs">
```

```
#
# This should be changed to whatever you set DocumentRoot to.
#
<Directory "D:/WebSite/htdocs">
```

로 바꾼다. 다음은 ScriptAlias 라는 것을 찾는다.

ScriptAlias /cgi-bin/ "C:/Program Files/Apache Software Foundation/Apache2.2/cgi-bin/"을

```
#
# ScriptAlias: This controls which directories contain server scripts.
# ScriptAliases are essentially the same as Aliases, except that
# documents in the target directory are treated as applications and
# run by the server when requested rather than as documents sent to the
# client.  The same rules about trailing "/" apply to ScriptAlias
# directives as to Alias.
#
ScriptAlias /cgi-bin/ "C:/Program Files/Apache Software Foundation/Apache2.2/cgi-bin/"
```

ScriptAlias "D:/WebSite/cgi-bin/"

```
#
# ScriptAlias: This controls which directories contain server scripts.
# ScriptAliases are essentially the same as Aliases, except that
# documents in the target directory are treated as applications and
# run by the server when requested rather than as documents sent to the
# client.  The same rules about trailing "/" apply to ScriptAlias
# directives as to Alias.
#
ScriptAlias /cgi-bin/ "D:/WebSite/cgi-bin/"
```

로 고친다.

ScriptAlias에서 "Alias" 는 바로가기의 의미다. 즉, 웹브라우저의 주소창에 http://yckim.chungbuk.ac.kr/cgi-bin/MyFirstCGI.cgi 와 같이 주소(url)를 입력하면 웹서버는 ScriptAlias에서 지정해준 D:\WebSite\cgi-bin 폴더를 가리키게 된다. 보통의 경우 cgi

파일들은 모두 cgi-bin 디렉토리에 모아 두게 된다. 이제는

〈Directory "C:/Program Files/Apache Software Foundation/Apache2.2/cgi-bin"〉

AllowOverride None

Options ExecCGI

Order allow,deny

Allow from all

〈/Directory〉

```
#
# "C:/Program Files/Apache Software Foundation/Apache2.2/cgi-bin" should be changed to whatever your ScriptAliased
# CGI directory exists, if you have that configured.
#
<Directory "C:/Program Files/Apache Software Foundation/Apache2.2/cgi-bin">
    AllowOverride None
    Options ExecCGI
    Order allow,deny
    Allow from all
</Directory>
```

부분을 찾아 회색으로 칠한 두 줄을 각각

〈Directory "D:/WebSite/cgi-bin/"〉

Options ExecCGI

```
<Directory "D:/WebSite/cgi-bin">
    AllowOverride None
    Options ExecCGI
    Order allow,deny
    Allow from all
</Directory>
```

위와 같이 수정해 두면 D:\WebSite\cgi-bin 디렉토리에 들어 있는 파일들은 모두 cgi로 인식하고 실행하게 된다. (본래 Options ExecCGI일 경우에는 윗줄만 수정해준다.)

AddHandler는 특정 파일 확장자와 "처리기"를 연결한다. 만일 ScriptAlias 처리된 디렉토리 외부에 있는 존재하는 CGI 스크립트를 사용하고 싶을 때는 다음과 같이 cgi-script 처리기를 연결한다.

AddHandler cgi-script .cgi

위와 같은 설정으로 우리는 특정 디렉토리에 실행파일을 저장하여 웹에서 CGI 프로그램을 실행시킬 수 있게 된다.

```
AddHandler cgi-script .cgi .pl
```

이제 수정한 설정 값을 반영시키기 위해 웹서버를 restart 한다. 오른쪽 하단의 숨겨진 아이콘 표시에서 Apache 아이콘을 찾아 클릭하여 Restart를 누른다.

5.3.1 포트(port)

시스템서비스가 들어오는 네트워크 트래픽을 수신 대기하는 네트워크 포트를 줄여 포트라고 하는데, 필요한 포트를 열어주어야 한다.

포트번호는 인터넷이나 다른 네트워크 메시지가 서버에 도착하였을 때, 전달되어야 할 특정 프로세스를 인식하기 위한 방법이다. TCP와 UDP에서, 포트번호는 단위 메시지에 추가되는 헤더 내에 넣어지는 16 비트 정수의 형태를 갖는다. 이 포트번호는 논리적으로는 클라이언트와 서버의 전달계층 사이를, 그리고 물리적으로는 전달계층과 인터넷계층 사이를 통과하여, 계속 전달된다.

예를 들면, 클라이언트가 인터넷 서버에 하는 요청은, 호스트의 FTP 서버에 의해 제공되는 파일을 요청하는 것일 수 있다. 원격지의 서버 내에 있는 FTP 프로세스에 사용자의 요청을 전달하기 위해, 사용자 컴퓨터에 있는 TCP 소프트웨어 계층은 요청에 부가되어지는 16 비트 정수의 포트번호 내에 21 (FTP 요청과 관련하여 통상 사용되는 번호이다) 이라는 포트번호를 확인한다. 서버에서, TCP 계층은 21이라는 포트번호를 읽고, 사용자의 요청을 서버에 있는 FTP 프로그램에 전달할 것이다.

일부 서비스들에 대해서는 인습적으로 영구적인 포트번호들이 할당되어 있다. 이러한 것들을 well-known ports라고 부른다. 그 외의 경우에는, 포트번호는 할당된 포트번호들의 범위 내에서 요청의 시작과 종료 동안에만 일시적으로 부여된다.

5.3.1.1 널리 알려진 포트 번호

PC의 모든 포트는 제한이 없어 어떤 프로그램이라도 자유롭게 데이터를 주고 받을 수 있다. 제한이 없는 만큼 밖에서 PC를 공격하는 프로그램이 밀고 들어와도 막을 방법이 없다. 방화벽(Firewall)은 열린 포트를 막아 밖에서 나쁜 프로그램이 침입하지 못하도록 한다. 80(웹), 21(FTP)번 포트같이 자주 쓰고 믿을 수 있는 포트는 열어 놓는다. 방화벽은 밖에서 들어오는 공격도 막지만 안에서 밖으로 데이터를 보내지 못하도록 막는 일도 해 네트워크 안의 정보가 밖으로 새는 것을 막아준다.

5.4 CGI(Common Gateway Interface) 프로그래밍

5.4.1. CGI란 무엇인가?

CGI는 Common Gateway Interface의 약자이다. Gateway란 전문용어로서 두 시스템 간에 서로 정보를 교환하는 인터페이스 혹은 응용프로그램을 의미한다. WWW에서는 HTML에 의해 여러 가지 정보를 처리한다. HTML은 홈페이지를 만드는 기초가 되는 언어이다. 하지만 HTML만으로 모든 정보를 다 처리할 수 없다. 단방향식의 정보제공 역할만 할 따름이다. 이러한 단점을 보완하는 여러 방법 중의 하나가 외부 프로그램을 수행하고 그 결과를 HTML 형태로 뿌려주는 방식이다. 이 외부프로그램과 웹서버(Web Server) 간의 연결 통로가 바로 CGI이다. 넓은 의미로는 CGI를 수행하는 외부 프로그램을 포함하여 말하기도 한다.

예를 들어, 홈페이지에 방문객들의 comment를 받을 수 있는 방명록을 만들려고 할 때, 웹에서 구현하는 HTML만으로는 해결할 수 없다. 그래서 외부 프로그램이 필요한데, 이 때 외부 프로그램과 웹서버 간에 서로 주고받을 수 있는 규약을 CGI라고 하고, 그 때 사용하는 프로그램을 흔히 CGI 프로그램(혹은 CGI 스크립트) 이라고 한다. 이 CGI 프로그램은 통상적으로 C/C++ 나 펄(Perl) 혹은 UNIX Shell, Tcl/Tk 등을 사용하여 구현한다.

홈페이지를 인터렉티브(interative)하게 만들 수 있는 CGI 프로그램의 종류는 매우 다양하다. 방문객 카운터나 방명록 뿐만 아니라 웹 게시판, 웹 대화방, 검색엔진, 다양한 배너를 보여주기, 업로드가 가능한 자료실, 폼을 이용하여 메일을 띄우는 폼 메일(Form Mail)등 이루 헤아릴 수 없이 많다.

그럼 CGI가 구현되는 방식을 간단히 방명록을 예를 들어 설명해 보자. 먼저 어느 홈페이지를 방문한 방문객이 그 멋진 홈페이지를 보고 홈페이지의 제작자에게 멋진 홈페이지를 만드느라고 고생했다는 인사말 한 마디 남기려고 한다. 먼저 방명록의 글쓰기 글 단추를 누르면, Email주소와 이름, 홈페이지주소, 그리고 남기고 싶은 말 등을 적는 입력폼이 나타난다. 그 입력폼에 자신의 이름과 주소 그리고 인사말 등을 적은 후 submit 글 단추를 누르면 브라우저는 그 입력폼의 내용을 서버로 전송한다. 여기서 서버는 원격 시스템 그 자체를 말하는 것이 아니라 그 시스템에서 TCP/IP 연결을 통해 작동하고 있는 웹서버이다. 웹서버는 그 입력폼의 내용을 받아서 Form 태그의 Action 값으로 전달되는 프로그램을 작동시키고 전달받은 입력 데이타들의 내용을 그 프로그램에게 전달한다.

CGI는 일반적으로 웹서버가 고정적이지 않은 정보를 사용자에게 보내주어야 할 경우에, 또는 사용자로부터 어떤 정보를 받아서 그에 대한 반응을 해야 할 경우에 사용된다. CGI의 원리는 사실 간단하다. 웹서버가 어떤 정보와 함께 CGI 프로그램을 실행시켜줄 것을 사용자로부터 요구받으면, 웹서버는 CGI 프로그램을 실행시키면서 사용자로부터 받은 정보를 CGI 프로그램에게 넘겨준다. 그리고 CGI 프로그램이 정보를 처리하길 기다렸다가 CGI 프로그램이 출력하는 정보를 다시 사용자에게 되돌려 준다. 웹서버는 CGI 프로그램을 실행시키고, 그 프로그램이 출력하는 내용을 웹 사용자에게 반환한다.

그렇다면 왜 CGI 프로그램에 펄을 사용하는 것일까? 펄은 말 그대로 텍스트 파일을 검색하여 실용적인 정보를 추출하고 그 정보를 가공하여 보고하는데 아주 적절한 언어이다. 유닉스나 리눅스에서는 쉘스크립트 보다 더 정교한 처리가 가능한 스크립트언어이므로 시스템의 관리에도 많이 쓰인다. 펄은 C와 유사한 문법형태를 띄면서도 C나 sed, awk 그리고 sh 쉘스크립트의 가장 좋은 특성들을 결합한 언어이다. 펄은 Text파일의 처리와 문자열의 처리에서 아주 뛰어나므로 HTML 문서를 다루기에 아주 적합한 언어이다. 위의 여러 사항들이 결합하여 펄은 CGI에 가장 많이 쓰이는 언어로 각광받는 것이다.

5.4.2 모듈 설치

CGI.pm 모듈이 있는지 확인한다. 버전은 3.01 이상이어야 한다. 만약에 없다면 ppm을 통해 설치하지 말고, 직접 내려 받아 펄이 설치된 폴더의 라이브러리에 덮어쓴다.

이렇게 하지 않으면 mod_perl-2.0이 동작하지 않는다. 아파치 폴더의 modules에 mod_perl.so가 있어야 한다. 그러나 버전이 맞지 않아 설치가 안 된다. 무시해도 된다.

Compress::Zlib 모듈도 설치해야 한다.

```
C:\cpanm Compress::Zlib
```

으로 설치하자.

웹서버의 log 파일을 일별 또는 월별로 나누어 저장하기 위하여 cronolog.exe를 C:\log에 복사한다(http://cronolog.org/download/index.html).

```
CustomLog "|C:/logs/cronolog.exe C:/logs/access_log.%Y%m%d" combined
```

로 수정한다.

5.4.3 CGI 프로그램 맛보기

펄을 시작하면서 가장 먼저 작성한 MyFirstPerl.pl을 기억할 것이다.

```
#!C:/perl/bin/perl -w
# MyFirstPerl.pl
$MyMessage = 'My Message';
print $MyMessage;
print ": 재밌당~~ 생컴^^\n";
exit;
```

이것을 첫 CGI 프로그램으로 바꾸어 보자.

먼저 다음과 같은 프로그램을 만들어서 httpd.conf 설정파일에 ScriptAlias 처리된 CGI 디렉토리 안에 저장하자.

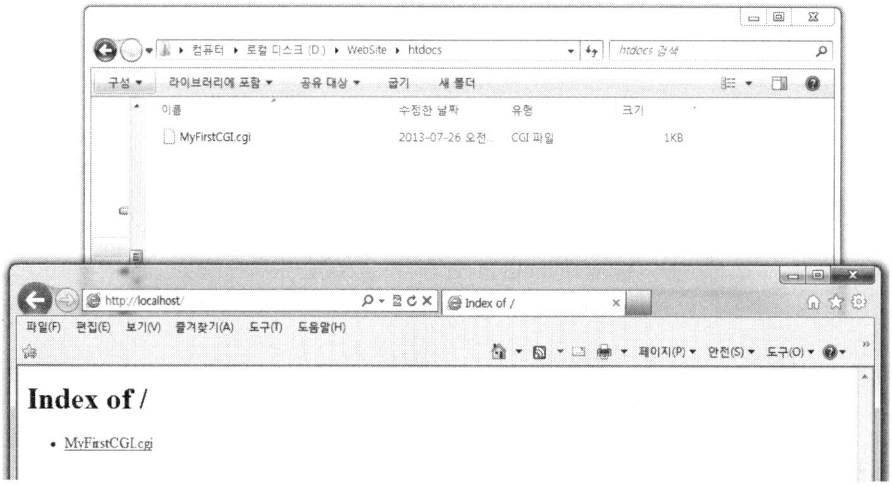

예제 • MyFirstCGI.cgi - 첫 CGI 프로그램 만들기

```
#!C:/perl/bin/perl -w
# MyFirstCGIProgram
print "Content-type: text/html\n\n";
print "<BODY><H1>재밌당~~ 생컴^^\n</H1></BODY>";
```

위 코드를 메모장에서 인코딩 ANSI 로 선택하여 저장하고

윈도우에서는 perl MyFirstCGI.cgi 라고 실행시켜서 이 프로그램이 제대로 실행된다면 CGI로 실행될 준비가 된 것이다.

이제 브라우저를 띄우고 주소창에 MyFirstCGI.cgi의 URL을 입력해 보자.

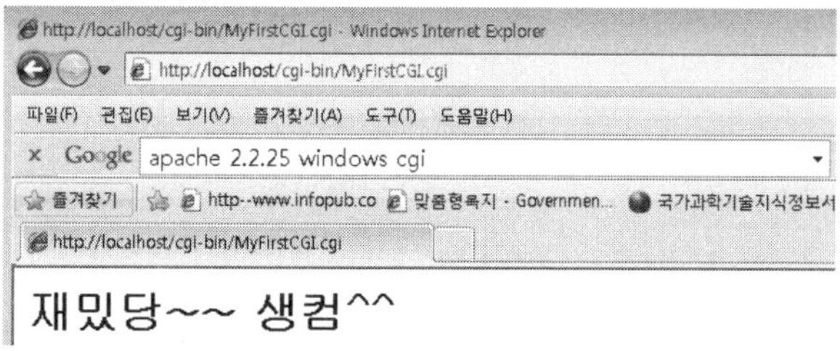

자신의 IP 주소 (http://210.115.163.201/) 로 접속한 경우는 apache가 설치된 폴더에서,

localhost로 접속한 경우는 D:\MyHome에서 index.html 파일을 읽는다. 그러나 cgi 프로그램은 항상 apache가 설치된 폴더에서 수행한다. ScriptAlias에서의 문제인가? 아니면 httpd.conf에는 Document Home을 apache를 설치한 폴더로 설정해 주었는데 이전 설정한 것이 그대로 기억되고 있는 것인가?

이젠 HTML 문서에 링크를 하여 MyFirstCGI.cgi를 실행해 보자.

만일 "Not Found"나 "Internal Server Error"같은 오류내용이 출력된다면 여러분의 프로그램이 올바른 장소에 있지 않거나, 프로그램에 오류가 있거나, 웹서버 설정파일에 오류가 있을 것이므로 조치를 취한 후 다시 실행해 보기 바란다.

5.4.4 POST

POST 방법을 사용하는 경우에는 웹서버는 HTML 폼 데이터를 CGI 프로그램의 STDIN으로 전달해 준다. 따라서 HTML 폼 데이터를 읽기 위해서 read 함수를 사용한다.

```
read(FileHandle, scalar, length)
```

파일핸들로 지정된 파일에서 length 바이트만큼의 데이터를 읽어서 스칼라변수에 저장한다.

ch63.pl

```
#! perl/bin/perl -w
use strict;
use CGI::Carp qw(fatalsToBrowser);
use CGI qw(:standard);
use Bio::Perl;
# this script will only work with an internet connection on the computer
my $seq_object = get_sequence('genbank',"J01636");
write_sequence(">J01636.gb",'genbank',$seq_object);
exit;
```

5.4.5 CGI.pm 모듈

이 모듈에 대해 설명하기 전에 아주 간단한 예제를 만들어 보기로 하자. 먼저 HTML 파일 form.html에서 〈FORM〉 태그의 ACTION 속성만 바꾸어 form3.html 파일을 만든다.

```
<form antion="/cgi-bin/perl/use_cgi.cgi">
```

그리고 use_cgi.cgi 프로그램을 다음과 같이 만든다.

```
# use_cgi.cgi
use CGI;
use strict;
my $query = new CGI;      # 새로운 CGI 개체를 만든다.
my $name = $query->param( 'yourname' );
my $age = $query->param( 'yourage' );
print $query->header( -type => 'text/plain' ); # "Content=type:
                                      text/plain\n\n"
print "yourname => '$name'\n";
print "yourage => '$age'\n";
```

new 메소드는 새로운 CGI 개체를 만든다. 이렇게 만들어진 객체를 통하여 사용자의 입력값을 얻으므로, CGI 모듈을 사용하는 모든 CGI 프로그램의 앞쪽에 반드시 들어가야 하는 문장이다.

```
my $query = new CGI;
```

param 메소드는 사용자가 입력한 값을 〈INPUT〉의 NAME 속성을 이용하여 얻어낸다. 또 header 메소드는 사용자, 즉 웹브라우저로 문서를 보내기 전에 보내는 헤더 중 가장 중요한 "Content-type: ..."을 반환하는데, 위 예제처럼 -type => 'text/plain'와 같은 인수를 주면 "Content-type: text/plain\n\n"를 반환하고, 아무런 인수도 주지 않고

```
my $header = $query->header( );
```

라고 하면 $header는 "Content-type: text/html\n\n"이 된다. -type => 'text/plain'와 같은 형태의 인수는 CGI 모듈의 많은 메소드들에서 사용되고 있는데, 이는 조합배열을 선언할 때 사용되는 문법을 적용한 것이다.

```
&printHash( -something => 'good' );
sub printHash {
        my %params = @_;
        my( $k, $v );
        foreach $k ( keys %params ) { print "$k —> $v\n"; }
};
```

위와 같은 형태를 이용한 것이다. 이 예제를 보면

```
$val =~ s/%(..)/pack("H2", $1)/ge;
```

과 같은 복잡한 문장들이 없이 간결하게 되어있다. CGI 모듈이 사용자의 입력을 정리하여 여러분이 만든 CGI 프로그램이 간단히 param 메소드를 호출하는 것만으로 사용자의 입력을 즉시 이용할 수 있도록 모든 것이 준비되어 있는 것이다.

이 외에도 많은 편리하고 다양한 기능이 이 모듈에는 포함되어 있다. 특히, CGI.pm 모듈은 상호 연관성이 있는 웹 페이지 제작을 매우 용이하게 했으며 인터넷 프로그래밍 작업을 상대적으로 쉽게 해주는 여러 개의 다른 모듈도 이용 할 수 있게 되었다.

예를 들어 여러분은 방문객들이 가장 최근의 서열 분석기를 사용해 보거나 특별한 목적을 가진 데이터베이스 검색을 할 수 있도록 자신의 웹 페이지의 코드를 작성할 수 있다. 여러분은 또한 방문객이 다른 웹 사이트와 상호작용을 하거나 자동으로 질의하고 데이터를 검색할 수 있도록 자신의 프로그램에 코드를 추가할 수도 있다. 지리적으로 떨어져 공동 작업을 해야 하는 사람들이 한 가지 프로젝트를 진행하기 위해 그러한 웹 프로그래밍을 사용할 수도 있다.

웹서버는 GET혹은 POST방식으로 넘어온 파라미터들을 이러한 CGI프로그램에 넘겨주게 되고 CGI프로그램은 이러한 정보를 가지고 웹 페이지를 만들어 웹서버에게 넘겨주고, 또다시 웹서버는 이 페이지를 클라이언트에게 넘겨주게 된다.

모든 펄 프로그램에는 프로세스 자신의 환경변수를 갖는 %ENV라는 해시가 있다.

%ENV 해시는 부모 프로세스의 내용을 그대로 계승받는다. 대개의 경우 부모 프로세스는 셸이다. 그래서 셸의 환경변수를 그대로 받아오게 되어 있다.

알아두어야 할 펄 문법

해시(hash, 조합배열) : 배열의 요소에 접근할 때는 색인번호를 [ ]에 넣어 사용하였지만, 조합배열의 경우에는 검색어를 { }부호 안에 넣어 사용한다. { } 안에 넣는 문자열은 큰 따옴표 또는 작은 따옴표를 필요에 따라 사용하고, 공백이 포함되지 않으면서 영문으로 시작하는 영문 또는 숫자의 문자열을 사용할 경우에는 따옴표를 생략할 수 있다.

```
# top
$ENV{PARENT} = $0;
system('./exe');
```

자식 프로세스인 exe의 프로세스는 $ENV{PARENT}를 접근할 수 있게 된다.

```
# exe
$father = $ENV{PARENT};
```

그런데, 만일 부모프로세스에서 자식 프로세스의 환경변수에는 자신의 것과 다른 내용을 넣어 주고 싶지만 자신의 환경변수에는 변화를 주고 싶지 않을 수 있다. 특히 프로그램이 오랫동안 실행되는 서버들이 그렇다. 이럴 때는 어떻게 해야 하나?

my 를 이용하여 자식 프로세스를 위한 %ENV를 준비하고 싶을 수도 있다.

연습 문제

❶ 다음 예제는 임의의 아미노산 서열을 입력하면 각 아미노산의 빈도를 구해 주는 cgi 프로그램이다. 이 프로그램을 자신의 홈페이지에 'amino acid frequency'로 링크를 걸고, 홈페이지에서 CGI 프로그램을 실행해 보자.

cgi3.pl

```
#!C:/perl/bin/perl -w
use CGI;
use strict;

my $cgi = new CGI;
print $cgi->header,
$cgi->start_html(-title=>'A Simple Example'),
$cgi->h1('Amino Acid Frequencies'),
$cgi->start_form,
"Enter or paste an amino-acid sequence? ",
```

```
$cgi->p,
$cgi->textarea(-name=>'name', rows=>10, columns=>30),
$cgi->p,
$cgi->submit,
$cgi->end_form,
$cgi->hr;
if ( $cgi->param() ) {
my $seq = $cgi->param('name');
Count($seq);
}
print $cgi->end_html();

sub Count {
my ($seq) = @_;
my %amino = (
'Ala', 'A'   , 'Cys'   ,'C', 'Asp', 'D' ,      'Glu'   ,      'E',
'Phe'  , 'F'  , 'Gly'   ,'G', 'His' , 'H' ,    'Ile'   ,      'I',
'Lys'  , 'K'  , 'Leu'   ,'L', 'Met', 'M' ,     'Asn'   ,      'N',
'Pro', 'P'   , 'Gln'   ,'Q', 'Arg', 'R' ,      'Ser'   ,      'S',
'Thr'  , 'T'  , 'Val'   ,'V', 'Trp', 'W' ,     'Tyr'   ,      'Y');
my @amino_keys = keys %amino;
# Make it into an array
my @seq2 = split //, $seq;
my $len = scalar @seq2;

my %count;
foreach my $aa ( @seq2 ) {
chomp $aa;
$count{uc($aa)} += 1;
}
print "Frequencies for the different amino acids", $cgi->br;
foreach my $aa ( @amino_keys ) {
my $oneletter = $amino{$aa};
if ( exists $count{$oneletter} ) {
my $frac = 100.0 * $count{$oneletter} / $len;
print $cgi->em($aa);

printf ": %5.2f%", $frac;
print $cgi->br;
```

```
}
}
} # End of Count
```

자신의 홈페이지에서 'amino acid frequency'라는 링크를 클릭하면 다음과 같은 화면이 뜨는데, textbox에 임의의 아미노산 서열을 입력하고, '쿼리 전송' 버튼을 클릭하면, 아미노산 빈도를 측정한 결과가 아래에 나타난다.

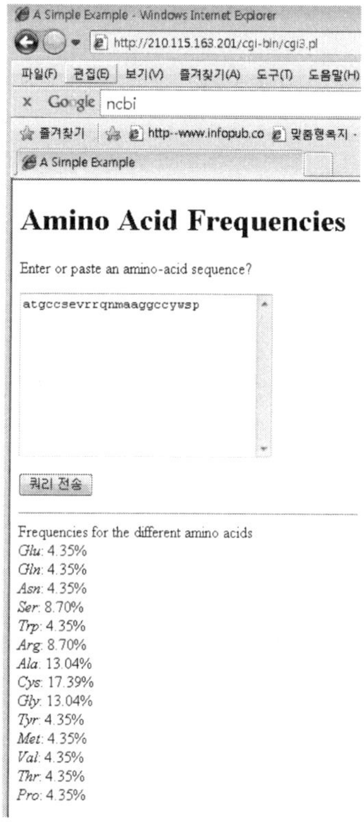

이처럼 CGI 프로그램을 통해 사용자와 웹 서버 사이에 상호 의사 전달이 가능하다.

〈참고문헌〉

두산백과 : http://terms.naver.com/entry.nhn?cid=200000000&docId=1165514&mobile&categoryId=200000782

6장 NCBI 파이프라인

6.1 E-utility 파이프라인

기본적인 E-utility에는 4가지가 있다. 기본적인 검색 기능과 일치하는 데이터를 가져오는 기능을 한다.

http://www.ncbi.nlm.nih.gov/books/NBK25497/#chapter2.The_Eight_Eutilities_in_Brief

1) 텍스트 검색 기능

ESearch: 검색을 실행하고 ID 리스트를 리턴한다.

eutils.ncbi.nlm.nih.gov/entrez/eutils/esearch.fcgi

2) UID 업로드 기능

EPost: UID 목록 파일에서 업로드하여 검색이 가능하다.

eutils.ncbi.nlm.nih.gov/entrez/eutils/epost.fcgi

3) 데이터 레코드 다운로드 기능

EFetch: 다양한 형식으로 요청 문서를 가져올 수 있다.

eutils.ncbi.nlm.nih.gov/entrez/eutils/efetch.fcgi

4) 문서요약 다운로드 기능

ESummary: 문서의 요약을 가져올 수 있다.
eutils.ncbi.nlm.nih.gov/entrez/eutils/esummary.fcgi

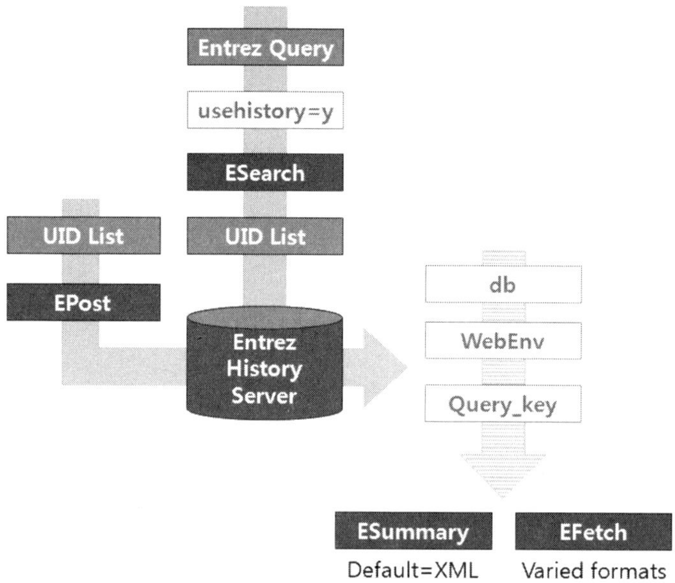

E-utilities는 하나의 URL을 사용하는 그 자체로도 유용하다. 그러나 이어지는 E-utility URLs 들을 연결함으로써 데이터 파이프라인을 만들면 훨씬 더 유용해진다.

이어지는 E-utility 호출에서 데이터의 전달이 용이하도록 Entrez History server는 복잡한 획득 과정을 단순화 해준다. 이 과정에서 usehistory = y 매개변수는 디폴트이다.

HTTP GET 검색 문자열이 "usehistory=n"을 포함하고 있지 않으면 Entrez 서버는 WebEnv 문자열과 QueryKey 라는 두 데이터 아이템을 추가하여 리턴한다.

WebEnv는 Entrez 서버 안의 세션에서 유저 상태에 대한 독자적인 식별자로서 유저 상태는 과거에 있었던 질의와 그 결과의 집합을 포함한다. QueryKey는 세션 안의 특정 질의를 식별하는 작은 정수이다. WebEnv와 QueryKey를 합하면 서버에서의 질의 결과를 나타내게 된다.

한 E-utility의 db, WebEnv and query_key values가 이어지는 E-utility에 전달된다. 몇 가지 예를 살펴보자.

1) Entrez query와 일치하는 데이터 가져오기

ESearch → ESummary

ESearch → EFetch

2) UID 목록과 일치하는 데이터 가져오기

EPost → ESummary

EPost → EFetch

3) 특정 레코드 세트에 링크되어 있는 UIDs 찾기

ESearch → ELink

EPost → ELink

4) Entrez query로 특정 레코드 한정하기

EPost → ESearch

ELink → ESearch

5) Entrez query로 검색한 데이터베이스 A의 레코드와 링크되어 있는 데이터베이스 B의 데이터 가져오기

ESearch → ELink → ESummary

ESearch → ELink → EFetch

6) Entrez query에 의해 정의된 ID 목록의 일부로부터 데이터 가져오기

EPost → ESearch → ESummary

EPost → ESearch → EFetch

7) UID 목록에 링크된 데이터베이스 A에 있는 많은 데이터로부터 Entrez query에 의해 정의된 데이터베이스 B에 있는 데이터 가져오기

EPost → ELink → ESearch → ESummary

EPost → ELink → ESearch → EFetch

6.2 Ebot로 파이프라인 만들기

EBot는 사용자가 E-utility 파이프라인을 만들도록 도와주는 웹 도구이다. 만들어진

펄스크립트로 파이프라인을 실행할 수 있다.

Ebot 페이지(http://www.ncbi.nlm.nih.gov/Class/PowerTools/eutils/ebot/ebot.cgi)에서

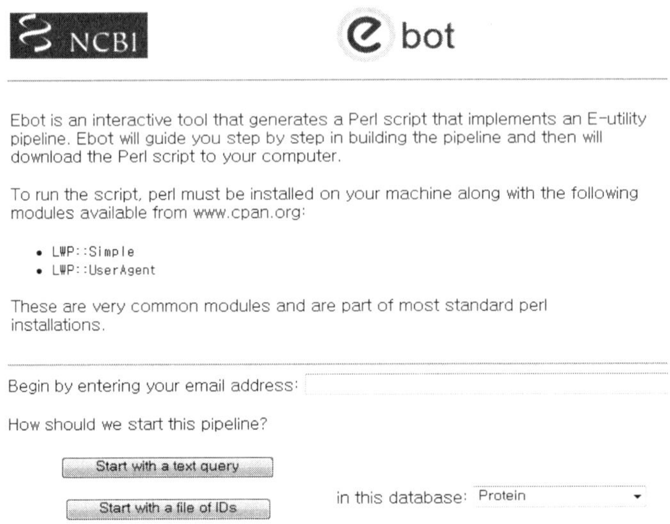

데이터베이스를 protein으로 설정하고, Start with a text query를 누른다. 그러면 ESearch로 연결된다. Start with a file of IDs를 누르면 EPost를 사용하게 된다.

다음은 검색어를 입력한다. 이전에 사용했던 shigatoxin[title] AND "subunit B"[title]을 입력하자. 그리고 모든 데이터를 가져오기에 클릭한다. 이때 발표날짜 등으로 검색을 한정할 수 있다.

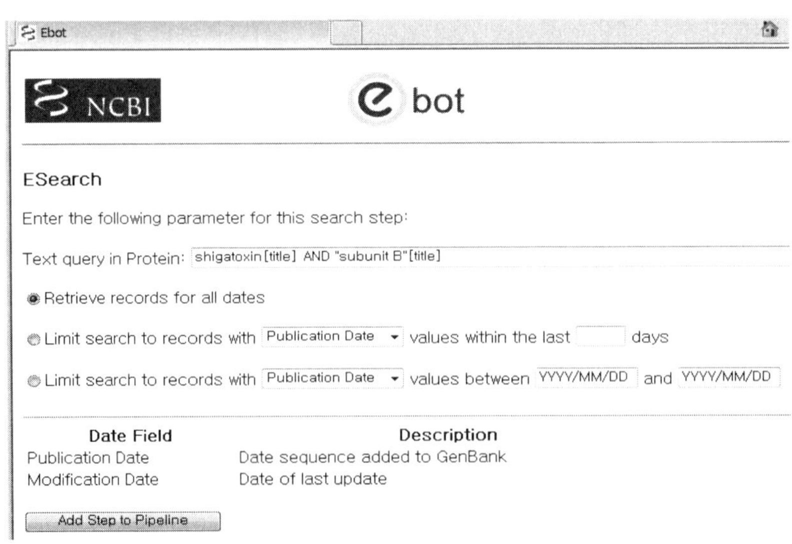

Add Step to Pipeline을 누르면, Esearch 한 다음 수행할 작업에 대해 물어본다.

원하는 작업 내용에 따라 연결되는 프로그램이 달라진다. esummary, efetch, elink로 연결할 수도 있고, 날짜가 아닌 텍스트로 한정하기 위하여 다시 esearch로 연결할 수도 있다. 만약 UID 목록만을 원한다면 이 단계에서 종료된다.

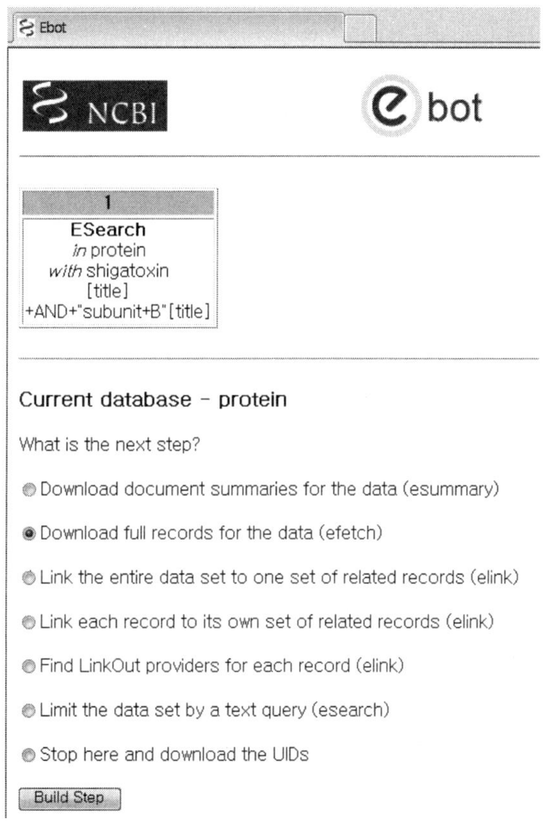

Build Step을 누르면, 이 경우에는 efetch를 선택했기 때문에 efetch로 연결된다. 출력파일의 이름을 shigaB.faa로 적어 넣고, 출력파일의 포맷을 fasta로 선택한 후,

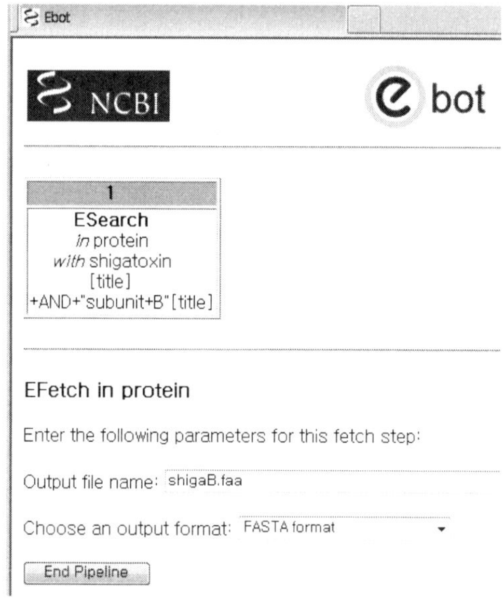

End Pipeline을 누르면 ESearch와 EFetch가 연결된 파이프라인이 완성된다.

Esearch 와 Efetch를 연결시켜주는 파이프라인의 이름을 search_fetch.pl 이라 적고, Generate Perl을 클릭하면 프로그램을 저장할 위치를 묻는다. 적절한 위치에 저장하자.

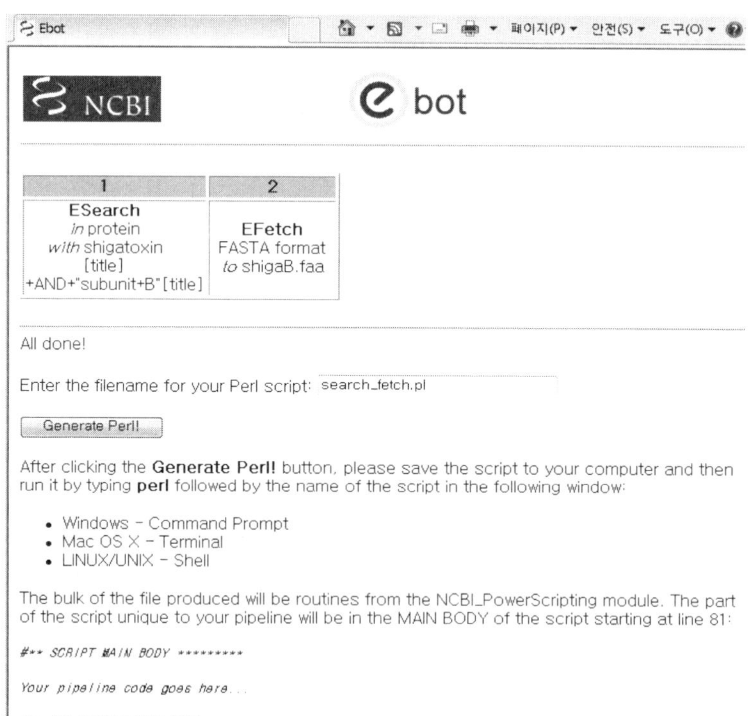

이제 search_fetch.pl을 실행시켜 보자.

이전의 결과와 마찬가지로 11개의 fasta 서열을 성공적으로 받아온다.
search_fetch.pl 의 소스를 살펴보면, 28개의 서브루틴이 있는데,

```
#Contains the following subroutines:
#read_params
#egquery
#esearch
#esearch_links
#esummary
#esummary_links_by_id
#efetch
#efetch_batch
#efetch_links_by_id
#elink
#elink_history
#elink_batch
#elink_batch_to
#elink_by_id
#elink_by_id_to
#elink_out
#epost_uids
#epost_file
#epost_set
#print_summary
#print_links
```

```
#print_link_summaries
#get_uids
#read_index
#get_linknames
#get_link_report
#extract_links
#get_ftp_file
```

메인에서 실제 사용한 서브루틴은 esearch 와 efetch_batch 두 가지 뿐이다. 그러나 서브루틴 efetch_batch가 서브루틴 efetch를 호출하기 때문에 세 가지 서브루틴이 필요하다.

```
#** SCRIPT MAIN BODY ****************************************


$params{email} = "youngkim@cbnu.ac.kr";
$params{db} = "protein";
$params{tool} = "ebot";
$params{term} = "shigatoxin[title]+AND+%22subunit+B%22[title]";
%params = esearch(%params);

$params{retmode} = "text";
$params{outfile} = "shigaB.faa";
$params{rettype} = "fasta";
efetch_batch(%params);

#** END SCRIPT MAIN BODY ************************************
```

하지만 모두 포함시켜 메인만 약간 수정해도 다양한 파이프라인을 만들 수 있도록 하였다. ebot를 이용하여 다양한 파이프라인을 만드는 연습을 하면서, 메인 코드에 어떠한 변화가 있는지 살펴보면 많은 도움이 될 것이다.

연습 문제

❶ search_fetch.pl 의 소스를 살펴보면, 28개의 서브루틴이 있는데, 메인에서 실제 사용한 서브루틴은 esearch 와 efetch_batch 두 가지 뿐이다. 다른 서브루틴은 필요가 없을까? 필요하다면 무슨 역할을 할지 생각해 보자.

❷ 서브루틴 esearch의 코드를 esearch.pl의 코드와 비교하여 변한 부분은 무엇이며, 왜 수정하였는지 알아보자.

❸ ebot를 이용하여 Epost와 Esummary를 연결하는 파이프라인을 만들어서 메인 코드에 어떤 변화가 있는지 알아보자. 또한 왜 11개 중에서 10개만 가져오고, 하나는 실패했는지 그 원인을 찾아내자.

```
D:₩source>perl post_summary.pl
Posted 11 records to protein.
Retrieving 11 DocSums from protein...
Retrieving records 1 - 11...10 records confirmed. Trying again...
Retrieving records 1 - 11...10 records confirmed. Trying again...
Retrieving records 1 - 11...10 records confirmed.Giving up!
Document summaries written to shigatoxB.sum.

D:₩source>
```

6.3 명령행에서 매개변수 전달하기

Ebot로 만든 파이프라인 search_fetch.pl은 다른 매개변수를 사용하려면 코드의 메인부분을 고쳐야 한다. 매번 코드를 고치기보다 명령행으로 전달하려면 어떻게 해야 하나?

6.3.1 ncbi_search.pl

사용법:

```
>perl ncbi_search.pl -q shigatoxin[title] AND "subunit B"[title] -o
shigatoxB.faa -d protein -r fasta -m 50
```

매개변수:

```
-q [STRING]   :검색어 (필수)
-o [FILE]     :출력파일 이름 (필수).
-d [STRING]   :검색할 NCBI 데이터베이스. 예, nucleotide (필수).
-r [STRING]   :출력파일 포맷. 예, fasta
-m [INTEGER]:반환할 레코드의 최대 숫자 (선택)
```

사용법에서 설명한 대로 명령행에서 실행하면 11개의 서열을 가져올 수 있다.
UID 목록만을 원한다면

```
>perl ncbi_search.pl -q shigatoxin[title] AND "subunit B"[title] -o
          shigatoxB.uil -d protein -r uilist
```

-r uilist와 같이 옵션을 지정해 주면 된다. 생성된 shigatoxB.uil 파일을 type 명령을 이용하여 살펴보면 다음과 같다.

```
D:\source>perl ncbi_search.pl -q shigatoxin[title] AND "subunit B"[title] -o
        shigatoxB.uil -d protein -r uilist

D:\source>type shigatoxB.uil
208739847
208726168
209399287
209160687
208730773
189370121
189359439
188998667
188013832
23343475
23343492

D:\source>
```

6.3.1.1 URL 얻기

```
use LWP::Simple;

my $utils  = "http://www.ncbi.nlm.nih.gov/entrez/eutils";

my $db     = ask_user("Database", "protein");
my $query= ask_user("Query",    "virulence factor");
my $report  = ask_user("Report",   "fasta");

#
---------------------------------------------------------------------

# $esearch contains the PATH & parameters for the ESearch call
# $esearch_result containts the result of the ESearch call
# the results are displayed 핣d parsed into variables
# $Count, $QueryKey, and $WebEnv for later use and then displayed.

my $esearch = "$utils/esearch.fcgi?" .
"db=$db&retmax=1&usehistory=y&term=";
$url = $base . $search;
my $esearch_result = get($esearch . $query);
$output = get($url);
print "₩nESEARCH RESULT: $esearch_result₩n";
print $output;
exit;
```

6.3.1.2 epost.pl

```
D:\source>perl epost.pl shigatoxB.uil
Loaded file: [208739847
208726168
209399287
209160687
208730773
189370121
189359439
188998667
188013832
23343475
23343492
]
Prepared file: [208739847,208726168,209399287,209160687,208730773,189370121,1893
59439,188998667,188013832,23343475,23343492,]
Responce status message: [OK]
Responce content: [<?xml version="1.0"?>
<!DOCTYPE ePostResult PUBLIC "-//NLM//DTD ePostResult, 11 May 2002//EN" "http://
www.ncbi.nlm.nih.gov/entrez/query/DTD/ePost_020511.dtd">
<ePostResult>
        <QueryKey>1</QueryKey>
        <WebEnv>NCID_1_58681957_130.14.22.215_9001_1376371948_2070025918</WebEnv
>
</ePostResult>
]

EXTRACTED:
QueryKey = 1;
WebEnv = NCID_1_58681957_130.14.22.215_9001_1376371948_2070025918

Wide character in print at epost.pl line 107.
eSummary result: [<?xml version="1.0" encoding="UTF-8"?>
<!DOCTYPE eSummaryResult PUBLIC "-//NLM//DTD eSummaryResult, 29 October 2004//EN
" "http://www.ncbi.nlm.nih.gov/entrez/query/DTD/eSummary_041029.dtd">
<eSummaryResult>
<ERROR>UID=208739847: cannot get document summary</ERROR>
<ERROR>UID=208726168: cannot get document summary</ERROR>
<ERROR>UID=209399287: cannot get document summary</ERROR>
<ERROR>UID=209160687: cannot get document summary</ERROR>
<ERROR>UID=208730773: cannot get document summary</ERROR>
<ERROR>UID=189370121: cannot get document summary</ERROR>
<ERROR>UID=189359439: cannot get document summary</ERROR>
<ERROR>UID=188998667: cannot get document summary</ERROR>
<ERROR>UID=188013832: cannot get document summary</ERROR>
<DocSum>
        <Id>23343475</Id>
        <Item Name="PubDate" Type="Date">2013 May</Item>
        <Item Name="EPubDate" Type="Date">2013 Feb 26</Item>
        <Item Name="Source" Type="String">AIDS Res Hum Retroviruses</Item>
        <Item Name="AuthorList" Type="List">
```

에러가 발생한다. epost.pl의 소스코드 중에서

```
my $db_name = "PubMed";
```

DB의 종류를 "PubMed"에서 "protein"으로 바꿔 post_example.pl로 명명하고 실행해 본다.

```
관리자: 명령 프롬프트
D:\source>perl post_example.pl shigatoxB.uil
Loaded file: [208739847
208726168
209399287
209160687
208730773
189370121
189359439
188998667
188013832
23343475
23343492
]
Prepared file: [208739847,208726168,209399287,209160687,208730773,189370121,1893
59439,188998667,188013832,23343475,23343492,]
Responce status message: [OK]
Responce content: [<?xml version="1.0"?>
<!DOCTYPE ePostResult PUBLIC "-//NLM//DTD ePostResult, 11 May 2002//EN" "http://
www.ncbi.nlm.nih.gov/entrez/query/DTD/ePost_020511.dtd">
<ePostResult>
        <QueryKey>1</QueryKey>
        <WebEnv>NCID_1_84030432_130.14.18.34_9001_1376371203_936906721</WebEnv>
</ePostResult>
]

EXTRACTED:
QueryKey = 1;
WebEnv = NCID_1_84030432_130.14.18.34_9001_1376371203_936906721

eSummary result: [<?xml version="1.0" encoding="UTF-8"?>
<!DOCTYPE eSummaryResult PUBLIC "-//NLM//DTD eSummaryResult, 29 October 2004//EN
" "http://www.ncbi.nlm.nih.gov/entrez/query/DTD/eSummary_041029.dtd">
<eSummaryResult>
<DocSum>
        <Id>208739847</Id>
        <Item Name="Caption" Type="String">EDZ87529</Item>
        <Item Name="Title" Type="String">shigatoxin 2, subunit B [Escherichia co
li O157:H7 str. EC4042]</Item>
        <Item Name="Extra" Type="String">gi|208739847|gb|EDZ87529.1||gnl|WGS:ABH
M|ECH74042_A3801[208739847]</Item>
        <Item Name="Gi" Type="Integer">208739847</Item>
        <Item Name="CreateDate" Type="String">2008/10/06</Item>
        <Item Name="UpdateDate" Type="String">2013/06/11</Item>
        <Item Name="Flags" Type="Integer">0</Item>
        <Item Name="TaxId" Type="Integer">444449</Item>
        <Item Name="Length" Type="Integer">89</Item>
        <Item Name="Status" Type="String">live</Item>
        <Item Name="ReplacedBy" Type="String"></Item>
        <Item Name="Comment" Type="String"><![CDATA[  ]]></Item>
</DocSum>

<DocSum>
        <Id>208726168</Id>
        <Item Name="Caption" Type="String">EDZ75769</Item>
        <Item Name="Title" Type="String">shigatoxin 2, subunit B [Escherichia co
li O157:H7 str. EC4206]</Item>
```

6.3.1.3 main

메인에서 필요로 하는 매개변수가 서브루틴에 전달된다. esearch에 필요한 매개변수 중

우리가 직접 다루어야 할 것은 두 개이며,

```
$params{db} = "protein";
$params{term} = "shigatoxin[title]+AND+%22subunit+B%22[title]";
```

esearch를 호출할 때 전달해 주고, 서브루틴이 끝나면 반환하는 %resluts를 %params에 저장한다.

```
%params = esearch(%params);
```

efetch_batch에 필요한 매개변수는 저장해 놓은 매개변수 두 개 외에

```
$params{retmode} = "text";
$params{outfile} = "shigaB.faa";
$params{rettype} = "fasta";
```

가 필요하며, efetch_batch를 호출할 때 넘겨준다. retmode는 XML, HTML, text, ASN.1 중 생성할 데이터의 형식을 지정하는데, 기본 값은 ASN.1이다. rettype의 기본 값은 abstracts이다.

```
efetch_batch(%params);
```

6.3.1.4 sub esearch

```
$params{'db'}   = "protein";
$params{'term'} = "shigatoxin[title]+AND+%22subunit+B%22[title]";
($params{'usehistory'} = 'y') # 디폴트
%results = esearch(%params);
```

%results에는

```
$results{'db'}  = params{'d $results{'count'}
$results{'query_key'}
$results{'WebEnv'}
@{$results{'uids'}}  #uid 배열
```

이 저장되어 있다.

6.3.1.5 sub epost_file

1200개의 UID 목록을 업로드할 수 있다. 파일에는 각 줄에 하나의 UID가 적혀 있는데, 이 파일 이름이 &id이다.

```
$params{db} = 'protein';
$params{id} = 'shigatoxB.uli';
%results = epost_file(%params);
```

%results에는

```
$results{db}  = params{'db'};
$results{query_key}
$results{WebEnv}
$results{num}  = #input 파일의 레코드 숫자
```

이 저장되어 있다.

6.3.1.6 sub get_uids

history set으로부터 모든 UID를 가져오기 위해 ESearch를 사용한다.

```
$params{db}            # ESearch 나 epost_file에서 전달받음
```

```
$params{query_key}   # "
$params{WebEnv}      # "

@uids = get_uids(%params); # UIDs 배열
```

6.3.1.7 sub esummary

EFetch가 지원되지 않는 데이터베이스에서 매우 유용하다.

```
$params{db}             # ESearch 나 epost_file에서 전달받음
$params{query_key}   # "
$params{WebEnv}      # "
$params{outfile} = 'output.txt';
esummary(%params);
```

XML 형태의 문서요약이 output.txt 파일에 저장된다.

6.3.1.8 sub efetch_batch

일련의 EFetch URL들을 post한다.

```
$params{batch} = -1  # 모든 레코드가 1 URL;
$params{batch} = 500 # 디폴트
$params{db}             # ESearch 나 epost_file에서 전달받음
$params{query_key}   # "
$params{WebEnv}      # "
$params{retmode} = 'text';
$params{rettype}  = 'fasta';
$params{outfile}   = 'output.faa';
```

output.faa 파일에 fastagudtlr의 단백질 서열이 저장된다.

어떤 처리를 연속적으로 하지 않고 일정량씩 나누어 처리하는 경우 그 일정양을 배치(batch)라고 한다. 하나의 EFetch URL로도 모든 레코드를 다운로드 받을 수 있지만, 양이 많을 경우 배치로 가져오는 것이 훨씬 믿을 만하다.

```
&retstart=0&retmax=500
&retstart=500&retmax=500
&retstart=1000&retmax=500

for ($retstart=0; $retstart < $total; $retstart+=$retmax){
    ... &retstart=$retstart&retmax=$retmax....
}
```

6.3.1.9 두 Eutility를 연결하기

ESearch는 output으로 $results{db}, $results{count}, $results{query_key}, $results{WebEnv}를 생성하고 ESummary는 $results{db}, $results{query_key}, $results{WebEnv}를 요구한다. 따라서 esearch의 output 해시를 esummary의 input으로 사용하면 된다.

연습 문제

❶ esearch를 수행하고 다음과 같이 count 값을 출력하는 스크립트를 간단히 작성해 보자.

```
D:\source>perl ans61.pl
11 records found!

D:\source>
```

6.3.2 eutils_example.pl

ESearch-EFetch를 연결하여, 기본적인 검색과 가져오기 기능을 수행하는 파이프라인이다.

```
# ========================================================================
## Author: Oleg Khovayko
## File Description: eSearch/eFetch calling example
# ------------------------------------------------------------------------
# Subroutine to prompt user for variables in the next section

sub ask_user {
print "$_[0] [$_[1]]: ";
my $rc = <>;
chomp $rc;
if($rc eq "") { $rc = $_[1]; }
return $rc;
}

# ------------------------------------------------------------------------
# Define library for the 'get' function used in the next section.
# $utils contains route for the utilities.
# $db, $query, and $report may be supplied by the user when prompted;
# if not answered, default values, will be assigned as shown below.

use LWP::Simple;

my $utils = "http://www.ncbi.nlm.nih.gov/entrez/eutils";

my $db      = ask_user("Database", "Pubmed");
my $query  = ask_user("Query",     "zanzibar");
my $report = ask_user("Report",    "abstract");

# ------------------------------------------------------------------------
# $esearch contains the PATH & parameters for the ESearch call
# $esearch_result containts the result of the ESearch call
# the results are displayed and parsed into variables
# $Count, $QueryKey, and $WebEnv for later use and then displayed.

my $esearch = "$utils/esearch.fcgi?" .
```

```
"db=$db&retmax=1&usehistory=y&term=";

my $esearch_result = get($esearch . $query);

print "₩nESEARCH RESULT: $esearch_result₩n";

$esearch_result =~
m|<Count>(₩d+)</Count>.*<QueryKey>(₩d+)</QueryKey>.*<WebEnv>(₩S+)</
WebEnv>|s;

my $Count    = $1;
my $QueryKey = $2;
my $WebEnv   = $3;

print "Count = $Count; QueryKey = $QueryKey; WebEnv = $WebEnv₩n";

# -----------------------------------------------------------------
# this area defines a loop which will display $retmax citation results from
# Efetch each time the the Enter Key is pressed, after a prompt.

my $retstart;
my $retmax=3;

for($retstart = 0; $retstart < $Count; $retstart += $retmax) {
my $efetch = "$utils/efetch.fcgi?" .
"rettype=$report&retmode=text&retstart=$retstart&retmax=$retmax&" .
"db=$db&query_key=$QueryKey&WebEnv=$WebEnv";

print "₩nEF_QUERY=$efetch₩n";

my $efetch_result = get($efetch);

print "---------₩nEFETCH RESULT(".
($retstart + 1) . ".." . ($retstart + $retmax) . "): ".
"[$efetch_result]₩n-----PRESS ENTER!!!-------₩n";

<>;
}
```

결과를 보면,

```
관리자: 명령 프롬프트 - perl  eutils_example.pl
D:₩source>perl eutils_example.pl
Database [Pubmed]: protein
Query [zanzibar]: virulence factor
Report [abstract]: fasta

ESEARCH RESULT: <?xml version="1.0" ?>
<!DOCTYPE eSearchResult PUBLIC "-//NLM//DTD eSearchResult, 11 May 2002//EN" "htt
p://www.ncbi.nlm.nih.gov/entrez/query/DTD/eSearch_020511.dtd">
<eSearchResult><Count>182625</Count><RetMax>1</RetMax><RetStart>0</RetStart><Que
ryKey>1</QueryKey><WebEnv>NCID_1_58000541_130.14.22.215_9001_1376320693_10471957
4</WebEnv><IdList>
<Id>153946419</Id>
</IdList><TranslationSet><Translation>     <From>virulence factor</From>     <To
>virulence factor[Protein Name] OR (virulence[All Fields] AND factor[All Fields]
)</To>    </Translation></TranslationSet><TranslationStack>   <TermSet>    <Term
>virulence factor[Protein Name]</Term>    <Field>Protein Name</Field>    <Count>
1856</Count>    <Explode>N</Explode>   </TermSet>   <TermSet>    <Term>virulence
[All Fields]</Term>    <Field>All Fields</Field>    <Count>1110552</Count>    <E
xplode>N</Explode>   </TermSet>   <TermSet>    <Term>factor[All Fields]</Term>
  <Field>All Fields</Field>    <Count>2909384</Count>    <Explode>N</Explode>
</TermSet>   <OP>AND</OP>   <OP>GROUP</OP>   <OP>OR</OP>   <OP>GROUP</OP>  </Tra
nslationStack><QueryTranslation>virulence factor[Protein Name] OR (virulence[All
 Fields] AND factor[All Fields])</QueryTranslation></eSearchResult>

Count = 182625; QueryKey = 1; WebEnv = NCID_1_58000541_130.14.22.215_9001_137632
0693_104719574

EF_QUERY=http://www.ncbi.nlm.nih.gov/entrez/eutils/efetch.fcgi?rettype=fasta&ret
mode=text&retstart=0&retmax=3&db=protein&query_key=1&WebEnv=NCID_1_58000541_130.
14.22.215_9001_1376320693_104719574
---------
EFETCH RESULT(1..3): [>gi|153946419|ref|NP_571487.2| transcriptional regulator M
yc-A [Danio rerio]
MERHSLNTSVKMPVSASLACKNYDYDYDSIQPYFYFDNDDEDFYHHQQGQTQPSAPSEDIWKKFELLPTP
PLSPSRRQSLSTAEQLEMVSEFLGDDVVSQSFICDDADYSQSFIKSIIIQDCMWSGFSAAAKLEKVVSER
LASLHAERKELMSDSNSNRLNASYLQDLSTSASECIDPSVVFPYPLTECGKAGKVASPQPMLVLDTPPNS
SSSSGSDSEDEEEEDEEEEEEEEEEEEEEEEEIDVVTVEKRQKRHETDASESRYPSPLVLKRCHVSTHQ
HNYAAHPSTRHDQPAVKRLRLEASNNHSINSSSSNRHVKQRKCASPRTSDSEDNDKRRTHNVLERQRRNE
LKLSFFALRDEIPEVANNEKAAKVVILKKATECIHSMQLDEQRLLSIKEQLRRKSEQLKHRLQQLRSSH

>gi|110626159|ref|NP_571506.1| fatty acid-binding protein, intestinal [Danio rer
io]
MTFNGTWKVDRNENYEKFMEQMGVNMEKRKLAAHDNLKITLEQTGDKFNVKEVSTFRTLEINFTLGVTFD
YSLADGTELTGSWVIEGDTLKGTFTRKDNGKVLTTVRTIVNGELVQSYSYDGVEAKRIFKRA

>gi|28201958|ref|NP_780301.1| rho-related GTP-binding protein RhoF precursor [Mu
```

Esearch 결과와 함께 EFetch를 통해 fasta 서열을 가져올 수 있음을 알 수 있다.

6.3.3 epost.pl

EPost-ESummary UID를 업로드하여 검색하고 해당 데이터를 가져오는 파이프라인이다.

UID 목록 파일이 필요하다. PubMed에서 "shigatoxin[title]"로 검색한 다음, PubMed의 UID인 PMID 리스트 형태로 저장한 shigatoxB.pmid 파일을 사용하자.

```
# Author:  Oleg Khovayko
#
# File Description: ePost/eSummary calling example

# --------------------------------------------------------------------
my $eutils_root  = "http://www.ncbi.nlm.nih.gov/entrez/eutils";
my $ePost_url    = "$eutils_root/epost.fcgi";
my $eSummary_url = "$eutils_root/esummary.fcgi";

my $db_name = "PubMed";

# --------------------------------------------------------------------
use strict;

use LWP::UserAgent;
use LWP::Simple;
use HTTP::Request;
use HTTP::Headers;
use CGI;

# --------------------------------------------------------------------
# Read input file into variable $file
# File name - forst argument $ARGV[0]

undef $/;  #for load whole file

open IF, $ARGV[0] || die "Can't open for read: $!₩n";
my $file = <IF>;
close IF;
print "Loaded file: [$file]₩n";

# Prepare file - substitute all separators to comma
$file =~ s/₩s+/,/gs;
print "Prepared file: [$file]₩n";

#Create CGI param line
```

```
my $form_data = "db=$db_name&id=$file";

# -------------------------------------------------------------------
# Create HTTP request
my $headers = new HTTP::Headers(
        Accept          => "text/html, text/plain",
        Content_Type    => "application/x-www-form-urlencoded"
);

my $request = new HTTP::Request("POST", $ePost_url, $headers );
$request->content($form_data);

# Create the user agent object
my $ua = new LWP::UserAgent;
$ua->agent("ePost/example");

# -------------------------------------------------------------------
# send file to ePost by HTTP
my $response = $ua->request($request);

# -------------------------------------------------------------------
print "Responce status message: [" . $response->message . "]₩n";
print "Responce content: [" .       $response->content . "]₩n";

# -------------------------------------------------------------------
# Parse response->content and extract QueryKey & WebEnv
$response->content =~
m|<QueryKey>(₩d+)</QueryKey>.*<WebEnv>(₩S+)</WebEnv>|s;

my $QueryKey = $1;
my $WebEnv   = $2;

print "₩nEXTRACTED:₩nQueryKey = $QueryKey;₩nWebEnv = $WebEnv₩n₩n";
# -------------------------------------------------------------------
# Retrieve DocSum from eSummary by simple::get method and print it
#
print "eSummary result: [" .
get("$eSummary_url?db=$db_name&query_key=$QueryKey&WebEnv=$WebEnv") .
"]₩n";
```

6.4 BLAST 파이프라인

6.4.1 genbank_to_blast.pl

NCBI에 accession 번호로 검색하여 얻은 서열을 질의서열로 blast를 수행한 다음, 그 결과를 표 또는 HTML 형식으로 파싱하는 펄 파이프라인이다.

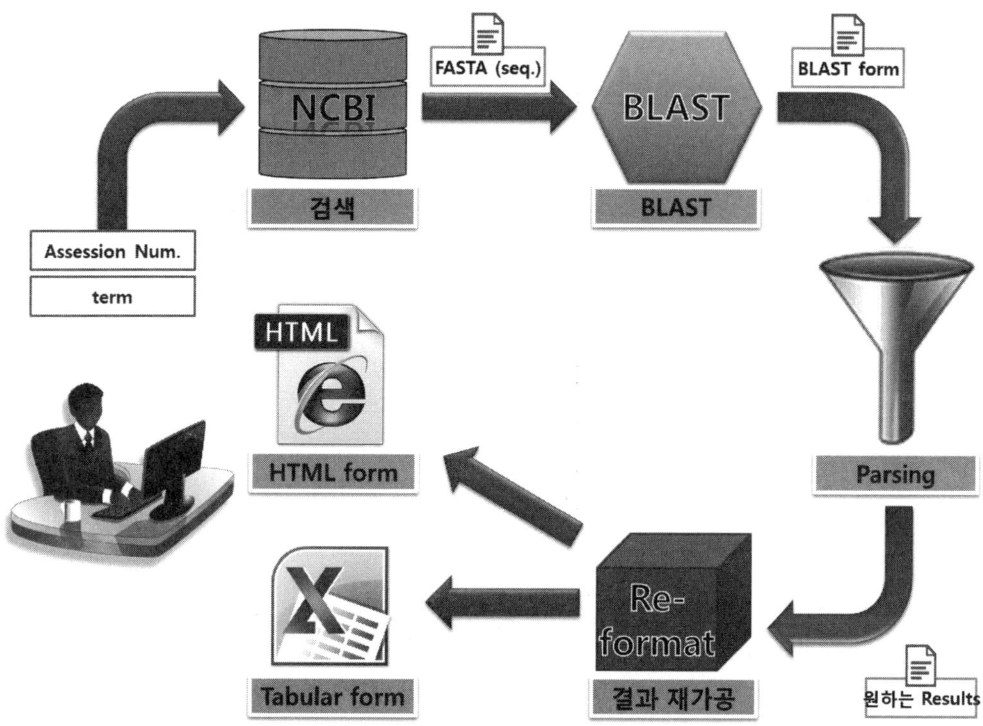


```
>perl genbank_to_blast.pl
```

이라고 입력하면, 사용법이 나온다. 사용법에 따라

```
>perl genbank_to_blast.pl —accession NR044619
```

를 입력하면,

```
D:\source>perl genbank_to_blast.pl
genbank_to_blast.pl [--html] [--gff] --accession <GB accession number>

D:\source>perl genbank_to_blast.pl --accession NR044619
Getting record from GenBank
waiting for BLAST....

D:\source>
```

디폴트로 생성되는 NR044619.gff 파일이 생성되며 그 일부를 보면,

```
ref|NR_044619.1|	BLASTN	match	1	1740	0.0	+	.
ID=match_sequence1;score=0.0
ref|NR_044619.1|	BLASTN	HSP	1	1740	3456	+	.
ID=match_hsp1;Parent=match_sequence1;score=3456
ref|NR_044620.1|	BLASTN	match	1	1740	0.0	+	.
ID=match_sequence2;score=0.0
ref|NR_044620.1|	BLASTN	HSP	1	1740	3370	+	.
ID=match_hsp2;Parent=match_sequence2;score=3370
ref|NR_044618.1|	BLASTN	match	1	1768	0.0	+	.
ID=match_sequence3;score=0.0
ref|NR_044618.1|	BLASTN	HSP	159	1768	2850	+	.
ID=match_hsp3;Parent=match_sequence3;score=2850
ref|NR_044618.1|	BLASTN	HSP	1	57	108	+	.
ID=match_hsp4;Parent=match_sequence3;score=108
ref|NR_028743.1|	BLASTN	match	2	1561	0.0	+	.
ID=match_sequence4;score=0.0
ref|NR_028743.1|	BLASTN	HSP	2	1178	2130	+	.
ID=match_hsp5;Parent=match_sequence4;score=2130
ref|NR_028743.1|	BLASTN	HSP	1191	1500	610	+	.
ID=match_hsp6;Parent=match_sequence4;score=610
ref|NR_028743.1|	BLASTN	HSP	1504	1561	96	+	.
ID=match_hsp7;Parent=match_sequence4;score=96
ref|NR_075059.1|	BLASTN	match	5	1599	0.0	+	.
ID=match_sequence5;score=0.0
ref|NR_075059.1|	BLASTN	HSP	5	1022	1988	+	.
ID=match_hsp8;Parent=match_sequence5;score=1988
```

몇 가지 주요 정보가 파싱되어 표 형식으로 정리되어 있다.

html 파일로 출력하도록 옵션을 주면,

```
D:\source>perl genbank_to_blast.pl --html --accession NR044619
Getting record from GenBank
waiting for BLAST....

D:\source>
```

NR044619.html 파일이 생성되는데, 메모장으로 열지 않고 인터넷 익스플로러로 열면 bioperl로 화면을 재구성한 blast 결과를 볼 수 있다.

Bioperl Reformatted HTML of BLASTN Search Report for NR_044619

BLASTN 2.2.28+

Reference: Altschul, Stephen F., Thomas L. Madden, Alejandro A. Schaffer, Jinghui Zhang, Zheng Zhang, Webb Miller, and David J. Lipman (1997), "Gapped BLAST and PSI-BLAST: a new generation of protein database search programs", Nucleic Acids Res. 25:3389-3402.

Query= NR_044619 Thermoanaerobacter ethanolicus JW 200 strain JW-200 16S ribosomal RNA, complete sequence.
(1,740 letters)

Database: NCBI Transcript Reference Sequences
4,288,227 sequences; 7,907,840,402 total letters

Sequences producing significant alignments:	Score (bits)	E value
ref|NR_044619.1| Thermoanaerobacter ethanolicus JW 200 strain JW-200 16S r...	3117	0
ref|NR_044620.1| Thermoanaerobacter acetoethylicus 16S ribosomal RNA, comp...	3039	0
ref|NR_044618.1| Thermoanaerobacter thermohydrosulfuricus strain E100-69 1...	2571	0
ref|NR_028743.1| Thermoanaerobacter siderophilus strain SR4 16S ribosomal ...	1921	0
ref|NR_075059.1| Thermoanaerobacter wiegelii Rt8.B1 strain Rt8.B1 16S ribo...	1793	0
ref|NR_029301.1| Thermoanaerobacter wiegelii Rt8.B1 16S ribosomal RNA, par...	1748	0
ref|NR_026458.1| Thermoanaerobacter sulfurophilus strain L-64 16S ribosoma...	1718	0

------------------------------------ 중간 생략 ------------------------------------

ref|NR_025678.1| Tepidibacter thalassicus strain SC 562 16S r...	946	0
ref|NR_040902.1| Sporotomaculum syntrophicum strain FB 16S ri...	937	0

>**ref|NR_044619.1|** Thermoanaerobacter ethanolicus JW 200 strain JW-200 16S ribosomal RNA, complete sequence
gb|L09162.1|TEORG16SA Thermoanaerobacter ethanolicus (ATCC 31550) 16S ribosomal RNA (16S rRNA) gene

Length = 1,740

Score = 3117 bits (3456), Expect = 0.0
Identities = 1740/1740 (100%), Frame = +1 / +1

```
Query: 1     TTTGATCCTGGCTCAGGACGAACGCTGGCGGCGTGCCTAACACATGCAAGTCGAACGATT 60
             ||||||||||||||||||||||||||||||||||||||||||||||||||||||||||||
Sbjct: 1     TTTGATCCTGGCTCAGGACGAACGCTGGCGGCGTGCCTAACACATGCAAGTCGAACGATT 60


Query: 61    CAGAGNCCGGAAATCGACTTCCGACNTCCGACCTCTGGATAGCGGCGGACGGGTGAGTAA 120
             ||||||||||||||||||||||||||||||||||||||||||||||||||||||||||||
Sbjct: 61    CAGAGNCCGGAAATCGACTTCCGACNTCCGACCTCTGGATAGCGGCGGACGGGTGAGTAA 120


Query: 121   CGCGTGGGCAACCTACCCTTAAGACCGGGATAACACCTCGAAAGGGGTGCTAATACTGGA 180
             ||||||||||||||||||||||||||||||||||||||||||||||||||||||||||||
Sbjct: 121   CGCGTGGGCAACCTACCCTTAAGACCGGGATAACACCTCGAAAGGGGTGCTAATACTGGA 180
```

------------------------------------ 이하 생략 ------------------------------------

이젠 소스를 살펴보자. 이 파이프라인은 바이오펄을 사용하여 매우 간단하고 명확하게 작성되었다. 이전에 배운 다른 파이프라인에 비해 간결하다.

```
use strict;
use Getopt::Long;
use Bio::DB::GenBank;
#use Bio::Tools::Run::RepeatMasker;
use Bio::Tools::Run::RemoteBlast;
use Bio::SearchIO;
use Bio::SearchIO::Writer::GbrowseGFF;
use Bio::SearchIO::Writer::HTMLResultWriter;
use Data::Dumper; # print out contents of objects etc
```

실제 메인은 단 다섯줄로 다섯 개의 서브루틴을 호출하여 실행한다.

```
my $seq_obj = acc_to_seq_obj($ACC);
my $masked_seq = repeat_mask($seq_obj);
my $blast_res = blast_seq($masked_seq);
gff_out($blast_res, $ACC) if $GFF;
html_out($blast_res, $ACC) if $HTML;
```

명령행에서 인수로 전달받은 $ACC를 acc_to_seq_obj 서브루틴을 호출하면서 넘겨주고, 반환되는 값을 $seq_obj에 저장한다. 이를 repeat_mask 서브루틴에 넘겨주고 $masked_seq을 받는다. 이를 blast_seq 서브루틴에 넘겨주고 $blast_res를 받는다. 이를 명령행에서 선택한 출력 옵션 두 가지 중 선택한 포맷으로 출력한다. 코드가 짧아 논리를 이해하기가 쉽다.

그러면 다섯 개의 서브루틴에 대해 살펴보자.

1) sub acc_to_seq_obj

```
sub acc_to_seq_obj {
        print STDERR "Getting record from GenBank₩n";
        my $acc = shift;
        my $db = new Bio::DB::GenBank;
        return $db->get_Seq_by_id($acc);
}
```

2) sub repeat_mask

```
sub repeat_mask {
        my $seq = shift;
        return $seq; #short circuiting RM since we
                #don't have it installed, but this would be where
                # you would run it
                # my $factory = Bio::Tools::Run::RepeatMasker->new();
                # return $factory->masked_seq($seq);
}
```

3) sub blast_seq

```
sub blast_seq {
        my $seq = shift;
        my $prog = 'blastn';
        my $e_val = '1e-10';
        my $db = 'refseq_rna';
        my @params = (
                -prog => $prog,
                -expect => $e_val,
                -readmethod => 'SearchIO',
                -data => $db
        );
        my $factory = Bio::Tools::Run::RemoteBlast->new(@params);
        $factory->submit_blast($seq);
        my $v = 1; # message flag
```

```
	print STDERR "waiting for BLAST..." if ( $v > 0 );
	while ( my @rids = $factory->each_rid ) {
		foreach my $rid ( @rids ) {
			my $rc = $factory->retrieve_blast($rid);
			if( !ref($rc) ) { #waiting...
				if( $rc < 0 ) {
					$factory->remove_rid($rid);
				}
				print STDERR "." if ( $v > 0 );
			sleep 25;
			}
			else {
				print STDERR "₩n";
				return $rc->next_result();
			}
		}
	}
}
```

4) sub gff_out

```
sub gff_out {
	my ($result, $acc) = @_;
	my $gff_out = Bio::SearchIO->new(
		-output_format => 'GbrowseGFF',
		-output_signif => 1,
		-file => ">$acc.gff",
		-reference => 'query',
		-hsp_tag => 'match_part',
	);
	$gff_out->write_result($result);
}
```

5) sub html_out

```
sub html_out {
        my ($result, $acc) = @_;
        my $writer = Bio::SearchIO::Writer::HTMLResultWriter->new();
        my $html_out = Bio::SearchIO->new(
                -writer => $writer,
                -format => 'blast',
                -file => ">$acc.html"
        );
        $html_out->write_result($result);
}
```

펄 파이프라인을 만들 때, 유념해야 할 사항이다.

- use strict and warnings
- use (bio)perl as glue
- http://www.bioperl.org/wiki/Main_Page
- google.com
- 쓸 수 있는한 작은 시험용 코드를 작성한다. (debugger: perl -d)
- 명령행 라인으로 확인한다. (catch failure ...or die...)
- 적은 양의 시험용 데이터세트로 시스템 호출을 하고 잘 작동하는지 확인한다.
- 꼭 필요할 때만 복잡한 코드로 확장한다.
- 여러 번 사용할 계획이라면 서브루틴을 모듈에 저장하자.
- GetOptions() 메소드로 명령행 인수를 취한다.

인수를 경우에 따라 달리 하면서 다양한 형태의 blast 분석을 하려면 인수배열을 사용하는 것이 좋을 것이다.

```
my @params = (
  d           => "$dbs",
  program     => "BLASTN",
  _READMETHOD => "Blast",
  outfile     => "$dir/est.bls"
);
my $factory = Bio::Tools::Run::StandAloneBlast->new(@params);
```

아무래도 디렉토리 및 파일명을 일일이 코드에 삽입하는 것은 힘들다. 이런 경우 생성자 파라미터로 DB_NAME, DB_DATA, DB_DIR를 활용할 수 있다. 그러면 다른 데이터베이스를 사용하더라도 쉽게 코드를 고칠 수 있다. 또한 ncbi.ini라는 coniguration 파일을 사용할 수도 있다.

Configuration Parameter	Specifies	Default value
BLASTDB	Path to BLAST databases.	Current working directory
DATA_LOADERS	Data loaders to use for automatic sequence identifier resolution. This is a comma separated list of the following keywords: blastdb, genbank, and none. The none keyword disables this feature and takes precedence over any other keywords specified.	blastdb,genbank
BLASTDB_PROT_DATA_LOADER	Locally available BLAST database name to search when resolving protein sequences using BLAST databases. Ignored if DATA_LOADERS does not include the blastdb keyword.	nr
BLASTDB_NUCL_DATA_LOADER	Locally available BLAST database name to search when resolving nucleotide sequences using BLAST databases. Ignored if DATA_LOADERS does not include the blastdb keyword.	nt

GENE_INFO_PATH	Path to gene information files (NCBI only).	Current working directory
WINDOW_MASKER_PATH	Path to windowmasker directory hierarchy.	Current working directory

〈참고문헌〉

1. Simon Prochnik and Scott Cain. Perl Pipelines. 2011. Using perl as bioinformatics glue. http://gorgonzola.cshl.edu/pfb/2011/lecture_notes/Simon_perlPipelines2011.pdf
2. http://search.cpan.org/~cjfields/BioPerl-1.6.901/Bio/Tools/Run/RemoteBlast.pm

6.5 XML 기초

HTML 문서를 '표현 중심'이 아닌 '정보 전달'용으로 사용했을 경우 데이터 추출은 가능하나 데이터가 의미하는 내용을 파악하기가 어렵다. 이는 HTML의 경우 고정된 태그들을 사용하여 각각의 데이터가 의미하는 내용을 구분할 수 없기 때문이며 이러한 문제를 극복하기 위하여 XML이 개발되었다.

6.5.1 XML이란?

eXtensible Markup Language = "확장 가능한 마크업 언어"

이다. 이 말이 뜻하는 바는 두 가지다.

6.5.1.1 확장이 가능하다.

기존에 없던 것을 새로 만들 수 있다는 의미로 정해진 태그만 사용가능한 HTML과 달리 새로운 마크업을 개발하여 문서를 작성할 수 있다. html-test.html 파일과 xml-test.xml 파일을 비교해 보자.

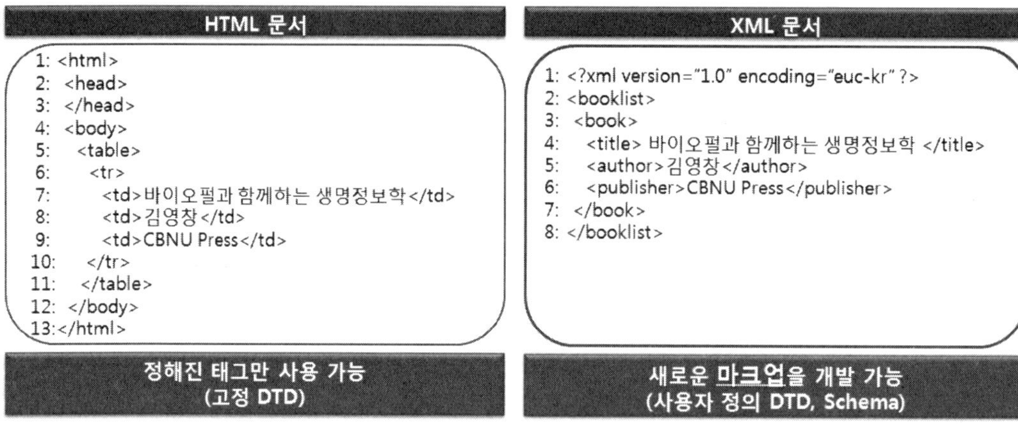

6.5.1.2 마크업 언어이다.

문서의 내용을 구체적으로 전달하기 위해 추가적으로 정보를 표시하는 언어로 HTML이 대표적이다. 문서의 내용을 조직화하고 구조화시켜 문서의 내용을 정확하게 전달하고 쉽게 이해할 수 있다.

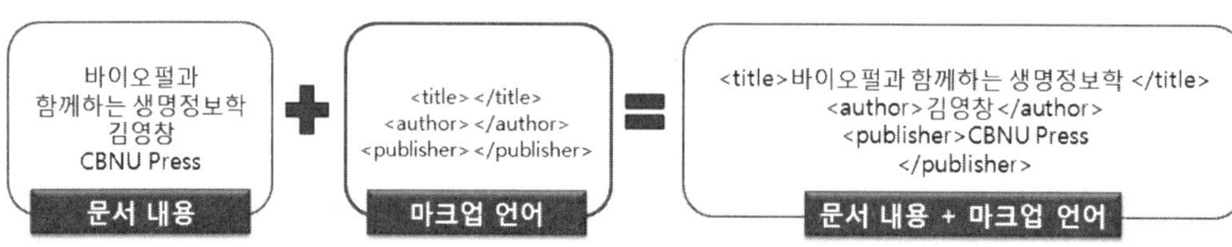

6.5.2 XML과 HTML

XML에서는 문서의 내용과 디자인이 완전히 분리되어 있다. 문서의 구조는 트리구조 형태이다. 그리고 출력, 포매팅은 XSL 문서를 통해 할 수 있다.

XML이 HTML을 대신할 순 없다. HTML의 대체 언어가 아니며, 이 두 가지 언어는 상호보완적인 언어로 사용된다. HTML을 확장한 것이 아니다. XML은 데이터 전달용으로 사용될 때 유용지만 표현중심의 문서를 작성할 경우 HTML이 더 좋은 언어이다.

6.5.3 기초 문법

6.5.3.1 XML 문서 구조

XML 문서는 서두(prolog)와 최상위 요소(root element) 그리고 기타 부분으로 구성된다. 서두는 XML 선언과 문서유형 선언(Document Type Declaration, DTD)으로 구성된다. XML 선언은 반드시 포함되어야 한다.

```
1: <?xml version="1.0" encoding="euc-kr" ?>
2: <booklist>
3:   <book>
4:     <title> 바이오펄과 함께하는 생명정보학 </title>
5:     <author>김영창</author>
6:     <publisher>CBNU Press</publisher>
7:   </book>
8: </booklist>
```

위에 있는 간단한 XML 문서를 살펴보자.

1) XML 선언

〈?xml version=“1.0” encoding=“euc-kr”?〉

첫 행이 XML 선언부로 시작할 때 반드시 〈?xml version=“1.0”?〉을 포함시켜야 한다. xml 1.0 버전을 기준으로 한다는 뜻이다. XML 선언에 encoding=“인코딩 방식”을 포함시키지 않으면 유니코드 방식인 UTF-8로 처리되며, 위 경우처럼 “euc-kr”로 표시하면 2 바이트로 표현된 한글 코드를 사용한다는 의미이다.

2) 최상위 요소(root element)

단 하나의 최상위요소를 갖는다. 위에서는 2행부터 8행까지가 booklist라는 최상위 요소(element)이다. 요소를 구성하기 위해 태그를 사용한다. 시작태그 〈booklist〉와 마침태그 〈/booklist〉 사이에 내용이 위치한다.

6.5.3.2 요소

요소는 텍스트나 다른 요소를 포함할 수 있으며, 비어있을 수도 있다. 속성은 요소에 부가적인 정보를 제공하며 요소의 시작 태그 안에 위치한다. 예를 들어 〈font color="red"〉에서 font는 요소이며 color는 속성이 된다. "red"는 속성 값이며, 반드시 인용부호(" 또는 ')로 표시해야 한다.

〈img src="xml.gif" /〉에서 요소 이름은 img, 속성 이름은 src, 속성의 값은 xml.gif이다. 이 요소는 빈 요소이기 때문에 /로 끝내야 한다.

3-7행은 자식 요소(child element)와 그에 포함된 내용이다. book 요소는 title, author, publisher라는 자식 요소를 포함하고 있고, 자신은 booklist의 자식 요소이다. 태그를 열고 닫을 때 반드시 중첩 원칙을 적용해야 한다.

```
〈booklist〉〈book〉 .... 〈/book〉〈/booklist〉
```

6.5.3.3 문자 데이터(character data)

XML 프로세서가 해석할 수 있는 내용 중에서 마크업을 제외한 부분을 말한다. 문자 데이터에는 & 문자와 〈 문자를 사용할 수 없다. 개체(entity) 참조를 통해 사용해야 한다.

6.5.3.4 개체(Entity) 참조

XML에서 개체는 변수와 비슷한 개념으로 생각할 수 있다. 개체는 문서 내에서 참조 될 수 있는 문자 집합의 단위를 말한다. 예를 들어 반복해서 사용하는 어구가 있다면 개체를 사용해 쉽게 표현할 수 있다. 개체에는 일반 개체, 파라미터(매개변수) 개체가 있다. 정의되어 있는 개체를 참조하는 것을 개체 참조(Entity Reference)라고 한다.

다음 개체는 XML에 미리 정의되어 있는 것들이다:

Entity References	Character
<	〈
>	〉

&	&
"	"
'	'

6.5.3.5 문자 참조(character reference)

문자집합 코드표의 코드값을 직접 사용하여 문자를 나타내는 것이다.

문자	16진수	10진수
스페이스		
탭		

6.5.3.6 CDATA

대부분의 문자데이터인 PCDATA(Parsed Character Data)는 XML 파서가 해석할 수 있는 데이터를 말한다. CDATA 섹션 내에 정의된 문자 데이터는 XML 프로세서가 해석하지 않고 그대로 응용프로그램에 전달한다.

```
<![CDATA[ character data ]]>
```

6.5.3.7 주석

주석은 XML 문서를 작성하는 사람은 물론 읽는 사람이 쉽게 이해할 수 있도록 덧붙인 설명이다.

```
<!-- 주석 내용 -->
```

〈참고문헌〉

http://start.linuxstudy.pe.kr/edu/xml/03.pdf XML 기초문법

http://start.linuxstudy.pe.kr/edu/xml/ 11강의 자료(pdf) 있음.

http://www.itmembers.net/board/zboard.php?id=xml 재미로 배우는 XML 기초

http://pds4.egloos.com/pds/200612/16/86/xml2.ppt xml 소개

http://www.word.pe.kr/bbs/zboard.php?category=2&id=xml&page=2&page_num=20&sn=off&ss=on&sc=on&keyword=&select_arrange=headnum&desc=asc xml기초

6.6 랩퍼(wrapper)

랩퍼는 파라미터를 받아들이고 또한 전달하는 시스템 명령어나 유틸리티를 내장시킨 쉘스크립트이다. 복잡한 명령행을 스크립트로 랩핑함으로써 호출하는 것이 단순화 된다. 그리고 재사용이 가능하도록 한다. 즉 명령행에 다시 타이핑하는 불편함이 없이 반복하여 호출할 수 있다.

예를 들어 여러 서열들 간에 존재하는 오쏠로그를 찾고자 한다면 많은 질의서열들을 많은 대상서열데이터베이스에 대해 blast를 해야 한다. 이런 경우 여러 서로 다른 질의서열에 대해 반복적으로 같은 프로그램을 호출해야 한다. 이럴 때 랩퍼를 사용하면 편리하다.

6.6.1 BLAST 랩퍼

예제 • blastwrap.pl - BLAST 랩퍼

```
use warnings;
use strict;
use lib '/Users/meg/work/scripts/lib';
use Seq;

# Given a list of query files and a list of databases, blasts each query file vs each
database

```

```
unless ($#ARGV == 3) {
print "  USAGE: perl LIBblastwrap.pl query-list db-list blast-flavour format-number₩n";
exit;
}

# read lists of queries and databases into arrays

my $queriesref = seqscripts::list2arrayref($ARGV[0]);
my $dbsref = seqscripts::list2arrayref($ARGV[1]);

# for each query file

for (my $i = 0; $i < scalar @{$queriesref}; $i++) {

# get the name of the query file

my $queryname = $queriesref->[$i];
$queryname =~ s/(^.*₩/)//;

# for each database

for (my $j = 0; $j < scalar @{$dbsref}; $j++) {

# get the name of the database

my $dbname = $dbsref->[$j];
$dbname =~ s/(^.*₩/)//;

# blast the query file vs the database, using appropriate flavour of blast

system "blastall -i $queriesref->[$i] -d $dbsref->[$j] -p $ARGV[2] -m $ARGV[3] -o
$queryname.$ARGV[2].$dbname.m$ARGV[3].out₩n₩n";
```

```
}
}
exit;
```

질의파일의 리스트를 포함하고 있는 파일 이름, 데이터베이스 파일의 리스트를 포함하고 있는 파일, 사용할 blast 프로그램, 출력파일포맷을 인수로 전달받아 가능한 조합을 차례로 blast 수행한다.

@ARGV는 스크립트를 호출할 때 명령행에서 입력해야 할 인수의 배열이다.

```
>perl blastwrap.pl queries.txt dbs.txt blastn 8
```

즉 @ARGV 는 네 가지 요소를 갖는다. $ARGV[0] 는 "blastwrap.pl", $ARGV[1] 는 "queries.txt" 등등이다. 그러면 스크립트에서 이들 값을 사용할 수 있게 된다. 이는 스크립트를 반복적으로 사용하며, 그때마다 약간 다른 인수를 사용하고자 할 때 매우 유용하다.

변수 $#ARGV 의 값은 @ARGV 의 마지막 요소의 인덱스다. 이것은 스크립트를 호출할 때 인수의 수가 올바른지를 알아보는데 사용된다. 이 스크립트에서 우리는 네 가지 인수를 사용하고 있으며, 따라서 $#ARGV 가 3 이 아니면 스크립트 사용법을 출력하고 종료하도록 할 수 있다.

HTTP requests를 생성할 수 있는 어떤 HTTP browser 나 application 도 URLAPI를 사용할 수 있다.

6.6.2 URL 보내기

예제 • send_url.pl

```
use LWP::Simple;

$base = 'http://www.ncbi.nlm.nih.gov/entrez/eutils/';
$search = 'esearch.fcgi?db=protein&term=shigatoxin[title] AND "subunit B"[title]';
$url = $base . $search;
$output = get($url);
print $output;
```

연습문제

❶ NCBI 스타일의 CGI 스크립트(WebBlast)로 BLAST를 실행시키고 그 결과를 받아올 수 있다. RemoteBlast를 이용하기 위해서는 모듈 Bio::Tools::Run::RemoteBlast이 필요하다. 원하는 DB 이름과 -remote 인수를 1로 지정하여 factory를 생성하면 된다.

```
$fac = Bio::Tools::Run::StandAloneBlastPlus->new(
 -db_name => 'nr',
 -remote => 1 );
```

데이터베이스 정보에 관한 방법은 개발되어 있지 않다. 가능한 원격 DB는 다음에서 찾아 볼 수 있다.

http://www.ncbi.nlm.nih.gov/BLAST/blastcgihelp.shtml#Databases

ex63.pl

```
my $remote_blastxml = Bio::Tools::Run::RemoteBlast->new(
  '-verbose'    => $v,
  '-prog'       => $prog,
  '-data'       => $db,
  '-readmethod' => 'xml',  # tells the parser to use blastxml format for parsing
  '-expect'     => $e_val);
 # tells NCBI to send XML back
$remote_blastxml->retrieve_parameter('FORMAT_TYPE', 'XML');
```

결과를 XML 파일로 저장하도록 코드를 완성해 보자.

❷ 다음의 remote_blast.pl을 실행하면 에러 메시지가 뜬다.

remote_blast.pl

```
#Remote-blast "factory object" creation and blast-parameter initialization


 use Bio::Tools::Run::RemoteBlast;
 use strict;
 my $prog = 'blastp';
 my $db   = 'swissprot';
 my $e_val= '1e-10';

 my @params = ( '-prog' => $prog,
        '-data' => $db,
        '-expect' => $e_val,
        '-readmethod' => 'SearchIO' );

 my $factory = Bio::Tools::Run::RemoteBlast->new(@params);

 #change a query parameter
 $Bio::Tools::Run::RemoteBlast::HEADER{'ENTREZ_QUERY'} = 'Homo sapiens [ORGN]';

 #change a retrieval parameter
 $Bio::Tools::Run::RemoteBlast::RETRIEVALHEADER{'DESCRIPTIONS'} = 1000;

 #remove a parameter
 delete $Bio::Tools::Run::RemoteBlast::HEADER{'FILTER'};

 #$v is just to turn on and off the messages
 my $v = 1;

 my $str = Bio::SeqIO->new(-file=>'amino.fa' , -format => 'fasta' );

 while (my $input = $str->next_seq()){
   #Blast a sequence against a database:
```

```
#Alternatively, you could  pass in a file with many
#sequences rather than loop through sequence one at a time
#Remove the loop starting 'while (my $input = $str->next_seq())'
#and swap the two lines below for an example of that.
my $r = $factory->submit_blast($input);
#my $r = $factory->submit_blast('amino.fa');

print STDERR "waiting..." if( $v > 0 );
while ( my @rids = $factory->each_rid ) {
  foreach my $rid ( @rids ) {
    my $rc = $factory->retrieve_blast($rid);
    if( !ref($rc) ) {
      if( $rc < 0 ) {
        $factory->remove_rid($rid);
      }
      print STDERR "." if ( $v > 0 );
      sleep 5;
    } else {
      my $result = $rc->next_result();
      #save the output
      my $filename = $result->query_name()."₩.out";
      $factory->save_output($filename);
      $factory->remove_rid($rid);
      print "₩nQuery Name: ", $result->query_name(), "₩n";
      while ( my $hit = $result->next_hit ) {
        next unless ( $v > 0);
        print "₩thit name is ", $hit->name, "₩n";
        while( my $hsp = $hit->next_hsp ) {
          print "₩t₩tscore is ", $hsp->score, "₩n";
        }
      }
    }
```

```
      }
   }
}

# This example shows how to change a CGI parameter:
$Bio::Tools::Run::RemoteBlast::HEADER{'MATRIX_NAME'} = 'BLOSUM45';
$Bio::Tools::Run::RemoteBlast::HEADER{'GAPCOSTS'} = '15 2';

# And this is how to delete a CGI parameter:
delete $Bio::Tools::Run::RemoteBlast::HEADER{'FILTER'};
```

```
D:\source>perl remote_blast.pl
waiting...
------------- EXCEPTION -------------
MSG: cannot open gi|23343475|emb|CAC95106.1|.out
STACK Bio::Tools::Run::RemoteBlast::save_output C:/Perl/site/lib/Bio/Tools/Run/R
emoteBlast.pm:678
STACK toplevel remote_blast.pl:54
-------------------------------------
```

문제점을 파악하고, 코드를 완성해 보자.

7장 바이오펄과 데이터베이스

7.1 데이터베이스 기초

데이터베이스 시스템은 데이터들의 집합인 데이터베이스, 데이터베이스를 직접 생성, 조작, 관리하는 소프트웨어인 데이터베이스 관리시스템(Data Base Management System, DBMS), 데이터베이스 관리시스템에게 기능 수행을 요청하기 위한 수단인 데이터 언어(Data Language), 데이터베이스를 설계하고 전체적으로 관리하는 사람인 데이터베이스 관리자(DataBase Administrator), 일반 사용자와 응용 프로그래머를 포함한 사용자(User) 등으로 구성된다.

7.1.1 관계형 모델과 관계형 데이터베이스

숫자나 문자로 간단히 표현할 수 없는 현실 세계의 다양한 실체, 즉 개체를 컴퓨터에서는 어떻게 표현하고 저장할 수 있을까? 데이터 모델은 현실세계를 데이터로 단순화, 추상화 한 것이다. 관계형 데이터 모델은 개체(entity)와 관계(relationship)로 구성된다. 개체에는 눈에 보이는 개체와 보이지 않는 개체가 있으며, 관계는 개체와 개체를 연결하는 것 또는 행위를 뜻한다. 예를 들어 대학교에서 관심 있는 개체로는 학생, 교수, 교과목 등이 있고, 관계로는 강의, 지도, 수강 등이 있다. 각 개체는 속성(attribute)이란 특성들로 정의된다. 예로 학생개체는 학번, 이름, 주소, 전공, 평점 등으로 정의될 수 있다. 서로 관련이 있는(같은 속성을 공유하는) 개체들은 함께 모아서 하나의 개체집합(entity set)을 만들 수 있다.

관계형 모델에서의 개체집합(entity set) 또는 릴레이션(relation)은 데이터베이스에서 테이블(table)에 해당되며, 개체(entity) 또는 튜플(tuple)은 행(row)으로 표현되며, 속성(attribute)은 열(column)로 표시된다. 따라서 기본적인 데이터 구조는 테이블(table)이며 이 테이블은 열(column)과 행(row)들로 구성되는 2차원 구조를 갖는다.

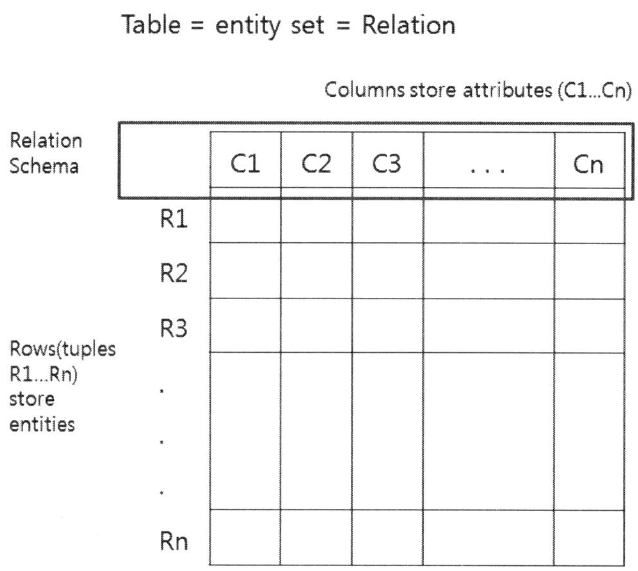

일반적으로 데이터베이스에서 열을 필드(field), 행을 레코드(record)라 한다.

7.1.2 키(key)

튜플의 유일성을 유지하기 위해서는 튜플이 구별되어야만 한다. 테이블의 모든 속성을 사용하지 않고도 튜플을 식별할 수 있는 속성들의 집합을 키라고 한다.

7.1.2.1 기본키(primary key)

모든 튜플들을 유일하게 식별할 수 있는 하나 또는 몇 개의 속성 집합 중에서 대표로 선정된 키를 기본키라고 한다. 유일성과 최소성을 모두 만족한다. 기본키는 오직 하나만 존재한다. 널(null)값을 가질 수 없다.

7.1.2.2 외래키(foreign key)

다른 테이블의 기본키로 사용되는 속성이다. 외래키는 그 키값을 이용하여 다른 릴레이션의 튜플을 참조하기 위해 사용한다.

7.1.3 테이블간의 연결

관계형 데이터베이스 내의 테이블들은 서로 연결(link)해 줄 수 있는 공통의 속성을 공유한다. 이때 테이블들 간에 같은 속성이 여러 번 나타나게 되는데, 이를 제어된 중복(controlled redundancy)이라고 한다. 두 개의 테이블이 공통의 속성을 공유함으로써, 더 구체적으로 설명하면 한 테이블의 주키가 다른 테이블에서 외래키로 사용됨으로써 테이블의 연결이 이루어지게 된다.

외래키가 아래와 같은 조건을 만족하며 테이블 간에 연결된 경우, 참조무결성(reference integrity)을 나타낸다고 말한다.

- 외래키의 값이 반드시 다른 테이블의 기본키 값이어야 한다.
- 외래키는 null 값을 가질 수 있으나 기본키에는 null 값이 허용될 수 없다.

새로운 튜플의 삽입(insertion), 삭제(deletion), 변경(change) 등의 작업이 이루어질 때는 참조무결성이 유지되도록 해야 한다. 즉 기본키가 포함된 테이블에서 튜플이 삭제될 때는 다른 테이블에서도 같은 값의 외래키를 갖는 튜플도 동시에 삭제되어야 한다.

7.2 MySQL

MySQL은 오픈소스로 가장 보편적으로 사용되는 데이터베이스이다.

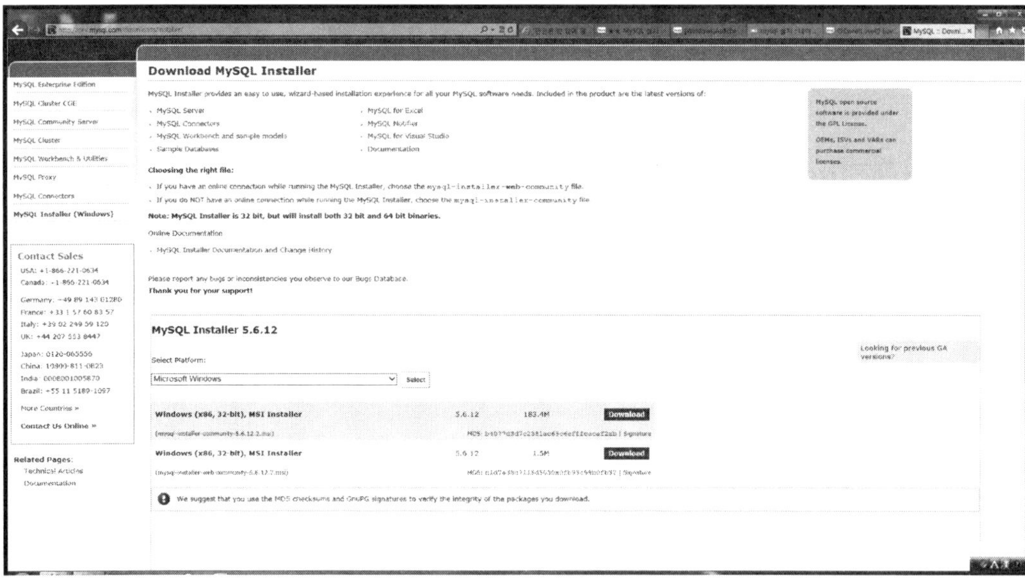

http://dev.mysql.com/downloads/installer/에서 MySQL Installer 5.6.12 버전의 Windows(x86, 32-bit), MSI Installer를 다운 받는다.

다운로드 한 것을 더블 클릭하여 실행시킨다.

7.2.1 MySQL 설치하기

첫 화면에서 Install MySQL Products를 클릭한다. 그 후, 자동 설정을 유지하면서 차례대로 Next와 Execute 등을 눌러 설치를 진행한다. 나중에 MySQL을 실행할 때, 이곳에서 지정한 비밀번호가 필요하므로 잘 기억해둔다.

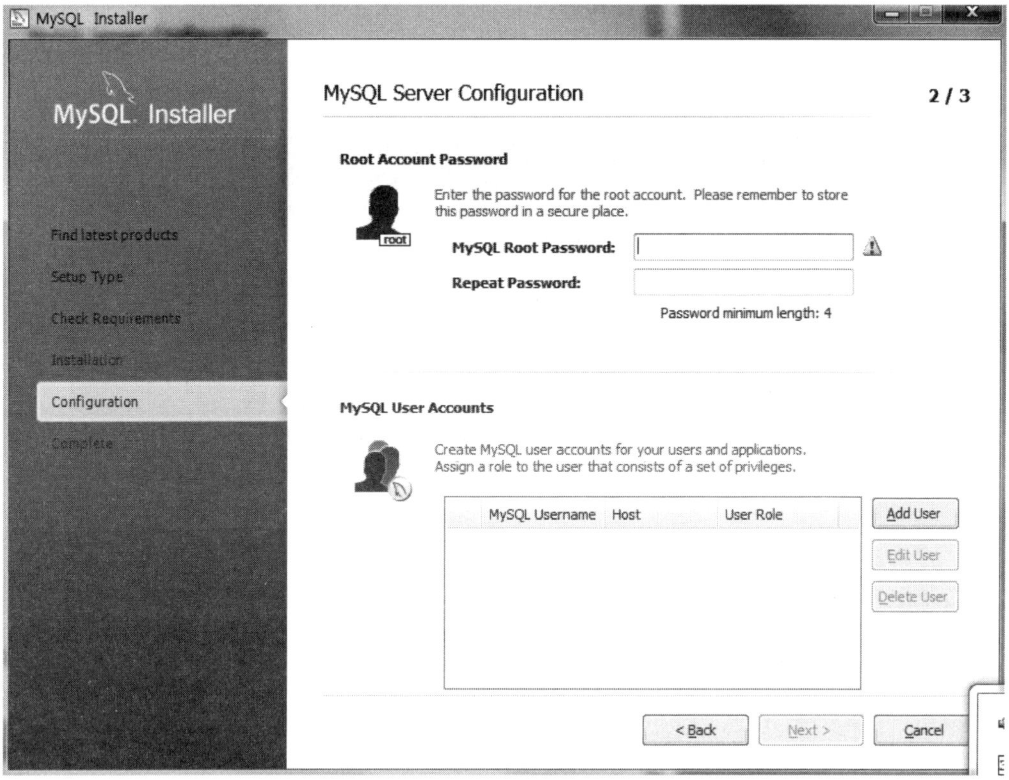

7.2.2 환경 변수 설정

환경변수 =〉 시스템 변수 =〉 편집을 클릭하여 마지막에 ';'가 없으면 ';'를 입력한 후, MySQL의 경로를 입력해 준다.

7.2.3 MySQL 실행하기

MySQL를 설치하고 나면 자동으로 command line client도 생성된다. MySQL은 cmd 창 또는 command line client를 이용하여 실행시킬 수 있다.

cmd 창을 이용할 경우, 'mysql -u root -p'를 입력한 후, MySQL 설치 시, 지정한 password를 입력하여 실행시킨다.

command line client를 사용하면 더 편리한데, 시작 메뉴에서 혹은 시작 =〉 모든 프로그램 =〉 MySQL =〉 MySQL Server 5.6에서 찾을 수 있다. 이 경우는 아래와 같이 바로

password를 입력하면 된다.

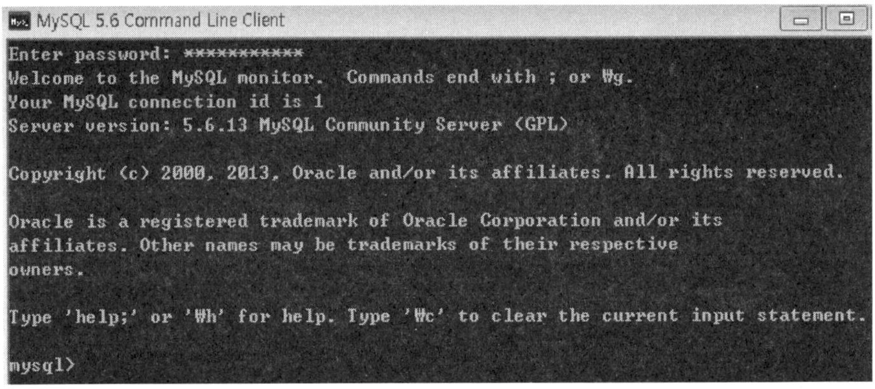

7.2.4 데이터베이스 생성

essential_genes 데이터베이스를 새로 만든다면,

```
create database essential_genes;
```

만들어졌는지 확인하기 위하여

```
show databases;
```

그리고, root 계정을 이용하게 되면 데이터베이스의 모든 데이터를 변경할 수 있으므로, 실수하지 않도록 사용자 계정을 추가하여 사용한다.

```
CREATE USER 'youngkim'@'localhost' IDENTIFIED BY 'gene3125';
```

사용자 권한을 부여하기 위하여 grant 명령어를 사용한다.

```
grant all privileges on essential_genes.* to youngkim@localhost identified by
'gene3125' with grant option;
```

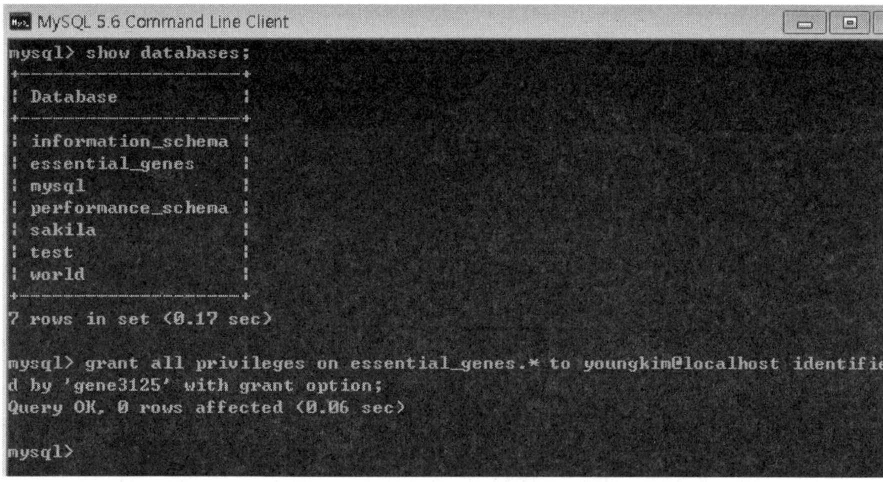

이제 해당 사용자 아이디로 접속하여 데이터베이스를 다루어 보자. 만일 잘못입력을 하고 -> 이 나타나면서 줄이 바뀌었다면 \c를 입력하여 취소할 수 있다.

```
-u youngkim -p gene3125;
use essential_genes;
```

를 입력하고 enter를 누른다. 이제 선택된 데이터베이스에서 작업이 가능하다.
EG_DEG 란 테이블을 만들기 위해

```
create table EG_DEG (ID int(8) primary key not null, Gene_Name varchar(15),
Function varchar(60), Organism varchar(30));
```

을 입력하고 enter를 누른다.

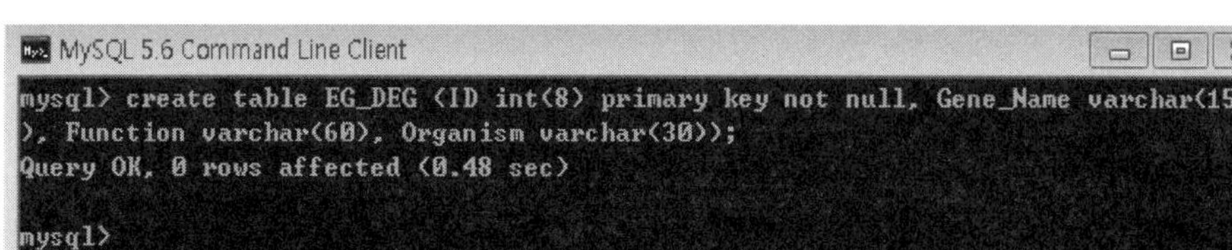

생성된 테이블을 확인하고, 'desc eg_deg'을 입력하여 테이블 구조를 확인한다.

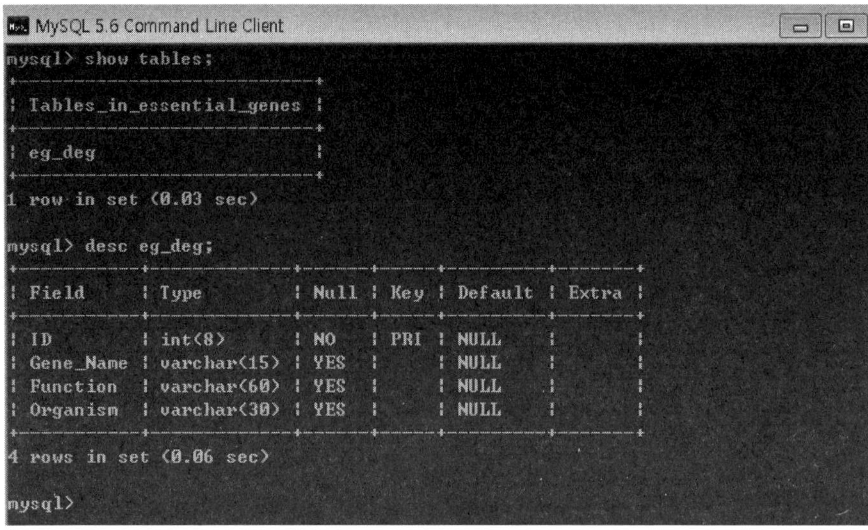

ID 필드에 not null로 지정하면 메모리를 차지하지 않는 빈값이 들어갈 수 없다.

레코드를 입력한다거나, 수정, 삽입 등을 모두 Command Line Client에서 수행할 수 있지만 일일이 입력하는데, 시간이 많이 걸릴 뿐만 아니라, 오타 등 여러 문제가 생긴다. 따라서 좀 더 편하게 입력 또는 수정하는 방법을 후에 배우도록 한다.

```
\q
```

를 입력하면 command line client가 종료된다. 이제는 SQL 문법을 간단히 살펴보기로 한다.

1) 데이터베이스의 생성, 목록보기, 선택 및 삭제

```
create database DB_name;
show databases;
use DB_name;
drop database DB_name;
```

2) 선택한 데이터베이스에서 테이블 생성, 목록보기, 구조 보기, 이름 변경 및 삭제

```
create table table_name(field_name int(8) primary key not null);
show tables;
```

```
desc table_name;
alter table table_name rename newTable_name;
drop table table_name;
```

3) 기존 테이블에서 필드 추가, 타입 변경, 이름 변경 및 삭제

```
alter table table_name add field field_name field_type;
alter table table_name modify field_name newField_type;
alter table table_name change field_name newField_name field_type;
alter table table_name drop field field_name;
```

4) 가존 테이블에서 레코드 추가, 수정 및 검색

```
insert into table_name (field_a, field_b) values ('a', 'b');
update table_name set field_a='a' where field_b='b';
select * from table_name where field_a='a';
```

5) 선택한 테이블에서 단일 레코드 삭제, 특정 레코드 삭제 및 전체 레코드 삭제

```
delete from table_name where field_name like '%a%';
delete from table_name where field_name = 조건;
delete from table_name;
```

'truncate table_name' 이 'delete from table_name' 보다 처리 속도가 빠르다.

6) 백업

```
mysqldump -u user_name -p passwd database_name > backup_file_name.sql
```

7) 복원

```
mysqldump -u user_name -p passwd database_name < backup_file_name.sql
```

7.2.5 일괄 실행

이제 앞에서 만든 eg_deg 테이블과 같은 구조의 새로운 eg_synb 테이블을 명령어 라인에서 일괄 실행하여 만들어보자.

일괄실행을 위해서 앞에서 사용한 sql 문을 테이블 이름만 바꾸어

```
create table EG_SynB (ID int(8) primary key not null, Gene_Name varchar(15),
Function varchar(60), Organism varchar(30));
```

create_eg_synb.sql이라는 파일이름으로 D:/source에 저장해 두자. 그리고 일괄 실행을 위하여 명령프롬프트에서 MySQL의 bin 폴더로 이동하여,

```
mysql -u root -p essential_genes < D:\source\create_eg_synb.sql
```

을 입력해 보자. 비밀번호를 입력하면 파일에 있는 sql 문이 일괄 실행된다.

```
C:\Program Files\MySQL\MySQL Server 5.6\bin>mysql -u root -p essential_genes < d
:\source\create_eg_synb.sql
Enter password: ***********

C:\Program Files\MySQL\MySQL Server 5.6\bin>
```

아래와 같이 eg_synb 테이블이 생성되어 있음을 확인할 수 있다.

```
mysql> use essential_genes;
Database changed
mysql> show tables;
+---------------------------+
| Tables_in_essential_genes |
+---------------------------+
| eg_deg                    |
| eg_synb                   |
+---------------------------+
2 rows in set (0.00 sec)

mysql>
```

7.2.5.1 데이터의 일괄 입력

http://tubic.tju.edu.cn/deg/에서 DEG10010001부터 DEG10010005까지 5개의 필수유전자 데이터를 복사하여 메모장에서 탭으로 구별된 텍스트 파일 eg_deg_data.txt를 만들자.

```
1	dnaA	initiation of chromosome replication	Bacillus subtilis 168
2	dnaN	DNA polymerase III (beta subunit)	Bacillus subtilis 168
3	gyrB	DNA gyrase (subunit B)	Bacillus subtilis 168
4	gyrA	DNA gyrase (subunit A)	Bacillus subtilis 168
5	guaB	inosine-monophosphate dehydrogenase	Bacillus subtilis 168
```

이때, 행이나 파일의 끝에 빈칸이 있으면 없애 주어야 한다.

```
eg_deg_data.txt - 메모장
파일(F) 편집(E) 서식(O) 보기(V) 도움말(H)
1	dnaA	initiation of chromosome replication	Bacillus subtilis 168
2	dnaN	DNA polymerase III (beta subunit)	Bacillus subtilis 168
3	gyrB	DNA gyrase (subunit B)	Bacillus subtilis 168
4	gyrA	DNA gyrase (subunit A)	Bacillus subtilis 168
5	guaB	inosine-monophosphate dehydrogenase	Bacillus subtilis 168
```

```
load data infile "data_file" into table table_name;
```

이라고 입력하면,

```
mysql> load data infile "d:/source/eg_deg_data.txt" into table eg_deg;
Query OK, 5 rows affected (0.03 sec)
Records: 5  Deleted: 0  Skipped: 0  Warnings: 0
```

데이터가 데이터베이스에 일괄 입력되고, select 문으로 아래와 같이 확인할 수 있다.

```
mysql> select * from eg_deg;
+----+-----------+--------------------------------------+-----------------------+
| ID | Gene_Name | Function                             | Organism              |
+----+-----------+--------------------------------------+-----------------------+
|  1 | dnaA      | initiation of chromosome replication | Bacillus subtilis 168
|  2 | dnaN      | DNA polymerase III (beta subunit)    | Bacillus subtilis 168
|  3 | gyrB      | DNA gyrase (subunit B)               | Bacillus subtilis 168
|  4 | gyrA      | DNA gyrase (subunit A)               | Bacillus subtilis 168
|  5 | guaB      | inosine-monophosphate dehydrogenase  | Bacillus subtilis 168 |
+----+-----------+--------------------------------------+-----------------------+
5 rows in set (0.00 sec)

mysql>
```

7.2.6 MySQL 인덱스(INDEX) 사용 방법

MySQL은 첫 번째 열부터 전체 테이블에 걸쳐서 연관된 열을 검색하기 때문에 테이블이 크면 클수록 검색시간이 늘어난다. 그래서 특정 칼럼 값을 가지고 있는 열을 빠르게 찾기 위해서 인덱스를 사용한다. 만약 쿼리에 있는 칼럼에 대한 인덱스를 테이블이 갖고 있다면, MySQL은 모든 데이터를 조사하지 않고도 데이터 파일의 중간에서 검색위치를 빠르게 잡아낼 수 있다. 대부분의 MySQL 인덱스는 B-트리에 저장되며 그 종류는 PRIMARY KEY, UNIQUE, INDEX, FULLTEXT 가 있다.

데이터 양이 많고 검색이 변경보다 빈번한 경우, 인덱스를 걸고자 하는 필드의 값이 다양한 값을 가지는 경우에는 인덱스를 사용해야 한다.

7.2.6.1 기존 테이블에 인덱스 추가하기

```
ALTER TABLE table_name ADD INDEX(field_name(size));
mysql> ALTER TABLE temp ADD INDEX(keyword(20));
```

7.2.6.2 테이블을 생성하면서 인덱스 추가하기

CREATE TABLE table_name (필드명 데이터타입(데이터크기),
INDEX(필드명(크기))) ENGINE MyISAM;

```
mysql> CREATE TABLE test (
    -> keyword varchar(20),
    -> INDEX(keyword(20)))
    -> ENGINE MyISAM;
Query OK, 0 rows affected (0.11 sec)
```

7.2.6.3 FULLTEXT 인덱스 만들기

일반적인 인덱스와는 달리 MySQL의 FULLTEXT는 매우 빠르게 모든 텍스트 열을 검색한다. 검색 엔진과 유사한 방법으로 자연 언어를 이용해 검색할 수 있는 특별한 인덱스로 모든 데이터 문자열의 단어를 저장하기 때문이다.

FULLTEXT 인덱스는 MySQL의 기본 저장 엔진 타입인 MyISAM 테이블에만 사용된다. 만약 테이블을 MyISAM 으로 변경해야 된다면

```
ALTER TABLE 테이블명 ENGINE = MyISAM;
```

FULLTEXT 인데스는 CHAR 와 VARCHAR, TEXT 열로만 생성 가능하다.
ALTER TABLE 테이블명 ADD FULLTEXT(필드명)

```
mysql> ALTER TABLE temp ADD FULLTEXT(keyword);
Query OK, 554604 rows affected (1.49 sec)
Records: 554604  Duplicates: 0  Warnings: 0
```

7.2.6.4 인덱스의 효과

인덱스를 걸게 되면, 테이블 생성 시에 인덱스의 정보도 만들게 되므로 생성속도가 느려진다. 그런데도 인덱스를 거는 이유는 바로 조건문 등에 대한 SELECT 속도 등에서 차이가 나기 때문이다.

위 테이블의 데이터는 약 55만개의 데이터가 저장되어있다. 그 중에서 '가'로 시작되는 데이터들을 뽑아 오자

```
SELECT * FROM test WHERE keyword LIKE '가%' ;
5056 rows in set (0.08 sec)
SELECT * FROM test_index WHERE keyword LIKE '가%' ;
5056 rows in set (0.01 sec)
```

MySQL을 이용하여 생성한 필드에 한글 데이터를 입력하기 위해서는 my.ini 파일의

default-character-set을 utf8에서 euc-kr로 변경해야 한다.

7.3 데이터베이스 설계

데이터베이스의 상세한 자료 모형을 만드는 과정이다.

7.3.1 데이터베이스 설계의 4 단계

요구분석 => 개념적 데이터 모델 => 논리적 데이터 모델 => 물리적 데이터 모델

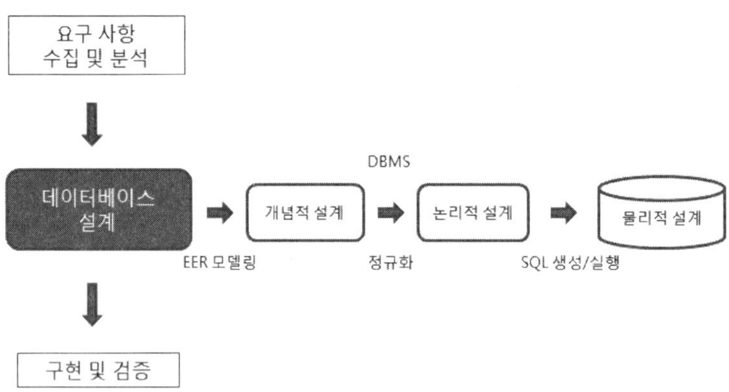

7.3.2 데이터 모델

7.3.2.1 ER 모델

데이터 모델링 분야에서 개체-관계 모델이란 구조화된 데이터에 대한 일련의 표현이다. 구조화된 데이터를 저장하기 위해 데이터베이스를 쓴다. 이 데이터의 "구조" 및 그에 수반한 제약 조건들은 다양한 기법에 의해 설계될 수 있다. 그 기법 중 하나가 개체-관계

모델링(Entity-Relationship Modelling)이다. 줄여서 ER 모델링 또는 ERM이라고 한다. ERM 프로세스의 산출물을 가리켜 개체-관계 다이어그램(Entity-Relationship Diagram)이라 한다. 줄여서 ERD라 일컫는다. 데이터 모델링 과정은 데이터 모델을 그림으로 표현하기 위해 표시법을 필요로 한다.

개체는 분리된 물체 하나를 표현한다. 개체는 명사 하나에 해당한다고 생각하면 쉽다. 개체는 사각형으로 표시한다.

관계는 두 개 이상의 개체들이 어떻게 서로 연관되어 있는지를 의미한다. 관계는 다이아몬드형으로 그리는데, 관계된 개체와는 실선으로 연결한다.

개체는 속성을 가질 수 있고, 관계도 속성을 가질 수 있다. 모든 엔티티(위크 엔티티가 아닌 한)는 "고유하게 식별되는" 속성 집합을 가지고 있어야 한다. 최소한의 고유 식별 속성 집합을 개체의 기본 키(Primary Key)라 부른다.

7.3.2.2 EER(Extended Entity-Relationaship) 모델

복잡한 현실세계를 표현하는데 있어서 ER 모델의 한계를 극복하기 위해 특수화, 일반화, 집단화, 상속 등의 개념을 추가한 모델이다.

- **상세화(Specialization)**
  하나의 개체(Super type)을 몇 개의 Sub type으로 분리
  top-down개념, 상속(Is-a 관계)
- **일반화(Generalization)**
  Bottom-Up, 특수화의 역방향
- **상속(Inheritance)**
  특수화시 상위 개체의 개념을 하위 개체가 상속 , 단일/다중 상속
- **집단화(Aggregation)**
  단위 개체들을 하나로 묶어 상위 레벨의 복합 개체를 구성, Is-part-of 관계

7.4 MySQL 워크벤치

MySQL을 설치할 때 MySQL Workbench 5.2 CE가 같이 설치된다. MySQL Workbench 시작 화면을 보면 세 부분으로 나뉘어 있다.

1) SQL Development - SQL 문을 실행하는 도구다.

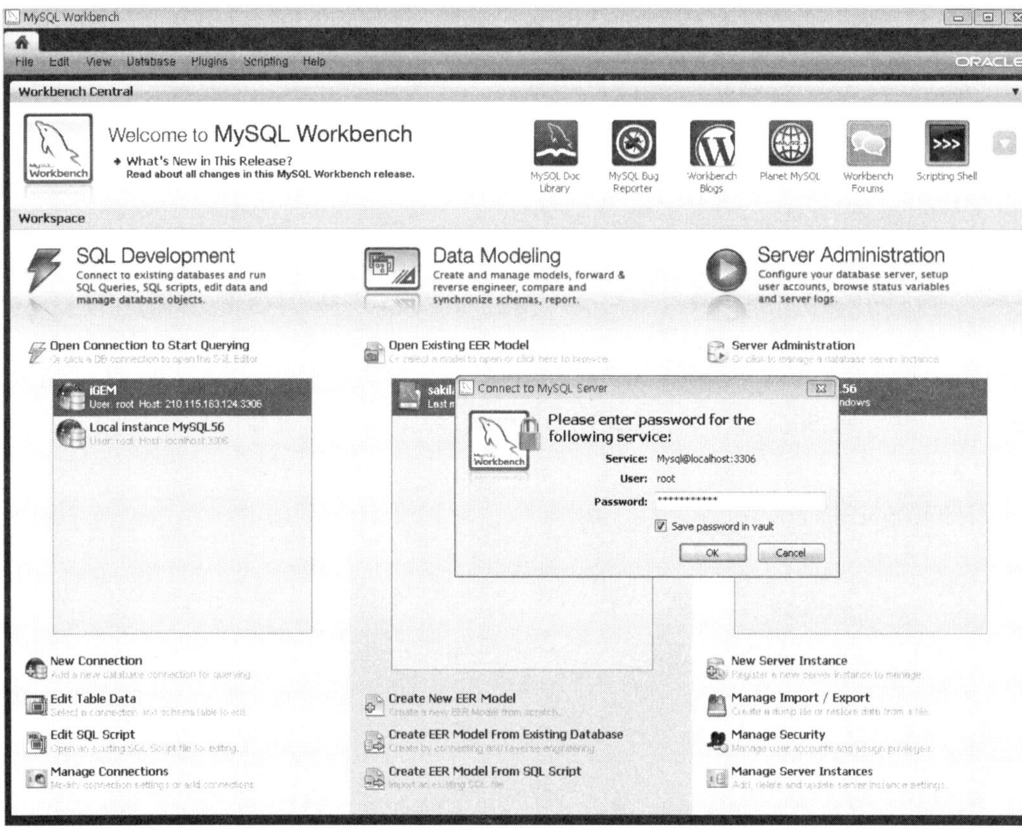

2) Data Modeling - 데이터 모델을 만드는 도구다.

3) Server Administaration - Database 서버의 구성과 사용자 계정 등을 설정하고 관리하는 도구다.

7.4.1 사용자 계정 추가하기

첫 화면에서 Manage Security를 눌러 root의 비밀번호를 입력하고 확인을 누르면 사용자 계정을 추가하기 위한 화면이 나타난다. 하단의 Add Acount를 누르고 Login 페이지가 활성화 되면 사용자 ID(synb317)와 비밀번호를 입력한다.

다음에 Administrative Roles 탭을 누르면 추가한 계정에 대한 권한을 부여하는 화면이 나타난다. DBA를 체크하면 화면에 보이는 모든 체크박스가 자동으로 체크된다. 즉 데이터베이스 최고관리자 권한을 부여하게 된다. 여기서는 최하위의 custom 권한을 부여해 보자. 그러면 우측 체크박스 중에서 일부만이 자동으로 체크되는 것을 확인할 수 있다.

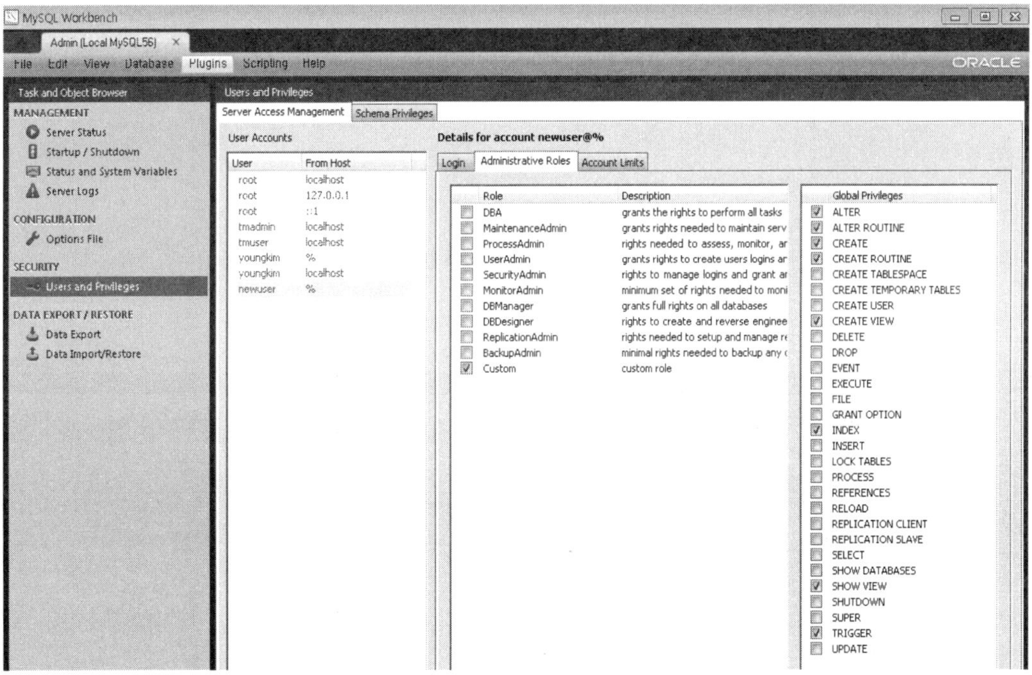

하단에 있는 Apply 단추를 누르면 설정이 완료된다. 이제 User Acounts 난에서 synb317을 볼 수 있으며, custom 권한이 부여되어 있음을 확인할 수 있다.

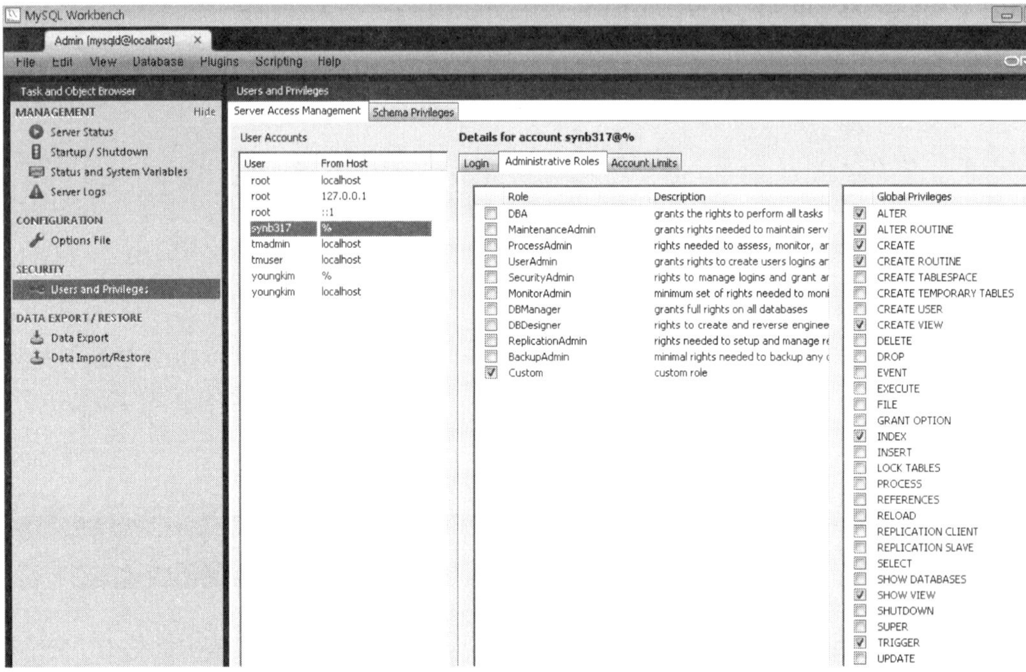

Client 창에서 만든 youngkim은 모든 권한이 다 부여되고 있음을 확인할 수 있다.

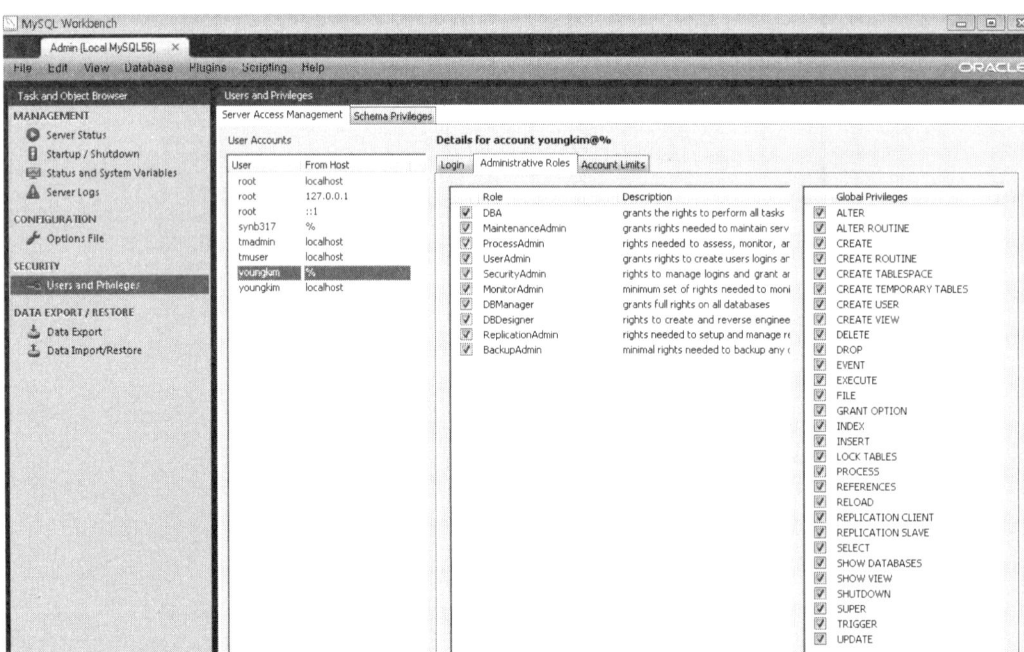

7.4.2 사용자가 외부에서 접속하기

외부에서 접속이 가능하도록 MySQL이 사용하는 3306번 포트를 열어주자. 이제 자신의 컴퓨터가 데이터베이스 서버의 구실을 할 수 있는지 살펴보자.

외부의 다른 컴퓨터에서 워크벤치를 실행하고 좌하단에 위치한 New Connection 을 선택한다.

그러면 팝업 창이 뜨는데 Connection Name, Username, Hostname을 쓴다. Password의 'Store in Vault...' 버튼을 클릭하고 등록된 비밀번호를 입력해 준다.

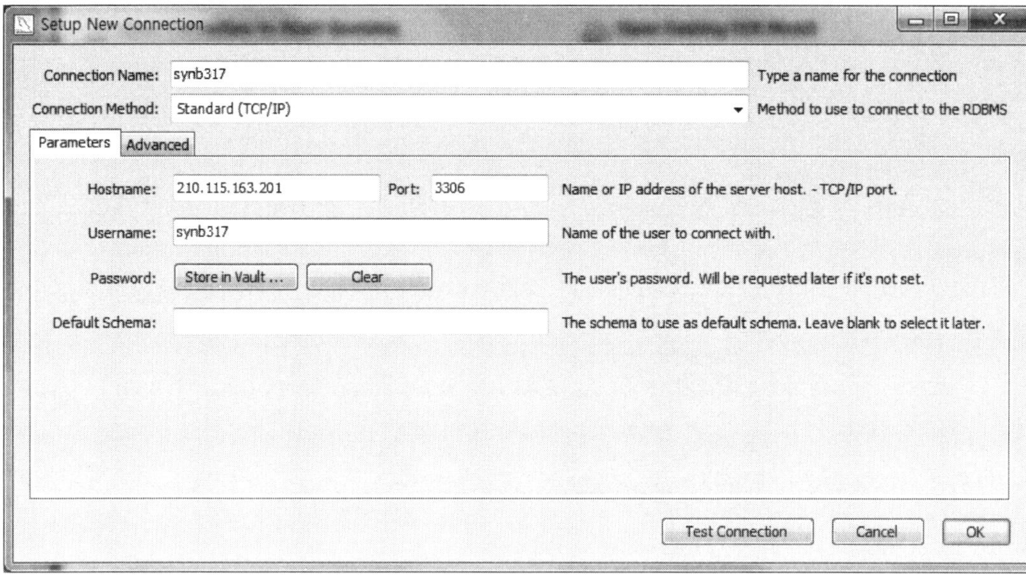

OK를 누르면, 원격 M]

간단한 SQL 문을 작성해서 데이터베이스를 원격으로 조작하는 연습을 해 보기 바란다.

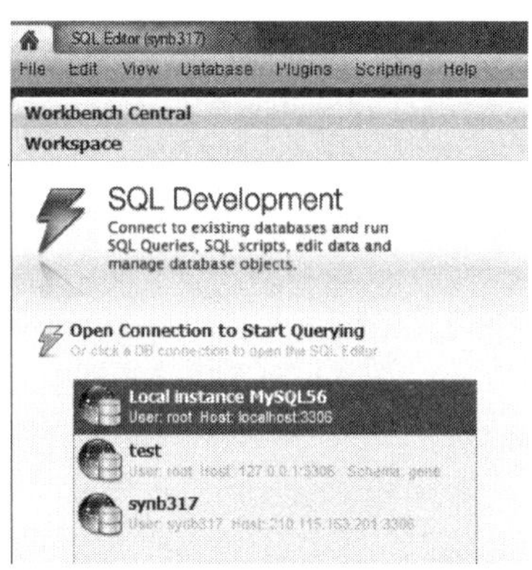

7.4.3 MySQL 워크벤치 사용법

7.4.3.1 SQL Development

SQL Development에는 New Connection, Edit Table Data, Edit SQL Script, Manage Connections 이 있다.

1) New Connection

생성한 사용자로 데이터베이스를 접속하기 위해서는 SQL Development의 New Connection을 클릭하여 새 Connection을 생성해야 한다.

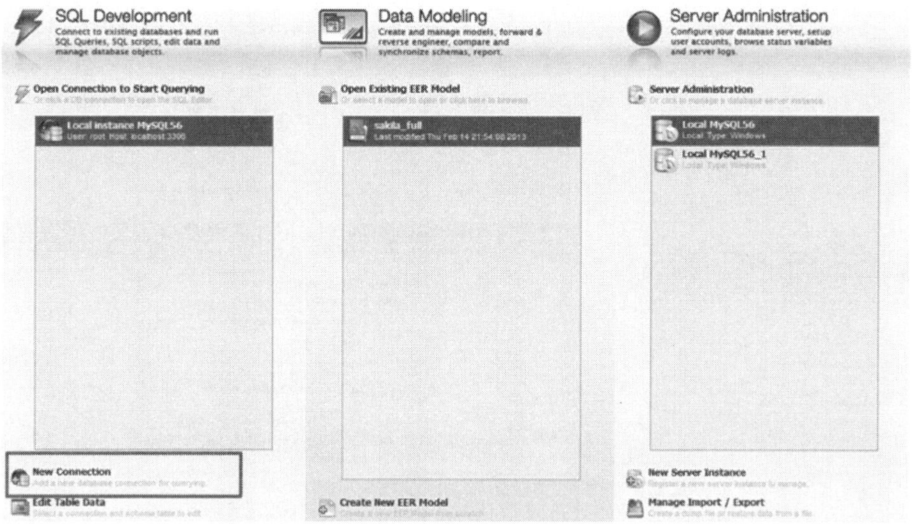

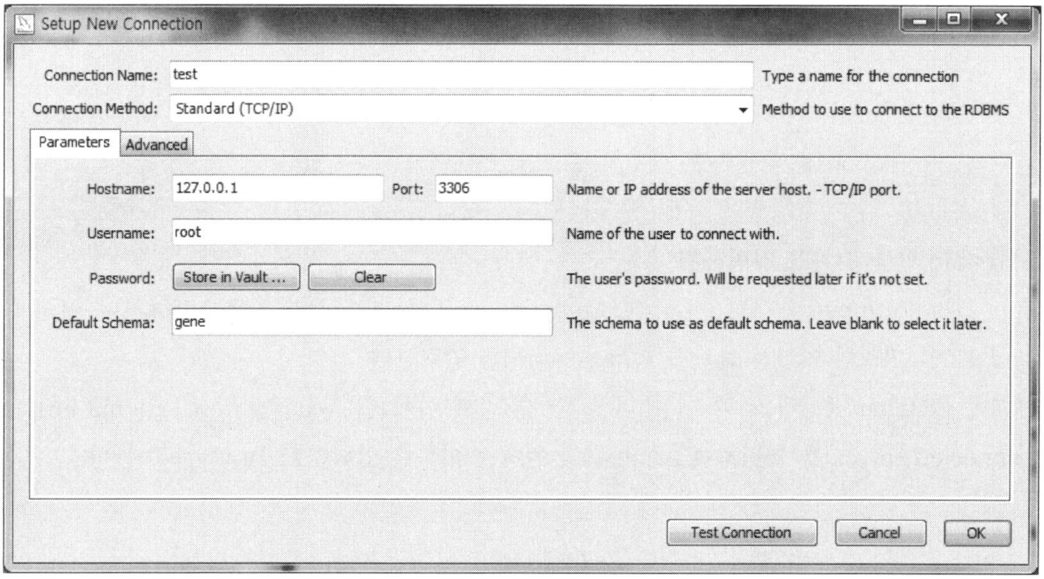

New Connection를 클릭하면 위과 같은 팝업 창이 뜬다. Connection Name을 설정하고, Connection Method는 TCP/IP로 지정하며 사용할 Default Schema를 적는다. 위 화면은 Connection Name으로 test를, Default Schema로 gene을 설정해 준 것이다. 현재 컴퓨터를

Host로 지정하려면 Hostname을 localhost 또는 127.0.0.1으로 설정한다. 설정을 끝나면 OK를 클릭한다.

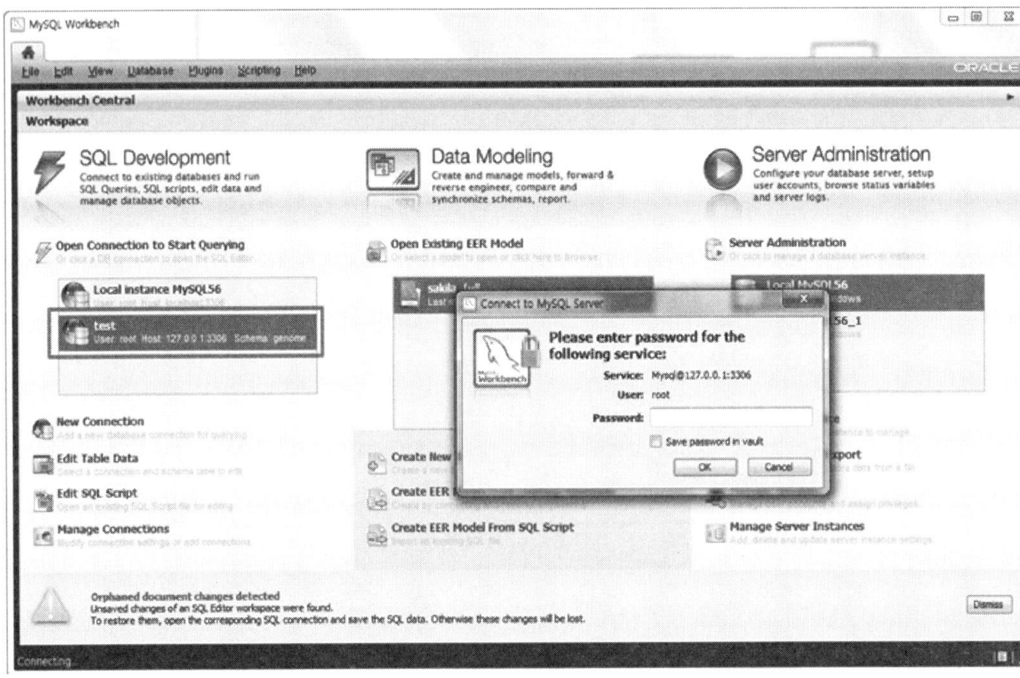

SQL Development 아래에서 생성된 새 Con nection을 볼 수 있다. 새 Connection을 클릭하고 password를 입력하면 새 Connection으로 접속할 수 있다.

2) Table 만들고 자료 입력하기

SQL Development 아래의 Open Connection to Start Querying을 클릭하거나 이전에 synb317로 명명한 연결을 클릭한 뒤, password를 입력한다.

새로운 Schema 생성을 위해 메뉴 버튼 중 세 번째 아이콘(Create a new schema in the connected server)을 클릭하여 name 칸에 원하는 이름을 입력하고, Apply를 누른다.

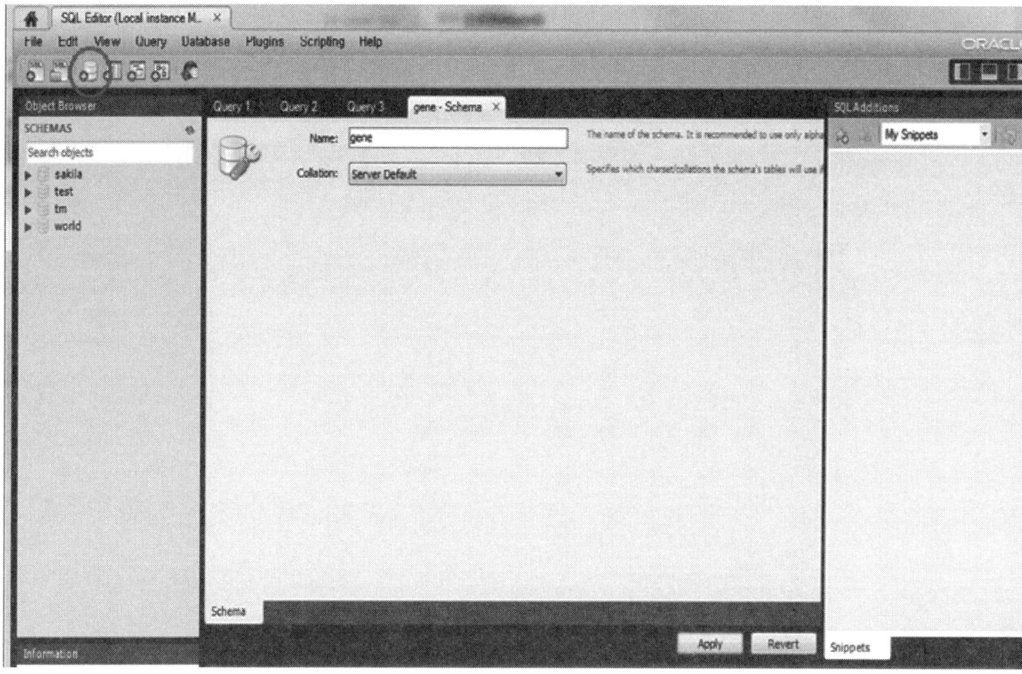

아래와 같은 팝업창이 뜨고, Database에 적용될 SQL script를 검토한 다음 apply를 누른다.

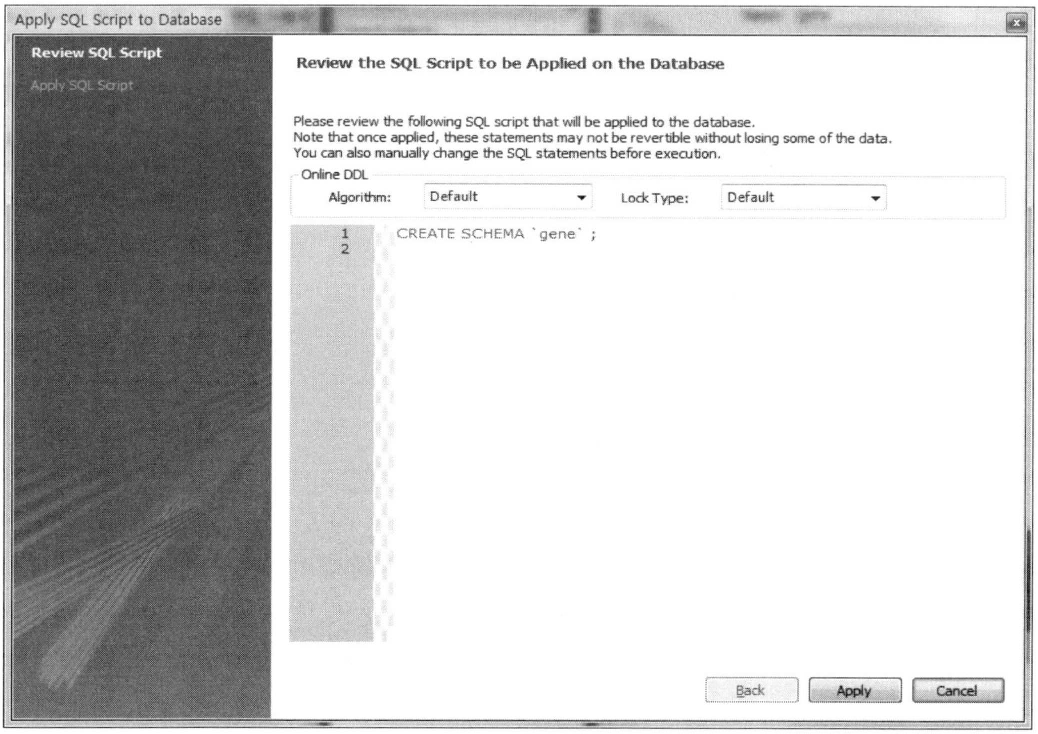

왼쪽 객체 브라우저에서 해당 데이터베이스를 확장하면 Tables, Views, Routines가 펼쳐지는데, Table에서 마우스의 왼쪽 버튼을 누른 뒤 Create Table 클릭한다.

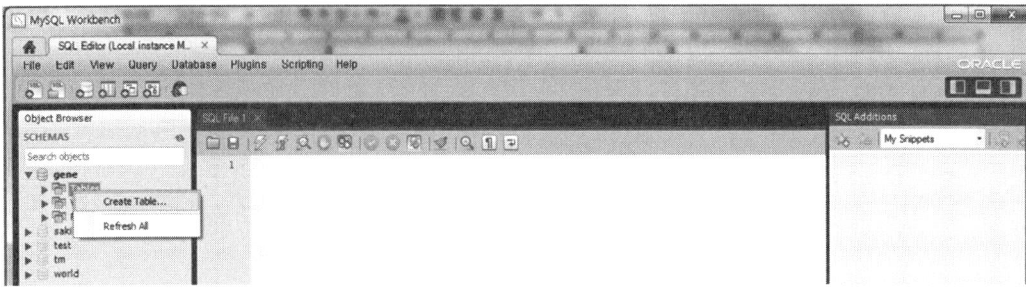

그러면 아래와 같은 화면이 뜨고, Table Name, Column Name, Datatype 등을 설정해 준다.

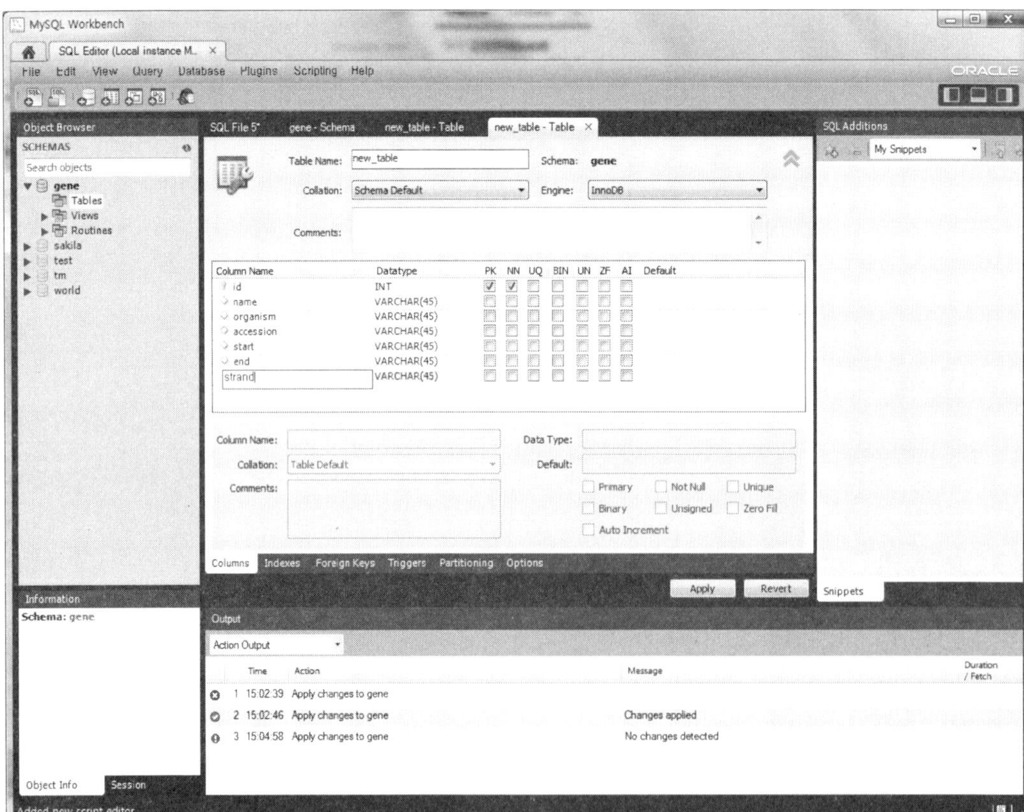

설정이 끝나면 apply를 누른다. 그 후, 팝업창이 뜨면 자신이 생성한 Table을 확인하고 apply를 누른다.

Home으로 가서 SQL Development의 하단에 위치한 Edit Table Data를 누른다. 그 후 팝업창이 뜨면 Next를 누른 뒤, Database Schema and Table Selection에서 원하는 Schema와 Table을 선택한다.

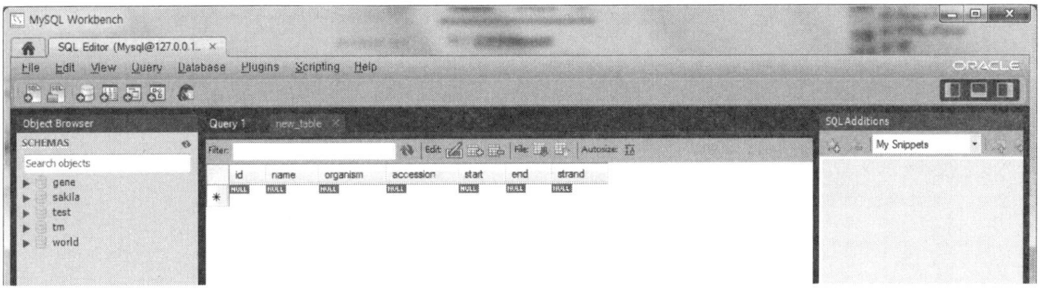

그러면 위와 같은 화면이 뜬다. 마우스로 빈칸을 클릭하여 각 필드의 특성에 맞는 Data를 입력한다.

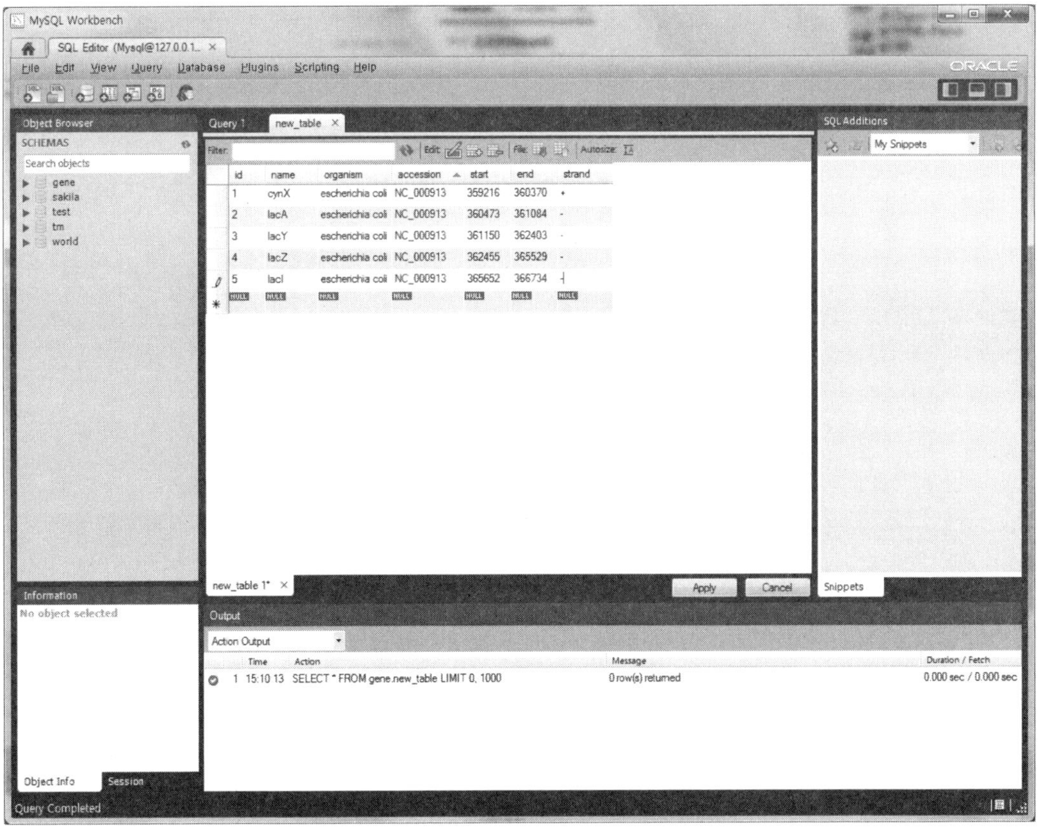

Data의 입력이 끝나면 Apply를 클릭하여 저장한다. 팝업창이 뜨면, 생성한 테이블을 확인한다.

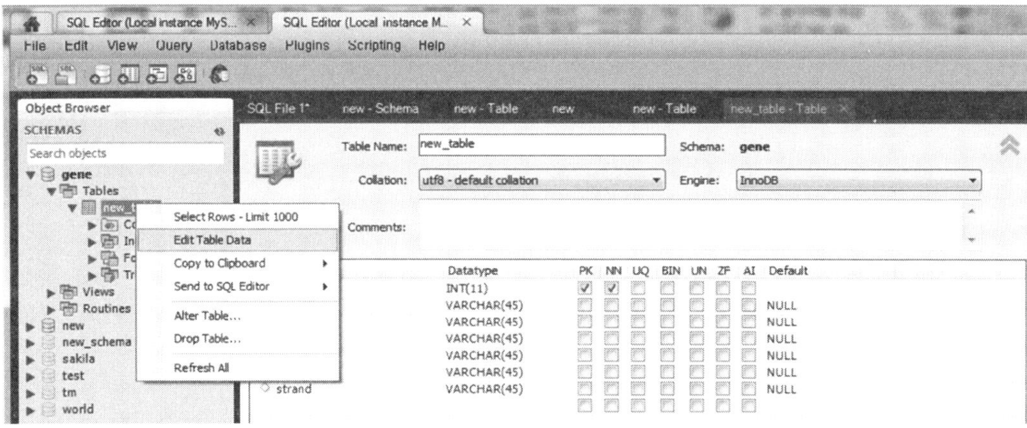

Home에서 SQL Development로 이동하지 않고도 Table 생성 뒤, Table에 마우스의 오른쪽 버튼을 클릭하여 테이블 편집하거나 수정할 수도 있다.

3) Edit SQL Script

SQL script를 편집하려면 SQL Development의 Edit SQL Script를 클릭한다.

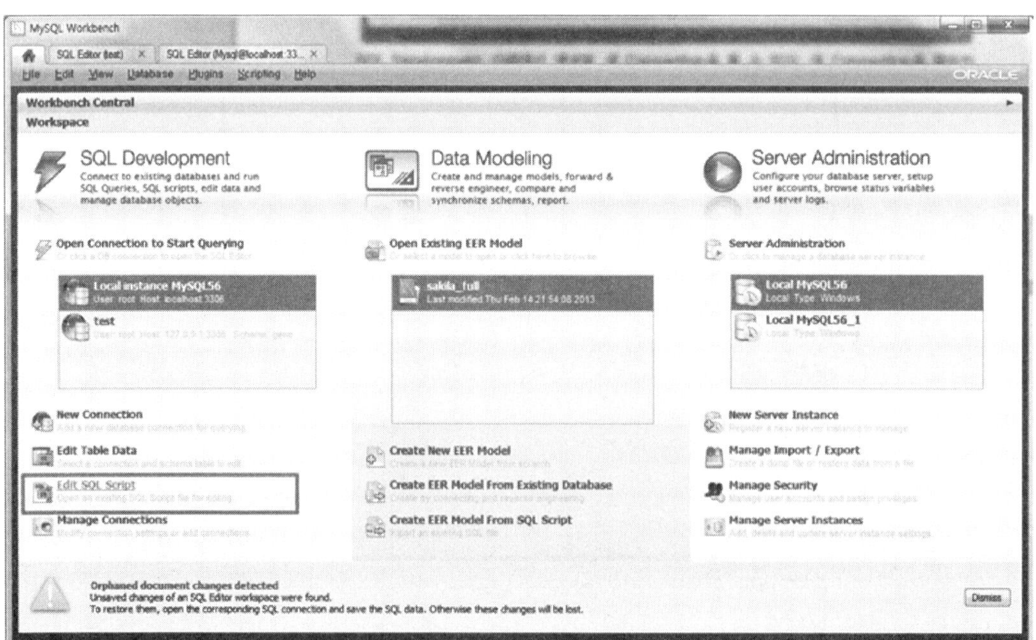

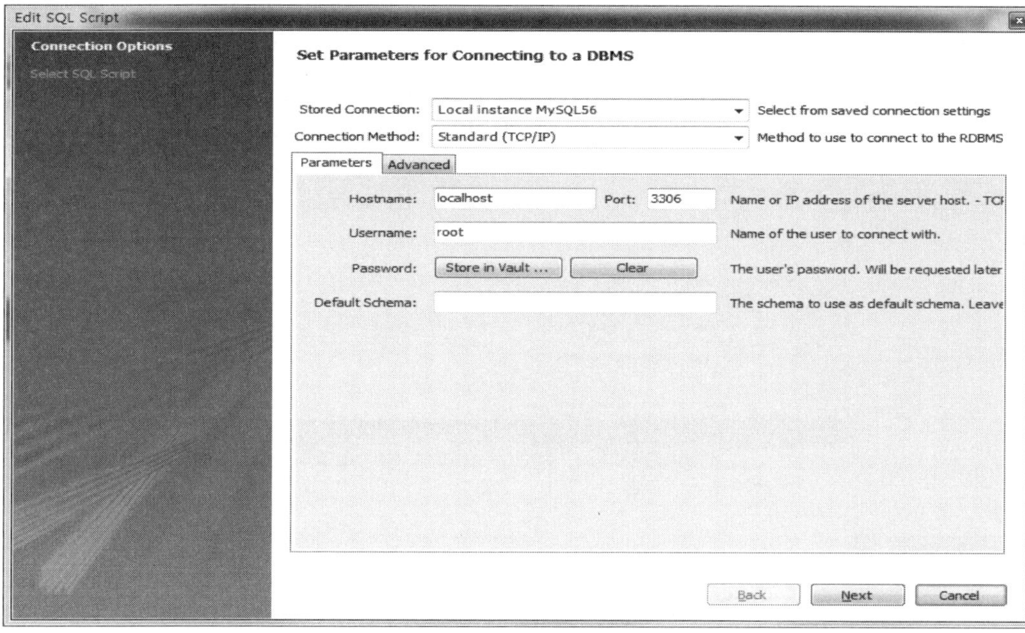

Stored Connection과 Default Schema를 설정한 후에 Next를 클릭한다.

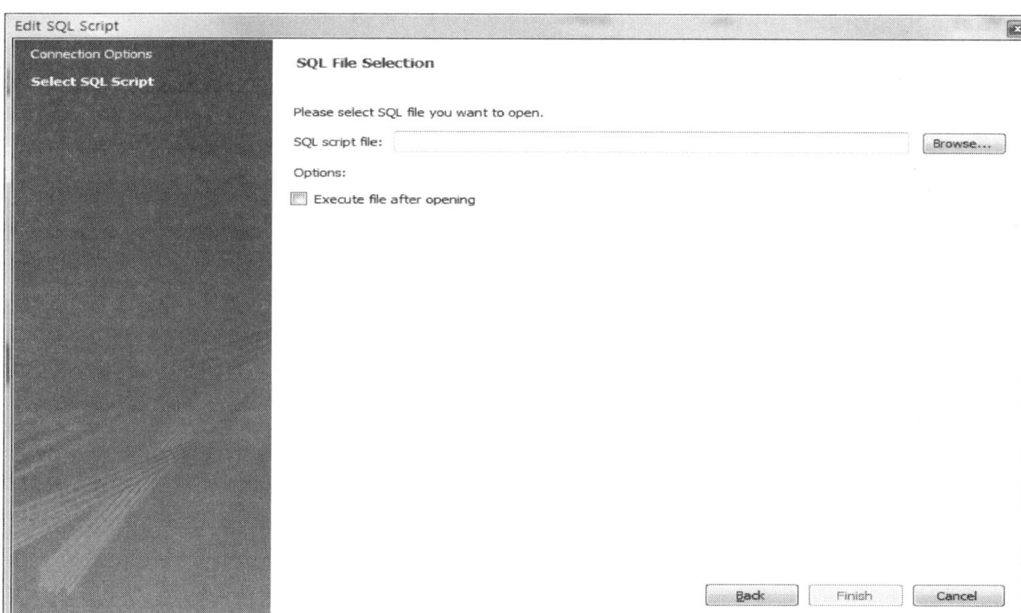

편집을 원하는 SQL script file을 선택하고 Finish를 누른다.

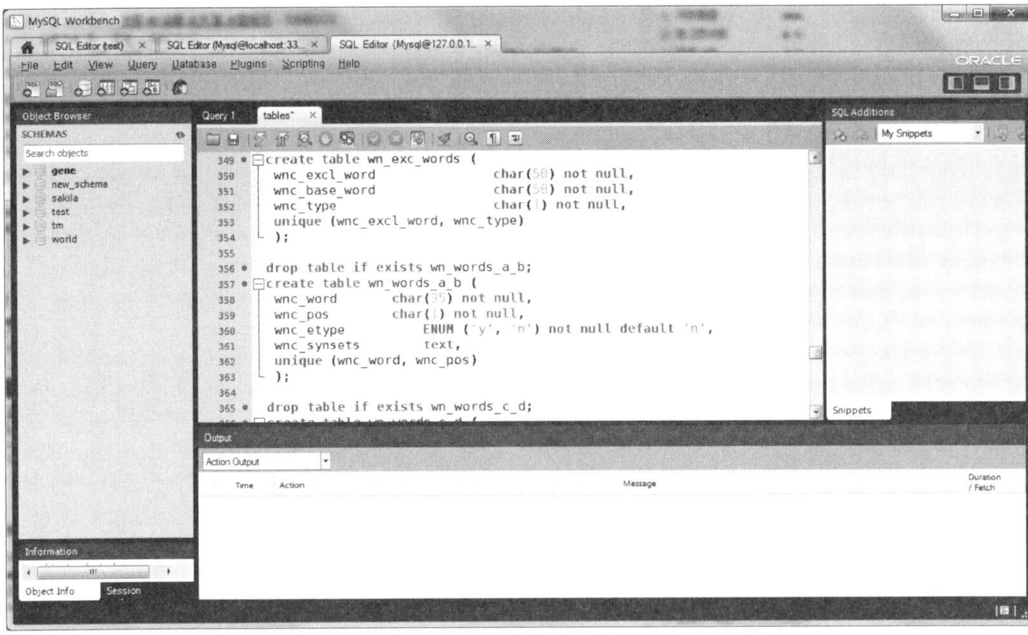

그러면 위와 같은 화면이 뜨고, 선택한 SQL script file를 편집할 수 있다.

4) Manage Connections

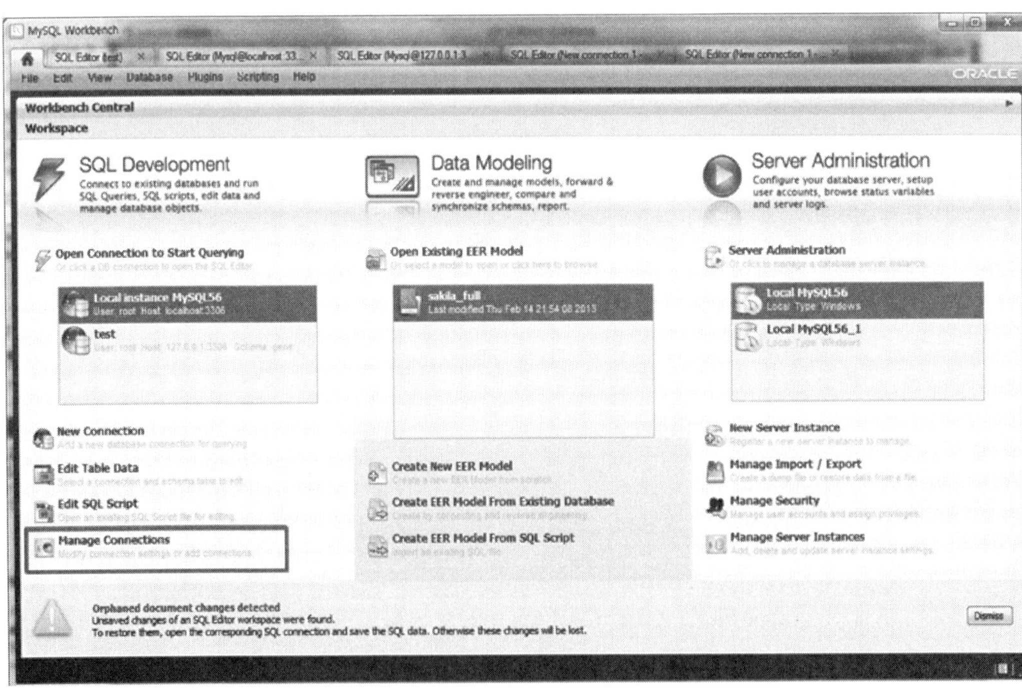

SQL Development의 Manage Connections를 이용하여 Connection을 편집할 수 있다. Manage Connections을 클릭하면 아래와 같은 팝업 창이 뜬다.

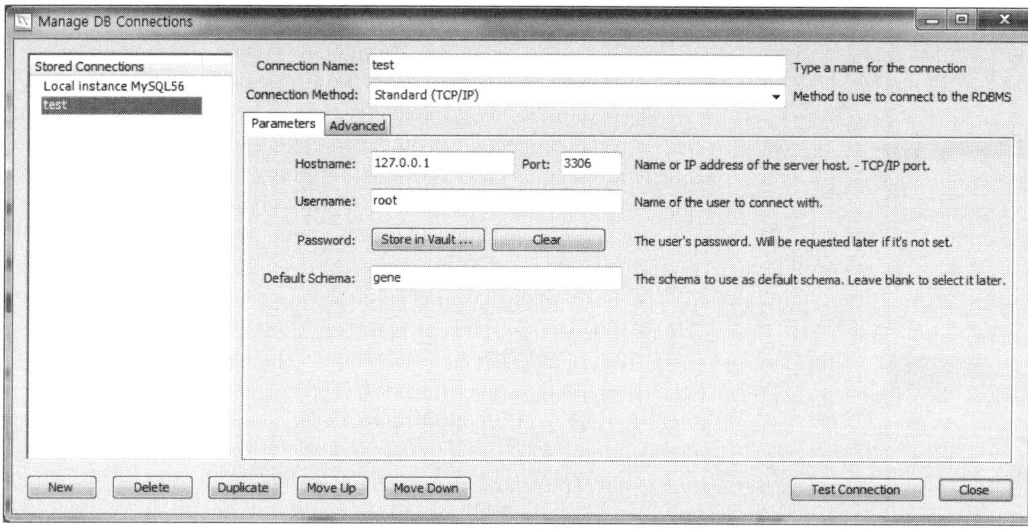

Stored Connection에서 원하는 Connection을 선택한다. 위 그림은 'test'라는 이름의 Connection을 선택한 것이다. 하단에 있는 여러 버튼 중 New을 누르면 새로운 Connection이 생성되고 Delete를 누르면 Connection이 삭제된다. Duplicate를 누르면 선택한 Connection이 복제되고, Move up을 누르면 위로, Move Down 아래로 Connection의 위치가 이동한다.

7.4.3.2 데이터 모델링

데이터 모델링에는 Create New EER Model, Create EER Model From Existing Database, Create EER Model From SQL Script 가 있다. Database를 작성하여 새 EER Model을 만들거나, 가지고 있는 Database나 SQL Script를 가지고 EER Model 생성할 수 있다.

우선 MySQL에서 제공하는 샘플 데이터베이스의 EER 모델을 살펴보자.

Open Existing EER Model을 클릭한다. 그러면 워크벤치 모델 파일이 있는 곳을 찾기 위하여 탐색기 창이 뜬다. 샘플 EER 모델은

```
C:\Program Files\MySQL\Samples and Examples 5.6.13\Sample Databases\Sakila
```

에 있는 sakila.mwb 이다. 이 파일을 선택하면 다음과 같은 EER Diagram이 뜬다.

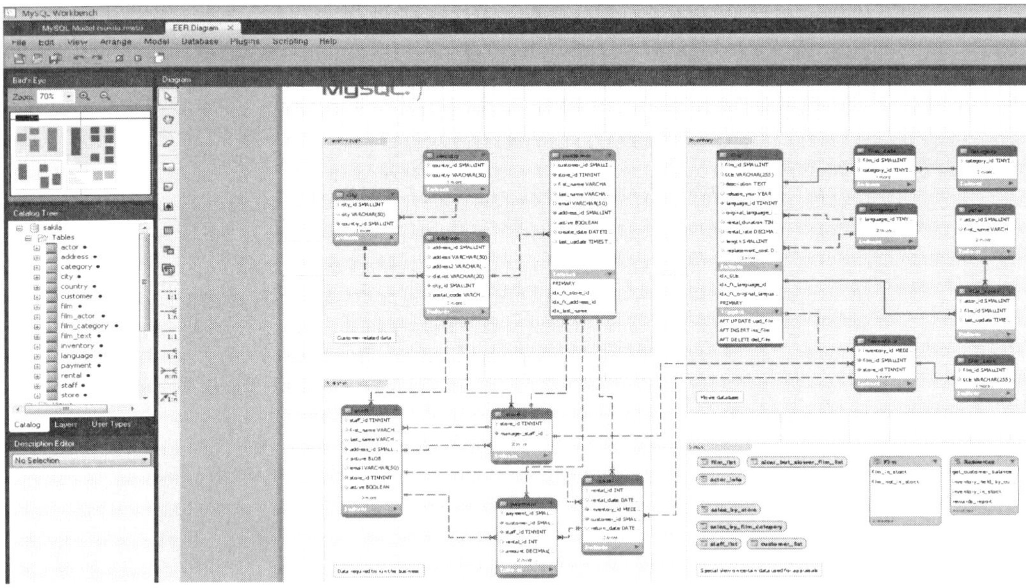

EER 다이아그램을 닫으면 스키마를 볼 수 있다.

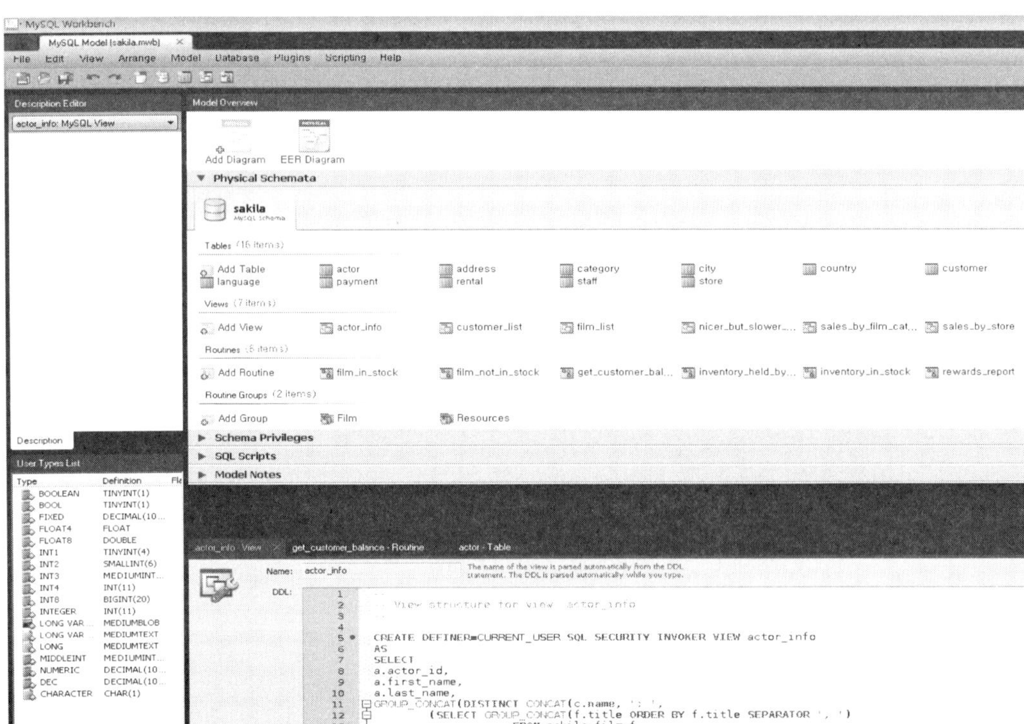

1) Create EER Model

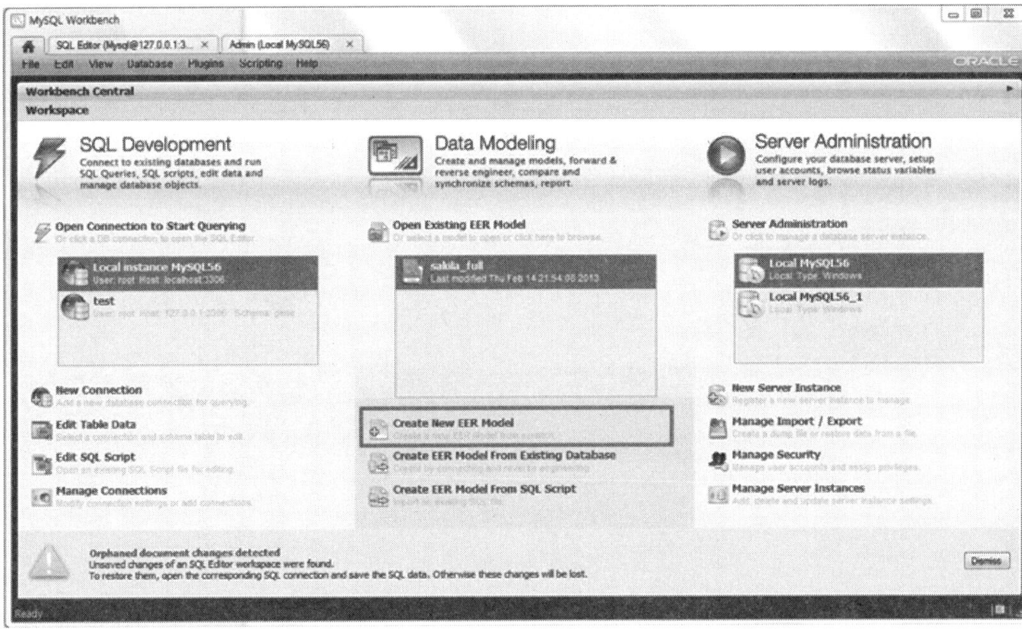

새 EER Model을 만들기 위해 Create EER Model를 클릭한다.

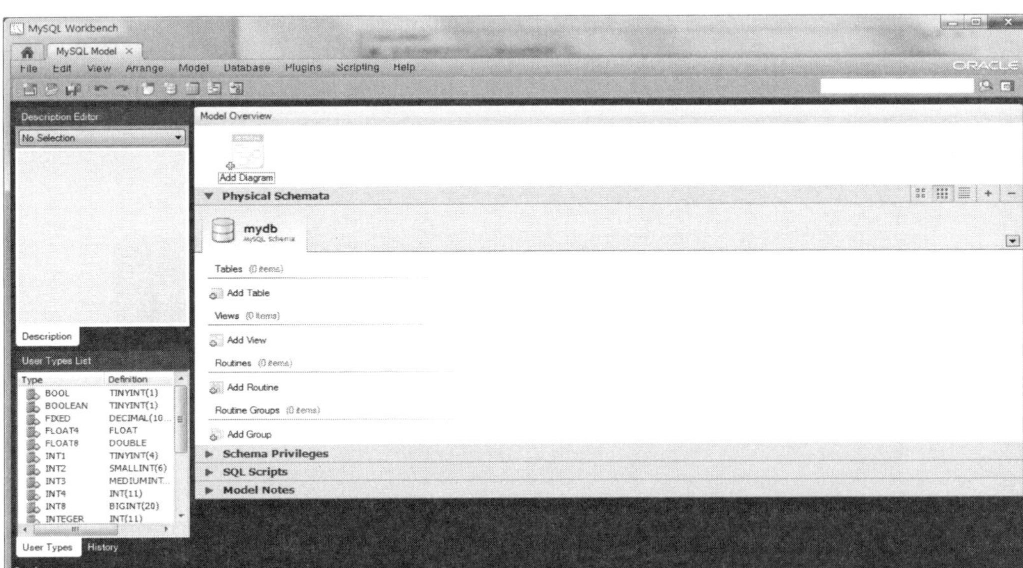

위와 같은 화면이 뜰 것이다.

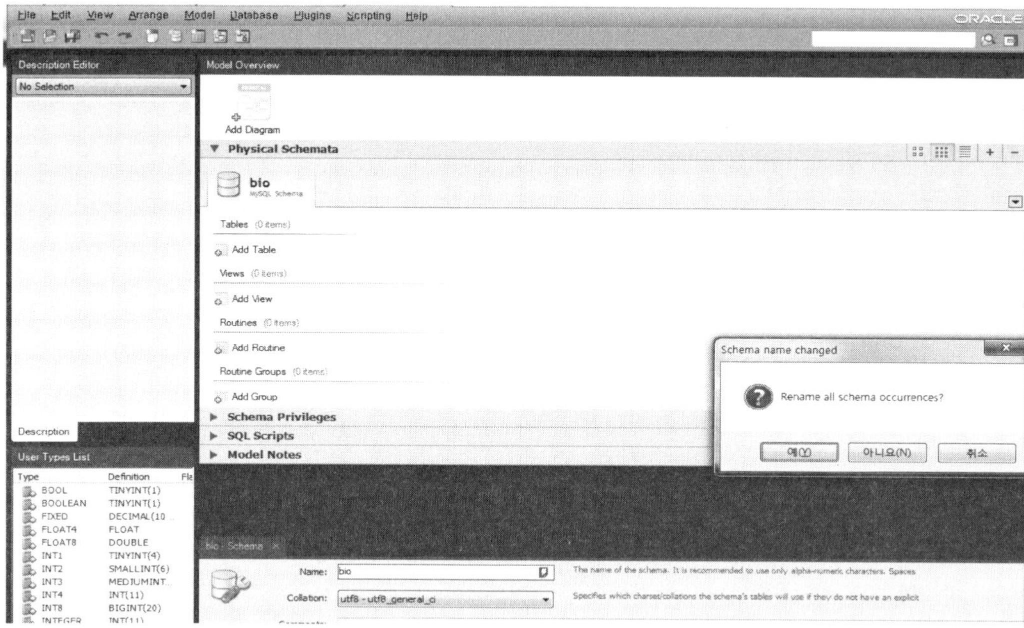

mydb를 클릭하여 위와 같이 원하는 이름으로 새 이름을 설정해 준다.

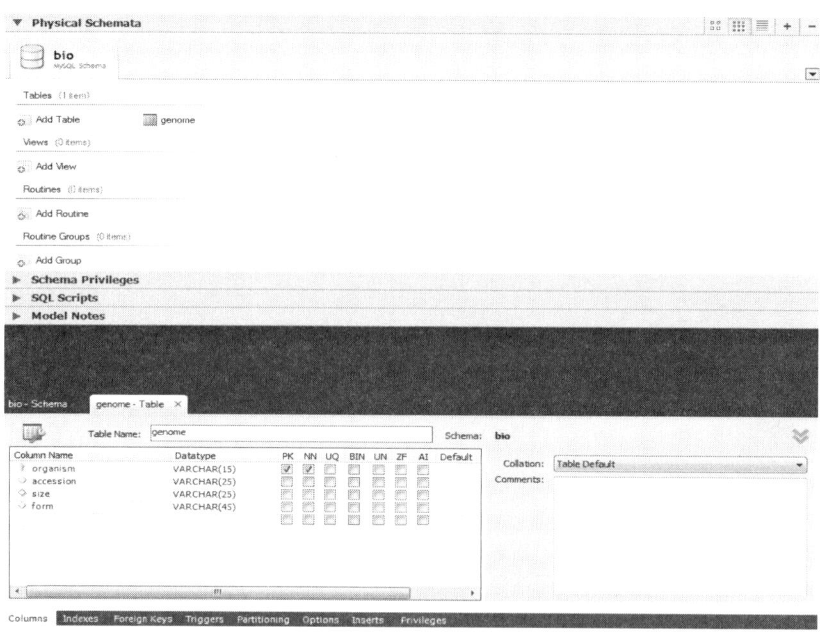

Add Table을 클릭하면 table이 생성된다. table을 생성할 때나 table을 클릭할 때 위 그림과 같이 아래에 창이 생기고, 그 곳에서 table name, column name, datatype 등을 작성하거나

편집할 수 있다. 위 그림은 table 이름을 genome으로, column name으로 organism, accession, size, form 등을 설정해 준 것이다.

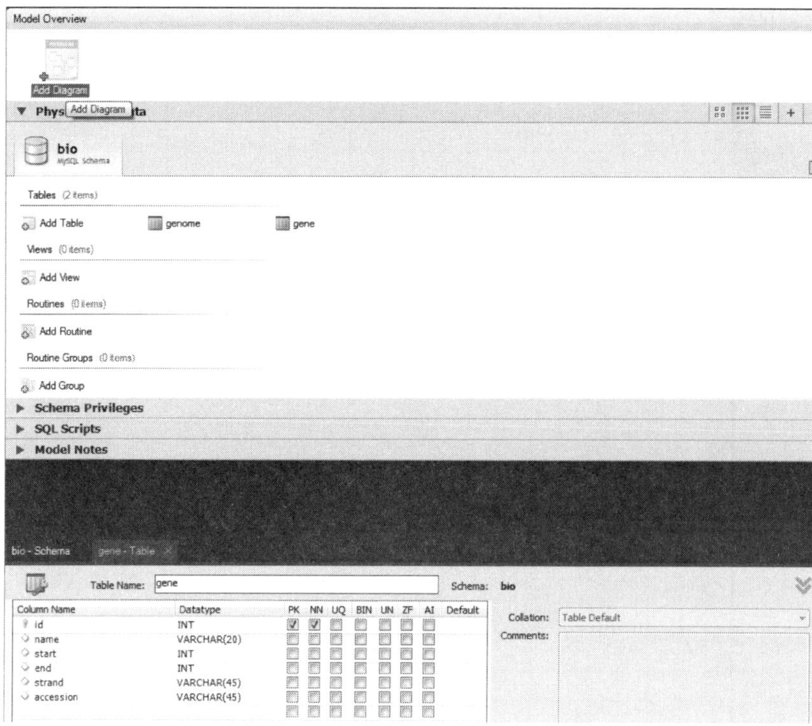

Add Table을 더 클릭하면 여러 테이블을 만들 수 있다. 위 그림은 gene 이란 이름의 table을 만들고 Column name에 id, name, start, end, strand, accession을 설정한 것이다. 테이블 작성이 끝나면 Model Overview의 Add Diagram을 클릭한다. 아래와 같은 화면이 뜰 것이다.

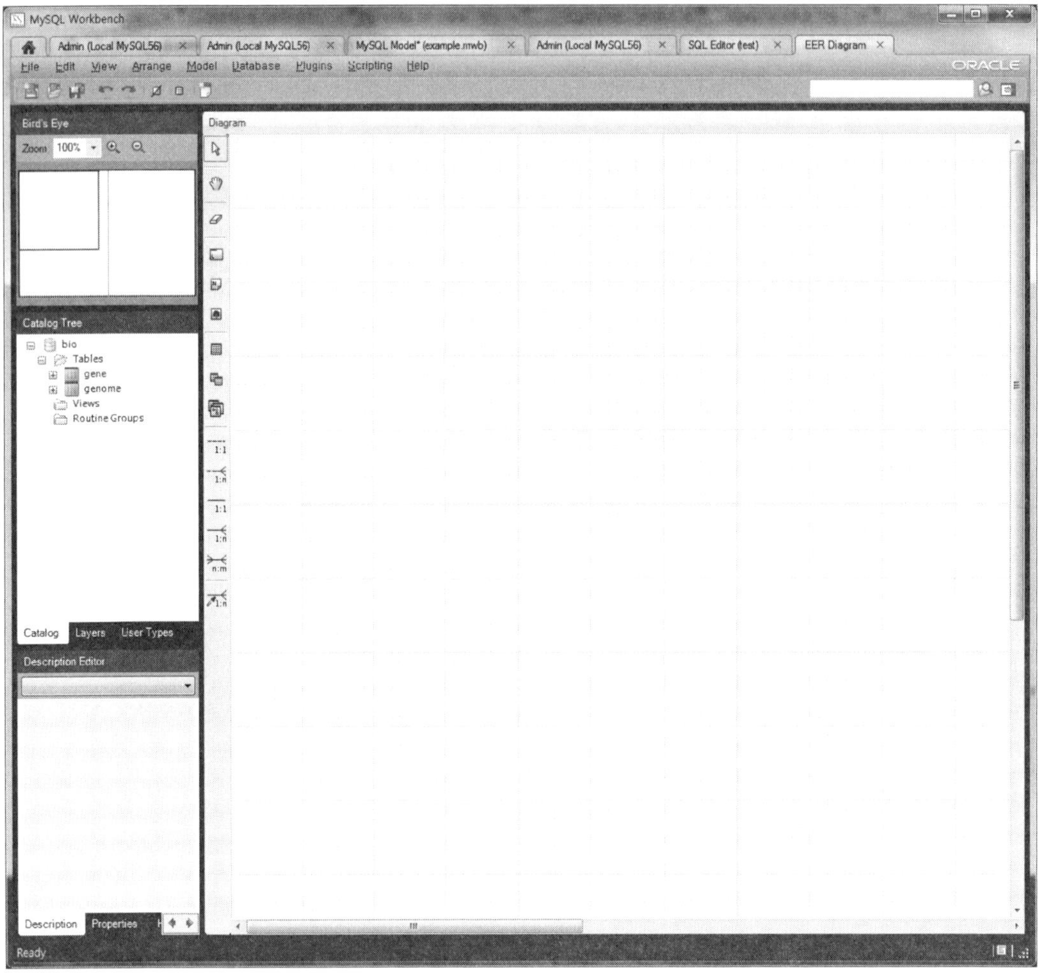

왼쪽의 Catalog Tree에서 생성한 table의 이름을 드래그하여 오른쪽의 흰 바탕에 가져다 놓는다.

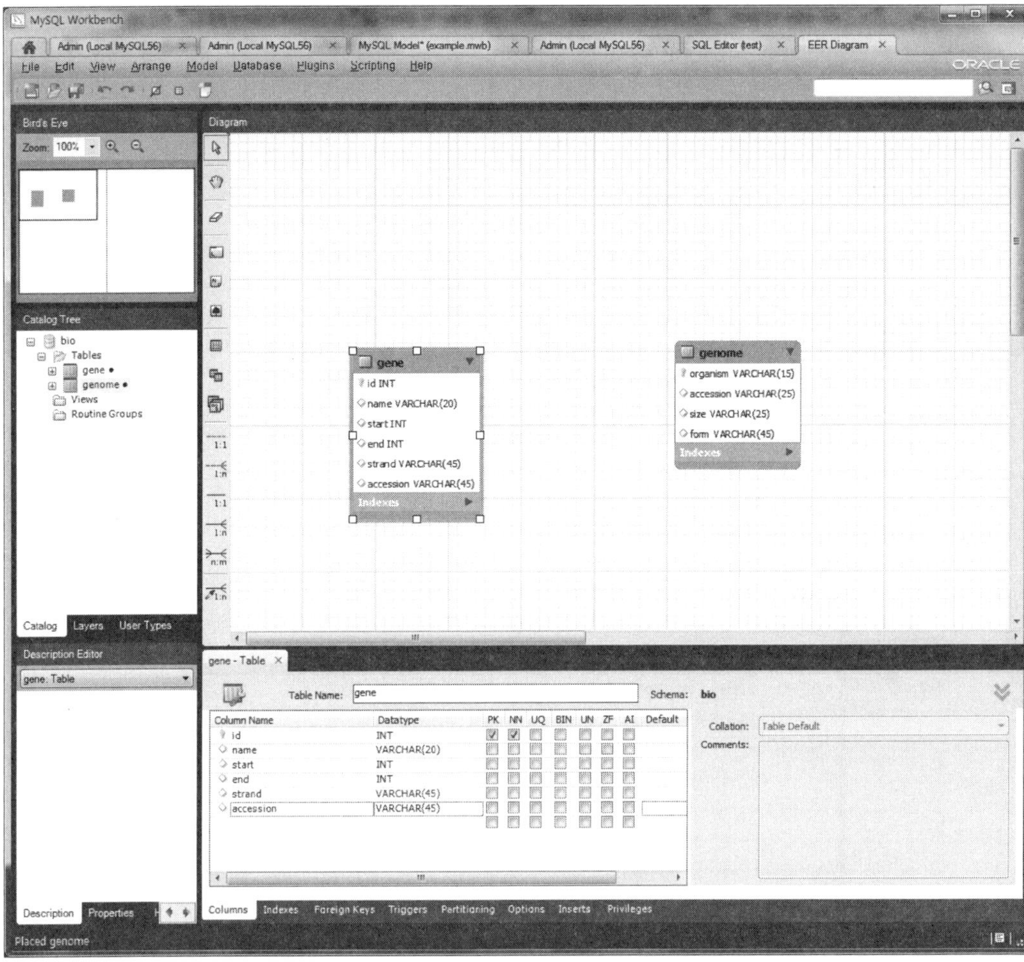

그러면 위와 같이 그래픽이 생긴다. 더블 클릭하거나 마우스의 오른쪽 버튼을 눌러 'Edit Table'을 선택하여 테이블을 편집할 수도 있다.

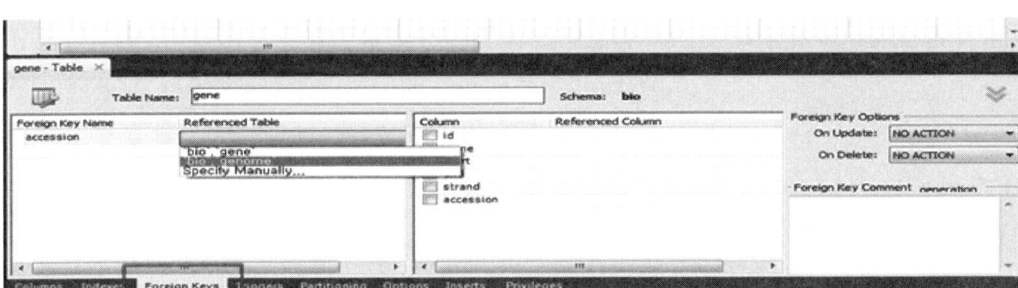

gene 테이블을 클릭하여 생긴 창의 하단에 Foreign Keys을 클릭한다. Foreign Key Name

아래에 공란이 생길 것이다. 그 공란을 클릭하여 두 테이블의 공통 항목인 accession을 적고, Referenced Table에서 accession을 가진 상대편 Table(genome)을 설정해준다.

그러면 위와 같이 두 테이블을 이어주는 선이 생긴다. 이로써 두 Table을 연결하는 간단한 모델링을 마치게 된다.

위 그림에 표시된 아이콘을 이용하여 새로운 테이블을 만들 수 있다. 위 그림에서 'table1'은 표시된 아이콘을 클릭하여 생성된 것이다. 더블 클릭이나 마우스의 오른쪽 버튼을 클릭하여 'Edit Table'을 선택하여 다른 테이블처럼 이름과 항목들을 설정하고 모델링할 수 있다.

2) Create EER Model From Existing Database

홈에서 Create New EER Model의 아래에 Create EER Model From Existing Database를 클릭하면 기존의 Database를 가지고 모델링 할 수 있다. 팝업 창이 뜨면 설정을 확인하고 Next 를 눌러 진행한다.

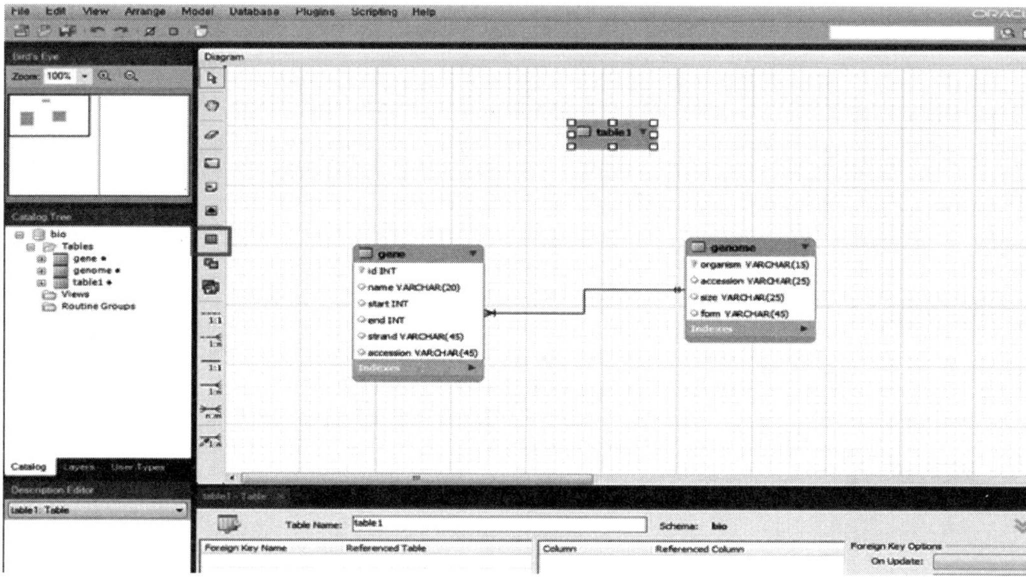

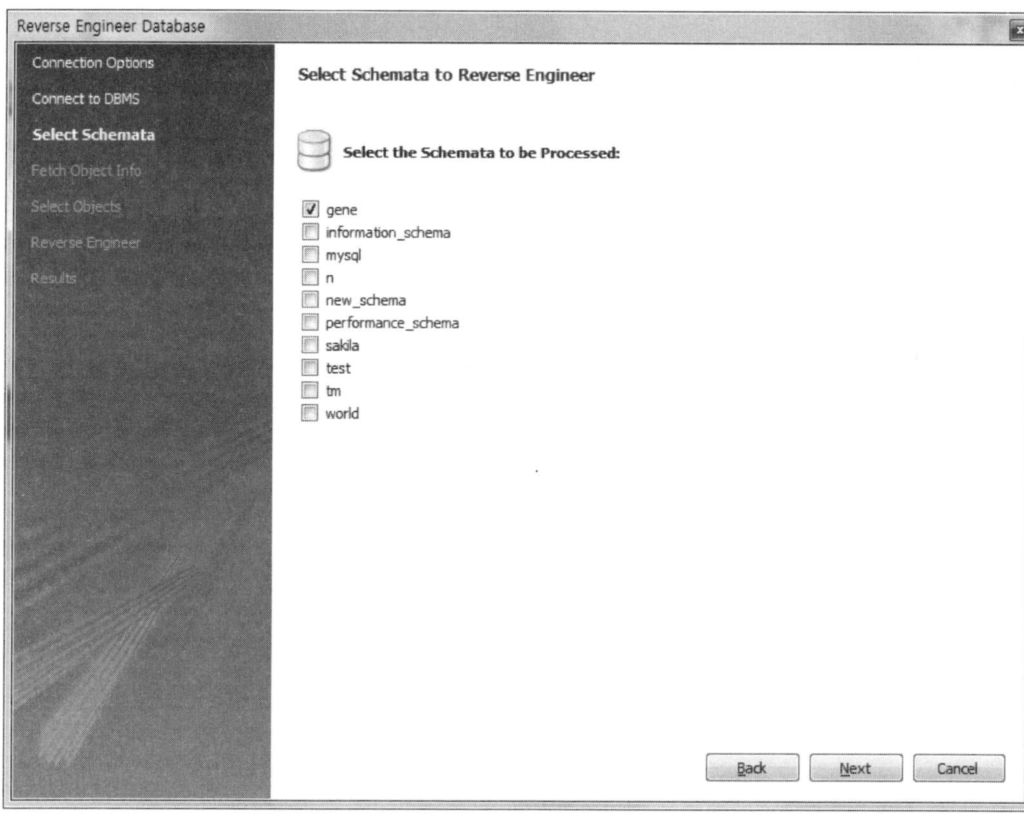

위와 같은 화면이 나오면 원하는 Schema를 선택하고 Next를 누른다.

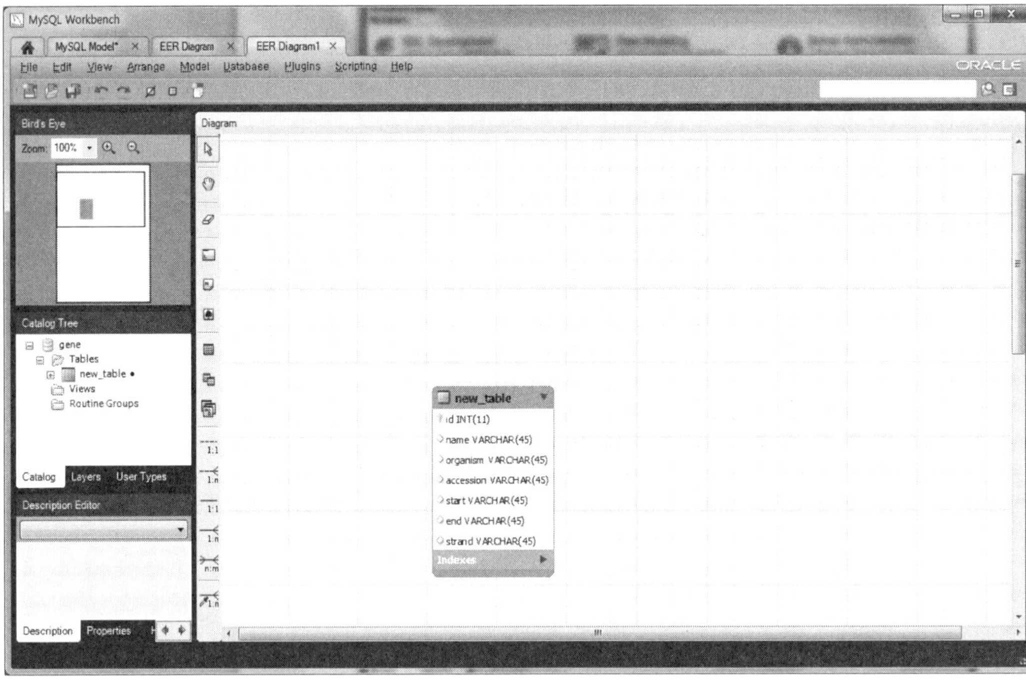

팝업 창에서의 설정이 끝나면 위 그림과 같이 테이블이 표시된다. 전 과정과 같은 방법으로 테이블을 추가하거나 편집할 수 있고, 모델링 할 수 있다.

'Create EER Model From SQL Script' 도 유사한 과정으로 진행되고 테이블을 모델링 할 수 있다.

7.5 펄로 DB 다루기

지금까지 명령 프롬프트, 명령행 클라이언트, MySQL 워크벤치를 통해 데이터베이스를 다루는 법을 배웠다. 그러나 엄청나게 많은 데이터를 일일이 타이핑한다는 것은 거의 불가능에 가깝다.

우리는 펄 파이프라인을 통해 외부에서 원하는 많은 정보를 쉽게 가져 올 수 있음을 배웠다. 이렇게 가져온 데이터를 데이터베이스에 저장할 수 있도록 펄 프로그래밍을 한다면 매우 쉬운 일이 될 것이다.

이절에서는 앞에서 이미 만들어 놓은 essential_genes 데이터베이스의 eg_syb 테이블에

eg_deg_data.txt 파일의 데이터를 펄을 이용하여 저장해 보자.

예제 • load_eg_synb.pl : 펄로 데이터베이스 다루기

```
use DBI;
use strict;

my $dsn       = "dbi:mysql:essential_genes";
my $user      = "root";
my $password  = "root_passwd"; # 실제 비번으로 수정하세요!
my $dbh = DBI -> connect($dsn,$user,$password,{RaiseError=>1,AutoCommit => 1});

my ($i,@row,$sth);
my $out_file = "eg_synb.csv";
open(Handle_OUT,">$out_file") || die "Could not open $out_file $!₩n";

$sth = $dbh -> prepare("LOAD DATA LOCAL INFILE 'eg_deg_data.txt' INTO TABLE
eg_synb LINES TERMINATED BY '₩r₩n';");
$sth -> execute;

# in the case of
# insert one record into TABLE
#$sth = $dbh -> prepare("INSERT INTO eg_synb VALUES ('6','serS','seryl-tRNA
synthetase','Bacillus subtilis 168');");
#$sth -> execute;

$sth = $dbh -> prepare("SELECT * FROM eg_synb");
$sth -> execute;
while (@row = $sth->fetchrow_array())
{
   for ($i=0;$i<@row;$i++)
   {
```

```
        print Handle_OUT "$row[$i]₩t";
    }
    print Handle_OUT "₩n";
}

$dbh->disconnect;
close(Handle_OUT);
exit;
```

위 프로그램을 실행한 후, MySQL에서 select 문으로 확인하면,

```
mysql> select * from eg_synb;
+----+-----------+------------------------------------+----------------------+
| ID | Gene_Name | Function                           | Organism             |
+----+-----------+------------------------------------+----------------------+
|  1 | dnaA      | initiation of chromosome replication | Bacillus subtilis 168 |
|  2 | dnaN      | DNA polymerase III (beta subunit)  | Bacillus subtilis 168 |
|  3 | gyrB      | DNA gyrase (subunit B)             | Bacillus subtilis 168 |
|  4 | gyrA      | DNA gyrase (subunit A)             | Bacillus subtilis 168 |
|  5 | guaB      | inosine-monophosphate dehydrogenase | Bacillus subtilis 168 |
+----+-----------+------------------------------------+----------------------+
5 rows in set (0.00 sec)

mysql>
```

제대로 저장되어 있음을 알 수 있고, 현재의 디렉토리에 생성된 출력 파일인 eg_synb.csv를 엑셀에서 외부데이터 가져오기 => 텍스트를 실행하면 다음과 같이 정확히 데이터가 출력되었음을 알 수 있다.

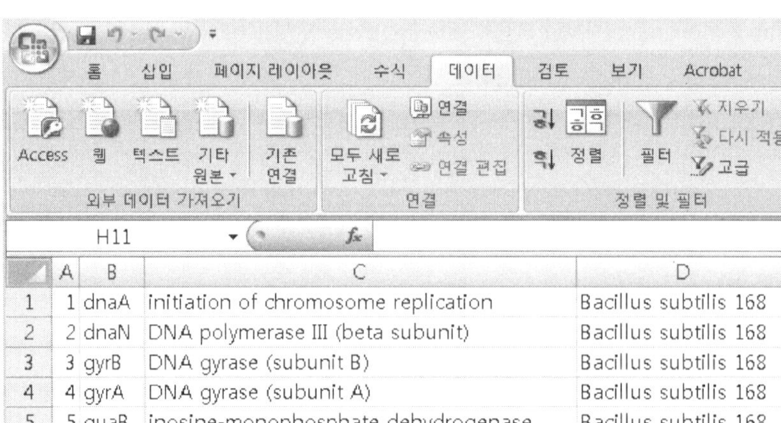

7.6 바이오펄-데이터베이스 패키지

bioperl-db 패키지(http://www.bioperl.org/wiki/BioPerl_db)는 펄 인터페이스를 통해 관계형 데이터베이스에 있는 서열을 쉽게 접근하고 조작할 수 있도록 한다. bioperl-db 인터페이스는 현재 MySQL, Postgres와 Oracle 포맷의 데이터베이스에서 구현될 수 있다.

7.7 BioSQL

BioSQL(http://www.biosql.org/wiki/Main_Page)은 서열, features, 주석, 분류, 온톨로지 등을 다루는 관계형 모델이다. 처음 GenBank 용으로 개발되다가, 현재는 BioPerl, BioPython, BioJava, BioRuby 프로젝트와 공동으로 개발되고 있다. Bio* 프로젝트와 서열, 피쳐, 주석 등의 정보를 상호 교환이 가능한 방식으로 저장할 수 있는 서열 데이터베이스 스키마로서 개발되고 있다.

7.7.1 bioperl-db와 bioSQL

데이터베이스 스키마는 bioperl-db 패키지에는 없으나 bioSQL에는 있다. 바이오펄에서 흔히 다루는 객체들이 bioSQL 스키마의 테이블에 직접 맵핑된다. 그러므로 서열, 피쳐, 주석 등 객체 데이터를 데이터베이스에 쉽게 저장할 수 있다.

```
$seqobj->store();
```

7.7.2 확장 모듈

BioSQL은 확장 모듈을 쓸 수 있는데, 그 중 계통수와 분류를 다루기 위한 확장 모듈이 PhyloDB이다. PhyloDB의 ERD는 다음과 같다

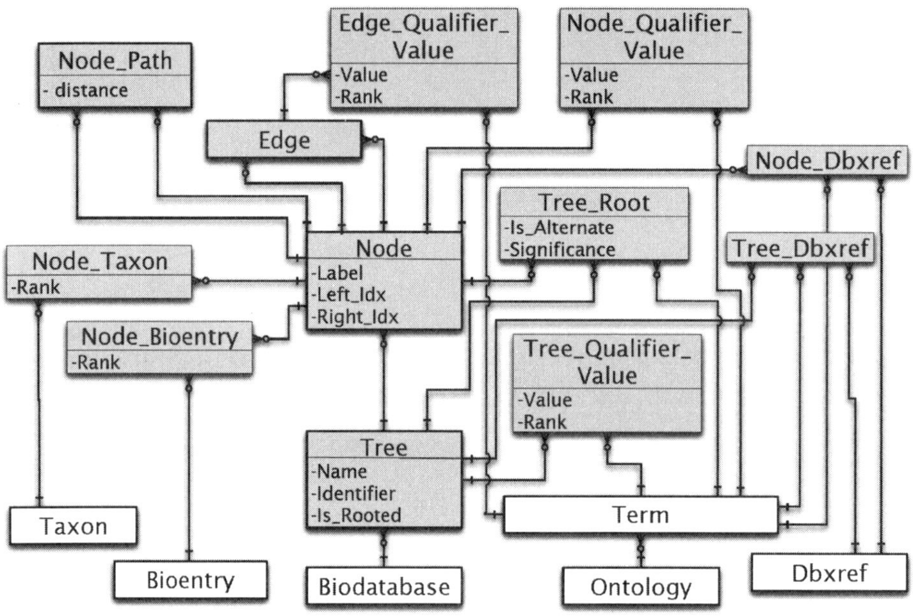

7.8 Web과 데이터베이스

웹 데이터베이스 사용자는 웹 브라우저를 통하여 데이터베이스의 정보처리 서비스를 요청할 수 있다. 웹과 데이터베이스의 연동 기법은 데이터 접근 서비스가 데이터베이스 서버와 직접적으로 이루어지는 직접연동과 웹을 경유하면서 이루어지는 간접연동으로 나눌 수 있다. 웹 브라우저와 통합되어 작동되는 데이터베이스 클라이언트 프로그램은 ActiveX 콘트롤, Java applet 등으로 제공되어 직접 연동된다. 웹 브라우저와 데이터베이스가 웹을 경유하여 연동하는 간접적인 방법으로는 Active Server Page(ASP), Common Gateway Interface(CGI), servlet을 이용하는 방법이 있다. 웹 서버는 단순히 클라이언트와 데이터베이스 서버 프로그램 사이에서 통로 역할을 한다.

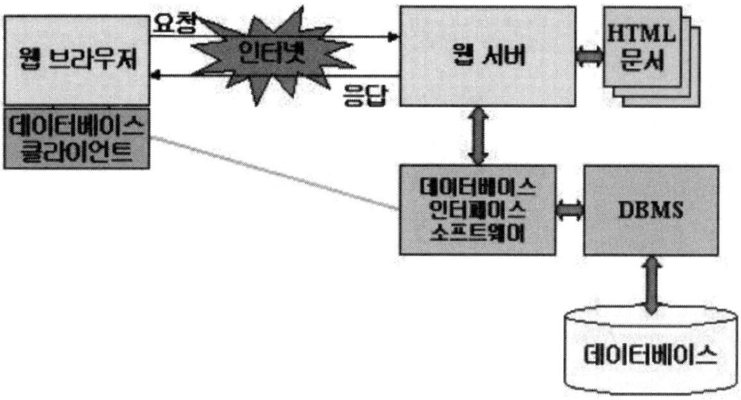

공공 서버를 이용할 때 얻는 가장 큰 이점은 서버에서 사용하고 있는 데이터베이스는 항상 업데이트 되고 있다는 점이다. 이러한 데이터베이스를 자신의 컴퓨터에서 활용하기 위해서는 상당한 하드 디스크 공간이 필요하다. 뿐만 아니라 고성능 프로세서를 가진 컴퓨터와 고용량 네트워크 링크가 있어야 하며 데이터베이스를 업데이트 할 소프트웨어를 설치하고 살펴볼 시간도 많이 필요하다.

연습문제

❶ 7.5 예제의 소스를 행별로 해석해 보자.

❷ 다음소스를 실행하기 위해 필요한 부분을 보완해 보자.

```
use strict;


use Bio::Seq;
use Bio::DB::BioDB;


# create a database adaptor, actual parameters depend on yours
my $dbadp = Bio::DB::BioDB->new(-database => 'biosql',
```

```
                        -user => 'biosql',
                        -dbname => 'biosql',
                        -host => 'localhost',
                        -driver => 'mysql');

my $adp = $dbadp->get_object_adaptor("Bio::SeqI");

my $acc = "XP_000001"; # just a dummy

my $seq = Bio::Seq->new(-accession_number => $acc,
                   -namespace => 'swissprot',
                   -version   => $ver);

my $dbseq = $adp->find_by_unique_key($seq);

my $feat = Bio::SeqFeature::Generic->new(-primary_tag => $primary_tag,
                            -strand => 1,
                            -start => 100,
                            -end => 10000,
                            -source_tag => 'blat');
$dbseq->add_SeqFeature($feat);
$dbseq->store;
```

❸http://search.cpan.org/dist/BioPerl-DB/에 보면, documentation 부분에 4개의 소스가 있다. 각각의 사용법은 다음과 같다.

Documentation
add-term-annot.pl
drop_mysql_biosql_test_dbs
load_ontology.pl
load_seqdatabase.pl

```
add-term-annot.pl —host somewhere.edu —dbname biosql
```

```
drop_mysql_biosql_test_dbs
```

```
# for loading the Gene Ontology:
load_ontology.pl —host somewhere.edu —dbname biosql \
          —namespace "Gene Ontology" —format goflat \
          —fmtargs "-defs_file,GO.defs" \
          function.ontology process.ontology component.ontology
# in practice, you will want to use options for dealing with
# obsolete terms; read the documentation of respective arguments

# for loading the SOFA part of the sequence ontology (currently
# there is no term definition file for SOFA):
load_ontology.pl —host somewhere.edu —dbname biosql \
          —namespace "SOFA" —format soflat sofa.ontology
```

```
load_seqdatabase.pl —host somewhere.edu —dbname biosql \
            —namespace swissprot —format swiss \
            swiss_sptrembl swiss.dat primate.dat
```

한번 도전해 보자.

참고문헌

http://blog.naver.com/doblhead?Redirect=Log&logNo=80191288595
http://pradamix.blog.me/190540850
http://hoyanet.pe.kr/2055
워크벤치에서 백업 및 복원하기 http://emflant.tistory.com/22

8장 핵산 서열 및 구조 분석

8.1 DNA 서열 분석

이 절에서는 우리가 원하는 유전자의 염기서열을 직접 결정했거나 혹은 GenBank 등에서 입수한 후에, 이 서열로부터 어떠한 정보들을 분석, 추출할 수 있는지 알아보기로 한다.

DNA 서열에서 유전자를 찾아내기 위해서는 **유전자 개념과 구조**에 대해 명확히 알고 있어야 한다. 유전자는 어떤 형질을 나타내는 기능단위, RNA 또는 단백질을 암호화하고 있는 부위와 인접한 각종 신호서열을 포함한다. 아래 그림에서 유전자의 구조와 발현과정을 도식적으로 나타내었다.

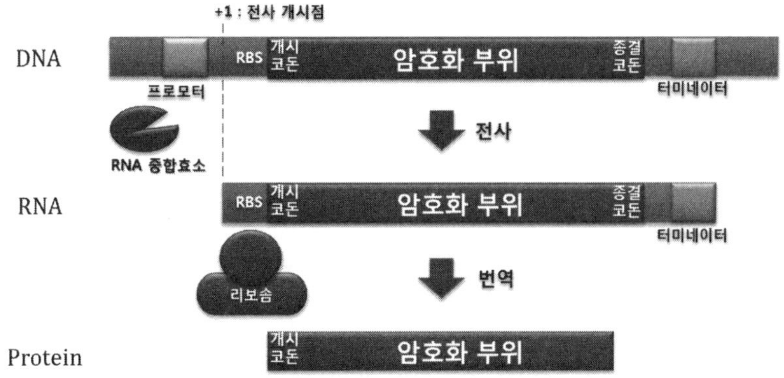

먼저, 이 DNA 서열이 암호하고 있는 단백질의 아미노산 서열을 알아내는 방법으로 흔히

사용하는 NCBI의 ORF finder에 대하여 기술한다. 그리고 DNA로부터 단백질이 발현되는데 필요한 신호들 중에서 프로모터(promoter), terminator 등의 각종 신호서열을 분석하는 방법을 소개한다.

8.1.1 Reverse Complement

모든 프로그램이 서열을 자동적으로 필요에 따라 상보적 서열로 전환 분석해 주지만 간혹 우리가 주어진 서열의 상보적 서열로 결과가 나왔을 때, 해석이 혼동이 오는 경우가 많다. 이럴 때 DNA와 RNA 서열로부터 상보적인 DNA 서열을 만들기 위해 사용한다. (http://reverse-complement.com/)

8.1.2 ORF finder

ORF(Open Reading Frame)란 개시코돈에서 종결코돈까지의 염기서열을 일컫는 말이다. ORF Finder는 이용자가 특정 서열에 존재하는 가능한 모든 ORF를 찾아주는 프로그램이다. 즉 **6개**의 가능한 방법으로 번역하여 그 결과를 그래픽으로 보여준다. 일반적으로 일정 구역에서 가장 긴 ORF가 유전자를 암호화하고 있는 부위일 가능성이 매우 높다.

NCBI의 홈페이지 (http://www.ncbi.nlm.nih.gov)에서 'Resource List (A-Z)'에 있는 "ORF Finder"라는 메뉴를 선택한다. 다음 질의 서열의 accession 번호를 입력하거나 염기서열을 FASTA 포맷으로 복사한 다음 붙여넣기를 해도 된다. 여기서는 대장균 GST 유전자의 accession 번호인 D38497을 입력해보자.

"OrfFinder"라는 단추를 클릭하면, 다음과 같은 분석 결과가 나온다. 여기에서는 "Redraw" 다음의 숫자를 300으로 선택한 것이다. 이것을 50 또는 100으로 놓고 다시 Orf를 동정할 수도 있다.

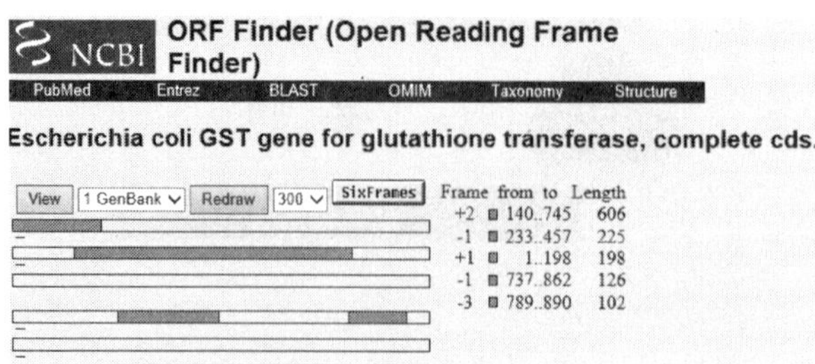

위 결과에서 우리가 알 수 있는 것은 염기서열의 140 번째 뉴클레오티드로부터 시작하여 745 번째 뉴클레오티드에서 끝나는 총 길이 606 nt의 ORF가 존재 한다는 것이다. 이 부분에서 만들어지는 단백질의 아미노산 갯수는 201개이며 이를 확인해 볼 수 있다. 특정 ORF를 선택하면 암호화 된 단백질의 아미노산 서열을 알려주며, 그 기능을 조사할 수 있도록 BLAST 프로그램으로 연결해 준다.

8.1.3 프로모터

염기서열에서 얻을 수 있는 가장 유용한 정보는 염기의 구조와 관련되어 있다. 왜냐하면 이것이 DNA-단백질이나 DNA-RNA간의 상호작용을 일으키게 하기 때문이다. 원핵세포 프로모터는 -10부위에 Pribnow 또는 TAtAat Box라고 하는 염기서열과 -35부위에 tcTTGACat 염기서열이 존재한다. Hawley와 McClure (1983)가 112가지의 대장균 프로모터 서열을 database화하여 이런 염기요소를 찾아내었고, 이를 바탕으로 예측을 위한 연산방식이 사용되게 되었다. 이 연산방식은 다음과 같은 방법으로 이루어지는데, 아래와 같이 간단한 방법으로 얻은 결과라도 그 정확도가 매우 높다.

1) 대상 염기서열 내에서 -10(TATAAT)와 -35(TTGACA)의 여섯 개의 염기중 세 개가 일치하는 서열을 고른다.
2) -10과 -35 box가 15-21 염기만큼 떨어져 있는 것을 선택한다.

웹상에서 프로모터를 예측하는 싸이트이다.

❶ http://molbiol-tools.ca/Promoters.htm에 접속
❷ **'Promoter Prediction by Neural Network'** 클릭
Type of organism: **prokaryote** eukaryote
Include reverse strand? yes **no**
Minimum promoter score (between 0 and 1): **0.8 디폴트**
❸ 질의 염기서열에 존재하는 프로모터 예측
❹ **'ARNold'** 클릭 - 질의 염기서열에 존재하는 터미네이터 예측

8.1.4 Terminator

Factor에 비의존적으로 항상 종결이 일어나는 원핵세포 유전자의 terminator 서열은 서열분석을 통해 비교적 수월하게 확인할 수 있다. 종결부위 위쪽에 GC가 많은 dyad symmetry가 존재하며, 이 symmetry 아래쪽으로 여러 개의 T가 따라오는 구조이다. 또한 T-strech 위쪽에 CGGG(C/G) 모티프와 아래쪽에 TCTG 모티프가 존재한다. 이를 이용하여 연산방법을 개발하게 되었고, 알려진 51개의 종결부위를 이 방법에 도입시켜 보았을 때, 49개가 정확하게 일치하였으며 무작위 염기서열이 선택된 경우는 불과 0.5% 정도밖에는 나오지 않았다. rho, nusA, tau 의존성 종결부위는 인식이 그리 쉽지 않다. 아래는 웹상에서 터미네이터를 예측하는 싸이트이다.

❶ http://molbiol-tools.ca/Promoters.htm에 접속

❷ **'ARNold'** 클릭 - 질의 염기서열에 존재하는 터미네이터 예측

8.1.5 오페론 분석

두 개 이상의 유전자가 하나의 전사 단위를 이루고 통합조절되는 단위로서 프로모터, 오퍼레이터를 포함한다. 다음은 lac 오페론의 구조이다.

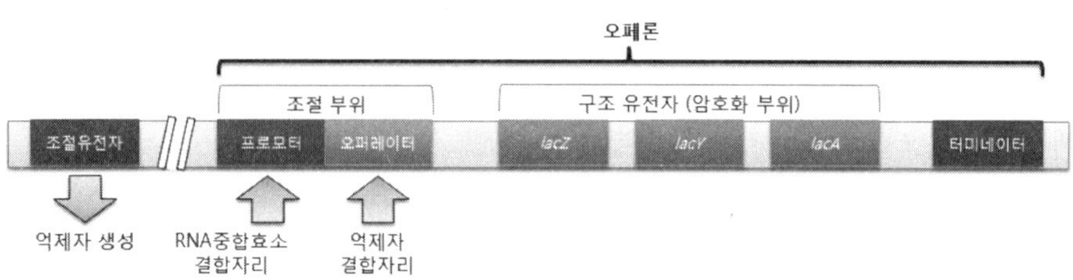

❶ SoftBerry (http://linux1.softberry.com/berry.phtml)에 접속

❷ 왼쪽 상단의 'OPERON AND GENE FINDING IN BACTERIA' 클릭

❸ fgenesB - 세균의 오페론과 유전자를 예측하는 프로그램 클릭

연습
문제

❶ 암호화 부위가 시작되는 개시코돈이 M이 아닌 경우가 있다. 그렇다면 주어진 서열에서 개시코돈의 위치를 알아낼 수 있는 방법은 무엇인가?

❷ 주어진 서열에서 프로모터, terminator를 동정하라.

❸ 주어진 서열에 오페론이 존재하는지 알아낼 수 있는 타당한 방법과 그 근거를 제시하라.

❹ singleline.pl을 실행해 보자. Fasta 서열 파일에서 서열들이 여러 줄로 나뉘어 있어도 상관없다. 그러나 일부 프로그램은 한 줄로 되어 있지 않으면 오류가 생기게 되는데, 이런 경우 singleline.pl을 실행해 전환할 수 있다.

참고문헌

Promoters & terminators (http://molbiol-tools.ca/Promoters.htm)
- 많은 도구들이 정리되어 있다.
Webcutter (http://www.firstmarket.com/cutter/cut2.html)
- DNA 서열에서 여러 제한효소자리를 동정할 수 있다.

8.2 RNA 서열 및 구조 분석

RNA에는 mRNA, tRNA, rRNA가 있는데, tRNA와 rRNA는 모두 특이적인 이차구조를 갖고 있는 것으로 알려져 있으며, mRNA의 경우도 개개의 유전자 발현을 조절하는데 특이적인 이차구조가 관여하는 것으로 알려져 있다. 16S rRNA는 미생물 동정에 중요하게 이용된다.

8.2.1 16S rRNA 데이터베이스 및 서열 분석

16S rRNA 서열에 관한 정보는 http://rdp.cme.msu.edu/index.jsp 에서 찾아볼 수 있다. 2013년 5월 14일 현재 2,765,278 개의 16S rRNA 서열이 수록되어 있다.

다른 중요한 싸이트는 Silva (http://www.arb-silva.de/)이다. 메모리에 의존하는 데이터베이스이기 때문에 자신의 컴퓨터 사양에 맞춰 적절한 DB를 내려받기 해야 한다.

http://www.arb-silva.de/fileadmin/graphics_general/main/ARB_SILVA_memory_requirements_v1_3.pdf. 32-bit, 4GB RAM 이라면 SILVA SSU Ref106 NR이 DB를 열고, PT-SERVER를 구축하는데 적당하다.

ARB (http://www.arb-home.de/) 는 SILVA 데이터베이스를 이용하는 소프트웨어로서 현재로서는 윈도우즈용은 개발되지 않았고, Linux (libc 6 기반) 용만 배포되고 있다.

또한 GreenGenes (http://greengenes.lbl.gov/cgi-bin/nph-index.cgi) 는 1250nt 이상의 16S rRNA 정렬 레코드가 1,049,111에 이른다. GreenGenes에 대해 자세히 살펴보자.

Greengenes를 사용하기에 앞서 먼저 홈페이지 하단에서 My Taxonomy를 선택해야 한다. My Taxonomy에는 RDP, NCBI, Greengenes, gg_norm, HOMD, Silva가 있다. NCBI를 선택하고 Activate를 클릭한다.

accession numbers와 taxonomy 등의 정보로 검색하는 방법이다. 이 검색엔진은 시퀀스 데이터로는 할 수 없다. 아래 그림과 같이 여러 카테고리 중 찾고자하는 정보와 일치하는 조건을 선택한 후 검색한다. EQUAL 이외에도 LIKE, GREATER THAN, LESS THAN이 있다.

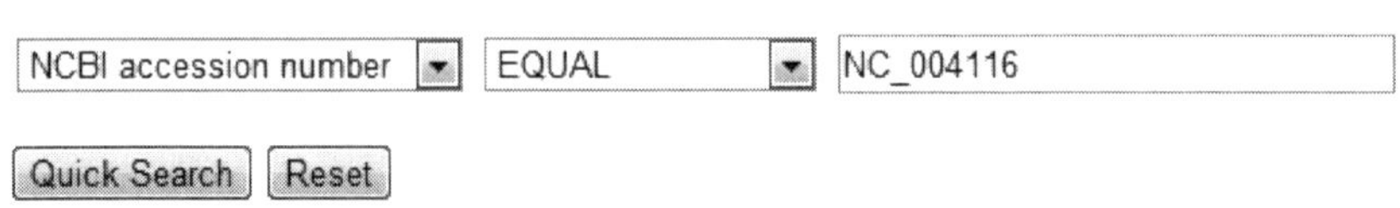

예로 NC_004116으로 검색했을 때의 결과이다. Search를 하였을 때 나오는 결과는 다음 그림과 같다. 검색된 자료 중 My Interest List에 추가하고 싶은 자료를 선택하여 추가시킬 수 있으며 빨간 네모 박스를 클릭하면 해당 자료에 대한 기본정보와 키메라테스트결과를 보여준다.

ncbi Taxonomy	MIL	Bel	Accession	prokMSAname	Study
Bacteria	☐				
Firmicutes	☐				
Lactobacillales	☐				
Streptococcaceae	☐				
Streptococcus	☐				
Unclassified	☐				
otu_2009	☐				
128707	☐		NC_004116.1	Streptococcus agalactiae str. 2603V/R	45540
128708	☐		NC_004116.1	Streptococcus agalactiae str. 2603V/R	45540
128709	☐		NC_004116.1	Streptococcus agalactiae str. 2603V/R	45540
128711	☐		NC_004116.1	Streptococcus agalactiae str. 2603V/R	45540
128713	☐		NC_004116.1	Streptococcus agalactiae str. 2603V/R	45540
128714	☐		NC_004116.1	Streptococcus agalactiae str. 2603V/R	45540
59530	☐		NC_004116.1	Streptococcus agalactiae str. 2603V/R	45540

Make changes to My Interest List　Reset check-boxes

방법2

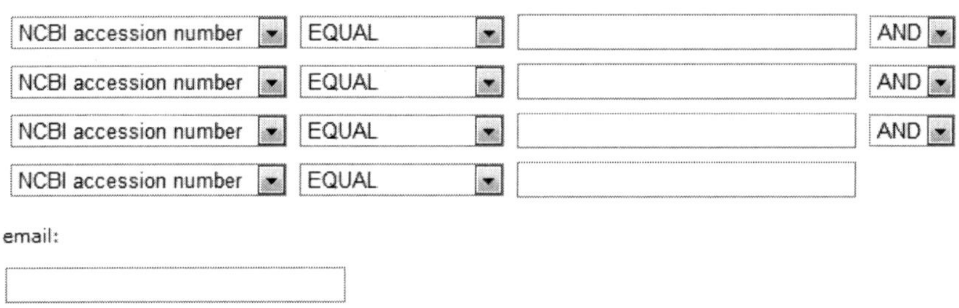

다중 조건 검색을 하여 만족하는 정보를 찾아 e-mail로 받고 싶을 때 사용하는 검색방법이다.

(NC_004116 검색 e-mail Result)

prokMSA_id: 128707
prokMSAname: Streptococcus agalactiae str. 2603V/R

WARNING: The information displayed on this page is deprecated and is superseded by the latest 16S rRNA gene sequences and taxonomy available at: greengenes.secondgenome.com

GenBank ACCESSION: NC_004116.1
GenBank GI:
Pubmed/Medline: 12200547
RDP_id:
NCBI_tax_id: 208435
Study_id: 45540

Chimera Test Result
bellerophon=checked, not chimeric

HOMD_tax_string=Unclassified
Pace_tax_string=Unclassified
RDP_tax_string=Unclassified
Silva_tax_string=Unclassified
gg_norm_tax_string=k__Bacteria; p__Firmicutes; c__Bacilli; o__Lactobacillales; f__Streptococcaceae; g__Streptococcus; s__Streptococcus agalactiae
greengenes_tax_string=k__Bacteria; p__Firmicutes; c__Bacilli; o__Lactobacillales; f__Streptococcaceae; g__Streptococcus; s__Streptococcus agalactiae
ncbi_tax_string=Bacteria; Firmicutes; Lactobacillales; Streptococcaceae; Streptococcus

authors(alphabetically)=Beanan,M.J., Brettoni,C., Brinkac,L.M., Carty,H.A., Cieslewicz,M.J., Cline,R.T., Daugherty,S.C., DeBoy,R.T., Durkin,A.S., Durkin,S., Eisen,J.A., Fedorova,N.B., Fraser,C.M., Galli,G., Gill,J., Grandi,G., Iacobini,E.T., Kasper,D.L., Khouri,H., Kolonay,J.F., Lewis,M.R., Madoff,L.C., Madupu,R., Maione,D., Margarit,I., Mariani,M., Masignani,V., Mora,M., Mulligan,S., Nelson,K.E., Paulsen,I.T., Peterson,S., Radune,D., Rappuoli,R., Read,T.D., Rinaudo,D., Scanlan,D., Scarselli,M., Telford,J.L., Tettelin,H., Umayam,L.A., Van Aken,S.E., Vegni,F., Wessels,M.R., Wolf,A.M.
blast_perc_ident_to_template=99.6
chi_checked=1
contact_info=The Institute for Genomic Research, 9712 Medical Center Dr. Rockville, MD 20850, USA
create_date=28-AUG-2002
decision=named_isolate
description=Streptococcus agalactiae 2603V/R, complete genome
journal=Proc. Natl. Acad. Sci. U.S.A. 99 (19), 12391-12396 (2002)
longest_insertion=1
ncbi_acc=NC_004116
non_ACGT_percent=0.0000
organism=Streptococcus agalactiae 2603V/R
perc_ident_to_invariant_core=99.2
prokMSA_id=128707
prokMSAname=Streptococcus agalactiae str. 2603V/R
small_gap_intrusions=1
source=Streptococcus agalactiae 2603V/R
span_aligned=348580..350125
strain=2603V/R
submit_date=18-JUL-2002
template=140424
timestamp=2007-02-24 00:15:11
title=Complete genome sequence and comparative genomic analysis of an emerging human pathogen, serotype V Streptococcus agalactiae
unaligned_length=1546
update_date=31-MAR-2010

```
>Streptococcus agalactiae str. 2603V/R prokMSA_id:128707 NC_004116.1
TGAGAGTTTGATCCTGGCTCAGGACGAACGCTGGCGGCGTGCCTAATACA
```

Greengenes의 도구

1) Browse

My Taxonomy에서 선택한 Taxonomy의 Tree를 보여준다. My Interest List에 추가시킬 것을 선택하여 'Make Changes to My Interest List' 버튼을 클릭한다.

ncbi Taxonomy	MIL	Bel	Accession	prokMSAname	Study
Archaea	☑				
Crenarchaeota	☑				
Euryarchaeota	☑				
Korarchaeota	☑				
Nanoarchaeota	☑				
Thaumarchaeota	☑				
Unclassified	☑				
environmental samples	☑				
Bacteria	☑				
Eukaryota	☑				
Unclassified.	☑				
other sequences	☑				
unclassified	☑				
unclassified sequences	☑				

Make changes to My Interest List | Reset check-boxes

2) Export

해당 DB의 정의된 자료를 내보내는 툴로서 앞에서 선택한 .

실행방법) ❶ 내보내고자 하는 자료의 선택한다.

❷ Filers 옵션을 사용하여 자료의 크기와 형태를 변형한다.

❸ 추가적으로 내보내는 자료의 형식과 관련 자료 추가여부를 선택한다.

3) Compare

prokMSA와 user의 시퀀스를 비교하는 툴로서

❶ BLAST: greengenes database에 있는 시퀀스와 user의 시퀀스의 alignment를 비교

❷ Simrank: greengenes database에 있는 시퀀스와 user의 시퀀스의 7mers를 비교

❸ Classify: 정렬된 시퀀스 batch를 분류

4) Sequence Massager

DNA를 RNA로 바꾸는 등 총 13가지의 제시된 버튼을 클릭하여 자신이 원하는 서열로 바꿀 수 있음.

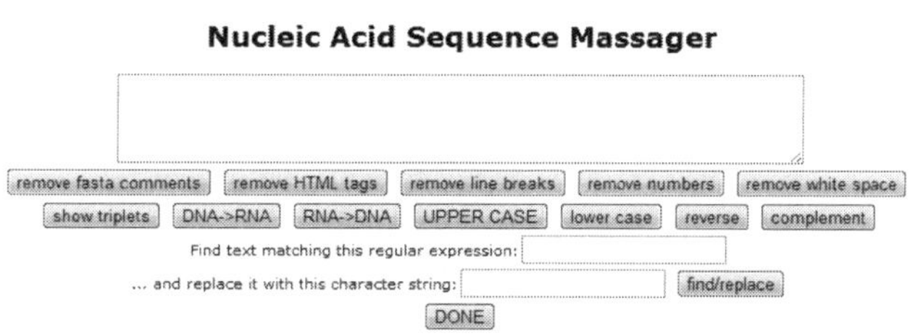

() 자신의 컴퓨터에서 사용하기위해 다운받을 수 있는 데이터와 소프트웨어는 다음과 같다.

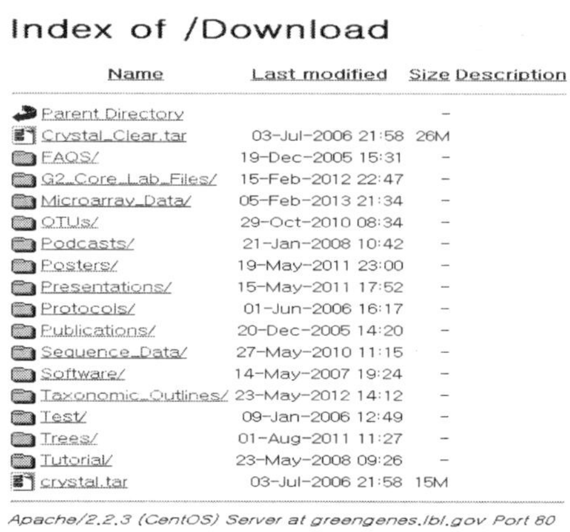

Index of /Download

Name	Last modified	Size	Description
Parent Directory		-	
Crystal_Clear.tar	03-Jul-2006 21:58	26M	
FAQS/	19-Dec-2005 15:31	-	
G2_Core_Lab_Files/	15-Feb-2012 22:47	-	
Microarray_Data/	05-Feb-2013 21:34	-	
OTUs/	29-Oct-2010 08:34	-	
Podcasts/	21-Jan-2008 10:42	-	
Posters/	19-May-2011 23:00	-	
Presentations/	15-May-2011 17:52	-	
Protocols/	01-Jun-2006 16:17	-	
Publications/	20-Dec-2005 14:20	-	
Sequence_Data/	27-May-2010 11:15	-	
Software/	14-May-2007 19:24	-	
Taxonomic_Outlines/	23-May-2012 14:12	-	
Test/	09-Jan-2006 12:49	-	
Trees/	01-Aug-2011 11:27	-	
Tutorial/	23-May-2008 09:26	-	
crystal.tar	03-Jul-2006 21:58	15M	

Apache/2.2.3 (CentOS) Server at greengenes.lbl.gov Port 80

8.2.2 tRNA 데이터베이스 및 서열 분석

1) Genomic tRNA 데이터베이스(http://gtrnadb.ucsc.edu/)

2) tRNAScan(http://lowelab.ucsc.edu/tRNAscan-SE/)

질의 서열에 있는 tRNA 유전자를 찾아준다.

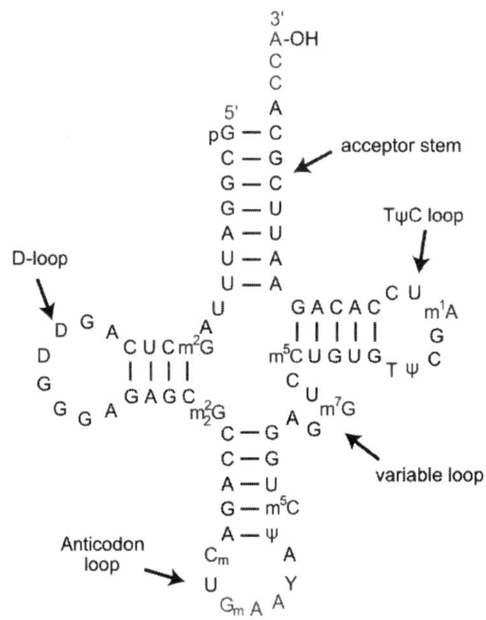

8.2.3 RNA의 2차 구조분석

1) RNA의 2차구조를 예측하고 비교하는 프로그램으로 Vienna RNA Package가 있다. 이 프로그램은 http://www.tbi.univie.ac.at/~ivo/RNA/에서 다운로드 받을 수 있다. 이 프로그램은 무료이며, C 언어로 되어있다.

2) RNAfold(http://www.tbi.univie.ac.at/cgi-bin/RNAfold.cgi)에서는 RNA folding을 조사할 수 있다. 다음 그림의 "Paste or type your sequence here"라는 문장 아래에 특정 RNA 서열을 기입하고, 원하는 알고리즘을 선택한 뒤 "Proceed"이라는 메뉴를 클릭하면

된다.

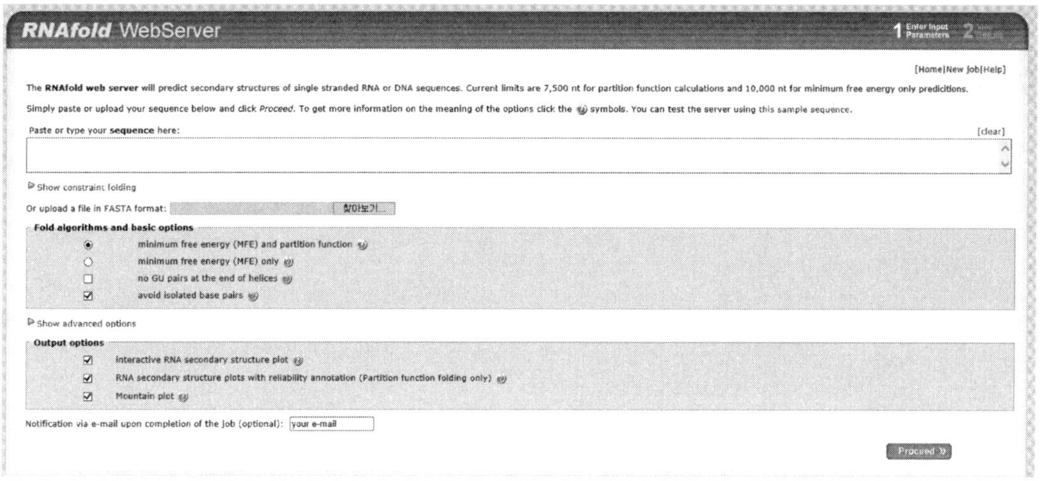

3) RNAdraw는 RNA의 최적 구조를 분석하는 데 사용한다.
http://www.webring.org/l/rd?ring=rna;id=32;url=http%3A%2F%2Fiubio%2Ebio%2Eindiana%2Eedu%2Fsoft%2Fiubionew%2Fmolbio%2Fdna%2Frna%2FRnadraw%2F
예를 들어 M1 RNA 서열을 열어보자. 파일의 확장자는 .dra이다. 다음엔 'Calculate Structure(s)' 메뉴를 선택하여 구조를 계산한다. 이 프로그램은 Vienna RNA package에 포함된 Rnafold 프로그램의 최소에너지구조 예측 알고리즘을 사용하였다.

4) 이 외에도, Zuker 박사의 RNA page (http://unafold.math.rpi.edu/cgi-bin/home.cgi), ESSA Home Page(http://www7.inra.fr/mia/T/essa/Doc/essa_home.html) 등에서 RNA의 2차구조를 분석하는 프로그램 및 정보가 있다.

참고문헌

http://www.hanb.co.kr/exam/1712/appendix.pdf
완전 초보 개발자를 위한 자바와 이클립스 설치 및 사용법
http://wiki.javajigi.net/pages/viewpage.action?pageId=2247

8.3 펄과 이클립스

8.3.1 Eclipse 설치

1) 자바가 설치되어 있어야 한다. http://www.eclipse.org/downloads/에서 다운받는다.

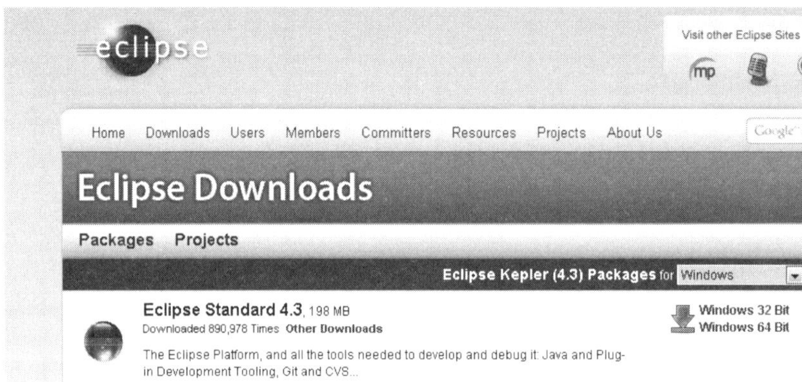

2) 디버거를 사용하기 원한다면 PadWalker를 설치하면 된다.

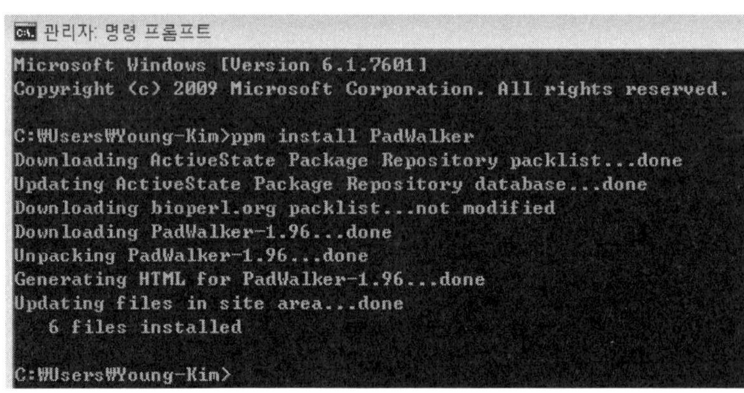

8.3.2 Eclipse 사용법

1) eclipse의 설치경로로 이동하여 eclipse.exe를 누르면 실행된다.

2) eclipse 초기화면에 이어 workspace 설정화면이 나타난다. workspace는 사용자의 환경 설정 정보 및 프로젝트 실행 파일 및 소스 등의 리소스들이 저장되는 장소이며, 예시에서는 D:\workspace로 지정해주었다.

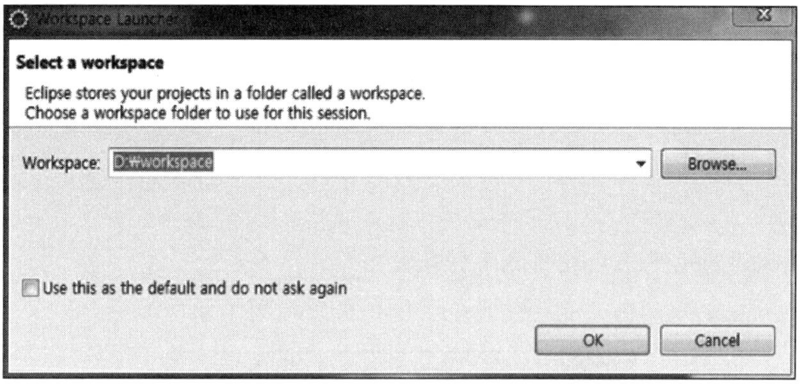

3) workbench 구성

워크벤치는 아래 화면과 같이 구성되어 있다.

① menu bar ② tool bar ③ Perspective bar ④ Perspective 및 View 등

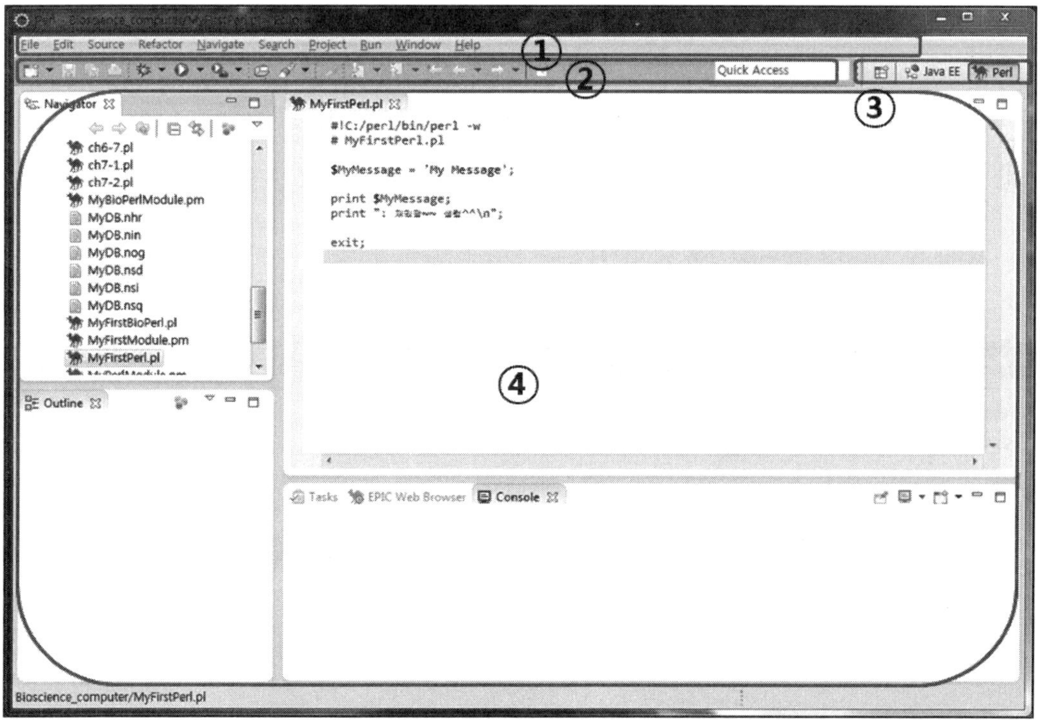

8.3.3 EPIC

EPIC(http://www.epic-ide.org/)은 이클립스에서 펄을 사용하기 위해 개발되었다. 편집기와 debugger 기능을 사용할 수 있다. 이클립스 플러그인은 아래에서 얻을 수 있다.

http://www.epic-ide.org/updates/plugins/org.epic.source_0.5.46.jar

8.3.3.1 Epic 설치

1) Help > Install New Software에 접속한다.

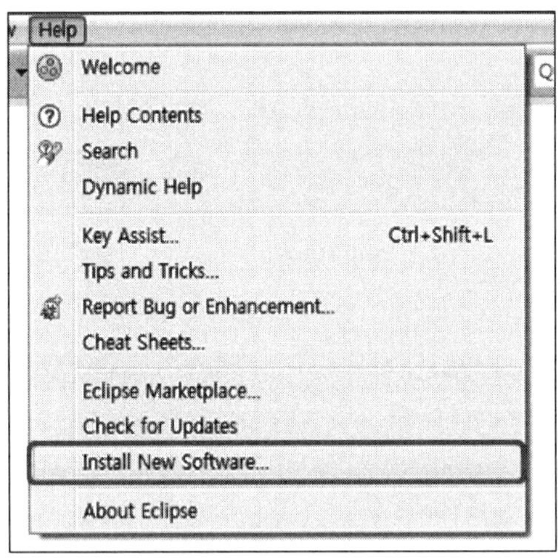

2) [Available Software Sites]를 클릭한다.

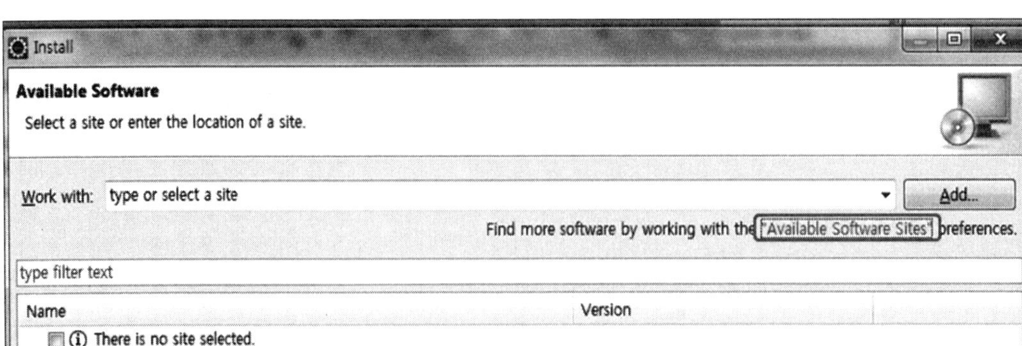

3) [Add]버튼을 눌러 Epic 설치 URL을 입력한다.

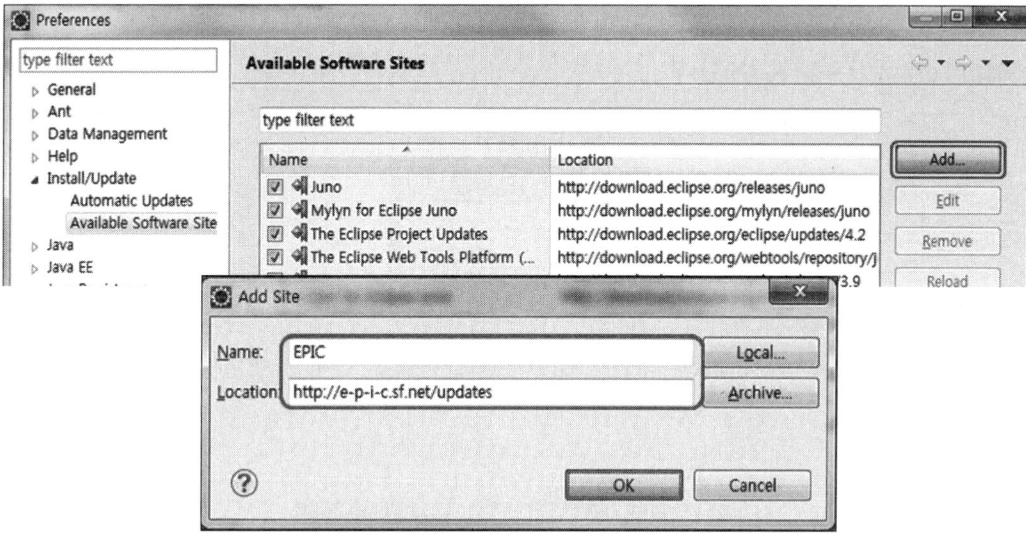

4) EPIC – http://e-p-i-c.sf.net/updates를 찾고 [Next]버튼을 눌러 설치한다.

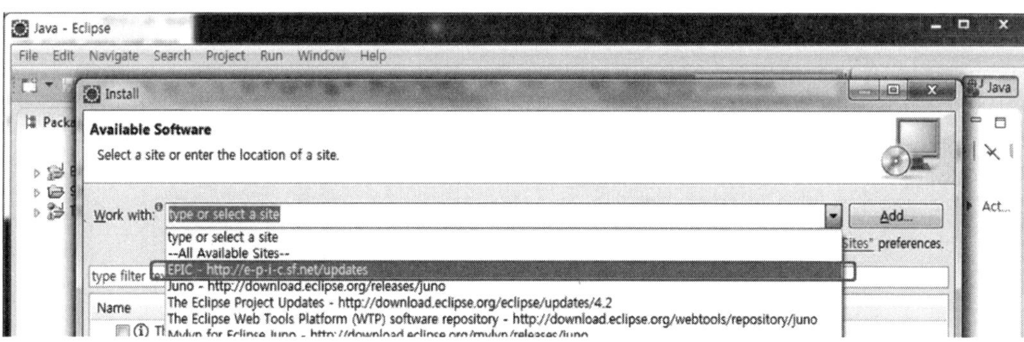

5) Security Warning이 발생할 수 있으나 [OK]를 눌러 설치를 계속 진행한다.

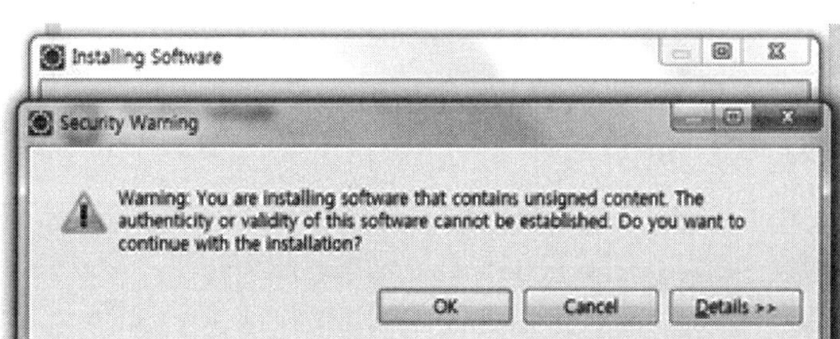

8.3.3.2 Eclipse View 설정

1) Window > Show View에 EPIC Web Browser를 클릭하면, 화면 구조가 바뀌면서 오른쪽 상위에 Perl 아이콘을 볼 수 있다.

2) EPIC Web Browser가 없는 경우, Other...를 클릭하면 EPIC > EPIC Web Browser를 선택할 수 있다.

8.3.3.3 Perl Project 생성 및 Perl File Import

1) 왼쪽에 있는 Navigator에서 오른쪽 마우스를 눌러 New > Perl Project를 클릭하고, Project name을 입력하여 새로운 Project를 생성한다.

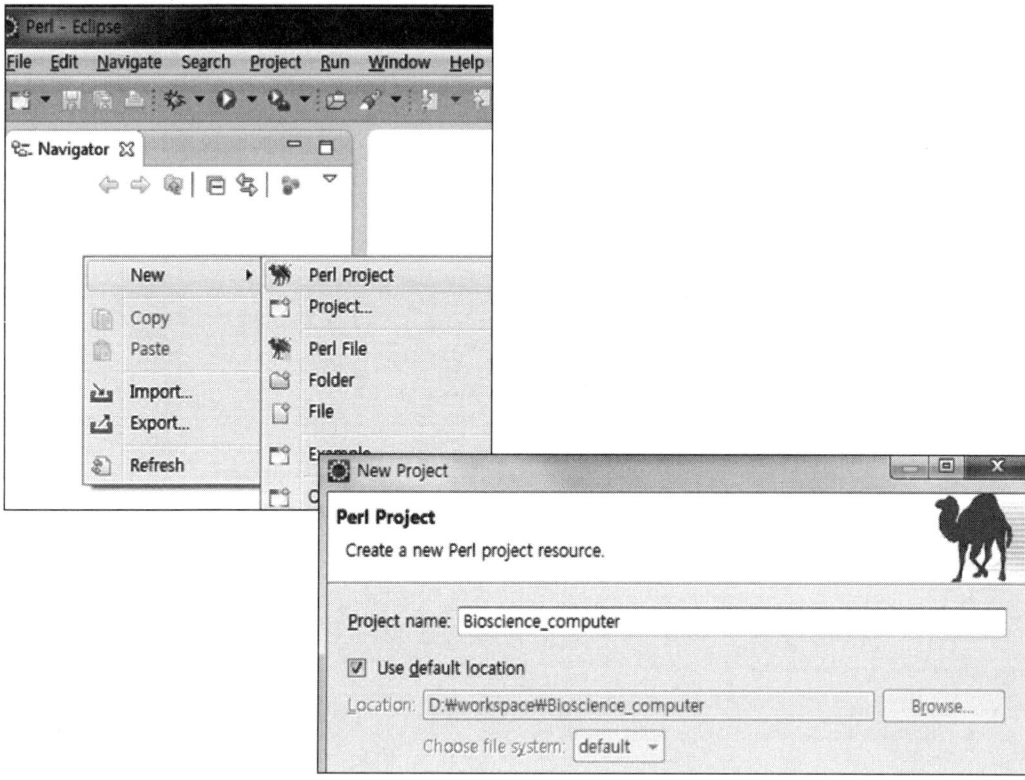

2) 새로 만든 Project를 클릭해 오른쪽 마우스를 누르면 [Import]버튼을 누를 수 있으며, General 〉 File System을 클릭해 Perl source가 있는 경로를 [Browser..] 한다.

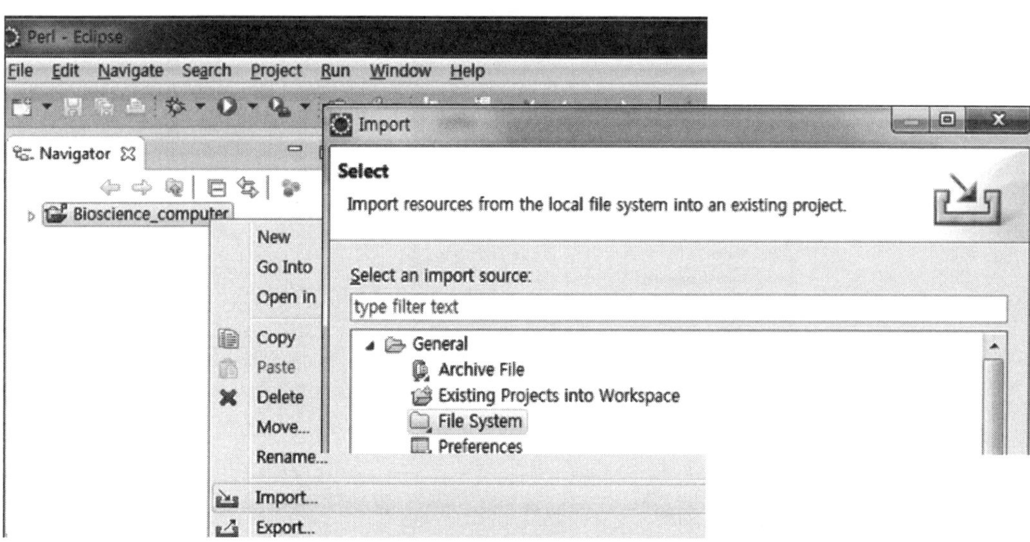

3) 추가하고자하는 perl source를 체크하면, Navigator에 perl source가 생성된다.

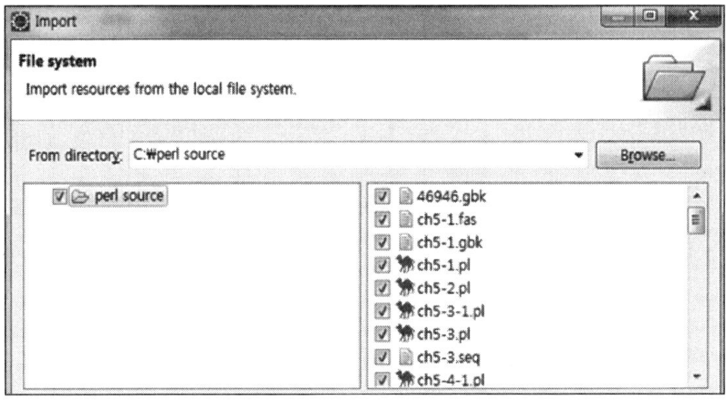

4) perl의 실행을 확인하기 위해 welcome.pl을 더블 클릭한 후, 오른쪽 마우스를 눌러 Run As 〉 Perl Local을 클릭한다. 그러면 아래와 같이 console 창에서 결과를 확인할 수 있다.

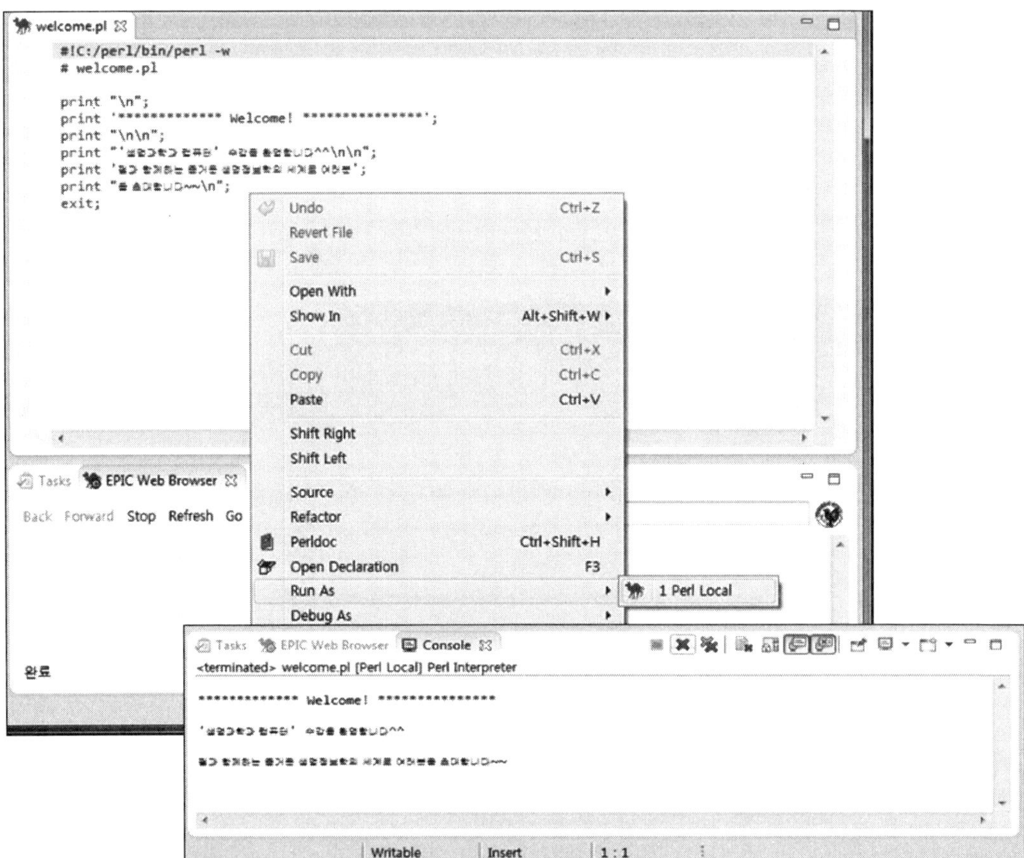

연습
문제

❶ **http://www.ebi.ac.uk/Tools/webservices/tutorials/06_programming/perl 페이지에서 perl_exercises.zip을 내려받아, 이클립스에서 실행해 보자.**

8.4 CVS

8.4.1 CVS 란?

CVS는 Concurrent Version System의 약자로서, 공동으로 진행하는 프로젝트의 버전관리 시스템을 의미한다. 여러 사람이 공동으로 개발하는 프로젝트에서는 하나의 소스코드를 한명 이상이 접근하여 테스트하고 수정할 수 있게 되는데, 이러다 보면 소스코드가 여기저기 위치하게 되고 결국 어느 소스가 최근 소스코드인지 혼란이 오게 된다. 따라서 적당한 버전 관리 도구를 사용하지 않는다면 프로젝트를 공동으로 개발하는 것이 불가능하다. 이러한 문제를 해결하기 위해서 사용하는 버전 관리 도구가 바로 CVS이다.

다른 장소에서 다른 컴퓨터를 이용하여 계속 작업을 한다면? 이럴 때 CVS를 사용하면 대단히 편하게 작업할 수 있다. 매번 작업을 마치면 CVS 서버에 등록하고, 다시 작업할 때 CVS 서버에 등록된 최신 파일을 받아와서 진행 하고 그 결과물들을 다시 CVS 서버에 등록을 하면 된다. 즉 데이터의 동기화가 용이하다.

8.4.2 CVS 설치

먼저 http://www.cvsnt.org에 접속하여 저장소(repository)로 사용할 OS와 일치하는 버전을 다운 받아 설치한다(또는 첨부파일, CVSNT-2.5.03.2260.msi를 활용).

2.5.04 버전에는 한글 파일과 디렉토리가 CVS 폴더 밑에 있는 경우 fileattr.xml을 생성하지 못하는 버그가 있다(http://warmz.tistory.com/761). 그러므로 2.5.03 버전을 사용하길 권장한다.

설치가 끝나면 재부팅 한 후 시작 메뉴 => CVSNT => CVSNT Control Panel 을 실행한 후 새로운 저장소를 생성하기 위하여 Repository configuration 탭을 누르고 Add 버튼을 누르면 Sever Settings 화면이 나오는데,

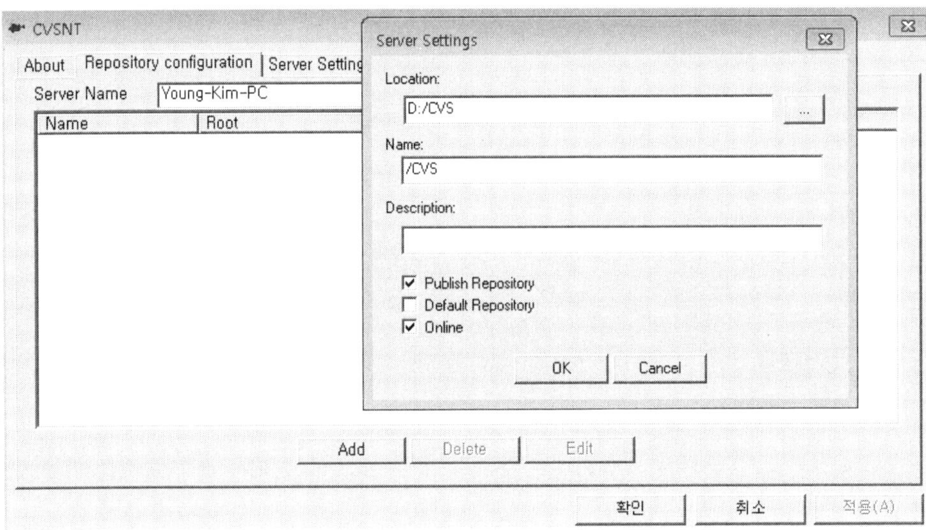

Location(CVS 관련 설정 파일 위치)에 D:/CVS 라고 입력하면, Name(CVS 네임, 나중에 클라이언트가 연결할 Repository Path)에 /CVS가 자동으로 입력된다.

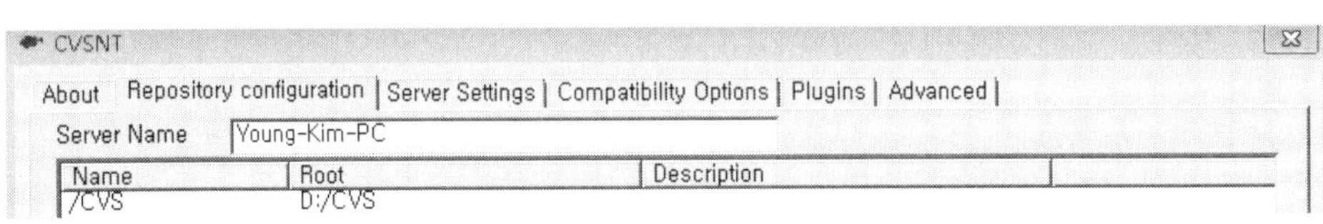

그리고 CVSTMP 서브폴더를 미리 만들어주자.

이제 CVS 서버를 셋팅한다.

❶ Run as : 현재 사용하고 있는 컴퓨터 계정

❷ Default domain : 현재 사용하고 있는 컴퓨터 도메인.

❸ Temporary : 파일 임시 저장 폴더

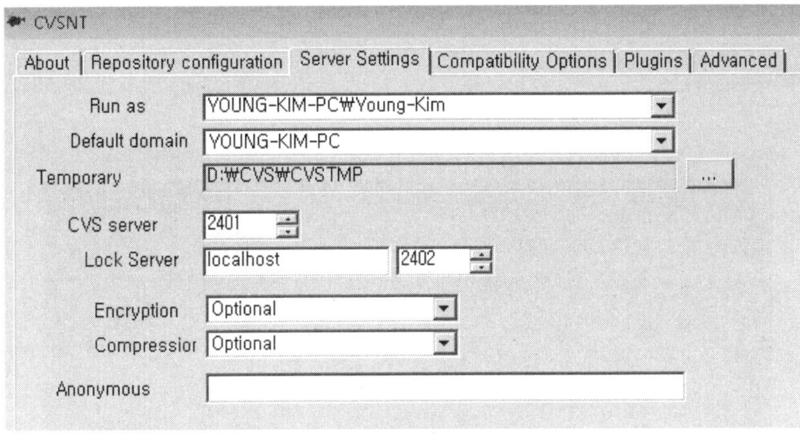

About 탭을 눌러 CVSNT Service를 다시 시작한다.

8.4.3 CVS 계정 추가

CVS 계정을 추가한다.

```
〉set CVSROOT=:pserver:127.0.0.1:/CVS
〉cvs login
〉현재 사용하고 있는 윈도우 계정의 비밀번호를 입력한다.
```

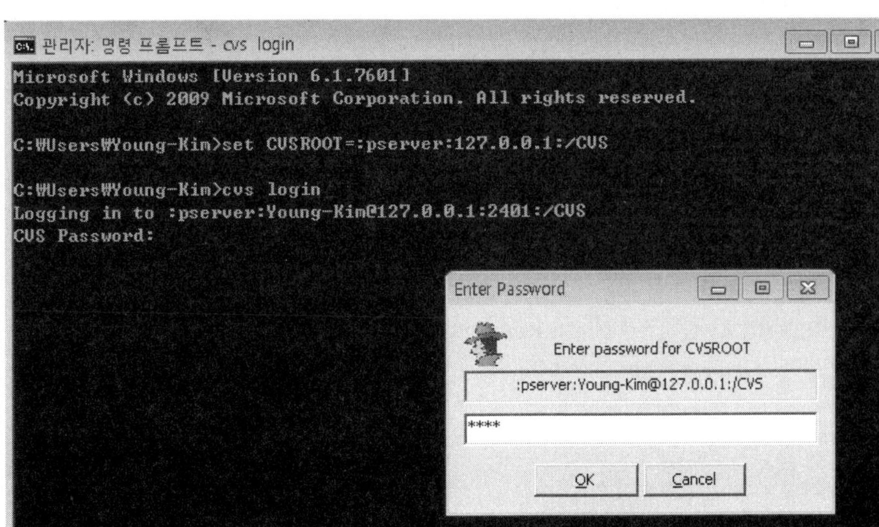

```
> cvs passwd -a -r 윈도우 계정 이름 생성할 CVS 사용자 계정
> 추가할 계정의 비밀번호 입력
```

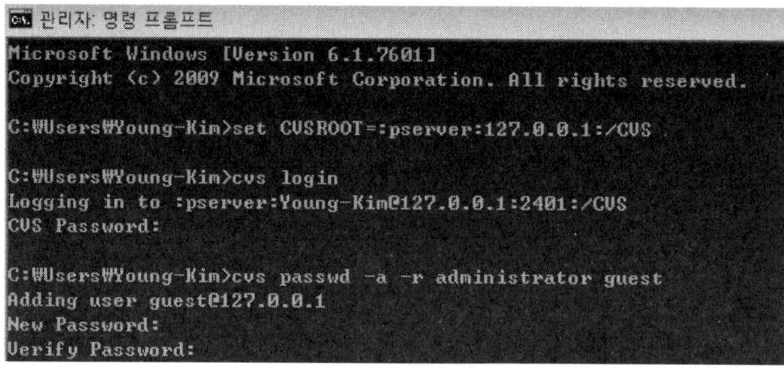

8.4.4 이클립스 연동

이클립스의 CVS Repository Exploring에서 새로운 CVS Repositories를 생성한다.

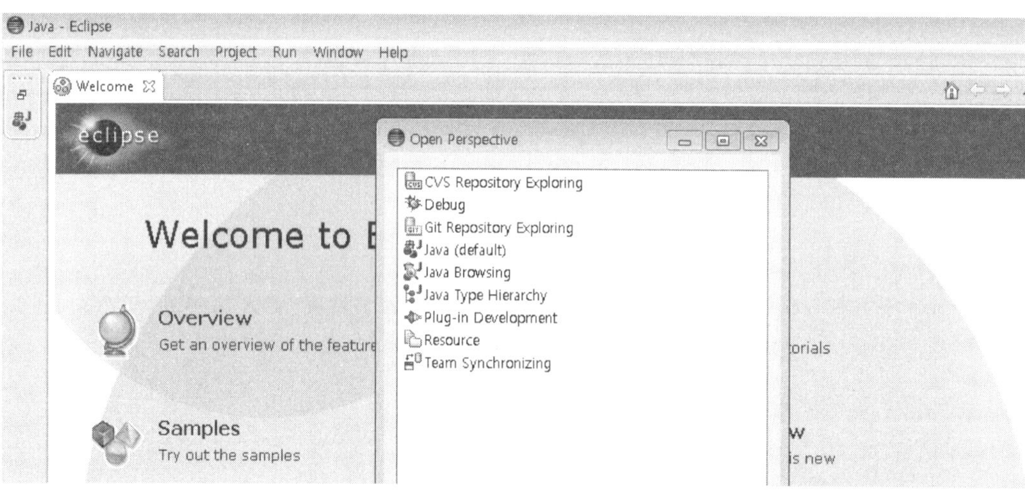

Add CVS Repository를 열어 Host, Repository path, User, Password를 입력한다.

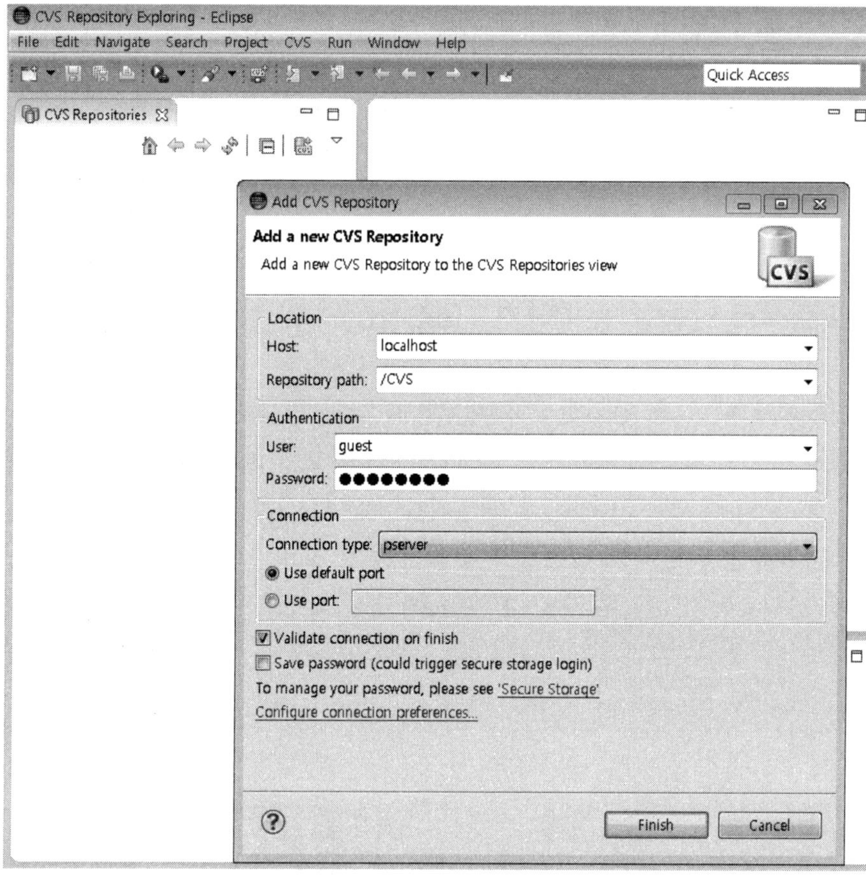

Finish를 누르면,

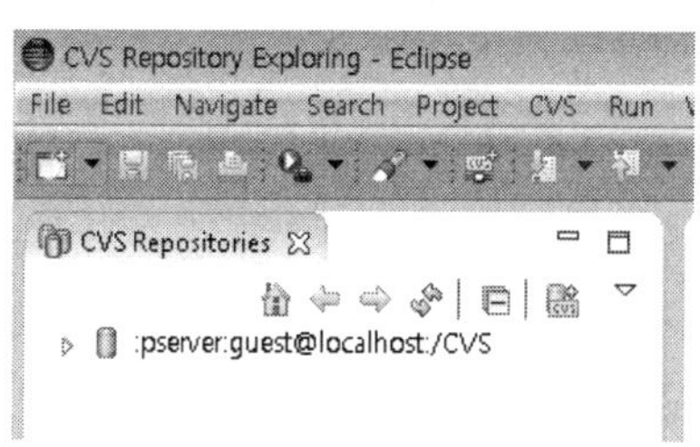

참고문헌

http://www.joinc.co.kr/modules/moniwiki/wiki.php/article/cvs%B8%A6_%C0%CC%BF%EB%C7%D1_%C7%C1%B7%CE%C1%A7%C6%AE%B0%FC%B8%AE

8.4.5 CVS 활용법

CVS로 관리되는 하나의 프로젝트(관련된 파일의 집합)를 모듈이라 부른다. CVS 서버는 보관소에 모듈을 저장한다.

8.4.5.1 프로젝트 만들고 등록하기 : import

가장 먼저 해야 할 일은 진행할 프로젝트를 만들고 등록하는 일이다. 우리가 하려는 것은 BioCom 프로젝트이며, 여기에는 welcome.pl 이라는 하나의 파일이 포함되어 있다. 그렇다면 welcome.pl 코드가 있는 디렉토리로 이동해서 다음과 같이 import 시켜주면 된다. 이 디렉토리는 프로젝트 임포트를 위해서 새로 준비된 디렉토리여야 한다. 그렇지 않고 잡다한 파일들이 있을 경우 이들 파일들까지 몽땅 프로젝트에 등록되어 버린다.

```
cvs -d:pserver:Young-Kim@127.0.0.1:/cvs import biocom project start
```

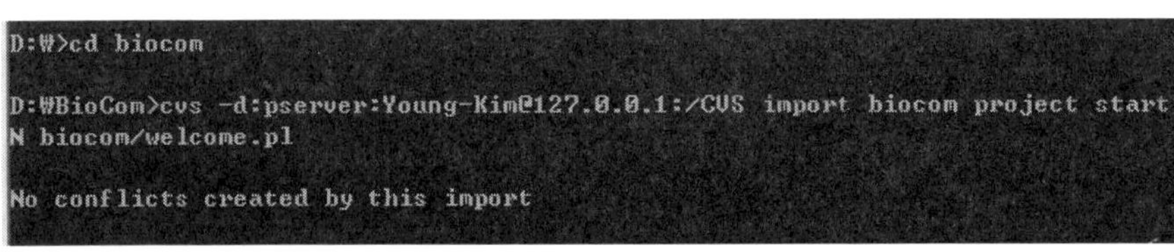

만약 환경변수 CVSROOT가 설정되어 있다면 아래와 같이 간단하게 import할 수 있다.

```
cvs import BioCom project start
```

2번째 인자인 biocom은 import할 프로젝트의 이름이며 project, start는 프로젝트의 부가 정보들이다. 이렇게 하면 cvs 서버의 저장소에 biocom이란 디렉토리가 생기고 여기에 welcome.pl이 올라가게 된다.

cvs 저장소에 올라가는 파일의 원래 이름 뒤에',v'가 붙어서 저장된다. welcome.pl 이라면 welcome.pl,v라는 이름으로 저장되며 여기에는 원래 내용 외에 버전 관리를 위한 각종 정보가 들어가게 된다.

8.4.5.2 프로젝트 가져오기 : checkout

프로젝트 관리자가 프로젝트를 만들었다면 이제 프로젝트 개발자들이 작업을 하기 위해 프로젝트를 가져와야 한다. "cvs" 다음에 checkout(혹은 co) 옵션과 함께 가져 올 프로젝트 이름(biocom)을 적어주자.

```
cvs co biocom
```

```
D:₩BioCom>cvs co biocom
cvs server: Updating biocom
U biocom/welcome.pl

D:₩BioCom>
```

이제 dir 해보면 현재 디렉토리에 biocom이라는 디렉토리가 만들어져 있고, 이 폴더에 welcome.pl 파일이 존재하고 있음을 알 수 있다.

8.4.5.3 프로젝트 수정 후 적용(업데이트) : commit

이제 가져온 welcome.pl 파일에 #version 1.0 행을 추가하여 수정하자. 그리고 내가 수정한 내용으로 cvs를 업데이트 시켜보자. 이런 경우에는 "commit" 옵션을 이용하면 된다. -m 옵션을 이용하여 변경된 내용에 대한 간단한 로그도 남겨둘 수 있다.

```
cvs commit -m "version 1.0" welcome.pl
```

```
D:₩BioCom₩biocom>cvs commit -m "version 1.0" welcome.pl
Checking in welcome.pl;
/CVS/biocom/welcome.pl,v  <--  welcome.pl
new revision: 1.2; previous revision: 1.1
done

D:₩BioCom₩biocom>
```

전 버전은 1.1 현 버전은 1.2로 지정하여 구별하고 있다.

8.4.5.4 파일 받아오기/로그 보기 : update, log

프로젝트 참여 개발자로서 여러분이 컴퓨터 앞에 앉아 있다면 가장 먼저 해야 할 일은 간밤에 누군가 프로젝트를 수정하지 않았는지 확인하는 일이다. 클라이언트는 서버에 보관된 최신 버전의 최근 변경 내역만을 복사하기 위해, "업데이트(update)" 명령을 이용할 수 있다. 이로써 프로젝트 전체를 여러 번 내려 받을 필요가 없어진다.

수정된 파일이 있다면 누가 어떤 이유로 수정했는지 확인해볼 필요가 있을 것이다. 이럴 때는 "log" 명령을 사용하여 해당 파일에 대한 개략적인 로그정보를 얻어올 수 있다.

```
cvs log welcome.pl
```

그러면 welcome.pl이 어떻게 변경되었는지 아래의 그림에서 확인해 보자.

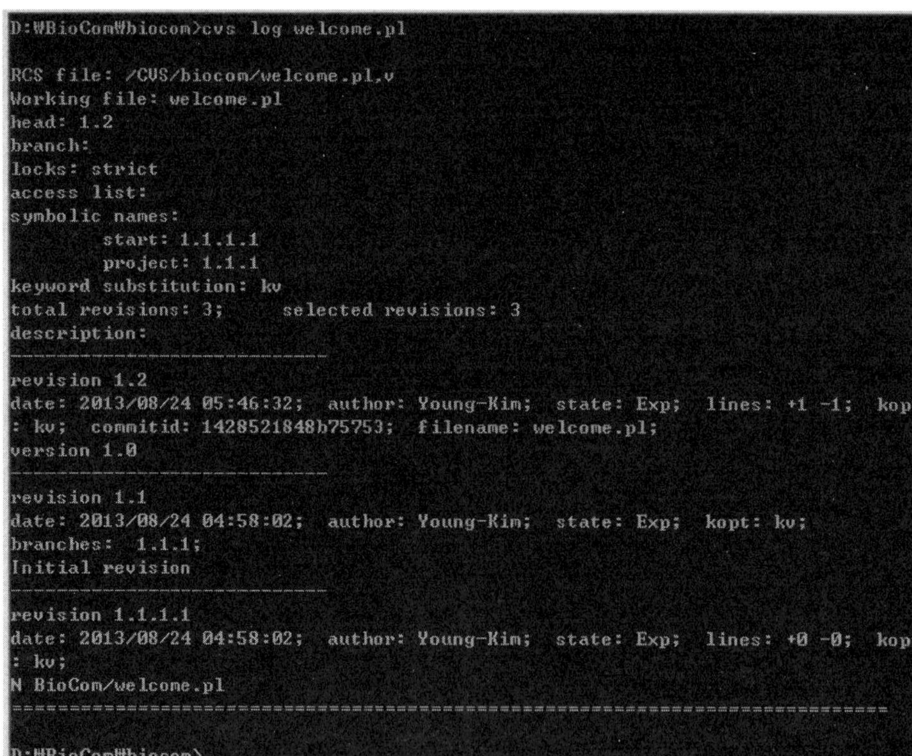

```
D:₩BioCom₩biocom>cvs log welcome.pl

RCS file: /CVS/biocom/welcome.pl,v
Working file: welcome.pl
head: 1.2
branch:
locks: strict
access list:
symbolic names:
        start: 1.1.1.1
        project: 1.1.1
keyword substitution: kv
total revisions: 3;     selected revisions: 3
description:
----------------------------
revision 1.2
date: 2013/08/24 05:46:32;  author: Young-Kim;  state: Exp;  lines: +1 -1;  kopt
: kv;  commitid: 1428521848b75753;  filename: welcome.pl;
version 1.0
----------------------------
revision 1.1
date: 2013/08/24 04:58:02;  author: Young-Kim;  state: Exp;  kopt: kv;
branches:  1.1.1;
Initial revision
----------------------------
revision 1.1.1.1
date: 2013/08/24 04:58:02;  author: Young-Kim;  state: Exp;  lines: +0 -0;  kopt
: kv;
N BioCom/welcome.pl
=============================================================================

D:₩BioCom₩biocom>
```

8.4.5.5 버전별 차이 확인 : diff

이렇게 해서 새로운 소스 파일을 가져왔는데, 어느 코드의 어떤 라인이 수정되었는지 확인하고 싶을 때가 생길 것이다. 이러한 버전 별 코드 변경사항의 히스토리가 남게 된다면 나중에 문제가 생겼을 때 이전 버전의 코드를 쉽게 얻어낼 수도 있을 것이다.

cvs는 버전 별 코드변경사항을 모두 저장하며 개발자는 이 내용을 이용해서 코드변경사항을 확인할 수 있을 뿐 아니라 문제가 생겼을 시 이전 버전의 코드를 얻어올 수도 있다.

```
cvs diff -r 1.2 -r 1.1 welcome.pl
```

```
D:₩BioCom₩biocom>cvs diff -r 1.2 -r 1.1 welcome.pl
Index: welcome.pl
===================================================================
RCS file: /CVS/biocom/welcome.pl,v
retrieving revision 1.2
retrieving revision 1.1
diff -r1.2 -r1.1
3c3
<  # version 1.0
---
>

D:₩BioCom₩biocom>
```

diff만 사용하면 가장 최근의 변경사항을 출력한다.

```
cvs diff welcome.pl
```

8.4.5.6 파일 추가하기 : add

프로젝트를 진행하다 보면 중간 중간 여러 파일을 추가할 필요가 있는데, 만약 README 파일을 추가하고 싶다면, 파일을 biocom\biocom에 저장하고, checkout 후,

```
D:₩BioCom>cvs checkout biocom
? biocom/README
cvs server: Updating biocom

D:₩BioCom>
```

add를 이용하면 된다.

```
cvs add README
```

```
D:₩BioCom₩biocom>cvs add README
cvs server: scheduling file `README' for addition
cvs server: use 'cvs commit' to add this file permanently
```

파일을 추가한 후 반드시 commit를 해서 프로젝트에서 파일을 사용할 수 있도록 해주어야 한다.

```
D:₩BioCom₩biocom>cvs commit README
```

그러면 메모장이 뜨는데, 맨 위 칸에 로그를 쓰고 저장하면 된다. 그렇게 하지 않으면 아래와 같은 메시지가 뜨는데, 'e'를 치면 다시 메모장이 뜬다. 로그를 입력하자.

```
Log message unchanged or not specified
a)bort, c)ontinue, e)dit, !)reuse this message unchanged for remaining dirs
Action: (continue) e
RCS file: /CVS/biocom/README,v
done
Checking in README;
/CVS/biocom/README,v  <--  README
initial revision: 1.1
done
```

이제 다른 개발자가 cvs up을 하면 README 파일이 추가된 것을 확인할 수 있게 된다.

8.4.5.7 충돌의 해결

하나의 프로젝트 파일에 대해서 2명이 동시에 작업을 하다보면 충돌되는 경우가 생긴다. 예를 들어 두 사람이 동시에 같은 라인을 수정하고 있는데, 한 사람이 먼저 commit를 했다고 하자. 잠시 후에 다른 사람이 commit하면, 같은 코드라인에 대해서 충돌이 일어나게 된다.

이 때 cvs 는 자동적으로 "코드라인에 충돌이 일어났음으로 먼저 update를 하라"는 메시지를 출력한다. update를 하면 어느 부분이 충돌을 일으키는지 표시해준다.

8.4.5.8 파일 삭제 : delete

불필요해진 파일은 먼저 삭제를 한 후, cvs delete 명령을 사용하고, commit하면 된다.

```
del README
cvs delete README
```

```
D:\BioCom\biocom>cvs delete README
cvs server: scheduling `README' for removal
cvs server: use 'cvs commit' to remove this file permanently

D:\BioCom\biocom>cvs commit -m "no more necessary" README
Removing README;
/CVS/biocom/README,v  <--  README
new revision: delete; previous revision: 1.1
done

D:\BioCom\biocom>
```

그렇다면 어떤 사람이 중요한 파일을 지워버리면 어떻게 될까? 이 문제는 그리 크게 걱정할 필요가 없다. 해당 파일은 이미 다른 여러 개발자들이 가지고 있을 것이며, 설혹 그렇지 않다 하더라도 cvs 서버에는 파일이 보존되어 있기 때문에 언제든지 복구 가능하다. 또한 누가 파일을 삭제 했는지 log를 통해서 쉽게 알아 낼 수도 있다.

8.4.5.9 프로젝트를 완료했을 때 : release

프로젝트를 완료하면, release 옵션을 사용해서 프로젝트를 닫을 수 있다. 프로젝트를 닫는다고 해서 저장소의 파일을 완전히 지우는 것은 아니다. 단지 저장소의 프로젝트에 어떠한 수정도 할 수 없는 상태가 된다.

8.4.6 효율적인 프로젝트 관리를 위한 CVS 사용법

CVS를 제대로 사용하기 위해서는 CVS 저장소의 구성을 잘 해놓아야 한다. 예를 들어 Project_A 란 프로젝트를 시작한다면 Project_A 란 디렉토리를 만들고 그 아래에 필요한 각종 디렉토리, 즉 작업문서의 저장을 위한 doc 디렉토리, 실제 소스가 포함될 src 디렉토리

등, 체계적인 관리가 가능하도록 미리 저장소를 구성해 놓아야한다.

그리고 가능하면 모듈별로 소스코드를 나누고, 각 모듈별로 분담해서 개발하도록 하는 것이 프로젝트를 쉽게 관리하는 방법이다.

8.4.7 기타 옵션

8.4.7.1 디렉토리 upload하기

작업을 하다보면 디렉토리를 만들어서 cvs 서버에 등록시켜야 하는 경우가 있다. 등록은 add와 commit를 이용해서 가능한데, 이를 upload하기 위해서는 -d 옵션을 이용해야 한다. -d 옵션을 사용하지 않을 경우 일반 파일들만 upload하고 디렉토리는 upload 하지 않게 된다.

8.4.7.2 바이너리 파일 추가하기

바이너리 파일은 다음과 같은 방법으로 추가한다.

```
cvs add -kb file_name.bin
```

8.4.8 snapshot

어느 한 시점에서 프로젝트 파일들에 동일한 꼬리표(TAG)를 붙여서, 프로젝트가 계속 진행되더라도 필요할 때 snapshot 시점의 프로젝트를 가져올 수 있다.

테스트 최종 완료시점, 1차 성능 완료 시점 등의 프로젝트를 따로 유지해서 나중에 다시 가져오고 싶을 경우, CVS를 이용하지 않는다면 tar 등으로 프로젝트 전체를 압축해서 보관해야 할 것이다. cvs는 명령어 한 줄로 간단하게 이러한 문제를 해결할 수 있다.

```
# cvs tag TEST_REL_1
```

이제 이 프로젝트는 TEST_REL_1 이라는 꼬리표(tag)가 붙게 된다. 프로젝트 진행 중 TEST_REL_1 꼬리표가 붙은 프로젝트를 가져오길 원한다면 아래와 같이 하면 된다.

```
# cvs co -rTEST_REL_1 myprogdir
```

이제 myprogdir에 TEST_REL_1의 snapshot 프로젝트가 생성이 되었다.

8.4.9 프로젝트 백업

CVS를 사용할 경우 자동적으로 프로젝트 백업의 문제까지 해결이 가능하다. CVS는 중간에 CVS 서버가 있어서, 프로젝트 데이터의 저장소 역할을 하며 모든 개발자는 CVS 서버에서 최신의 프로젝트를 다운로드 받아서, 자신의 컴퓨터에서 테스트하고 코딩해서, 이걸 다시 CVS 서버에 업데이트 시키는 방식을 사용하게 된다.

그러므로 실수로 자신의 프로젝트 데이터가 날아간다고 해도 전혀 염려할 필요가 없다. 그냥 서버에서 다시 다운 받기만 하면 된다. 최악의 경우 CVS 서버에서 문제가 생겨도 가장 최근의 소스를 가진 개발자가 있을 것이므로 쉽게 복구 가능하다.

또한 CVS는 최신 버전의 소스코드 뿐만 아니라 과거 버전의 소스코드에 대한 정보를 가지고 있어서 최근 버전에 문제가 생겼다고 하더라도 쉽게 그 이전의 소스코드를 얻어올 수 있다.

9장 단백질 및 대사네트워크 분석

단백질의 경우 아미노산 서열을 분석하여 단백질의 물리-화학적 성질을 예측하거나, 이차 구조 혹은 삼차원 구조를 예측함으로써 단백질의 기능을 알아낼 수 있다.

9.1 단백질 패턴 분석

최근에 데이터베이스에 수록되는 서열의 수는 기하급수적으로 증가하고 있다. 이에 비하여 각 서열의 구조 및 기능을 실험을 통하여 규명하는 것은 많은 시간과 노력이 필요하여 제한적일 수밖에 없다. 새로운 서열은 이미 알려진 서열과 연관되어 있는 경우가 대부분이다. 따라서 기존의 서열 데이터베이스를 활용하여 새로운 서열을 분석하면 구조 및 기능에 관한 중요한 단서를 얻을 수 있다. 구조 및 기능이 유사한 단백질들 사이의 아미노산 서열의 상동성은 매우 다양하다. 물론 상동성이 높은 두 단백질은 아미노산 서열을 단순 비교하여 구조 및 기능이 유사함을 쉽게 알아낼 수 있다. 하지만 상동성의 정도가 낮아지면 다른 방법을 적용해야 한다.

단백질의 기능은 삼차원 구조에 의해 결정되고, 삼차원 구조는 일차구조에 의해 결정된다. 따라서, 단백질 일차구조, 즉 아미노산 서열(이하 '서열'로 표기)을 분석하여 삼차원 구조에 관한 정보를 알아내고 어떤 부류(family)에 속하는지 알 수 있다면 목표 단백질의 기능을 유추할 수 있다. 물론 이러한 분석은 서열에 기능상 특징적인 부분이 있거나, 혹은 기능이 알려진 기존 단백질과의 상동성이 있을 경우에 한해서 적용된다. 여기서 상동성은 서열 혹은 삼차원 구조의 상동성을 의미한다. 서열의 상동성보다는 구조의 상동성이 기능의 연관성을 보다 효율적으로 나타낸다; 서열의 상동성이 매우 낮은데도 불구하고 삼차원 구조가 유사하여 기능의 연관성을 나타내는 경우가 있다. 하지만 지금까지 서열이 알려진 단백질에 비하여 삼차원 구조가 알려진 단백질은 일부에 지나지 않으므로 서열을 이용한 모티프 분석이 보다 광범위하게 활용된다.

관련 방법에서 사용되는 용어들인 모티프(motif), 패턴(pattern), profile, 그리고 signature는 의미가 모호한 경우가 있다. **모티프**는 서열에서는 '보존된 서열의 부분(conserved "blocks" of sequences)'의 의미를 갖고, 구조에서는 '몇 개의 이차 구조가 특정한 모양으로 배열되어 이룬 구조(combination of a few secondary structure with a specific geometric arrangement)'로 여러 단백질에서 공통적으로 발견되고 기능 혹은 구조적 역할을 수행한다. 예를 들면 helix-turn-helix motif, E-F hand 등이 있다. **패턴**은 모티프보다는 넓은 의미로, 모티프는 '단순한 패턴(simpler pattern)' 혹은 어느 한 단백질 family에 공통적으로 나타나는 패턴이라 할 수 있다. 하지만 때에 따라 모티프는 패턴, signature 등을 포함하는 보다 넓은 의미로 쓰이기도 한다. **Profile**은 다중서열 정렬에서 유도된 결과를 나타낼 때, 어느 한 서열이나 구조적 모티프로 나타내는 다중서열의 모델을 의미하는 'position specific scoring matrix'이다. **Signature**(주로 PROSITE에서 사용)는 전체 패턴의 한 부분으로, 이 부분만으로도 단백질의 특성(구조 혹은 기능)을 알아낼 수 있는 'short diagnostic pattern'을 의미한다. 위의 용어들은 사용자에 따라 약간 의미를 달리하는 경우가 있다. 많은 경우 모티프와 패턴은 같은 의미로 사용된다.

단백질은 진화과정에서 변이의 정도에 따라 특정 superfamily와 family에 속한다. 이러한 분류는 서열의 다중정렬이나 삼차원 구조의 비교 등을 통하여 일정기준 이상의 상동성에 기초하여 이루어진다. 특별한 경우 전적으로 삼차원 구조에 기초하여 분류할 때 서열 혹은 기능의 상동성과는 무관하게 단백질이 분류될 수도 있다. 도메인(domain)은 하나 혹은 그 이상의 (구조적 의미의) 모티프가 모여 이루어진 독립적인 단위체로 일반적으로 고유의 기능을 갖는다.

그러면 패턴 분석을 통하여 무엇을 알 수 있는가? 먼저 기능 및 구조적으로 중요한 부분을 찾아내어 단백질의 기능을 규명하는데 활용할 수 있다. 예를 들면 calcium binding 모티프(EF hand)는 아래 그림과 같이 오른손 모양의 특징적인 구조를 갖고, 이 구조에 대한 아미노산 서열은 구조에 알맞게 잘 보존되어 있다. 따라서 미지의 단백질이 '잘 보존된' EF hand 모티프를 포함하고 있다면 이 단백질이 속한 family 및 기능을 유추할 수 있다.

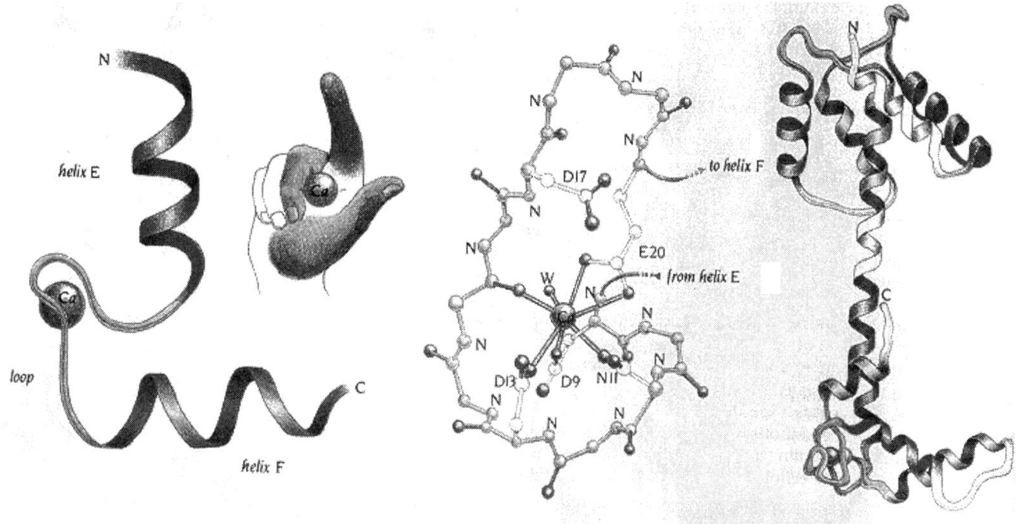

예를 들면 아래의 서열을 분석하면 calcium-binding 모티프가 4 개 존재함을 알 수 있다.

ADQLTEEQIAEFKEAFSLFDK<u>**DGDGTITTKEL**</u>GTVMRSLGQNPTEAELQDMINEV<u>**DADGNGTIDFPEF**</u>LTMMARK
MKDTDSEEEIREAFRVF<u>**DKDGNGYISAAEL**</u>RHVMTNLGEKLTDEEVDEMIREA<u>**DIDGDGQVNYEEF**</u>VQMMTAK

이 결과로부터 상동성이 있는 서열을 찾아내어 단백질의 기능을 추정하거나 homology modeling에 활용할 수 있다. 패턴 분석 결과는 또한 단백질 분류(family classification)에 중요한 단서로 활용된다.

현재 많은 종류의 패턴 분석 방법이 개발되어 활용되고 있다. 이들은 모두 다음의 세 과정이 필요하다. (1) 우선 패턴에 해당하는 서열을 정의하는 방법이 있어야 한다. (2) 패턴에 대하여 서열을 비교하는 알고리즘이 있어야 하고, (3) 마지막으로 결과가 얼마나 신뢰성이 있는지를 검증할 수 있는 과정이 필요하다. 패턴 분석 방법은 각각 고유의 분석과정을 갖고 있다.

예를 들면 PROSITE에서는 상동성이 있는 여러 서열(similarity group)로부터 얻은 패턴은 아래와 같이 **regular expression**으로 표현된다.

D-x-[DNS]-{ILVFYW}-[DENSTG]-[DNQGHRK]-{GP}-[LIVMC]-[DENQSTAGC]-x(2)-[DE]-[LIVMFYW]

이 패턴은 E-F hand를 나타내는 서열로 아미노산 잔기와 잔기는 hyphen(-)으로 분리되어 표기되어 있다. x는 모든 아미노산 잔기가 허용된다는 의미이고, [ ]는 안에 표기된 잔기에 한하여 허용된다. { }는 안에 포함된 잔기 이외의 것만 허용되고, ( )는 반복되는 잔기 개수를 뜻한다.

Regular Expression Syntax

Symbol	Meaning
^	marks beginning of line
$	marks end of line
.	Any character
*	ZERO or more repeats of the preceding symbol
+	ONE or more repeats of the preceding symbol
?	ZERO or ONE of the preceding symbol
[ ]	Any of the listed characters, as in [ABC]
[^]	complement of the listed characters or numbers
{m,n}	Number of times to repeat preceding symbol
-	Range of letters or numbers

이와 같은 **consensus sequence pattern** 표현으로는 서열상의 각 지점에서 mutation이 가능한 아미노산 잔기가 무엇인지를 나타낼 수는 있지만 나타나는 빈도를 표현하지는 못한다. 이점을 보완한 방법으로는 profile과 Hidden Markov Model (HMM) 방법이 있다. Profile은 위에서 소개한 바와 같이 position specific scoring matrix로 각 위치에 각 아미노산이 존재하는 빈도를 나타낸다. HMM은 수학적인 방법으로 일반화시킨 profile이다. 대표적인 패턴 데이터베이스는 아래와 같다.

9.1.1 PROSITE (http://prosite.expasy.org/)

가장 널리 이용되는 이 사이트는 단백질 family와 도메인의 데이터베이스로, 지금까지 밝혀진 모티프(pattern, signature)를 이용하여 새로운 단백질이 속하는 family(혹은 도메인)를 찾아내는 것이 가능하다. 현재 (2001 년) 1500여 개의 패턴 및 profile이 수록되어 있다.

위에서 설명한 대로 signature는 전체 서열을 대표하는 일부분으로 단백질간의 상동성을 찾아내고, family를 정의할 때 활용된다. Signature는 보통 다음의 세 단계를 거쳐 결정된다. (1) 상동성을 갖는 서열들을 찾아 (similarioty group) 다중서열정렬을 통하여 conserved region(대략 5 개의 residue를 regular expression으로 표시; trial signature, core pattern)을 정하고, (2) 이 trial signature를 포함하는 단백질 서열을 찾아낸다(SWISS-PROT 등 이용하여 scanning). (3) 찾은 서열들이 위의 trial signature와 잘 일치하는지를 판단하여 잔기의 수를 더 포함시키거나 삭제한 후 (2), (3) 번 과정을 반복하여 최종 signature를 얻는다.

일반 사용자들은 이러한 signature를 정의하는 작업을 할 필요는 거의 없고, PROSITE에 수록된 데이터를 활용하여 목표 단백질의 family를 알아내어 기능을 유추하는 것이 일반적이다.

PROSITE 홈 페이지는 그림 11-4에 있다. 이 사이트의 이용 예는 아래의 그림을 클릭하여 볼 수 있다.

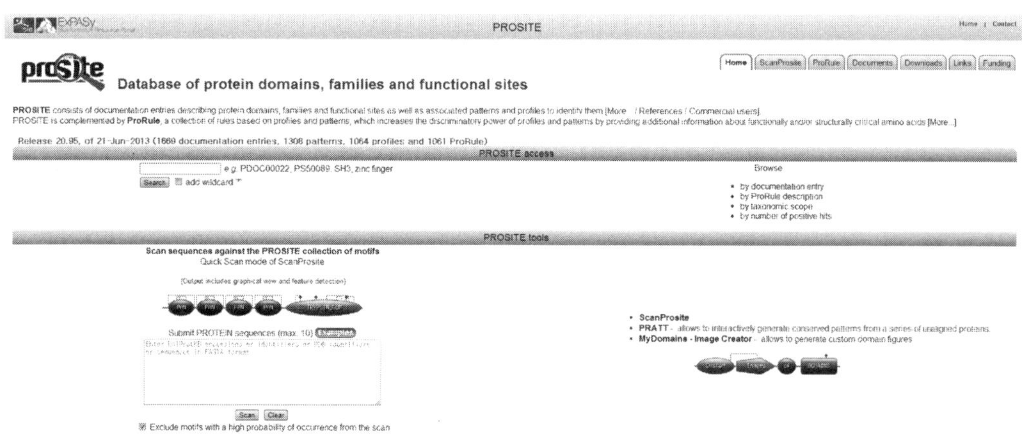

그림 11- PROSITE 홈 페이지

ISREC profile(http://www.isrec.isb-sib.ch/software/PFSCAN_form.html)에는 상동성이 있는 서열을 찾아낼 수 있도록 'generalized profile'의 데이터베이스가 구축되어 있다. Generalized profile은 다중서열정렬을 통하여 어떤 위치에 어떤 아미노산

잔기가 허용되는지의 여부, conserved region, 삽입과 삭제 부분 등을 종합하여 유도된 결과의 표현이다. 이 사이트는 PROSITE와 긴밀하게 관련되어 있다. 이 사이트에서는 PROSITE(profile과 pattern), Pfam, Gribskov 패턴 분석을 수행할 수 있다.

ProfileScan의 활용 예는 다음과 같다. (http://life.nthu.edu.tw/~d857401/prosite.html)

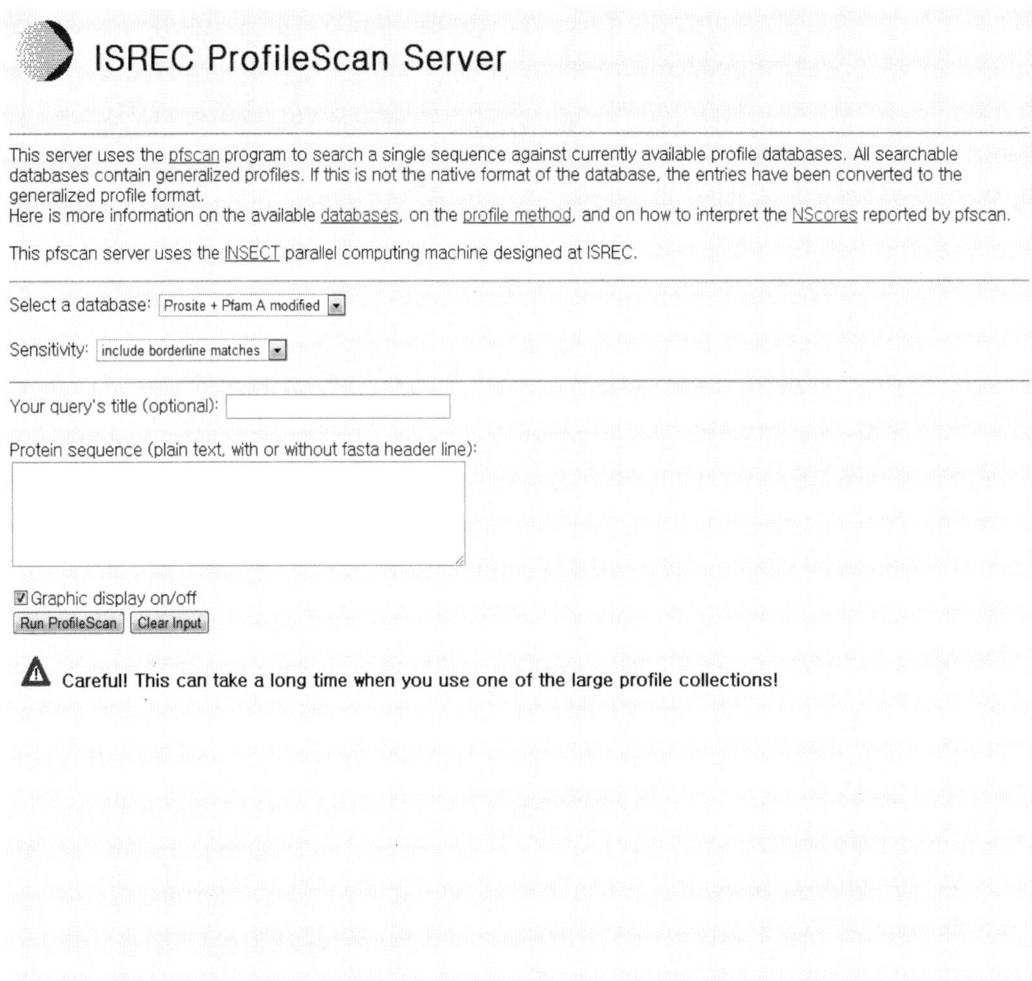

9.1.2 BLOCKS (http://blocks.fhcrc.org/)

BLOCKS는 Hidden Markov model을 이용한 패턴 분석 사이트로 PROSITE와는 달리 각 단백질 family는 'block'(a local multiple alignment of ungapped segments from a group of related proteins)의 set로 나타낸다. 여기서는 PROSITE 데이터베이스에 수록된 단백질 group(similarity group)을 분석하여 conserved region을 자동적으로 찾아내어 Block을 결정한다. BLOCKS에는 2007년에 5,900개의 단백질 group에 대하여 총 29,068 개의 block이 수록되어 있다. 이 사이트의 이용 예는 아래의 그림을 클릭하여 볼 수 있다.

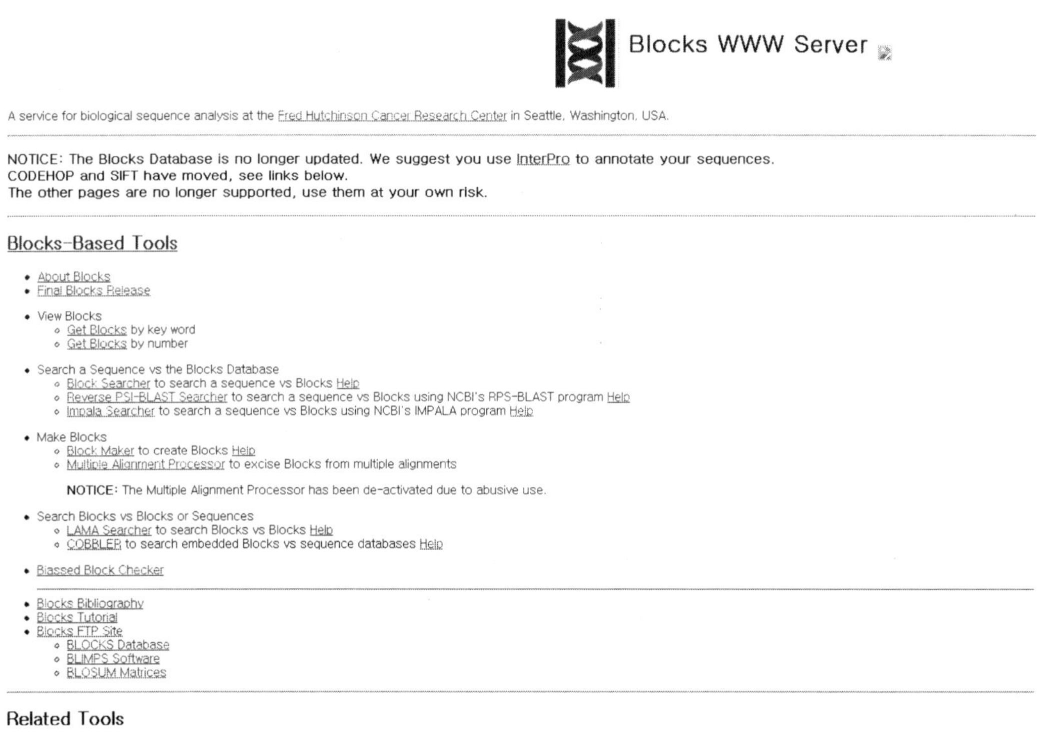

9.1.3 Pfam (http://pfam.sanger.ac.uk/)

Pfam은 단백질의 다중서열정렬과 Hidden Markov model(HMM) profile을 수록한 데이터베이스로, 2013년 3월을 기준으로 14831 family를 수록하고 있다. 다중서열정렬을 통한 conserved region은 수작업으로(Pfam-A) 혹은 자동적으로(Pfam-B) 결정될 수 있다.

9.1.4 PRINTS (http://www.bioinf.man.ac.uk/dbbrowser/PRINTS/)

PRINTS는 패턴 분석에 활용하기 위한 패턴 혹은 매트릭스를 유도해내는데 지문(fingerprint)을 이용한다. 지문은 한 단백질 family를 특징짓는 패턴(들)의 집합으로 위에서 언급한 diagnostic pattern과 같은 의미를 지닌다. 최근 버전에는 1050 family에 대하여 총 6140 개의 패턴이 수록되어 있다.

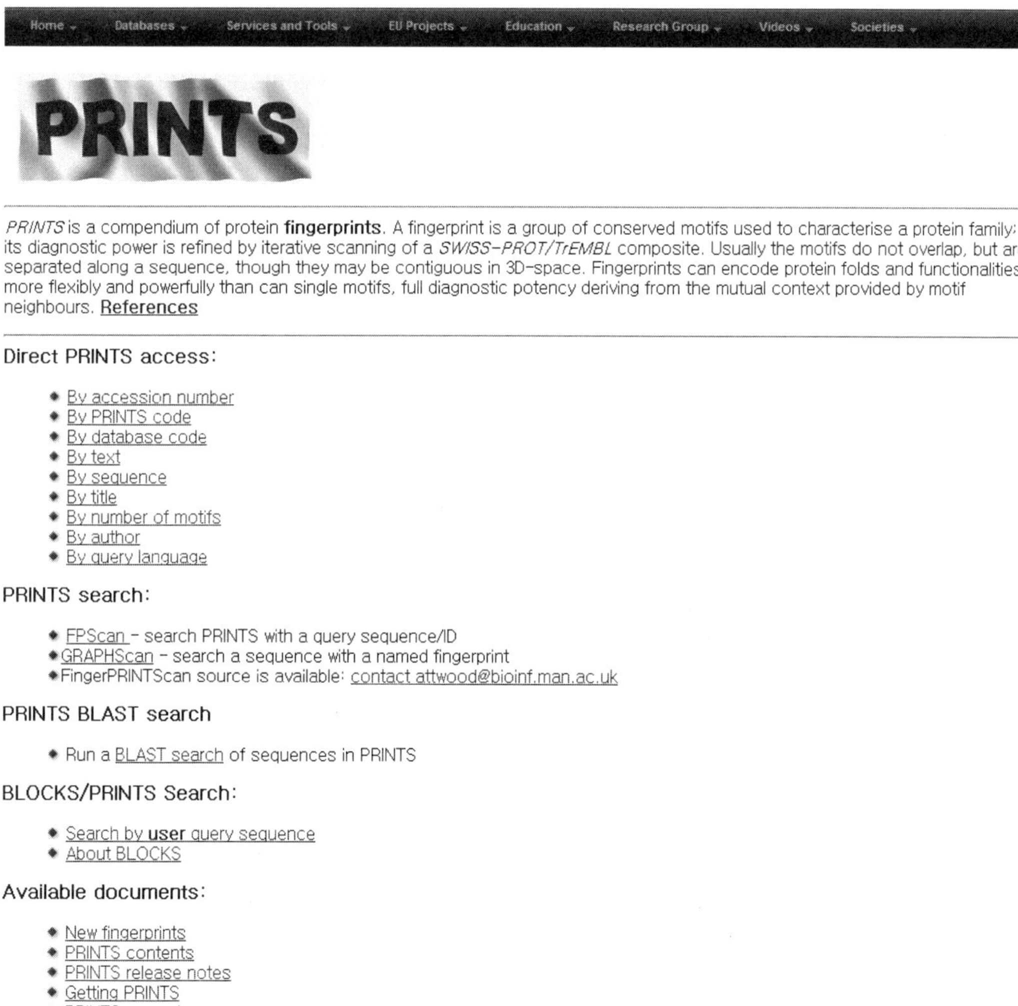
Home Databases Services and Tools EU Projects Education Research Group Videos Societies

PRINTS

PRINTS is a compendium of protein **fingerprints**. A fingerprint is a group of conserved motifs used to characterise a protein family; its diagnostic power is refined by iterative scanning of a *SWISS-PROT/TrEMBL* composite. Usually the motifs do not overlap, but are separated along a sequence, though they may be contiguous in 3D-space. Fingerprints can encode protein folds and functionalities more flexibly and powerfully than can single motifs, full diagnostic potency deriving from the mutual context provided by motif neighbours. **References**

Direct PRINTS access:

- By accession number
- By PRINTS code
- By database code
- By text
- By sequence
- By title
- By number of motifs
- By author
- By query language

PRINTS search:

- FPScan - search PRINTS with a query sequence/ID
- GRAPHScan - search a sequence with a named fingerprint
- FingerPRINTScan source is available: contact attwood@bioinf.man.ac.uk

PRINTS BLAST search

- Run a BLAST search of sequences in PRINTS

BLOCKS/PRINTS Search:

- Search by **user** query sequence
- About BLOCKS

Available documents:

- New fingerprints
- PRINTS contents
- PRINTS release notes
- Getting PRINTS
- PRINTS manual

9.1.5 기타

위 패턴을 쉽게 활용하도록 PIR (http://pir.georgetown.edu/pirwww/index.shtml)과 MOTIF (http://www.genome.jp/tools/motif/) 사이트가 운영되고 있다.

profile 단백질 아미노산 서열 유사성 검색 (similarity search) 프로그램으로 Position-Specific Iterated BLAST (PSI-BLAST)가 있다.

9.2 단백질 구조 분석

단백질 구조는 1차(primary), 2차(secondary), 3차(tertiary), 그리고 4차(quaternary) 구조의 네 단계로 표현된다. 3차 구조는 일반적으로 한 폴리펩티드에 있는 모든 원자들의 공간적 배열을 의미하지만, 단백질 구조를 기술할 때는 공간상에서 구조적으로 독립된 단위체를 지칭하는 '도메인'과 같은 의미로 쓰인다. 특히 이러한 정의는 여러 개의 도메인을 포함하는 폴리펩티드(subunit)의 경우 중요하다. 3차 구조는 일반적으로 2차 구조 몇 개가 모여 이루어지는데, 'fold'는 2차 구조가 공간상에 배열되어 연결된(같은 topology를 갖는) 패턴을 의미한다. 같은 fold의 단백질들은 구성 2차 구조들과 이들을 연결하는 부위의 크기에 차이가 있으나, 일반적으로 전체 구조가 유사하게 된다. 아미노산 서열의 유사성이 매우 낮을 경우에도 삼차원 구조가 유사한 경우가 있다. 이것은 구조가 유사한 두 단백질이 같은 조상으로부터 진화했거나 혹은 다른 조상으로부터 특정 기능을 갖는 구조로 진화한 결과로 볼 수 있다. 일반적으로 진화과정에서 단백질의 아미노산 서열보다는 구조가 보다 잘 보존되어 있음을 나타낸다.

구조 분류 및 비교는 공통적으로 PDB(Protein Data Bank)에 수록된 단백질에 한하여 가능하다. 이에 관련된 사이트로는 SCOP(http://scop.mrc-lmb.cam.ac.uk/scop/), CATH(http://www.biochem.ucl.ac.uk/bsm/cath/), DALI(http://ekhidna.biocenter.helsinki.fi/dali_server/) 등이 있다.

9.2.1 분자 모델링

현재 단백질의 일차 구조만 이용하여 삼차원 구조를 정확하게 예측하는 방법은 없다. 일반적으로 molecular modeling은 상동성이 있는 단백질의 구조를 template로 하거나, 분광학적인 방법으로 얻은 결과 등을 종합하여 계산하는 매우 복잡하고 어려운 과정을 거친다.

단백질 삼차원 분자 구조 예측은 크게 세 가지 접근 방법으로 시도된다. (1) 먼저 구조가 알려진 단백질과 아미노산 서열의 상동성이 높을 경우 (30 % 이상) 'homology modeling' 방법이 적용될 수 있다. 이 방법은 template 구조를 뼈대로 곁사슬을 치환하고, gap 부분(주로 loop 영역)을 보완하는 과정을 거친다. 이 방법으로 비교적 정확한 구조를 얻을 수 있으나 지금까지 밝혀진 삼차원 구조의 개수가 제한되어 있어 상동성이 있는 삼차원 구조(template)를 확보하는 것이 어려운 단점이다. (2) 다른 방법은 아미노산 서열 이외에 어떤 정보도 이용하지 않는 'Ab initio' 방법이 있다. 이 방법은 단백질 folding에 관한 정보가 아미노산 서열에 모두 포함되어 있다는 개념에서 여러 가지 관련 물리-화학적 원리를 이용하여 삼차원 구조를 예측한다. 이 방법이 가장 바람직하지만, 많은 구조(conformation) 중에서 sampling하는 문제점과 맞는 구조를 평가하는 scoring에 문제가 있어 현재 성공적으로 삼차원 구조를 예측하지는 못한다. (3) 최근에 시도되는 modeling 방법에는 'fold recognition' 방법이 있다. 'Threading'으로 알려진 이 방법은 단백질이 제한된 종류의 삼차원 구조(fold)를 갖는다는 사실에 바탕을 두고 있다. 우선 단백질 삼차원 구조 데이터베이스로부터 단백질 구조를 대표하는 library를 만들고, 아미노산 서열을 library에 수록된 구조(fold)에 차례로 적용(즉, threading; dynamic programming algorithm 등 여러 방법이 이용)한 후 각 model에 대한 evaluation과정(best energy score를 갖는 구조)을 거쳐 최적의 model을 찾는다. 여기서 얻은 model을 template로 homology modeling과 유사한 방법으로 목표단백질의 구조를 얻는다.

대표적인 분자모델링 서버는 **SWISS-MODEL** (http://swissmodel.expasy.org/)로 단백질 아미노산 서열을 입력하면 예측된 분자 구조를 얻을 수 있다. 이 경우 사용자는 template 서열을 이용하면 보다 유용한 결과를 얻을 수 있다. Neural network을 이용한 사이트로는 **CPHmodels** (http://www.cbs.dtu.dk/services/CPHmodels/)가 있다. 이외에 분자 모델링에 관한 사이트로는 http://swift.cmbi.ru.nl/teach/courses/index.html, CMM (Center for Molecular Modeling): http://http://cmm.cit.nih.gov/, Critical Assessment of Structure Prediction (CASP) 관련 사이트: http://predictioncenter.org/ 등이 있다.

연습 문제

❶ 아래는 calmodulin의 아미노산 서열이다.

ADQLTEEQIAEFKEAFSLFDKDGDGTITTKELGTVMRSLGQNPTEAELQDMINEVD
ADGNGTIDFPEF
LTMMARKMKDTDSEEEIREAFRVFDKDGNGYISAAELRHVMTNLGEKLTDEEVD
EMIREADIDGDGQ
VNYEEFVQMMTAK

위에서 설명한 server를 이용하여 위 서열에 대한 다음의 분석을 수행하라.

(1) **이 서열에 있는 패턴의 이름과 위치 및 개수는? PROSITE를 이용한 분석에서 이 패턴은 어떻게 표현되는가?**

(2) **각각의 방법을 이용하여 얻은 결과에 대하여 comment하라.**

(3) **이 서열과 같은 family에 있는 서열들은 무엇인가?**

9.3 대사네트워크 분석

9.3.1 BioCyc

BioCyc(http://biocyc.org/)에는 현재 2989개의 대사회로/유전체 데이터베이스(PGDBs)가 있으며, 각 PGDB는 단일 생물체의 유전체와 대사경로에 관한 정보를 제공하고 있다.

BioCYC는 소프트웨어를 이용하여 서열이 완전히 알려진 생물의 대사회로 뿐만 아니라 효소나 오페론 등을 유추해준다. 또한 오믹스 데이터 분석, 비교유전체 분석, 대사회로에 대한 비교 분석 및 시각화를 위한 소프트웨어 도구를 제공한다.

1) Summary Statistics

메인메뉴에서 Tools => Summary Statistics를 선택하면 각 생물체에 관한 요약 정보를 볼 수 있는데, 각 세부 페이지로 이동이 가능하다. 초기화면은 대장균 MG1655로서 데이터베이스 이름은 EcoCyc이다. 생물체 데이터베이스를 바꾸려면 'change organism database'를 누르면 된다.

2) Genome Browser

메인 메뉴에서 Tools => Genome Browser를 선택한다. 초기화면은 역시 대장균 MG1655이다. 유전체 수준에서 오페론, 유전자, 특정 신호서열 수준까지 확대/축소와 좌우이동이 가능하다. 단백질 유전자와 RNA 유전자의 표시를 달리 하였고, 색깔로 오페론 구성을 표시하였다. 또한 전사의 개시점과 종결자가 표시되어 있다. 마우스 이벤트로 각 유전자와 오페론의 상세 정보를 볼 수 있다. 특정 유전자를 중앙으로 정렬하기 위해서는 바로 아래에 있는 tick mark를 클릭하면 된다. 유전체의 특정부위 혹은 유전자 이름으로 검색하여 해당 부위로 이동이 가능하다.

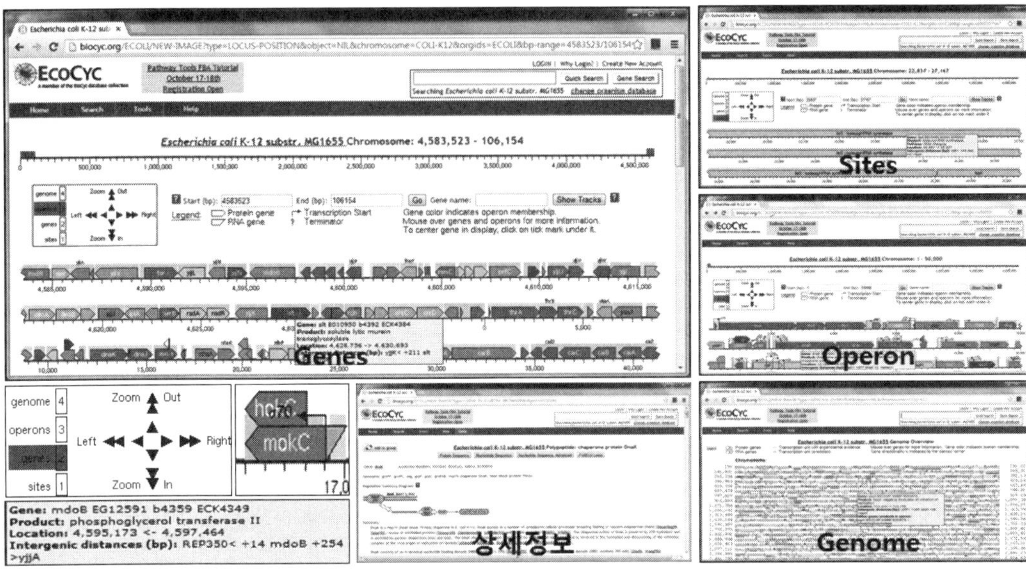

3) Cellular Overview

해당 종에 대한 대사경로를 한눈에 살펴볼 수 있으며, 확대/축소와 좌우이동이 가능하다. 마우스 이벤트로 상세정보를 볼 수 있다.

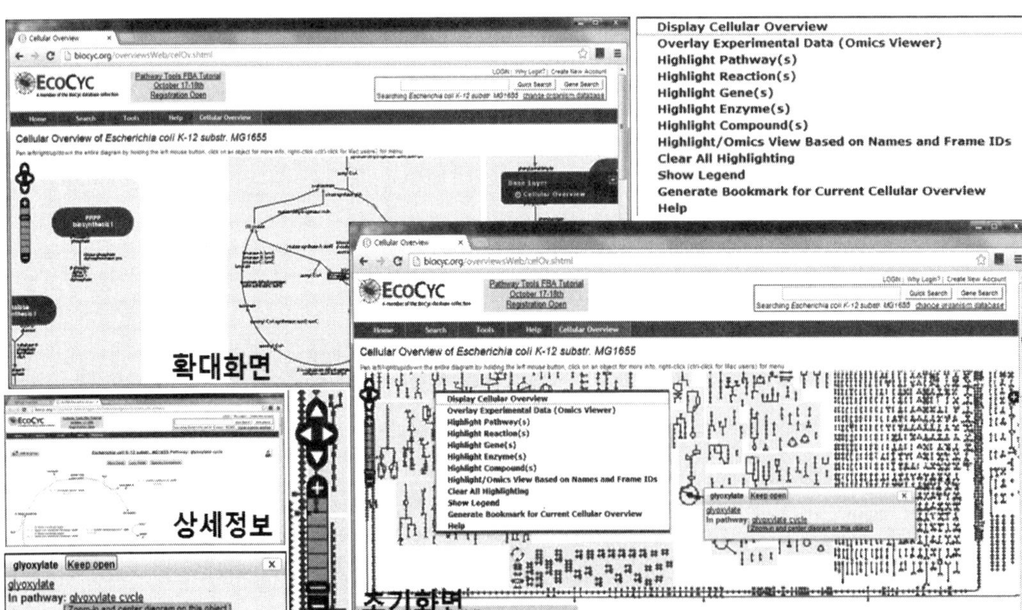

4) Genome Overview

Genome Browser에서 유전체 수준으로 보여주던 페이지이다.

5) Regulatory Overview

각 유전자에 대한 산물, ligand 외에 regulator와 regulatee를 제공하여 유전자 간의 관계를 보다 쉽게 파악할 수 있다. 이 역시 확대/축소 및 좌우 이동이 가능하며, 마우스 이벤트에 의해 상세정보로 이동이 가능하다.

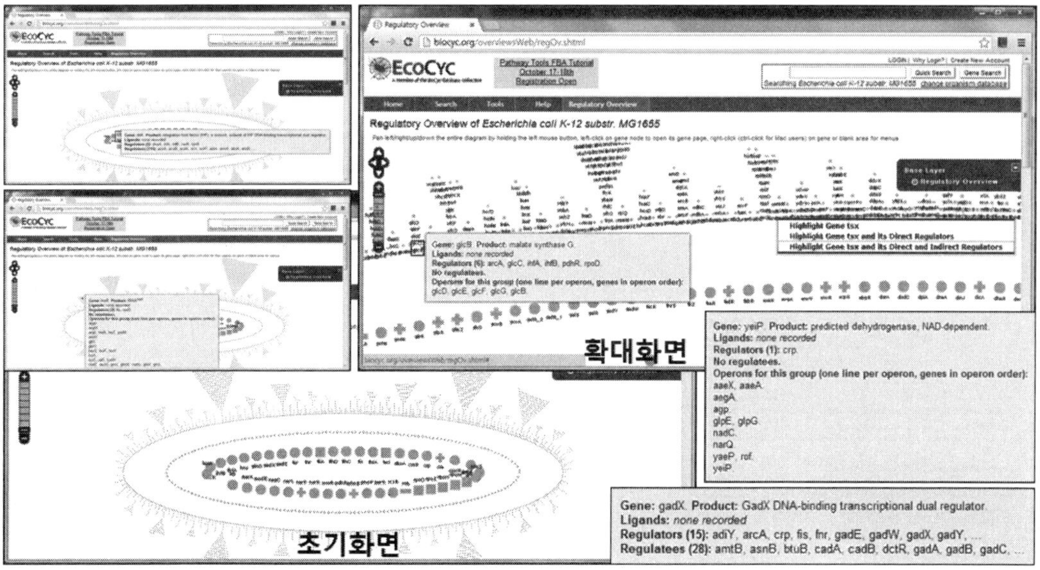

6) Comparative Analysis

단일 생물체내 또는 복수 생물체들의 집합의 유전체/대사경로 데이터베이스를 비교하기 위한 통계 프로그램으로 해당 검색도구를 이용하기 위해서는 설치가 선행되어야 한다. 또한 교육비디오가 존재해 쉽게 따라할 수 있도록 돕는다.

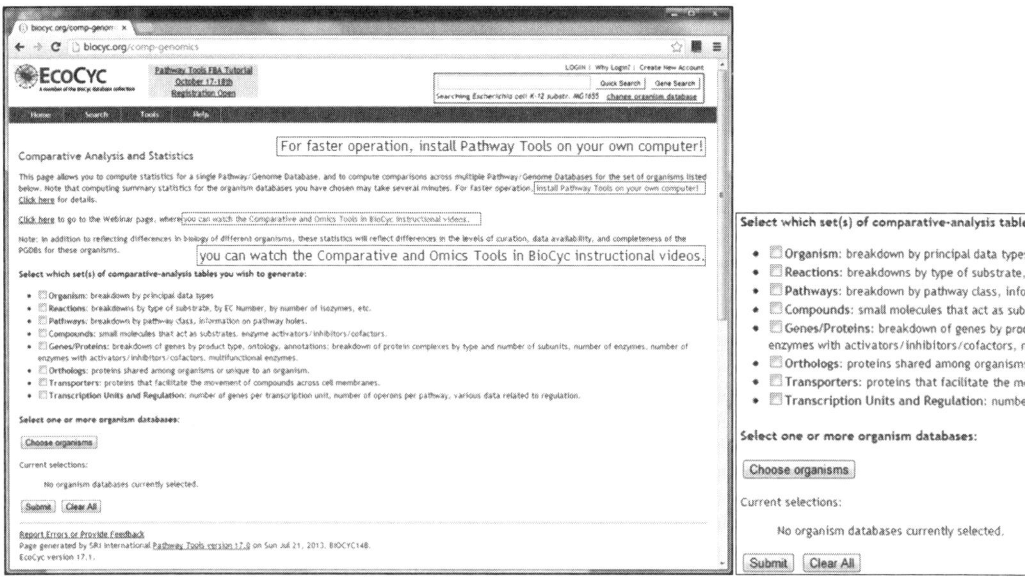

7) Dead-end Metabolites

'막다른'의 의미를 갖는 'Dead-end'로의 metabolite는 오로지 소비하는 경우이거나 반대로 생산하는 경우일 때의 metabolite를 일컫는다. 이 검색도구는 cellular compartment가 주어지면 이를 찾아주는 Dead End Finder로 아주 정확하지는 않지만 기존 PGDB의 오류를 파악할 수 있다. 결과는 reactant이거나 product인 경우를 구분하여 제공되며, 마우스 이벤트를 통해 세부정보를 확인할 수 있다. 로그인 시 더 많은 데이터를 확인할 수 있다.

8) Chokepoint Reactions

Chokepoint reaction이란 metabolic network에서 하나의 고유한 특정 반응물을 소비하거나 특정 생성물을 생성하는 반응을 말한다. 해당 대사과정은 생산이나 소비과정에 의해 균형이 유지되어야 하며 이들이 dead-end인 것은 아니다. 이 도구는 이러한 반응을 찾아주는 Chokepoint Reaction Finder이다.

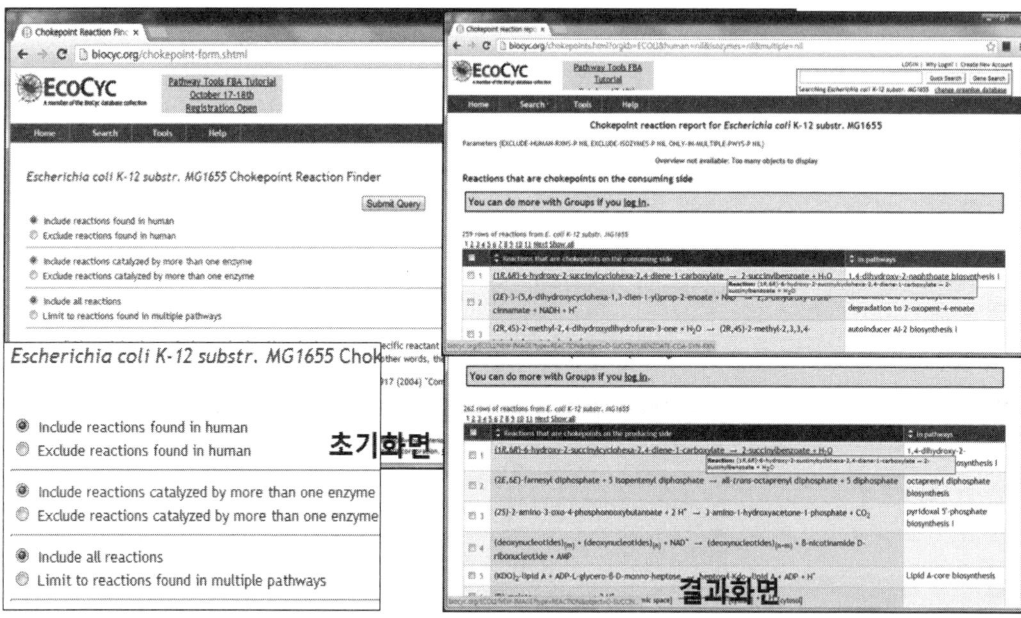

9) Groups

서로 다른 기준으로 Public group과 Special group으로 구분하며, 이 밖에도 Web User Groups에 대한 Dictionary가 제공되고 있다. 이들은 web에서 생성하고 수정하고 조작하며 공유할 수 있는 데이터 모음이다.

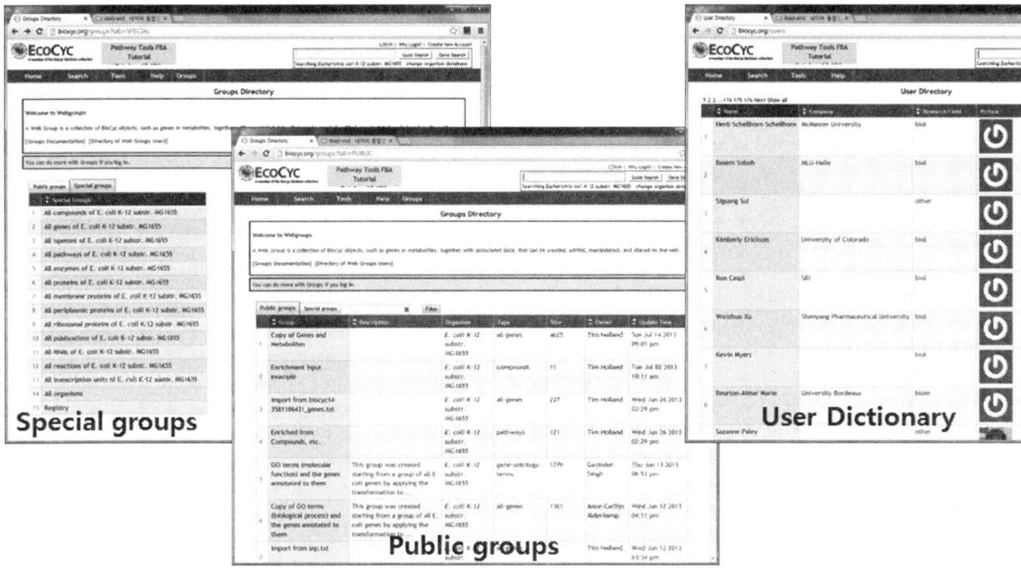

10) Metabolic Route Search

PGDB에서의 reactions뿐만 아니라 MetaCyc route를 수반한 search로, pathway tools의 설치가 선행되어 metroute-metacyc commandline 인수가 제공되어야 한다. 반응물로 이용하고자 하는 compound와 원하는 생성물의 compound, 그리고 route의 횟수, 시간, 비용 등을 입력하여 결과값을 출력한다. HowTo instructions hyperText에서 좀 더 자세한 설명을 볼 수 있다

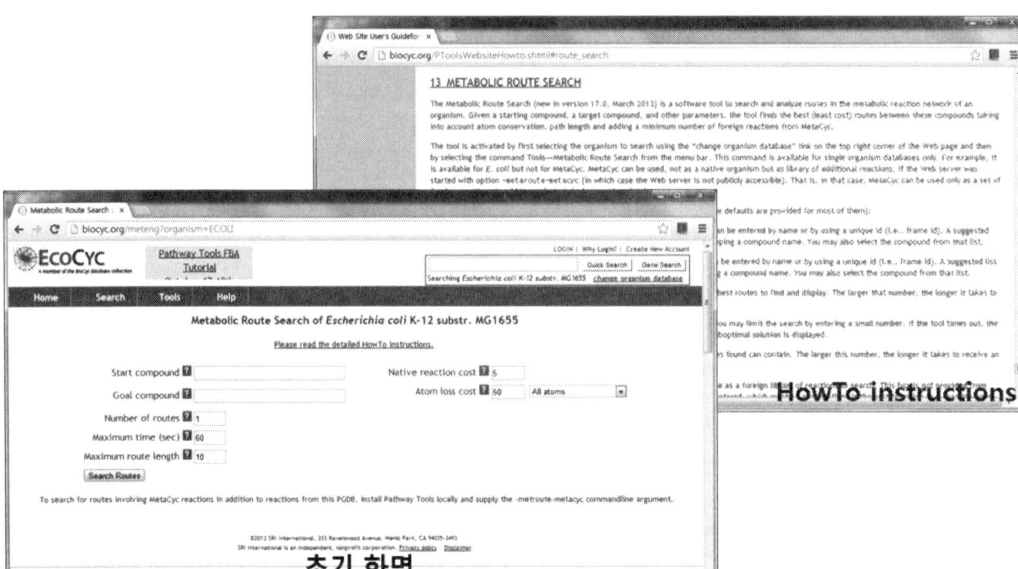

11) Reports

- Summary statistics : 앞서 언급한 summary statistics 도구와 동일한 페이지이다.
- History of updates : 해당 데이터베이스 내의 데이터 축적 현황을 나타낸 페이지이다.

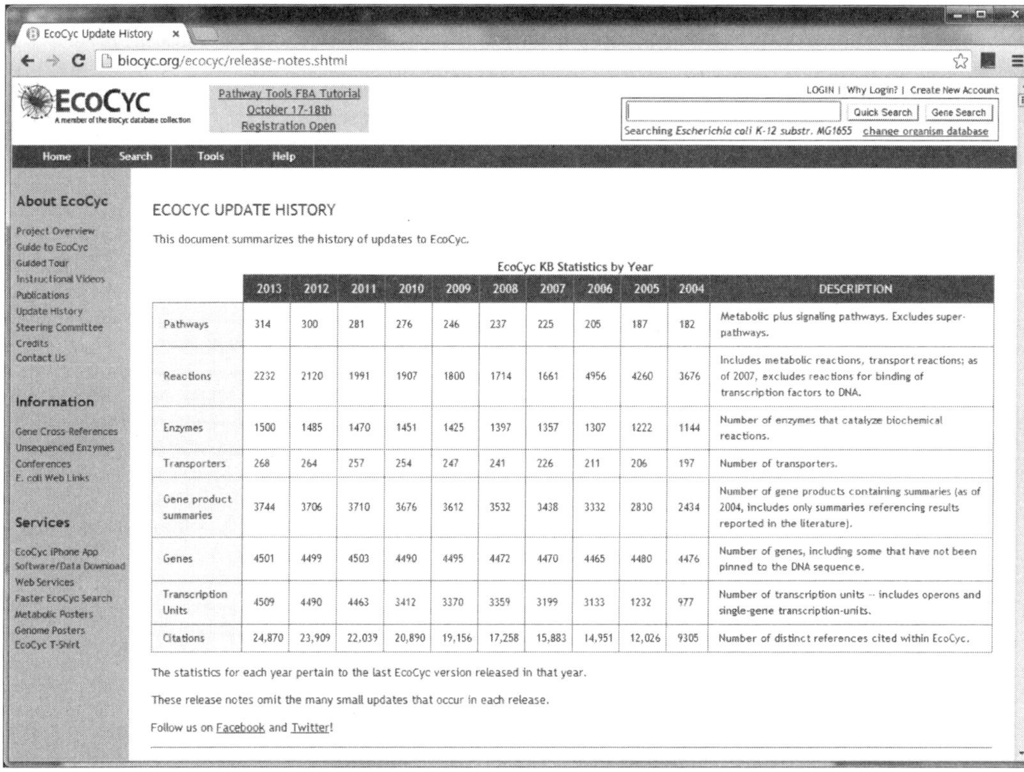

ECOCYC UPDATE HISTORY

This document summarizes the history of updates to EcoCyc.

EcoCyc KB Statistics by Year

	2013	2012	2011	2010	2009	2008	2007	2006	2005	2004	DESCRIPTION
Pathways	314	300	281	276	246	237	225	205	187	182	Metabolic plus signaling pathways. Excludes super-pathways.
Reactions	2232	2120	1991	1907	1800	1714	1661	4956	4260	3676	Includes metabolic reactions, transport reactions; as of 2007, excludes reactions for binding of transcription factors to DNA.
Enzymes	1500	1485	1470	1451	1425	1397	1357	1307	1222	1144	Number of enzymes that catalyze biochemical reactions.
Transporters	268	264	257	254	247	241	226	211	206	197	Number of transporters.
Gene product summaries	3744	3706	3710	3676	3612	3532	3438	3332	2830	2434	Number of gene products containing summaries (as of 2004, includes only summaries referencing results reported in the literature).
Genes	4501	4499	4503	4490	4495	4472	4470	4465	4480	4476	Number of genes, including some that have not been pinned to the DNA sequence.
Transcription Units	4509	4490	4463	3412	3370	3359	3199	3133	1232	977	Number of transcription units -- includes operons and single-gene transcription-units.
Citations	24,870	23,909	22,039	20,890	19,156	17,258	15,883	14,951	12,026	9305	Number of distinct references cited within EcoCyc.

The statistics for each year pertain to the last EcoCyc version released in that year.

These release notes omit the many small updates that occur in each release.

Follow us on Facebook and Twitter!

9.3.2 BioCYC 검색

오른쪽 상단 모서리에 있는 "Quick Search"창 하단에 change organism database를 눌러 원하는 종을 선택한다.

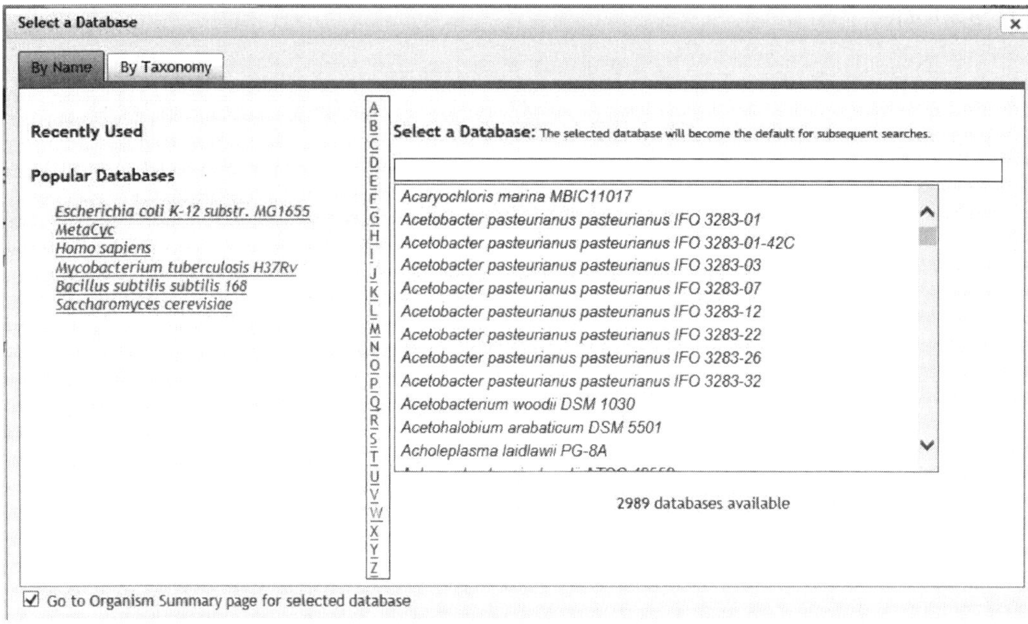

상단에 Search 툴을 이용한다.

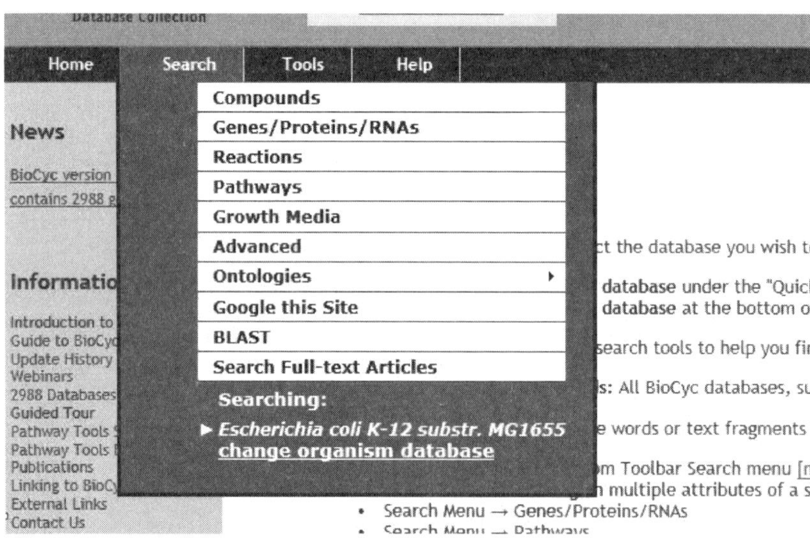

BioCYC는 단어와 데이터베이스 필드를 통한 검색 (빠른검색, 툴바를 통한 검색, 고급검색), 온톨로지 검색, BLAST 검색 등의 검색도구를 제공한다.

9.3.3 Pathway Tools Software

http://bioinformatics.ai.sri.com/ptools/

9.3.3.1 Comprehensive symbolic systems biology software

1) 유전체와 대사경로의 많은 생명정보학적 데이터 타입을 통합한 organism-specific DB의 개발
2) flux-balance 분석을 통한 metabolic-flux model의 개발
3) 과학적 시각화 및 Web을 통한 정보 제시, 특정 생물체 데이터베이스의 보급, 대사경로 및 전 대사 네트워크의 전자동 표시/ genome browser/, 오페론과 레귤론을 비롯한 모든 전사 조절 네트워크의 표시
4) genome분석을 통해 대사 경로와, 대사경로의 hole filler 또는 오페론을 예측
5) 대사네트워크를 분석함으로써 metabolite의 추적, dead-end metabolite 탐색 및 choke point(잠재적인 약물 target) 식별

9.3.3.2 Components

1) PathoLogic: Genbank entry를 입력값으로 받아 해당 생물체에 대해 예측한 metabolic pathway를 포함하는 새로운 PGDB의 생성
2) Pathway/Genome Navigator: PGDBs에 대한 query, 시각화, 분석 등을 지원
3) MetaFlux: metabolic flux model의 개발을 지원
4) Pathway/Genome Editors: PGDBs를 위한 상호 편집 기능을 제공

9.3.4 Sol Genomics Network

http://solgenomics.net/downloads/index.pl

9.3.5 관련 perl 기반 프로그램

	이름	기능
1	NetSeed	생물의 서식환경의 metabolic interface를 계산하는 도구로 metabolic network의 topology를 분석하고, exogenous acquired compound sets을 계산. 웹 기반 도구와, 오픈 소스의 Perl 모듈을 제공(http://depts.washington.edu/elbogs/NetSeed)
2	Tools-4-Meta tool	metabolic network와 관련된 파일을 분석하고, 파싱하고 다룰 수 있는 웹 기반 도구. 다섯 가지의 분석 도구와 세 가지의 비교 도구를 제공 (http://solea.quim.ucm.es/t4m)
3	Facile	시스템 생물학을 위한 Perl 기반의 network compiler로 모델의 역학분석 결과를 제공(source code: PMC1976619 〉 supplementary material)
4	AutoFACT	sequence data로 metabolic pathway와 기능적, 효소적 분류, GeneOntology 등을 추정해 functional annotation과 classification을 하며 최근 버전의 경우 transitive EST annotation도 제공 (http://www.bch.umontreal.ca/Software/AutoFACT.htm)
5	SunlightCBM	metabolic networks의 constraint-based modelling과 flux-balance analysis를 위한 perl script의 모음 (http://sunlightcbm.sourceforge.net)
6	flux-balance analysis (FBA)	영양이나 분열상태, 생산하는 metabolites들에 대한 metabolic reactions의 정상상태 flux rate를 예측 (http://gcrg.ucsd.edu/Downloads/FluxBalanceAnalysis)
7	perlcyc	pathway tools software를 위한 perl interface (http://www.arabidopsis.org/biocyc/perlcyc/perlcyc.jsp)

9.4 바이오펄과 네트워크

바이오펄-네트워크 (BioPerl-Network 1.6.9)는 대사 네트워크를 다루기 위한 패키지로서 최근 공개되었다. 그러나 아직은 실험적인 상태고 기능도 제한적이다. 방향을 이해하기 위하여 간략하게 살펴보기로 한다.

9.4.1 설치

바이오펄-네트워크는 현재로서는 cpanm으로 설치할 수 없다. 설치하기 위해서는 펄의 Graph 패키지 (Graph-0.96) 가 필요하다. 이것은 drawing이나 rendering을 위한 것이 아니라 추상화 자료구조를 만들기 위한 것이다.

```
C:\Users\Young-Kim>cpanm Graph
Set up gcc environment - 3.4.2 (mingw-special)
--> Working on Graph
Fetching http://www.cpan.org/authors/id/J/JH/JHI/Graph-0.96.tar.gz ... OK
Configuring Graph-0.96 ... OK
Building and testing Graph-0.96 ... OK
Successfully installed Graph-0.96
1 distribution installed
```

바이오펄-네트워크를 이용하여 PSI XML 파일을 읽기 위해서는 XML::Twig 이 필요하다.

```
C:\Users\Young-Kim>cpanm XML::Twig
Set up gcc environment - 3.4.2 (mingw-special)
--> Working on XML::Twig
Fetching http://www.cpan.org/authors/id/M/MI/MIROD/XML-Twig-3.44.tar.gz ... OK
Configuring XML-Twig-3.44 ... OK
Building and testing XML-Twig-3.44 ... OK
Successfully installed XML-Twig-3.44
1 distribution installed
```

바이오펄-네트워크를 설치하는 방법은 바이오펄을 윈도우즈에 설치하는 요령 (http://www.bioperl.org/wiki/Installing_BioPerl_on_Windows)에 따라 설치한다.

10장 바이오펄과 텍스트마이닝

10.1 데이터마이닝과 텍스트마이닝

데이터마이닝은 데이터베이스나 데이터웨어하우스로부터 분명치 않은 패턴이나 경향을 찾아내는 작업을 의미한다. 텍스트마이닝은 일반 텍스트에서 분명치 않은 사실, 오랜 검색이나 분석을 요구하는 패턴이나 숨겨진 정보를 찾아내는 작업을 의미한다. 다음 그림에서 개념의 차이를 나타낸 것처럼 근본적인 차이는 대상이 구조화 된 데이터인가 아니면 구조화되어 있지 않은 일반 텍스트인가 하는 것이다. 일반적으로 우리가 행하는 검색은 목적을 가지고 수행하고 그 결과로서 데이터나 정보를 획득하게 되는 것이다. 반면에 마이닝은 우발적이지만 새로운 발견에 이르게 한다.

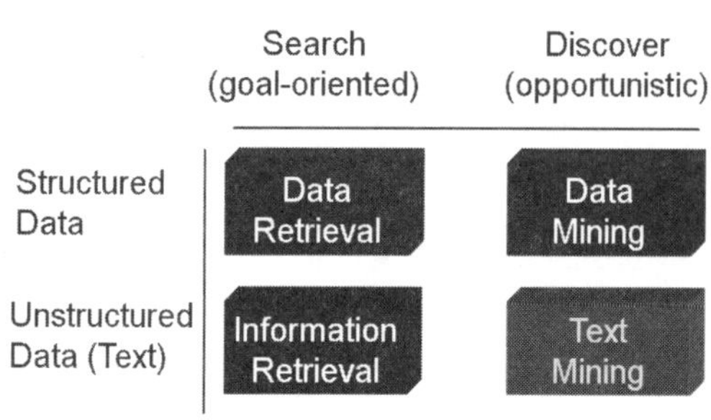

요즘 웹에는 많은 정보가 있기 때문에 텍스트마이닝 중에서도 웹을 다루는 웹마이닝이란 용어도 사용되고 있다.

10.2 KNIME

10.2.1 KNIME 설치

http://www.knime.org/downloads에서 knime_2.8.1.win32.win32.x86.exe을 다운로드 받아 설치한다.

knime.exe를 실행하면 workspace의 위치를 묻는 창이 나타나고, OK 하면 본 화면이 나타난다. KNIME 워크벤치의 화면 구성은 다음과 같다.

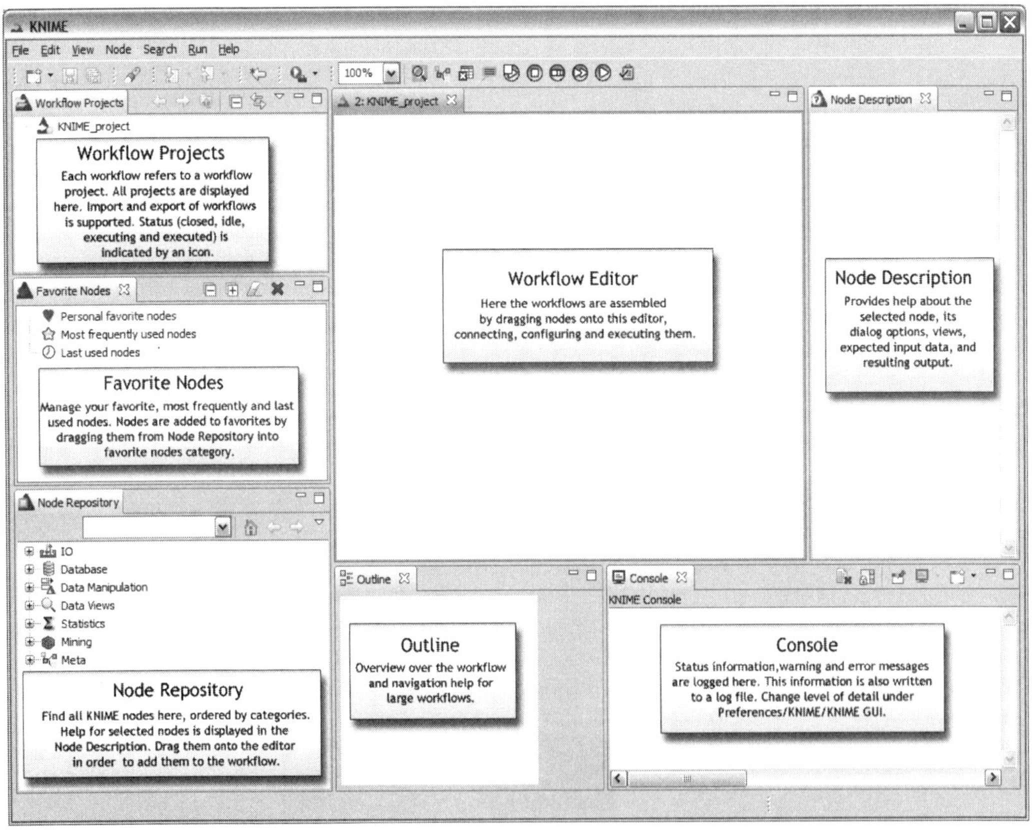

노드(node)는 워크플로우의 기본 조작 단위이다. 노드 저장소(node repository)에 있는 노드를 워크플로우 편집기로 끌고 와서 노드와 노드 사이를 연결시켜주면 워크플로우가 만들어진다.

10.2.2 데이터마이닝

이제 사용법을 KNIME에서 제공하는 'quickstart.pdf'에 따라 샘플 데이터를 가지고 알아보도록 한다. 붓꽃의 종류에 따라 꽃받침과 꽃잎의 길이와 폭을 측정한 데이터가 'IrisDataset/data.all' 파일에 있는데, 그 내용을 살펴보면 다음과 같다,

```
"sepal length" "sepal width" "petal length" "petal width" "class"
5.1 3.5 1.4 0.2 Iris-setosa
4.9 3.0 1.4 0.2 Iris-setosa
----------------- 중략 ------------------
7.0 3.2 4.7 1.4 Iris-versicolor
6.4 3.2 4.5 1.5 Iris-versicolor
----------------- 중략 ------------------
6.2 3.4 5.4 2.3 Iris-virginica
5.9 3.0 5.1 1.8 Iris-virginica
```

노드저장소에서 IO => Read 를 확장하여 File Reader 아이콘을 워크플로우 편집기 창으로 끌어 온다. 다음 노드는 Mining => Clustering을 확장하여 K-means 노드를 끌어 온다. 노드저장소의 검색 박스에 color를 입력하고 Color Manager 노드를 끌어 온다. ESC를 눌러 노드저장소의 원래 화면으로 되돌아간 후 Data Views 카테고리에 있는 Interactive Table과 Scatter Plot 노드를 가져온다. 그리고 각 노드를 연결해 주자.

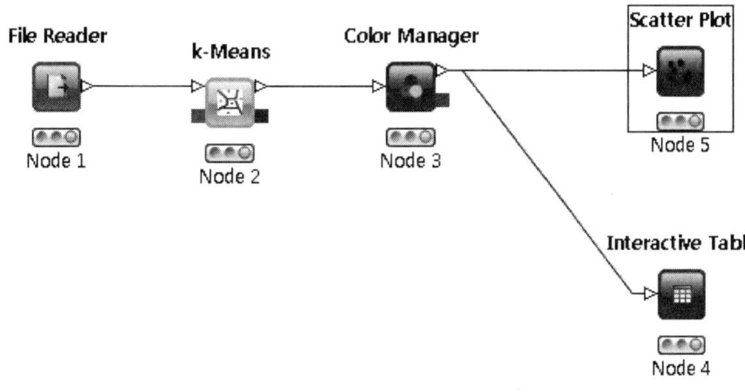

각 노드는 입력포트와 출력포트를 가지고 있다. 포트는 여러 가지가 있는데, 플랫

데이터 테이블을 전송하는 데이터 포트는 흰 삼각형으로 나타내고, 데이터베이스 안에서 명령을 실행하는 노드는 데이터베이스 포트를 갖는데, 갈색 사각형으로 표시된다. 끌고 온 노드사이를 연결해 주면 한 노드의 출력포트로부터 다른 노드의 입력포트로 데이터가 전송된다.

처음 워크플로우 편집기로 끌고 왔을 때는 노드의 상태등(status light)이 적색이다. 실행하기 위해서는 환경설정이 필요하다는 뜻이다. 마우스를 우클릭하여 configure를 선택하고 노드 대화창에서 필요한 설정을 해야 한다.

File Reader 노드를 우클릭하여 configure를 선택한다. 대화창에 아래 그림과 같이 data.all 파일이 있는 곳을 선택해 준다.

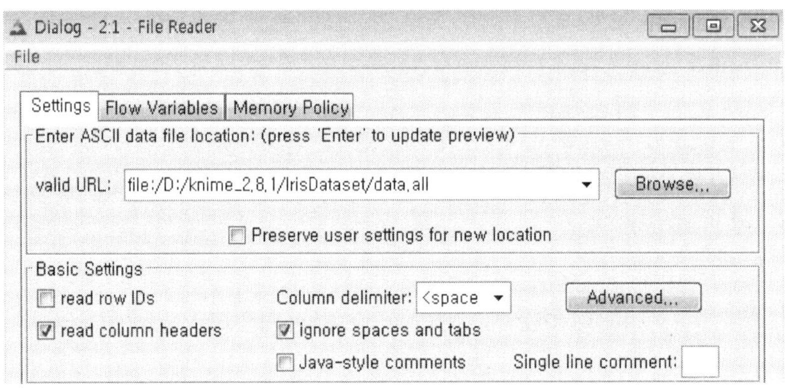

OK를 누르면 상태등이 노란색으로 변한다. 실행할 준비가 되었음을 의미한다. Color Manager 노드를 설정하려면 앞의 두 노드를 실행시켜야 한다. 노드를 우클릭하여 Execute를 클릭하면 된다. 이제 상태등은 녹색으로 바뀐다.

Color Manager 노드의 configure에서 디폴트 설정을 OK해 주고 실행하면 이제 Scattor Plot와 Interactive Table 노드를 실행할 수 있다.

결과를 보려면 우클릭하여 views를 선택하면 된다. 다음은 Scattor Plot과 Interactive Table의 결과이다. Scattor Plot의 일부 포인트를 마우스로 선택하여 'Hiliting' 하고, 'Hilite' 메뉴에서 'Hilite Selected'를 선택하면 테이블에서 해당 부분을 오렌지색으로 표시해 준다.

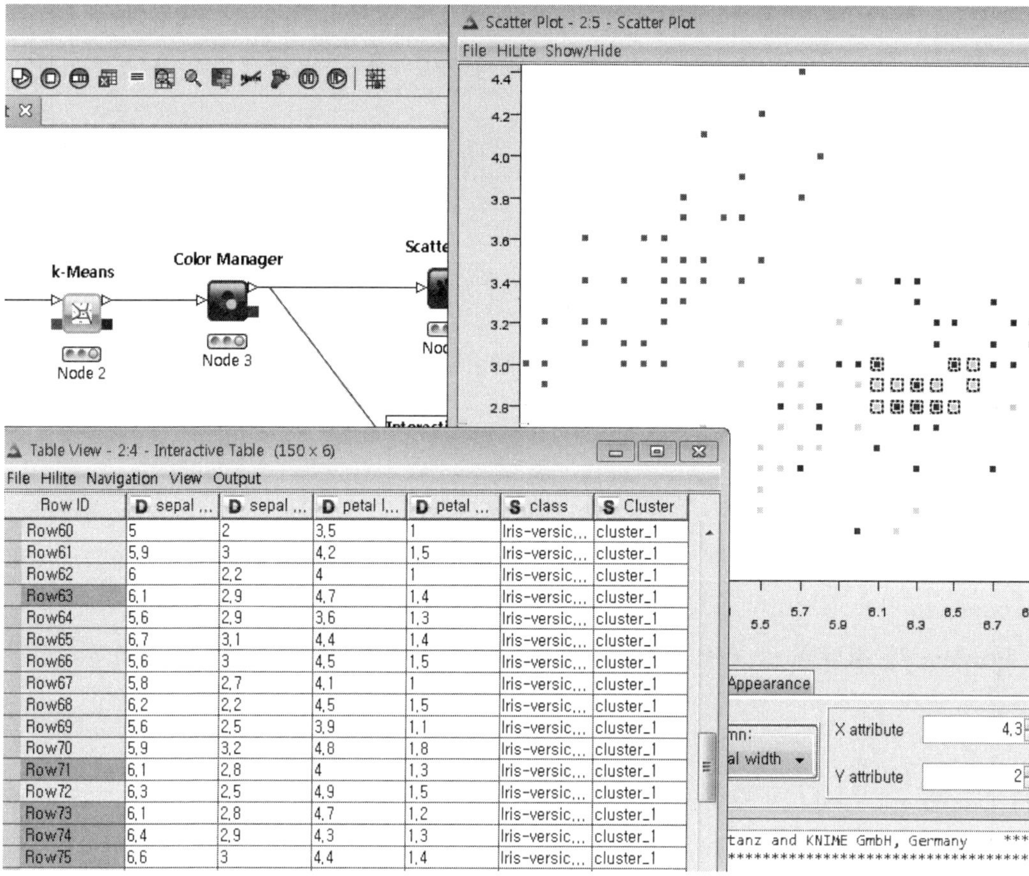

Console 창에는 에러나 경고 메시지가 출력된다.

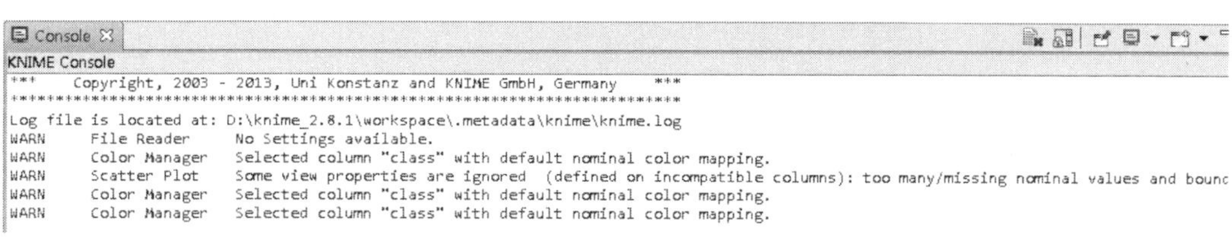

10.2.3 텍스트마이닝

KNIME의 텍스트 처리 기능은 텍스트를 읽고 처리하여 숫자로 나타낸 데이터(문서 벡터, 용어 벡터)로 전환하고 이를 KNIME 데이터마이닝 노드(클러스터링과 분류)에 보내는 데 있다. KNIME은 여러 형태(Xml, Microsoft Word, PDF 등)의 텍스트를 파싱하여 데이터 테이블에 저장할 수 있다.

KNIME text processing 플러그인으로 텍스트를 다루기 위해서는 일반적으로 6 단계를 거친다.

❶ IO: 읽고 파싱하기
❷ Enrichment: 명명된 개체 인식
❸ Preprocessing: 필터링과 조작
❹ Frequencies: 단어 계수 및 키워드 추출
❺ Transformation: bow and vector representation
❻ Visualization: tag cloud

KNIME은 텍스트프로세싱 등 다양한 기능을 제공하고 있는데, 이 기능들을 설치하기 위해서는 'File' => 'Install KNIME Extensions...'에서 선택하면 된다. 우선은 'Text Processing'만을 선택하여 설치한다.

PubMed에 질의를 한 다음, 검색된 문서들을 다운로드하고, 파싱하는 워크플로우를 만들어 보자.

1) Document Grabber 노드는 노드저장소의 KNIME Labs => Text Processing => IO에 있다. 환경설정 대화창에 Query, Path, Document Category 난을 다음과 같이 입력한다.

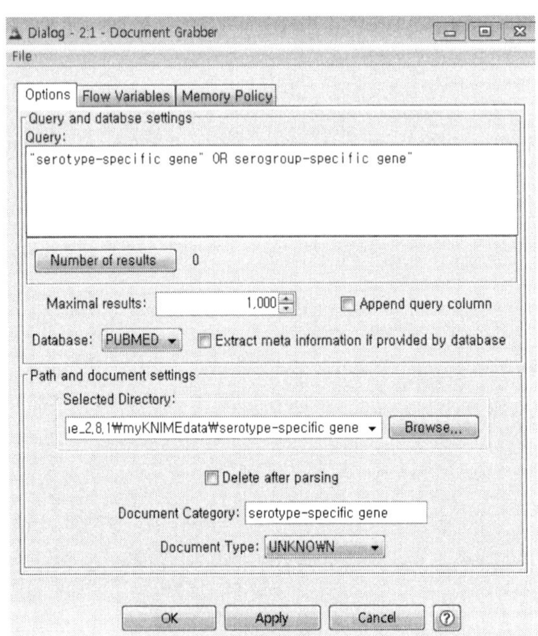

'Apply'를 클릭한 다음, 'Document Grabber' => "Execute'를 눌러 실행하면, 설정한 디렉토리에 PubMed에서 질의어로 검색한 결과 파일이 있음을 확인할 수 있다.

다시 'Document Grabber'를 우클릭하여 'Documents output table'을 클릭하면 실행 결과를 확인할 수 있다. 89개의 문서를 가지고 와서 파싱하였다.

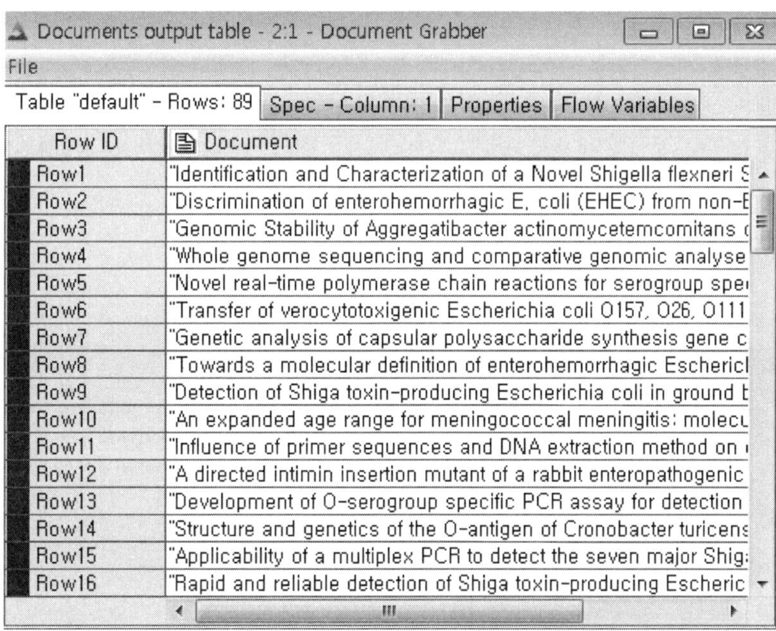

'Spec - Column: 1'을 눌러 column의 수와 형태를 확인하자. 칼럼은 1개로서 'Document' 이며 타입은 'DocumentBlobCell'이다. 칼럼 인덱스는 '0'이다.

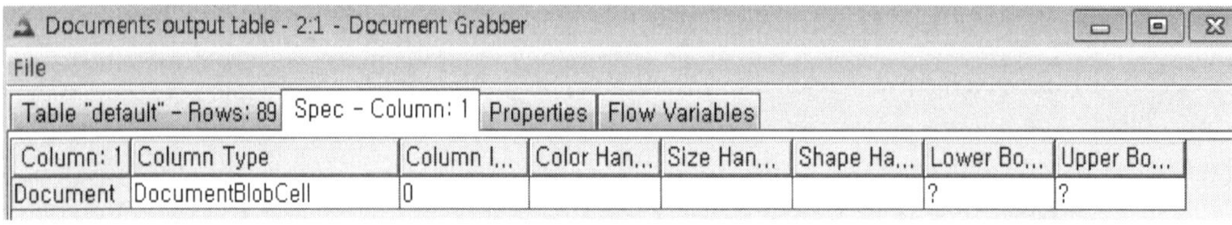

Documents output table - 2:1 - Document Grabber

File

Table "default" - Rows: 89 | Spec - Column: 1 | Properties | Flow Variables

Column: 1	Column Type	Column I...	Color Han...	Size Han...	Shape Ha...	Lower Bo...	Upper Bo...
Document	DocumentBlobCell	0				?	?

2) POS tagger와 3)Abner tagger는 기본 값으로 설정하고, 실행한다.

4) BoW creator를 기본 값으로 설정하고 실행한다. 'Documents output table'을 보면 타입이 'TermCell'인 두 번째 칼럼 'Term'이 생성되면서 Columns:2로 컬럼의 수가 증가하였고, 13087 Rows로 증가하였다. 컬럼 'Term'의 인덱스 값이 0으로 변하였다.

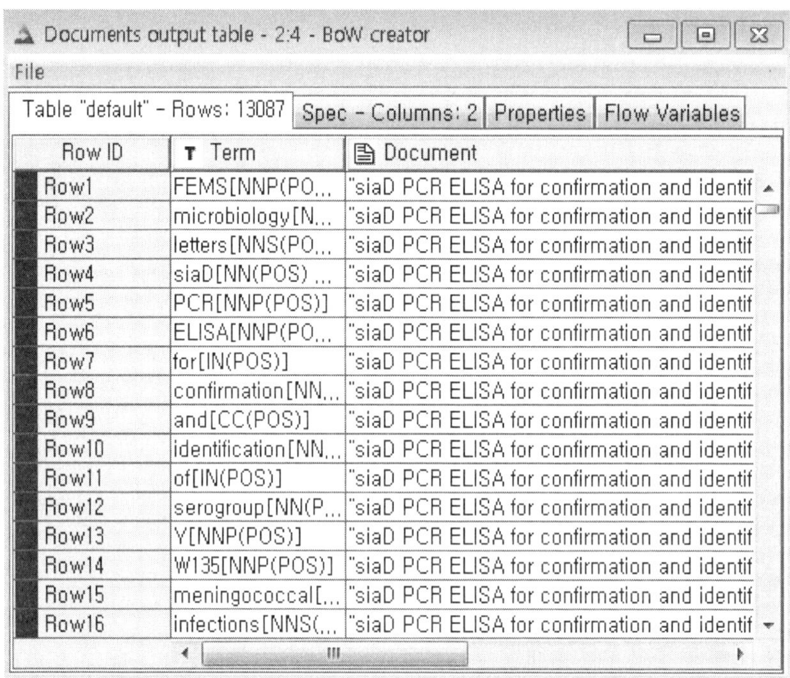

Documents output table - 2:4 - BoW creator

File

Table "default" - Rows: 13087 | Spec - Columns: 2 | Properties | Flow Variables

Row ID	Term	Document
Row1	FEMS[NNP(PO...	"siaD PCR ELISA for confirmation and identif
Row2	microbiology[N...	"siaD PCR ELISA for confirmation and identif
Row3	letters[NNS(PO...	"siaD PCR ELISA for confirmation and identif
Row4	siaD[NN(POS) ...	"siaD PCR ELISA for confirmation and identif
Row5	PCR[NNP(POS)]	"siaD PCR ELISA for confirmation and identif
Row6	ELISA[NNP(PO...	"siaD PCR ELISA for confirmation and identif
Row7	for[IN(POS)]	"siaD PCR ELISA for confirmation and identif
Row8	confirmation[NN...	"siaD PCR ELISA for confirmation and identif
Row9	and[CC(POS)]	"siaD PCR ELISA for confirmation and identif
Row10	identification[NN...	"siaD PCR ELISA for confirmation and identif
Row11	of[IN(POS)]	"siaD PCR ELISA for confirmation and identif
Row12	serogroup[NN(P...	"siaD PCR ELISA for confirmation and identif
Row13	Y[NNP(POS)]	"siaD PCR ELISA for confirmation and identif
Row14	W135[NNP(POS)]	"siaD PCR ELISA for confirmation and identif
Row15	meningococcal[...	"siaD PCR ELISA for confirmation and identif
Row16	infections[NNS(...	"siaD PCR ELISA for confirmation and identif

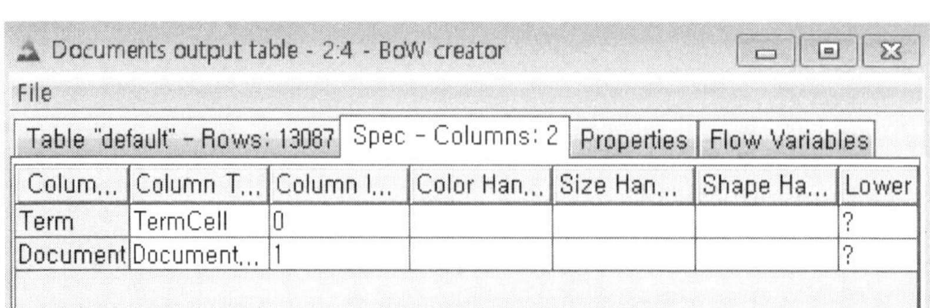

Documents output table - 2:4 - BoW creator

File

Table "default" - Rows: 13087 | Spec - Columns: 2 | Properties | Flow Variables

Colum...	Column T...	Column I...	Color Han...	Size Han...	Shape Ha...	Lower
Term	TermCell	0				?
Document	Document...	1				?

5) Punctuation Erasure를 기본 값으로 설정하고 실행한다. 'Preprocessed terms and related documents output table'을 보면 타입이 'DocumentBlobCell'인 세 번째 칼럼 'Orig Document'가 생성되면서 Columns:3로 컬럼의 수가 증가하였고, 12620 Rows로 감소하였다.

Preprocessed terms and related documents output table - 2:5 - ...

File

Table "default" - Rows: 12620 | Spec - Columns: 3 | Properties | Flow Variables

Row ID	Term	Document
Row1	FEMS[NNP(PO...	"siaD PCR ELISA for confirmation and identif
Row2	microbiology[N...	"siaD PCR ELISA for confirmation and identif
Row3	letters[NNS(PO...	"siaD PCR ELISA for confirmation and identif
Row4	siaD[NN(POS) ...	"siaD PCR ELISA for confirmation and identif
Row5	PCR[NNP(POS)]	"siaD PCR ELISA for confirmation and identif
Row6	ELISA[NNP(PO...	"siaD PCR ELISA for confirmation and identif
Row7	for[IN(POS)]	"siaD PCR ELISA for confirmation and identif
Row8	confirmation[NN...	"siaD PCR ELISA for confirmation and identif
Row9	and[CC(POS)]	"siaD PCR ELISA for confirmation and identif
Row10	identification[NN...	"siaD PCR ELISA for confirmation and identif
Row11	of[IN(POS)]	"siaD PCR ELISA for confirmation and identif
Row12	serogroup[NN(P...	"siaD PCR ELISA for confirmation and identif
Row13	Y[NNP(POS)]	"siaD PCR ELISA for confirmation and identif
Row14	W135[NNP(POS)]	"siaD PCR ELISA for confirmation and identif
Row15	meningococcal[...	"siaD PCR ELISA for confirmation and identif
Row16	infections[NNS(...	"siaD PCR ELISA for confirmation and identif

Preprocessed terms and related documents output table - 2:5 - ...

File

Table "default" - Rows: 12620 | Spec - Columns: 3 | Properties | Flow Variables

Columns: 3	Column T...	Column I...	Color Han...	Size Han...	Shape Ha...	Lo
Term	TermCell	0				?
Document	Document...	1				?
Orig Document	Document...	2				?

6) N Chars Filter를 기본 값으로 설정하고 실행한다. 'Filtered terms and related documents output table'을 보면 11074 Rows로 감소하였다.

앞의 테이블 중 화면에 출력된 부분만 비교해 보면 11번 열 of[IN(POS)]와 13번 열 Y[NNP(POS)]이 제거되었음을 확인할 수 있다.

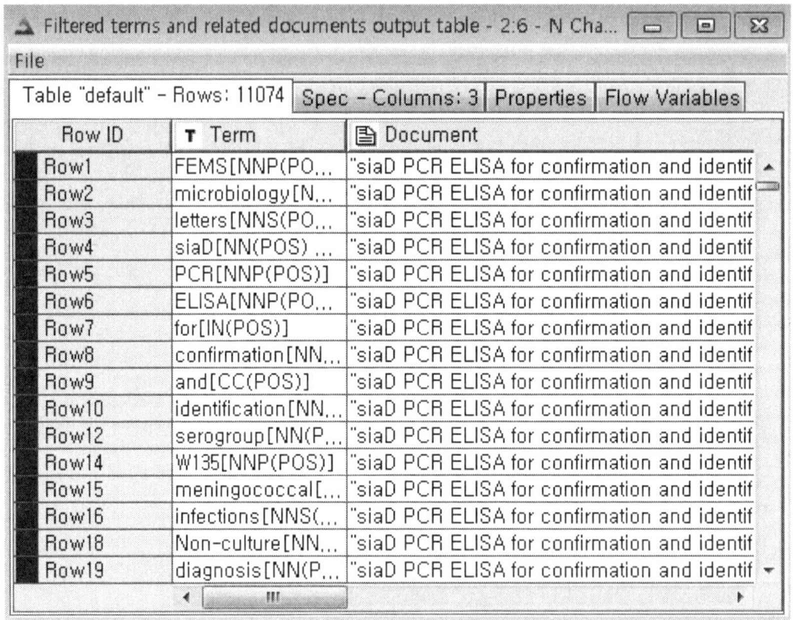

Filtered terms and related documents output table - 2:6 - N Cha...

File

Table "default" - Rows: 11074 | Spec - Columns: 3 | Properties | Flow Variables

Row ID	Term	Document
Row1	FEMS[NNP(PO...	"siaD PCR ELISA for confirmation and identif
Row2	microbiology[N...	"siaD PCR ELISA for confirmation and identif
Row3	letters[NNS(PO...	"siaD PCR ELISA for confirmation and identif
Row4	siaD[NN(POS) ...	"siaD PCR ELISA for confirmation and identif
Row5	PCR[NNP(POS)]	"siaD PCR ELISA for confirmation and identif
Row6	ELISA[NNP(PO...	"siaD PCR ELISA for confirmation and identif
Row7	for[IN(POS)]	"siaD PCR ELISA for confirmation and identif
Row8	confirmation[NN...	"siaD PCR ELISA for confirmation and identif
Row9	and[CC(POS)]	"siaD PCR ELISA for confirmation and identif
Row10	identification[NN...	"siaD PCR ELISA for confirmation and identif
Row12	serogroup[NN(P...	"siaD PCR ELISA for confirmation and identif
Row14	W135[NNP(POS)]	"siaD PCR ELISA for confirmation and identif
Row15	meningococcal[...	"siaD PCR ELISA for confirmation and identif
Row16	infections[NNS(...	"siaD PCR ELISA for confirmation and identif
Row18	Non-culture[NN...	"siaD PCR ELISA for confirmation and identif
Row19	diagnosis[NN(P...	"siaD PCR ELISA for confirmation and identif

7) Stop word Filter를 기본 값으로 설정하고 실행한다. 'Filtered terms and related documents output table'을 보면 8867 Rows로 감소하였다.
앞의 테이블 중 화면에 출력된 부분만 비교해 보면 9번 열 and[CC(POS)]가 제거되었음을 알 수 있다.

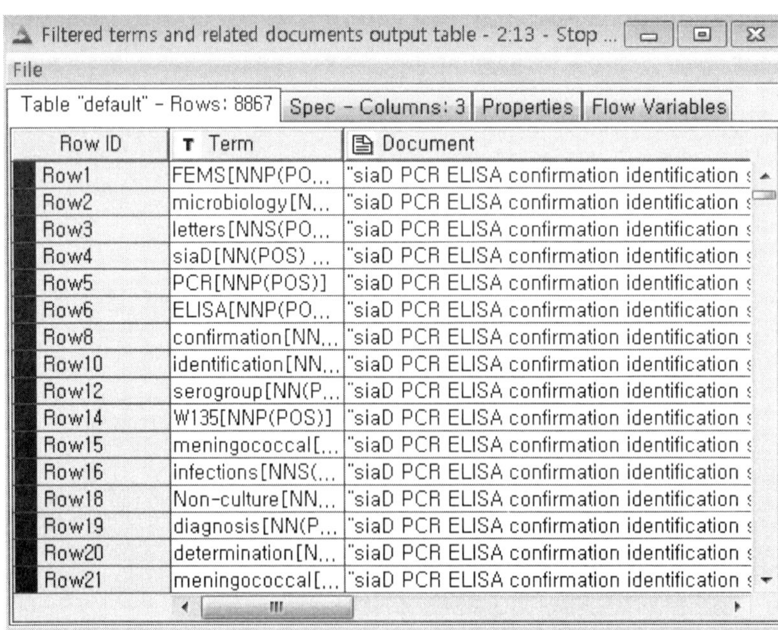

Filtered terms and related documents output table - 2:13 - Stop ...

File

Table "default" - Rows: 8867 | Spec - Columns: 3 | Properties | Flow Variables

Row ID	Term	Document
Row1	FEMS[NNP(PO...	"siaD PCR ELISA confirmation identification s
Row2	microbiology[N...	"siaD PCR ELISA confirmation identification s
Row3	letters[NNS(PO...	"siaD PCR ELISA confirmation identification s
Row4	siaD[NN(POS) ...	"siaD PCR ELISA confirmation identification s
Row5	PCR[NNP(POS)]	"siaD PCR ELISA confirmation identification s
Row6	ELISA[NNP(PO...	"siaD PCR ELISA confirmation identification s
Row8	confirmation[NN...	"siaD PCR ELISA confirmation identification s
Row10	identification[NN...	"siaD PCR ELISA confirmation identification s
Row12	serogroup[NN(P...	"siaD PCR ELISA confirmation identification s
Row14	W135[NNP(POS)]	"siaD PCR ELISA confirmation identification s
Row15	meningococcal[...	"siaD PCR ELISA confirmation identification s
Row16	infections[NNS(...	"siaD PCR ELISA confirmation identification s
Row18	Non-culture[NN...	"siaD PCR ELISA confirmation identification s
Row19	diagnosis[NN(P...	"siaD PCR ELISA confirmation identification s
Row20	determination[N...	"siaD PCR ELISA confirmation identification s
Row21	meningococcal[...	"siaD PCR ELISA confirmation identification s

8) 'POS Filter'를 기본 값으로 설정하고 실행한다. 'Filtered terms and related documents output table'을 보면 437 Rows로 감소하였다.
앞의 테이블 중 화면에 출력된 부분만 비교해 보면 4번열을 제외하곤 모두 제거되었음을 알 수 있다.

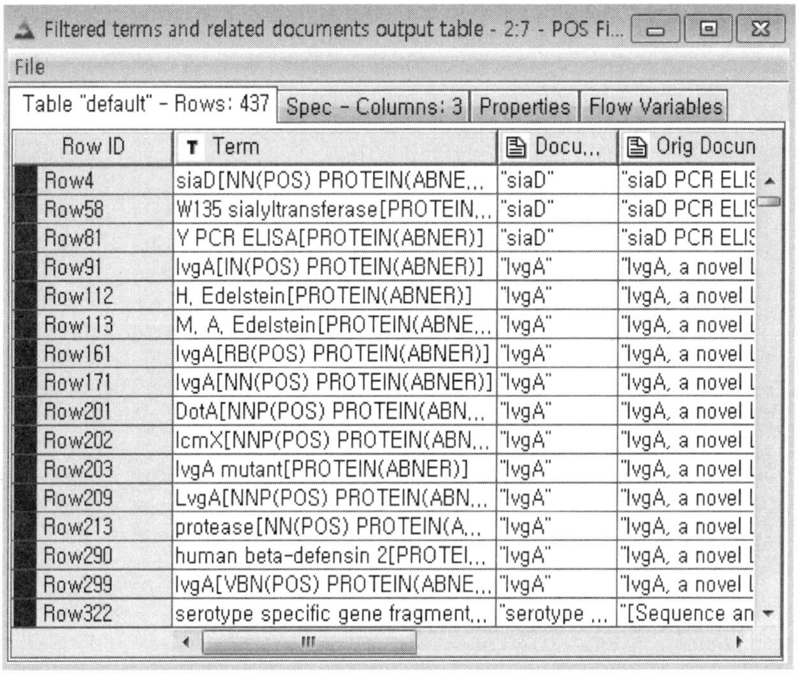

9) 'Porter Steammer'를 기본 값으로 설정하고 실행한다.
10) 'TF'를 'Relative frequency'로 설정하고 실행한다.

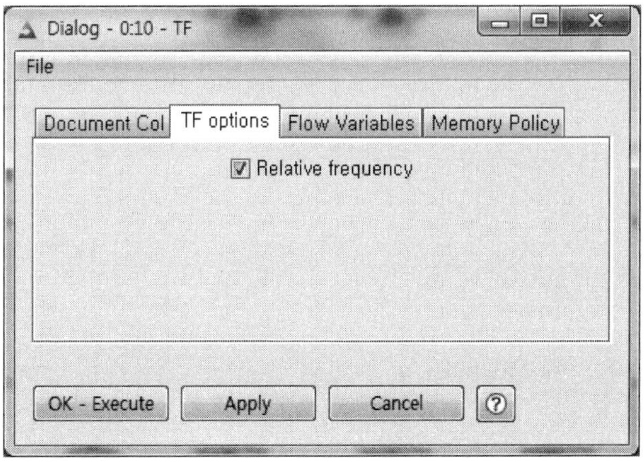

'Terms and documents output table'을 보면 타입이 'DoubleCell'인 네 번째 칼럼 'TF rel'이 생성되면서 Columns:4로 칼럼의 수가 증가하였고, Lower Bound 0.053, Upper Bound 1이다.

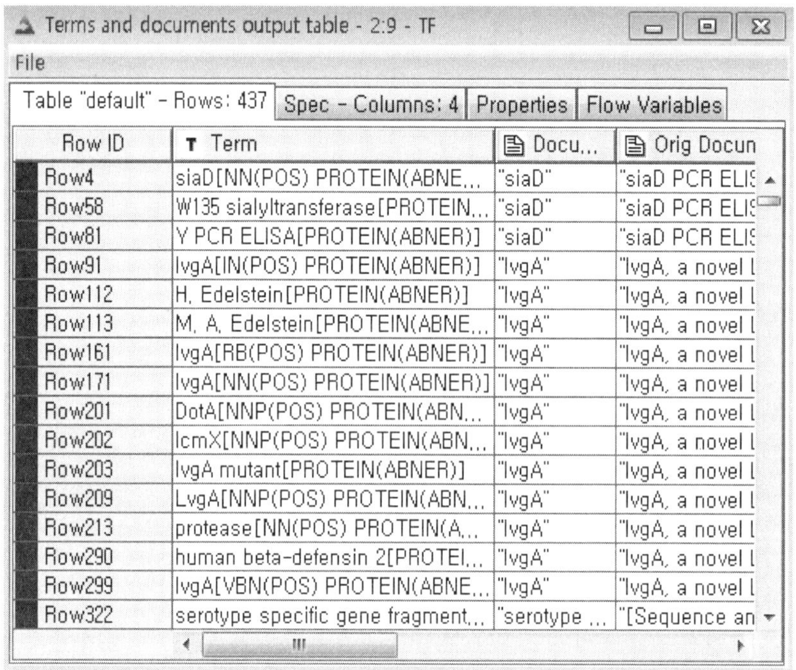

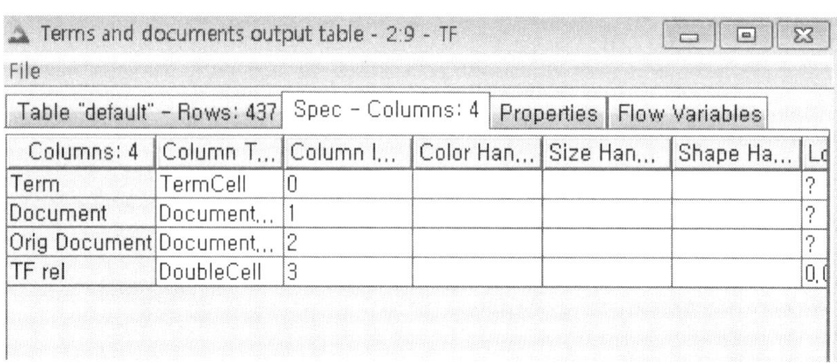

11) 두 번째 TF 노드에서 'TF' => 'TF Options'를 선택하고 'Relative frequency'를 해제하고 실행한다.

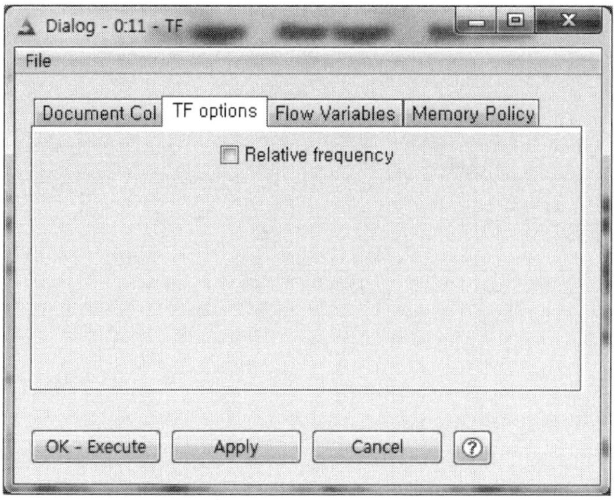

'Terms and documents output table'을 보면 타입이 'IntCell'인 다섯 번째 칼럼 'TF abs'가 생성되면서 Columns:5로 칼럼의 수가 증가하였고, Lower Bound 1, Upper Bound 7이다.

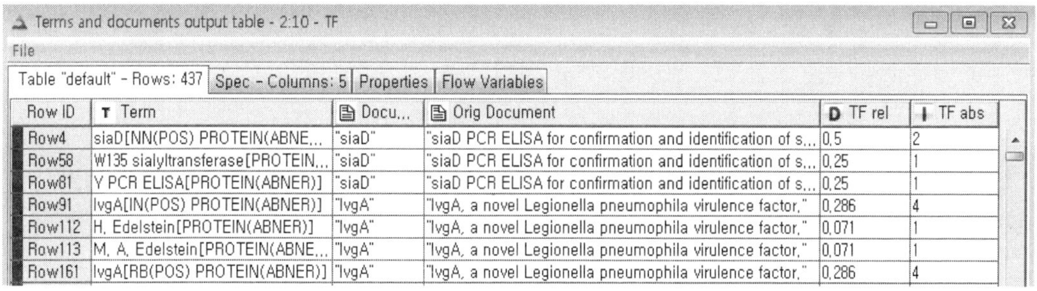

Terms and documents output table - 2:10 - TF

Table "default" - Rows: 437 | Spec - Columns: 5 | Properties | Flow Variables

Row ID	Term	Docu...	Orig Document	TF rel	TF abs
Row4	siaD[NN(POS) PROTEIN(ABNE...	"siaD"	"siaD PCR ELISA for confirmation and identification of s...	0.5	2
Row58	W135 sialyltransferase[PROTEIN...	"siaD"	"siaD PCR ELISA for confirmation and identification of s...	0.25	1
Row81	Y PCR ELISA[PROTEIN(ABNER)]	"siaD"	"siaD PCR ELISA for confirmation and identification of s...	0.25	1
Row91	lvgA[IN(POS) PROTEIN(ABNER)]	"lvgA"	"lvgA, a novel Legionella pneumophila virulence factor."	0.286	4
Row112	H. Edelstein[PROTEIN(ABNER)]	"lvgA"	"lvgA, a novel Legionella pneumophila virulence factor."	0.071	1
Row113	M. A. Edelstein[PROTEIN(ABNE...	"lvgA"	"lvgA, a novel Legionella pneumophila virulence factor."	0.071	1
Row161	lvgA[RB(POS) PROTEIN(ABNER)]	"lvgA"	"lvgA, a novel Legionella pneumophila virulence factor."	0.286	4

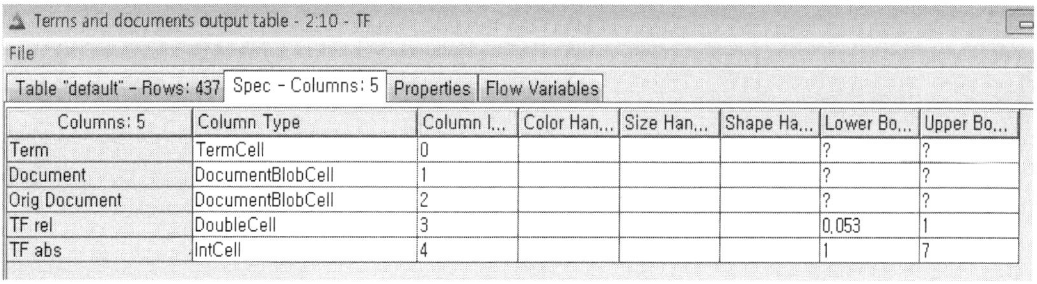

Terms and documents output table - 2:10 - TF

Table "default" - Rows: 437 | Spec - Columns: 5 | Properties | Flow Variables

Columns: 5	Column Type	Column I...	Color Han...	Size Han...	Shape Ha...	Lower Bo...	Upper Bo...
Term	TermCell	0				?	?
Document	DocumentBlobCell	1				?	?
Orig Document	DocumentBlobCell	2				?	?
TF rel	DoubleCell	3				0.053	1
TF abs	IntCell	4				1	7

12) IDF를 기본 값으로 설정하고 실행한다. 'Terms and documents output table'을 보면 타입이 'DoubleCell'인 여섯 번째 칼럼 'IDF'가 생성되면서 Columns:6로 칼럼의 수가 증가하였고, Lower Bound 1.123, Upper Bound 1.94이다.

Terms and documents output table - 2:11 - IDF

File

Table "default" - Rows: 437 | Spec - Columns: 6 | Properties | Flow Variables

Row ID	Term	Docu...	Orig Document	TF rel	TF abs	IDF
Row4	siaD[NN(POS) PROTEIN(ABNE...	"siaD"	"siaD PCR ELISA for confirmation and identificatio...	0.5	2	1.643
Row58	W135 sialyltransferase[PROTEIN...	"siaD"	"siaD PCR ELISA for confirmation and identificatio...	0.25	1	1.94
Row81	Y PCR ELISA[PROTEIN(ABNER)]	"siaD"	"siaD PCR ELISA for confirmation and identificatio...	0.25	1	1.94
Row91	lvgA[IN(POS) PROTEIN(ABNER)]	"lvgA"	"lvgA, a novel Legionella pneumophila virulence fa...	0.286	4	1.94
Row112	H. Edelstein[PROTEIN(ABNER)]	"lvgA"	"lvgA, a novel Legionella pneumophila virulence fa...	0.071	1	1.94
Row113	M. A. Edelstein[PROTEIN(ABNE...	"lvgA"	"lvgA, a novel Legionella pneumophila virulence fa...	0.071	1	1.94
Row161	lvgA[RB(POS) PROTEIN(ABNER)]	"lvgA"	"lvgA, a novel Legionella pneumophila virulence fa...	0.286	4	1.94

Terms and documents output table - 2:11 - IDF

File

Table "default" - Rows: 437 | Spec - Columns: 6 | Properties | Flow Variables

Columns: 6	Column T...	Column I...	Color Han...	Size Han...	Shape Ha...	Lower Bo...	Upper Bo...
Term	TermCell	0				?	?
Document	Document...	1				?	?
Orig Document	Document...	2				?	?
TF rel	DoubleCell	3				0.053	1
TF abs	IntCell	4				1	7
IDF	DoubleCell	5				1.123	1.94

13) 'Java Snippet'를 기본 값으로 설정하고 실행한다.

14) 'Frequency Filter'에서 'Configure' => 'Filter Settings'를 선택하고 'Filter column'을 IDF로 설정하고 실행한다.

Terms and documents output table - 2:14 - Frequency Filter

File

Table "default" - Rows: 437 | Spec - Columns: 6 | Properties | Flow Variables

Row ID	Term	Docu...	Orig Document	TF rel	TF abs	IDF
Row58	W135 sialyltransferase[PROTEIN(ABNE...	"siaD"	"siaD PCR ELISA for confirmation and identification o...	0.25	1	1.94
Row81	Y PCR ELISA[PROTEIN(ABNER)]	"siaD"	"siaD PCR ELISA for confirmation and identification o...	0.25	1	1.94
Row91	lvgA[IN(POS) PROTEIN(ABNER)]	"lvgA"	"lvgA, a novel Legionella pneumophila virulence fact...	0.286	4	1.94
Row112	H. Edelstein[PROTEIN(ABNER)]	"lvgA"	"lvgA, a novel Legionella pneumophila virulence fact...	0.071	1	1.94
Row113	M. A. Edelstein[PROTEIN(ABNER)]	"lvgA"	"lvgA, a novel Legionella pneumophila virulence fact...	0.071	1	1.94

Terms and documents output table이 IDF 값에 대하여 내림차순으로 정렬된다.

15) 'Tag Cloud'를 기본 값으로 설정하고 실행한다. Image port를 보면 다음과 같다.

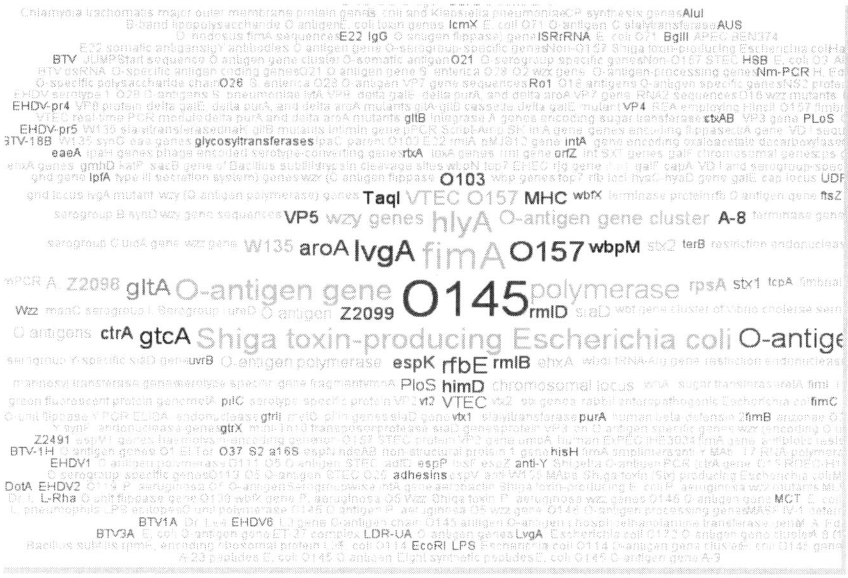

16) Frequency Filter 노드에서 'Filter column'을 'TF rel'로 설정하고 실행하면, 'Terms and documents output table'이 'TF rel' 값에 대하여 내림차순으로 정렬된다. 'Tag Cloud' 노드를 기본 값으로 설정하고 실행한다. Image port를 보면 다음과 같다.

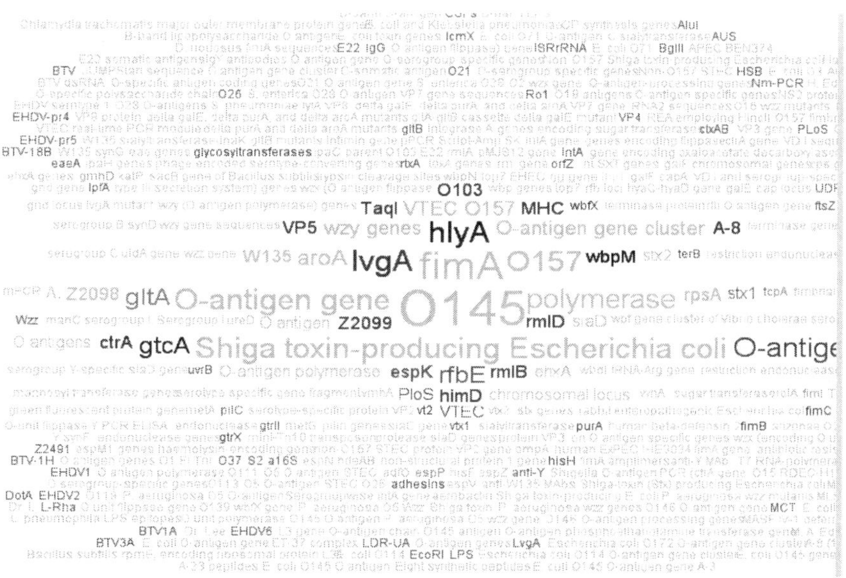

17) 'Porter Stemmer' 노드에서 갈라진 'Keygraph keyword extractor' 노드를 기본 값으로 설정하고 실행한다. 'Keywords output table"을 보면 타입이 'DoubleCell'인 칼럼 'Score'가 생성되면서 'Orig Document' 칼럼이 제외되어 칼럼의 수는 변하지 않았고, Lower Bound 1, Upper Bound 9이다. 396 Rows로 감소하였다.

Keywords output table - 2:16 - Keygraph keyword extractor

File

Table "default" - Rows: 396 | Spec - Columns: 3 | Properties | Flow Variables

Columns: 3	Column Type	Column I...	Color Han...	Size Han...	Shape Ha...	Lower Bo...	Upper Bo...
Keyword	TermCell	0				?	?
Score	DoubleCell	1				1	9
Document	DocumentBlobCell	2				?	?

Keywords output table - 2:16 - Keygraph keyword extractor

File

Table "default" - Rows: 396 | Spec - Columns: 3 | Properties | Flow Variables

Row ID	T Keyw...	D Score	Docu...
0	O26[]	1	""
1	stx genes[]	1	""
2	O103[]	1	""
3	mPCR[]	1	""
4	Shiga toxi...	1	""
5	O-antigen[]	2	"wbf gene ...
6	wbf gene ...	1	"wbf gene ...
7	rjg gene[]	1	"wbf gene ...
8	O139 wbfX...	1	"wbf gene ...
9	gmhD[]	1	"wbf gene ...
10	wbfX[]	1	"wbf gene ...
11	mannosyl ...	3	"rfb O anti...
12	O antigen ...	1	"rfb O anti...
13	O unit flipp...	1	"rfb O anti...
14	O antigen[]	1	"rfb O anti...
15	rfb O antig...	1	"rfb O anti...
16	O antigen ...	1	"rfb O anti...

18) 'Document vector' 노드를 기본 값으로 설정하고 실행한다. 'Documents output table'을 보면 타입이 'LisCell(Collection of:DoubleCell)'인 칼럼 'Document Vector'가 생성되면서 두 개의 칼럼이 제외되어 칼럼의 수가 2로 감소하였고, 87 Rows로 감소하였다.

Documents output table - 2:17 - Document vector

File

Table "default" - Rows: 87 | Spec - Columns: 2 | Properties | Flow Variables

Columns: 2	Column Type	Column I...	Color Han...	Size Han...	Shape Ha...	Lower Bo...	Upper Bo...
Document	DocumentBlobCell	0				?	?
Document Vector	ListCell (Collection of: DoubleCell)	1				?	?

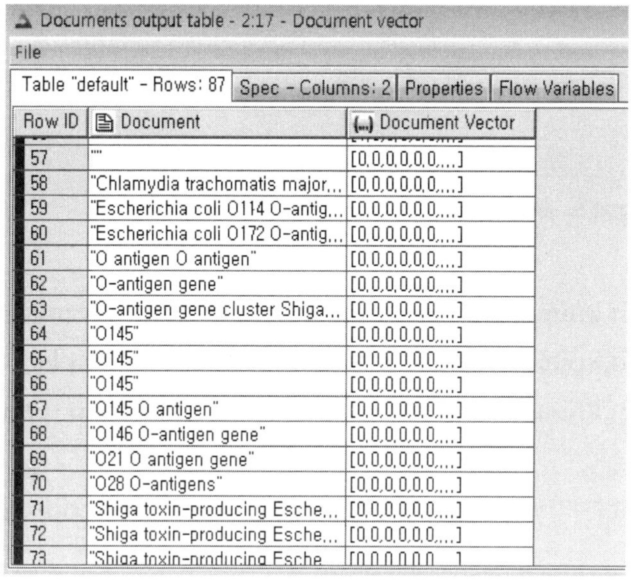

Documents output table - 2:17 - Document vector

File

Table "default" - Rows: 87 | Spec - Columns: 2 | Properties | Flow Variables

Row ID	Document	Document Vector
57	""	[0,0,0,0,0,0,...]
58	"Chlamydia trachomatis major...	[0,0,0,0,0,0,...]
59	"Escherichia coli O114 O-antig...	[0,0,0,0,0,0,...]
60	"Escherichia coli O172 O-antig...	[0,0,0,0,0,0,...]
61	"O antigen O antigen"	[0,0,0,0,0,0,...]
62	"O-antigen gene"	[0,0,0,0,0,0,...]
63	"O-antigen gene cluster Shiga...	[0,0,0,0,0,0,...]
64	"O145"	[0,0,0,0,0,0,...]
65	"O145"	[0,0,0,0,0,0,...]
66	"O145"	[0,0,0,0,0,0,...]
67	"O145 O antigen"	[0,0,0,0,0,0,...]
68	"O146 O-antigen gene"	[0,0,0,0,0,0,...]
69	"O21 O antigen gene"	[0,0,0,0,0,0,...]
70	"O28 O-antigens"	[0,0,0,0,0,0,...]
71	"Shiga toxin-producing Esche...	[0,0,0,0,0,0,...]
72	"Shiga toxin-producing Esche...	[0,0,0,0,0,0,...]
73	"Shiga toxin-producing Esche...	[0,0,0,0,0,0,...]

19) 'Hierarchical Clustering' 노드에서 설정하고 실행한다.

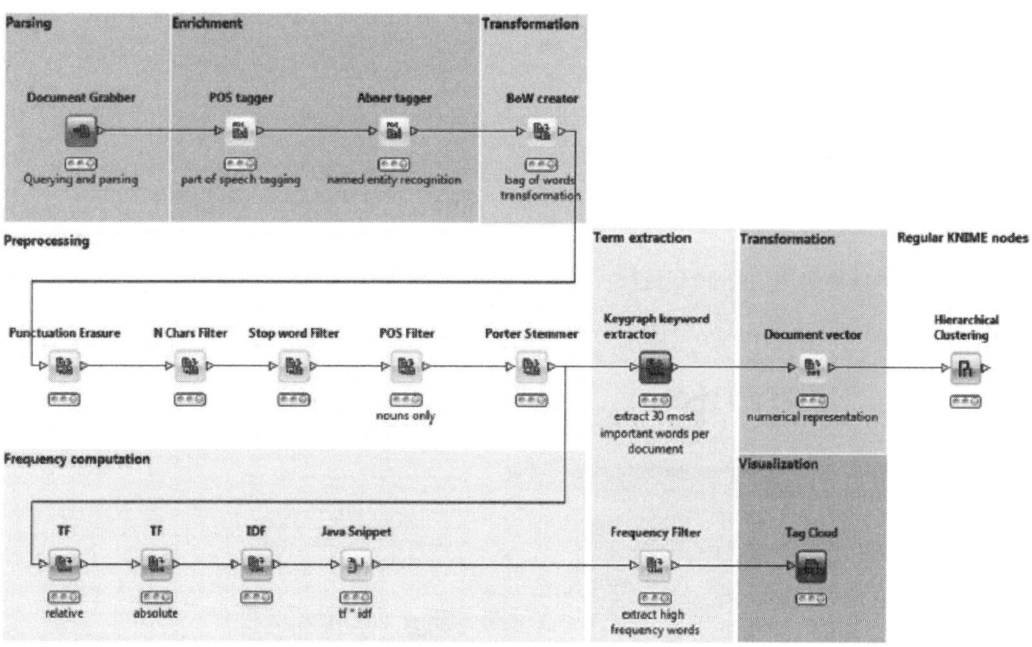

연습
문제

❶ 사이트에서 제공하는 예제로 연습해보자.

(1) http://tech.knime.org/document-classification-example
(2) http://tech.knime.org/document-clustering-example
(3) http://tech.knime.org/term-coocurrence-heatmap-example

펄 스크립팅에 관한 정보는 http://tech.knime.org/perl-scripting-node에서 찾아 볼 수 있다.

10.3 Orange

Orange 데이터마이닝 프레임워크는 생명정보학 분야에서도 많이 사용되고 있다.

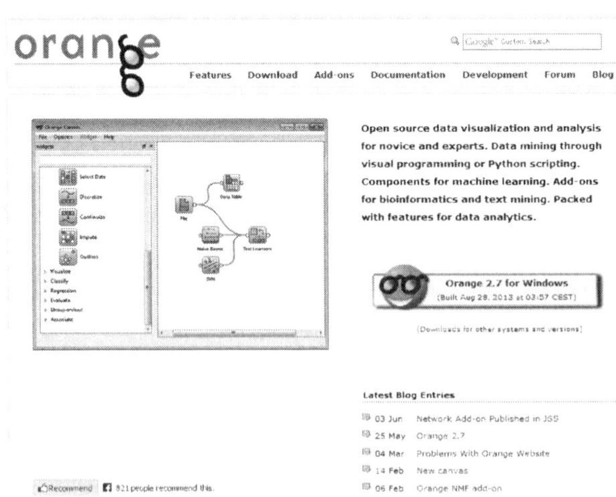

python으로 만들어진 무료 툴로 데이터 마이닝, 가시화, 패턴인식 등을 비주얼 툴 레벨에서 가능하게 해준다.

다운로드가 완료되면 설치한다. 'orange'는 python이 설치되어 있어야 하는데, 만약 python이 설치되어 있지 않으면 설치하는 중에 자동적으로 설치해 준다. 기타 필요로 하는 프로그램도 다 알아서 설치해 준다. 설치가 완료되면 'Orange Canvas' 아이콘이 바탕화면에 뜬다. 클릭하여 우선 Tutorial => Open을 클릭한다.

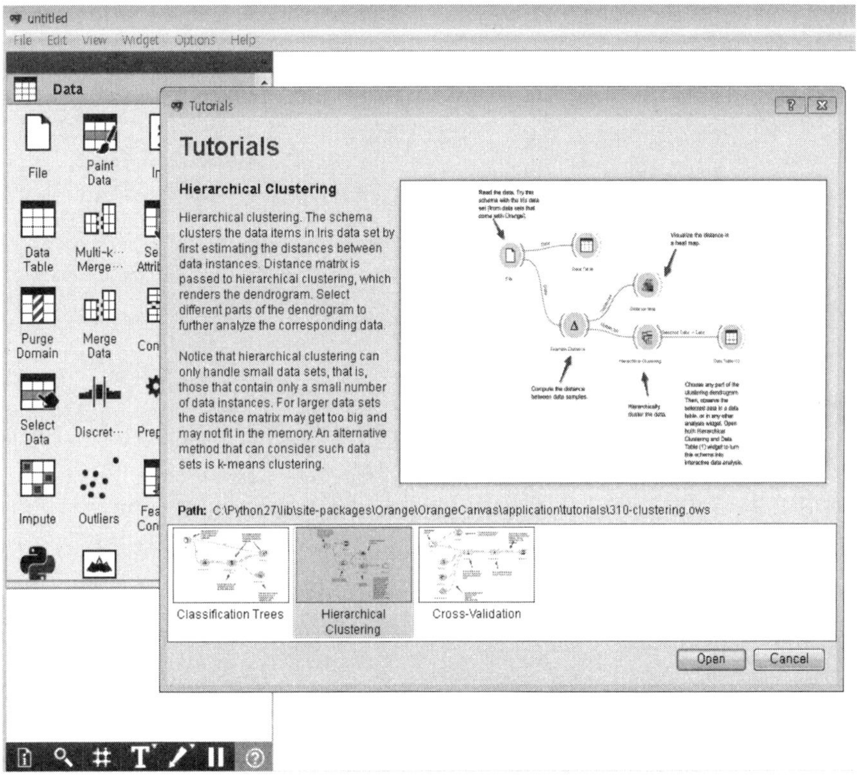

데이터마이닝 워크플로우에서 Hierarchical Clustering을 선택한다. Orange에서 데이터마이닝 워크플로우는 위젯이라고 하는 계산 요소로 구성된다. 위젯이 모든 작업을 하고 정보를 교환한다.

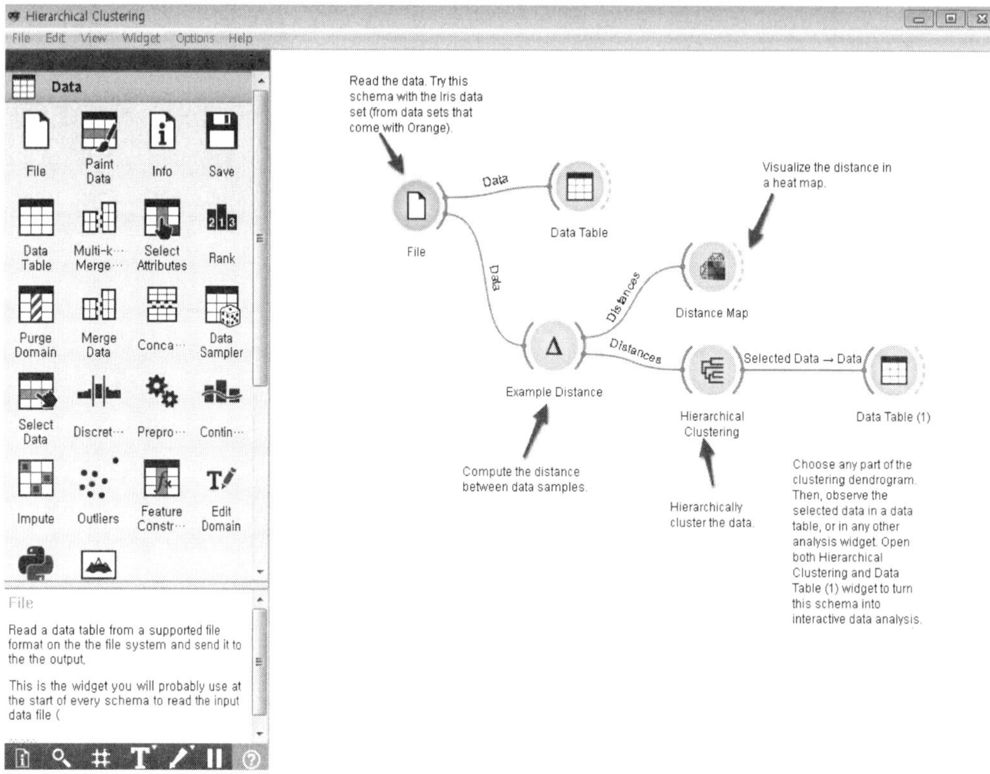

데이터마이닝은 에이터로부터 시작한다. Hierarchical clustering 스키마에서 파일 위젯은 자신의 컴퓨터에 있는 데이터 파일을 읽고, 데이터를 위젯으로 보낸다.

File 위젯 아이콘을 더블 클릭한다. 'Browse documentation data sets...'를 선택하고

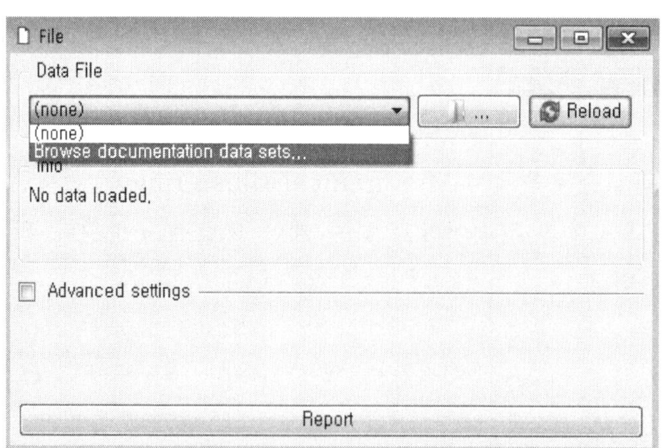

화면에 뜬 탐색창에서 iris.tab을 선택하여 열고 File 위젯을 닫는다.

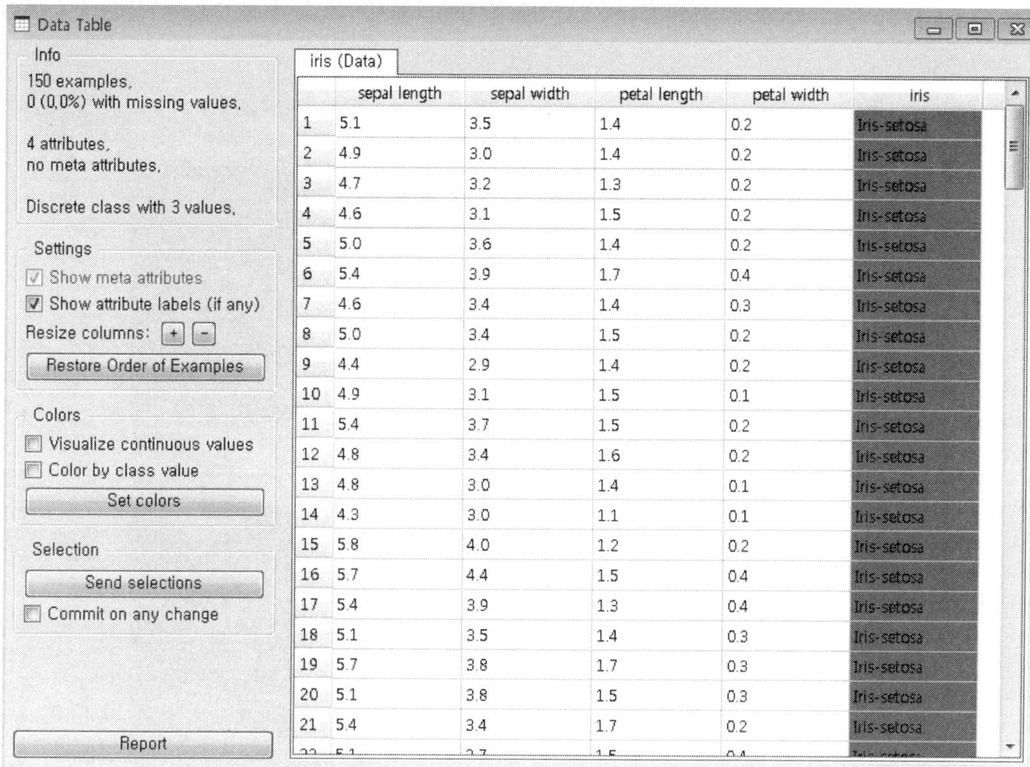

각 위젯을 열어 어떠한 작업이 이루어졌는지 확인해 보자. 그 중에서도 가장 중요한 Hierarchical Clustering 위젯을 열어보면, Iris의 세 종이 제대로 동정이 되었는지 확인해 볼 수 있다.

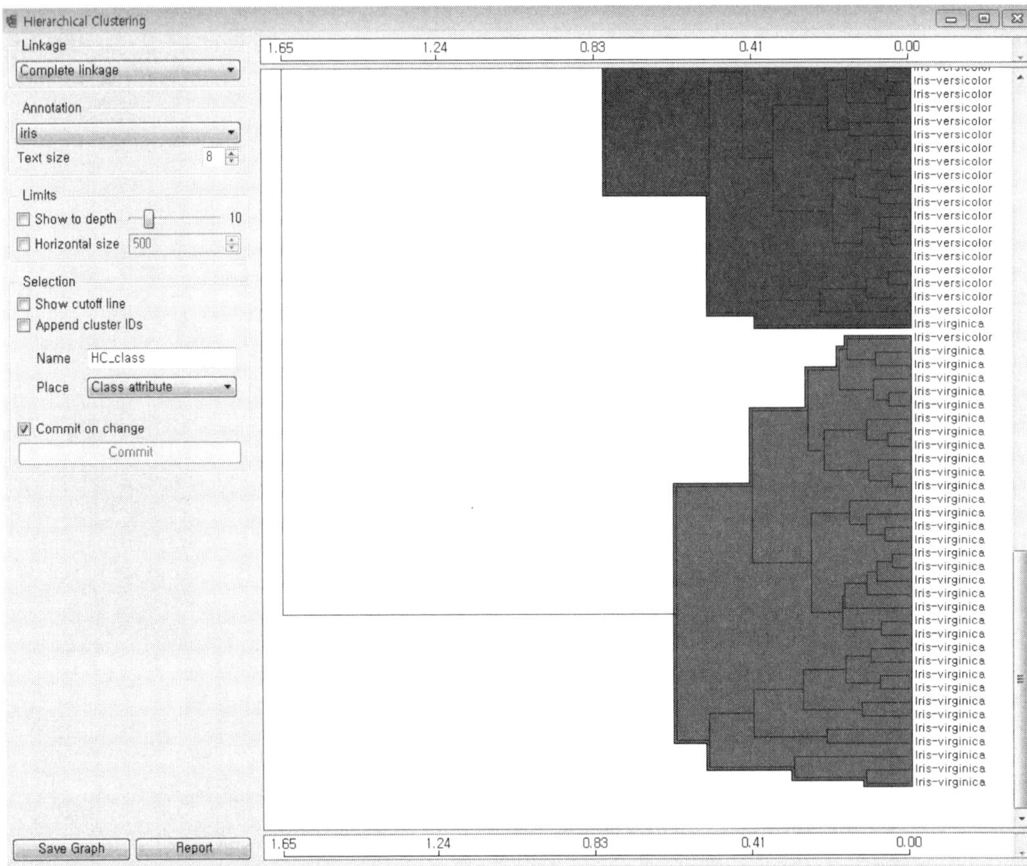

이제 다른 워크플로우들을 사용해 보자. 그리고 자신만의 워크플로우를 만들어 보자.

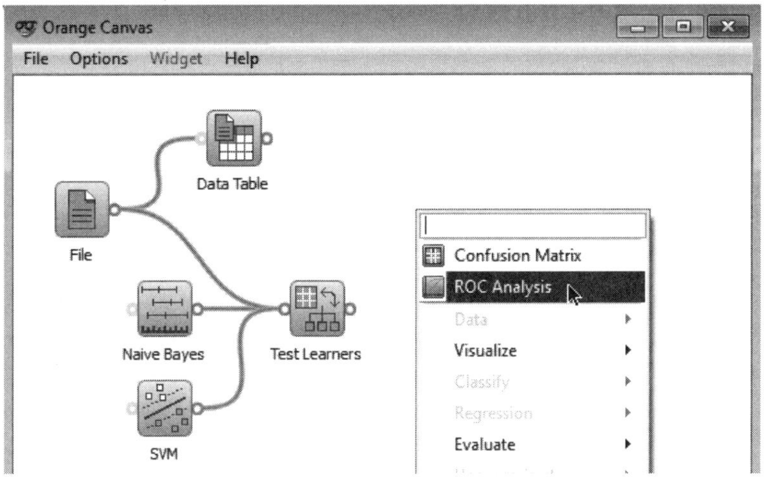

원하는 toolbox를 화면에 넣어 관계가 설정되도록 하면 된다.

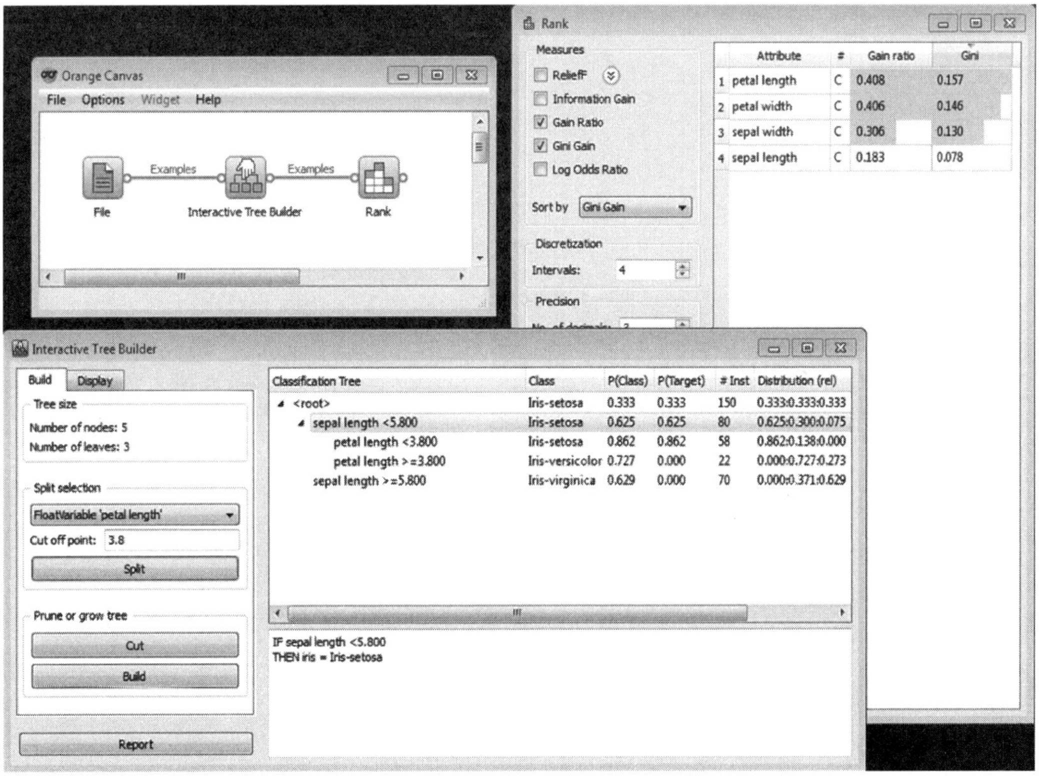

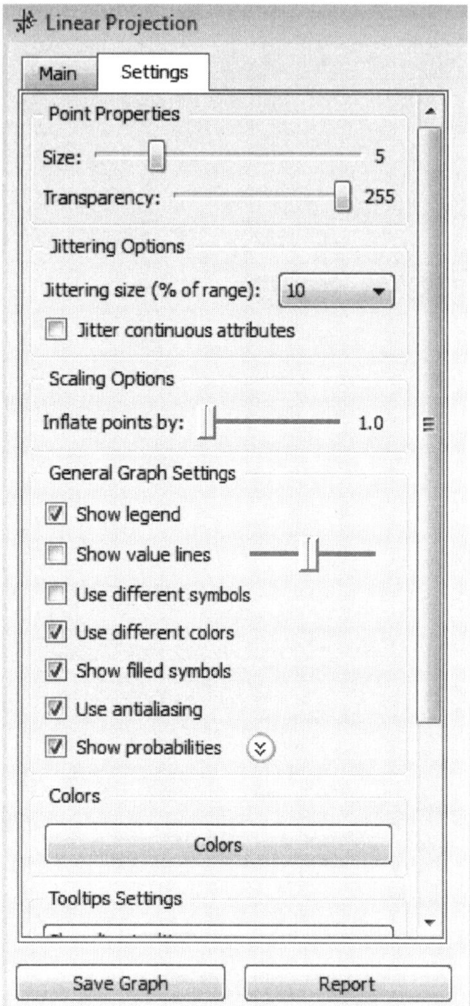

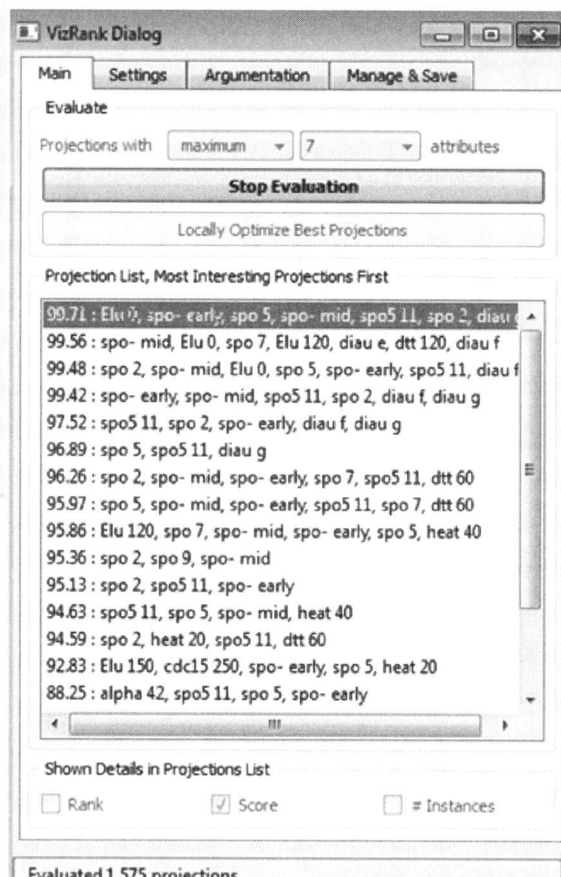

원하는 toolbox를 모두 나타낸 뒤, 원하는 자료의 형태에 따라서 데이터를 불러오거나 지정하면 원하는 결과를 얻을 수 있다.

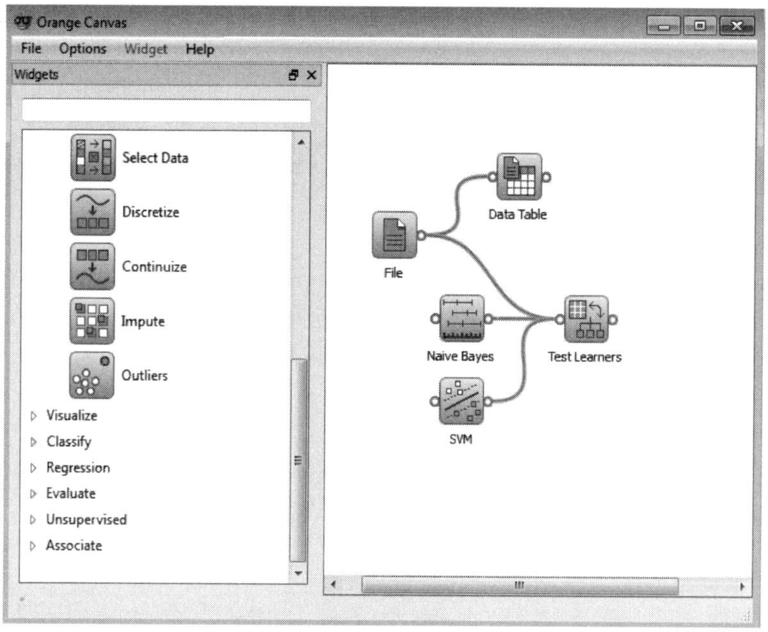

data 분석과정의 디자인에 있어서 visual programming을 통해 디자인 할 수 있도록 해준다. 이때 orange는 가장 많이 사용되었던 연결고리를 기억해 widget들을 연결시켜준다.

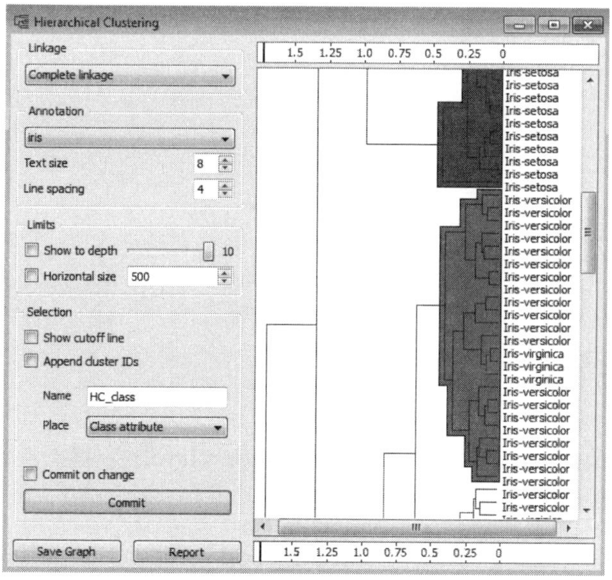

시각화의 한 가지 형태로, 위와 같은 형태 외에도 여러 가지 시각화 옵션을 제공한다.

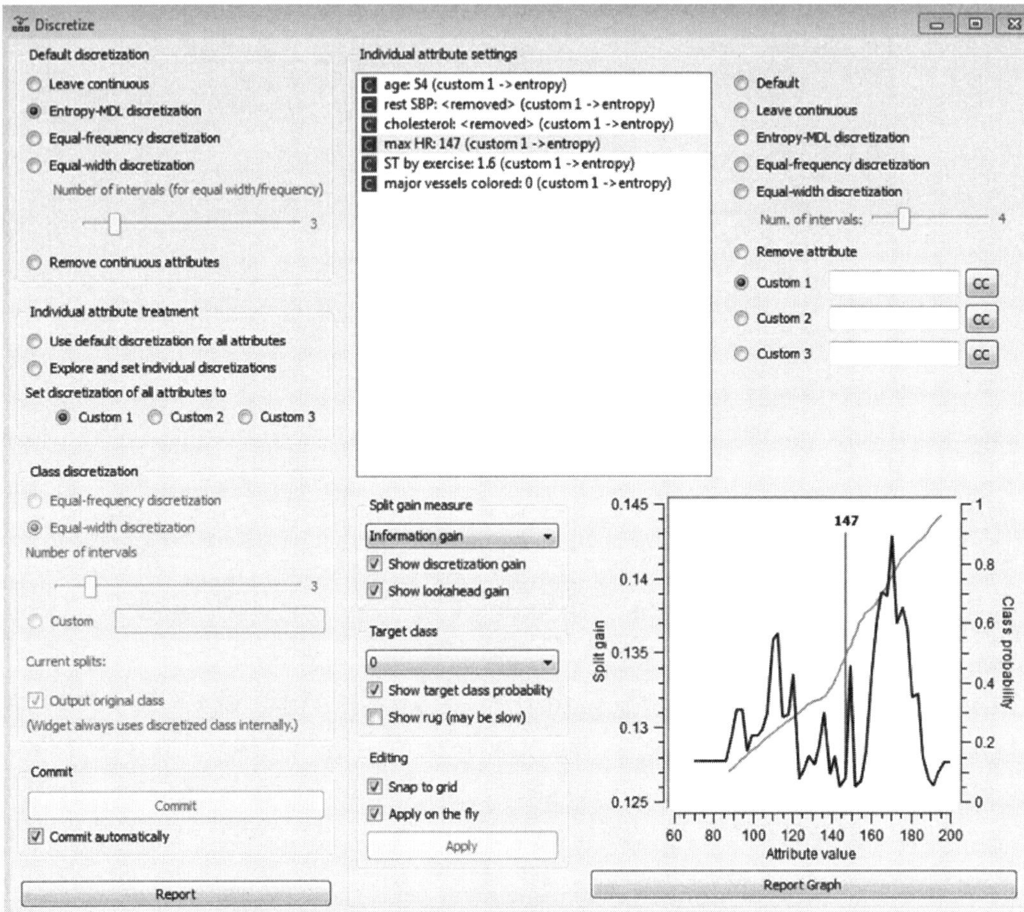

10.4 TextMine

10.4.1 TextMine이란?

TextMine(http://textmine.sourceforge.net/index.html)은 텍스트에서 정보를 추출해 주는 펄 모듈의 모음이다.

TextMine에는 'text mining' 도구 외에 information retrieval(IR) 도구와 natural language processing(NLP) 도구들이 포함되어 있다. TextMine이 제공하는 도구들은 다음과 같다.

1) 정보 추출: 텍스트에서 개체(사람, 장소, 조직, 또는 기타 용어)를 찾는다.
2) POS Tagger: 텍스트에서 speech의 부분을 찾는다.
3) Spider: 웹을 검색한다.
4) E-Mail: 이메일을 추적하고, 분류하며, 보관소에 있는 이메일을 조작한다.
5) Clustering: 문서를 그룹화 해 준다.
6) Summarization: 웹 페이지, 기사, 기타 문서를 한줄 또는 서너 줄로 요약해 준다.
7) Dictionary: 단어와 WordNet 사이의 관계를 검색해 준다.
8) Q & A: 텍스트에서 질문에 대한 답을 찾아준다.
9) Search: 자동/수동 인덱스를 활용하여 자신의 컴퓨터에 있는 images, formatted documents, and other files을 찾아준다.

10.4.2 Text Mine을 설치하기 전에

TexyMine을 실행하려면 Apache(Version 1.3. 이상), Perl (5.6 이상)과 MySql (3.22 이상)이 필요하다. 이미 앞에서 perl에 대한 PATH는 지정한 바 있다. MySql 서버는 text mining dictionaries와 데이터베이스를 만들기 위해 필요하다. MySql에 사용자 ID와 비밀번호는 utils/setup.pl 에 있는데, 미리 데이터베이스 생성권한을 부여해 주어야 한다.

MySQL Workbench에서 mysqld@localhost를 클릭하거나, Server Administ => users and Privileges => Add Acount를 차례대로 클릭하여 사용자 계정을 만들어 두자. 책에서는 ID는 tmadmin, PASSWORD는 tmpass로 설정하였다. tmuser의 비밀번호도 tmpass로 설정하였다.

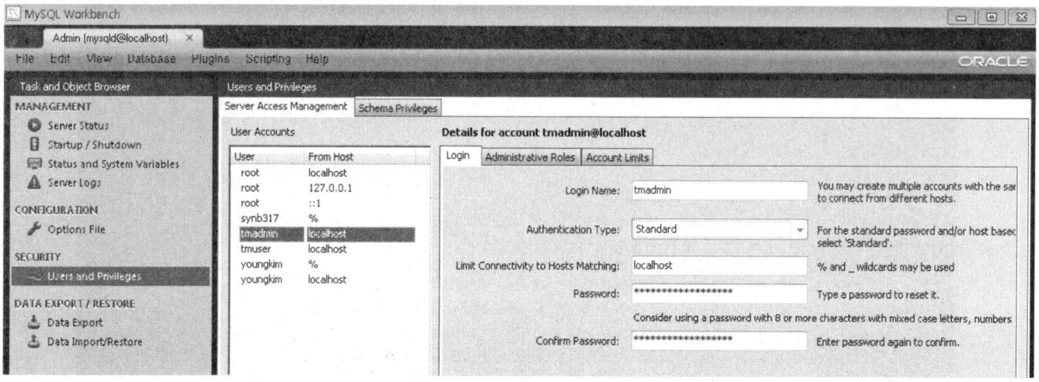

보안을 강화하기 위하여 MySQL 버전 4.1부터는 사용자 비밀번호의 해쉬 길이가 길어졌다. 비밀번호의 해쉬 길이를 줄이기 위해서 OLD_PASSWORD 메소드를 사용한다(http://dev.mysql.com/doc/refman/5.0/en/old-client.html).

utils/tables.sql에서,

```
UPDATE mysql.user SET Password = OLD_PASSWORD('tmpass') WHERE
        User = 'tmadmin';
UPDATE mysql.user SET Password = OLD_PASSWORD('tmpass') WHERE
        User = 'tmuser';
```

로 바꾸어주고, cgi-bin/co_login.pl 의 check_password 서브루틴에 나오는 PASSWORD 를 OLD_PASSWORD 로 수정해 준다.

10.4.3 Text Mine 설치

TextMine은 http://textmine.sourceforge.net/에서 textmine-0.21.tar.gz을 내려 받아 압축을 푼다. 윈도우에서의 설치는 install.bat를 실행하면 된다. 다음 모듈들은 미리 설치해 두어도 좋다(1. Crypt::Rot13 (optional); 2. DBI; 3. DBD-mysql; 4. Digest::MD5; 5. HTML::Parser; 6. GD (optional)).

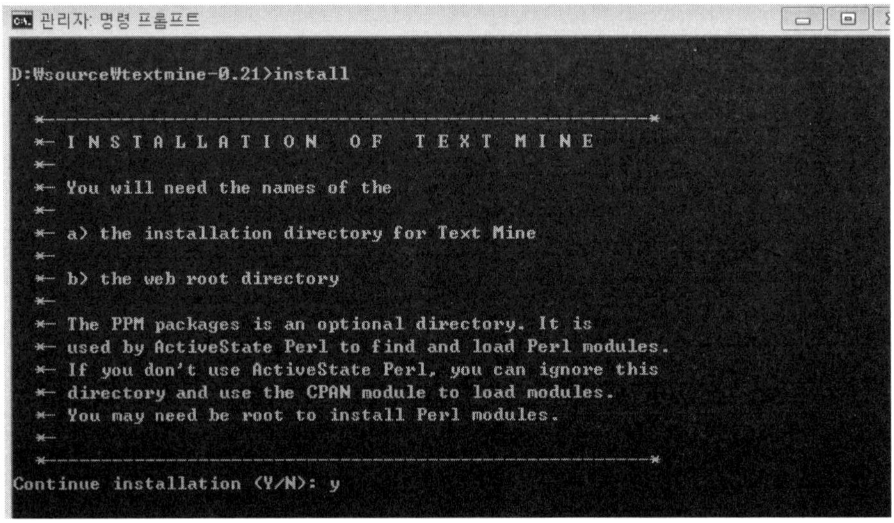

```
This is the top level directory where Text Mine
will be installed

Full path of the root installation dir. (D:/source/textmine-0.21): D:₩textmine

This is the top level directory for the web server
e.g. on Linux, the default would be /var/www
 and on Windows, the default would be  C:₩Program Files/Apache Group/Apache2

Full path to the top level web server dir. (?????????): C:₩apache2225

This is the cgi-bin directory for the Text Mine cgi scripts
It is a relative directory path that is appended
to the web server host name in an URL

URL path to the Text Mine CGI scripts dir. (/cgi-bin/tm):

This is the icons directory for the Text Mine scripts
It is a relative directory path that is appended
to the web server host name in an URL

Relative path to the Text Mine icons dir. (/icons/tm):

This is an optional directory to the ActiveState Perl  PPM packages

Full path to the PPM Directory (for ActivePerl): C:₩perl₩bin
Update Constants.pm (Y/N): y
Created an updated Constants.pm in Text Mine
Fixing the first line of cgi perl scripts...
Finished fixing the first line of cgi perl scripts...
Started load_mod.pl
Installing the Perl dependent modules ...
Are you running ActiveState Perl ? (Y/N): y
Install module C:₩perl₩bin₩Crypt-Rot13.ppd (Y/N): n
Install module C:₩perl₩bin₩DBI.ppd (Y/N): n
Install module C:₩perl₩bin₩DBD-mysql.ppd (Y/N): n
Install module C:₩perl₩bin₩Digest-MD5.ppd (Y/N): n
Install module C:₩perl₩bin₩HTML-Parser.ppd (Y/N): n
Install module C:₩perl₩bin₩XML-RSS::Parser.ppd (Y/N): n
Install module C:₩perl₩bin₩GD.ppd (Y/N): n
Finished installing Perl dependent modules ....
Finished load_mod.pl
Started setup.pl
Setting up the database ...
Started creating and loading the database....
Creating authorization and application tables...
Loading the tables ....
Loading the wn_exc_words table....
Loading the wn_words_all table....
Loading the co_org table....
Loading the co_place table....
Loading the co_abbrev table....
Loading the co_colloc table....
Loading the wn_words_rel table....
Loading the co_colloc_lead table....
Loading the wn_words_e_g table....
Loading the wn_synsets table....
Loading the wn_words_t_z table....
Loading the co_rulepos table....
Loading the wn_words_h_l table....
Loading the wn_synsets_rel table....
Loading the co_ruleent table....
Loading the qu_categories table....
Loading the co_person table....
Loading the qu_perlfaq table....
Loading the wn_words_c_d table....
Loading the wn_words_q_s table....
Loading the wn_words_m_p table....
```

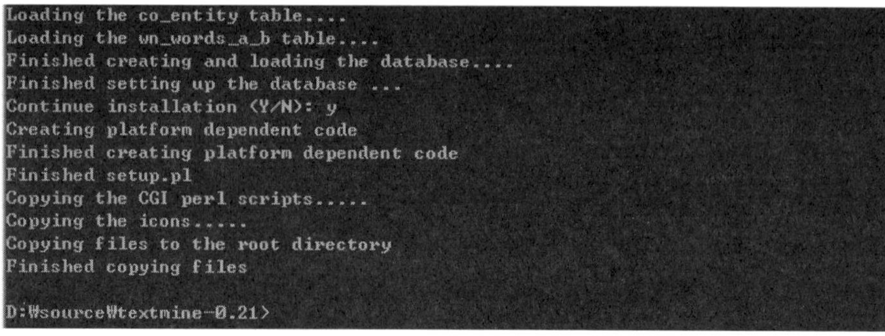
Loading the co_entity table....
Loading the wn_words_a_b table....
Finished creating and loading the database....
Finished setting up the database ...
Continue installation (Y/N): y
Creating platform dependent code
Finished creating platform dependent code
Finished setup.pl
Copying the CGI perl scripts.....
Copying the icons.....
Copying files to the root directory
Finished copying files
D:₩source₩textmine-0.21>

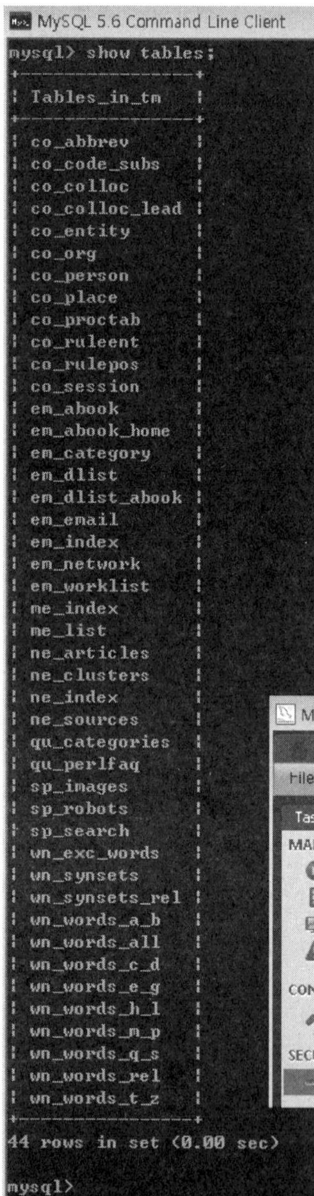
MySQL 5.6 Command Line Client
mysql> show tables;
Tables_in_tm
co_abbrev
co_code_subs
co_colloc
co_colloc_lead
co_entity
co_org
co_person
co_place
co_proctab
co_ruleent
co_rulepos
co_session
em_abook
em_abook_home
em_category
em_dlist
em_dlist_abook
em_email
em_index
em_network
em_worklist
me_index
me_list
ne_articles
ne_clusters
ne_index
ne_sources
qu_categories
qu_perlfaq
sp_images
sp_robots
sp_search
wn_exc_words
wn_synsets
wn_synsets_rel
wn_words_a_b
wn_words_all
wn_words_c_d
wn_words_e_g
wn_words_h_l
wn_words_m_p
wn_words_q_s
wn_words_rel
wn_words_t_z
44 rows in set (0.00 sec)
mysql>

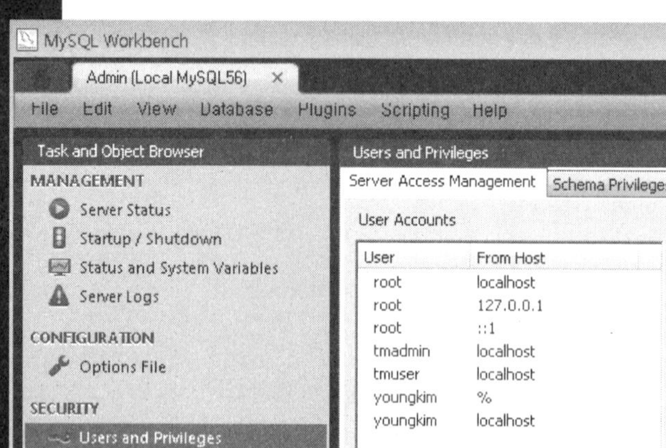
MySQL Workbench
Admin (Local MySQL56)
File Edit View Database Plugins Scripting Help
Task and Object Browser
MANAGEMENT
Server Status
Startup / Shutdown
Status and System Variables
Server Logs
CONFIGURATION
Options File
SECURITY
Users and Privileges
Users and Privileges
Server Access Management
Schema Privileges
User Accounts
User From Host
root localhost
root 127.0.0.1
root ::1
tmadmin localhost
tmuser localhost
youngkim %
youngkim localhost

에서 볼 수 있듯이 user로서 tmadmin과 tmuser의 계정이 추가되어 있음을 확인할 수 있다.

10.4.4 사용법

사용하기를 원하는 메소드에 대한 모듈이 어디에 있는지 확인한다. 그리고 모듈에 대한 설명서를 읽어본다. 명령행 인터페이스 또는 웹 인터페이스를 찾아본다.

cgi-bin/tm/에 설치된 스크립트에 대한 간단한 설명은 README 파일에 있는데, 다음과 같다.

```
File                Description
---------------------------------------------------------------
co_login.pl         Login script to create a session id and validate user
db_monitor.pl       Database view/edit
db_save.pl          User interface to backup and restore tables
em_category.pl              E-Mail categorizer
em_compose.pl               Display a form to compose an e-mail
em_lists.pl         A form to create, edit, and view e-mail lists
em_people.pl        A form to create, edit, and view e-mail ids
em_search.pl        A search engine interface to locate e-mails
em_workflow.pl              Manage e-mail receive/send tasks
me_index.pl         Build index information for multimedia documents
me_search.pl        A search interface for location multimedia documents
ne_browse.pl        Display the news collection results
ne_view.pl          Add/Delete/Update news sources
qu_browse.pl        Browse the 300 questions for the Perl FAQ
sp_links.pl         Show the links for a search
sp_search.pl        A form to enter spider search parameters
sp_text.pl          Script to show the page associated with a retrieved page
tx_entities.pl      Extract the entities from text
tx_pos.pl           Extract the parts of speech from text
tx_stats.pl         Show plots of statistics for text
wn_dict.pl          WordNet based dictionary
```

각 펄 소스는 설치 시 환경변수를 자동으로 맞추어 갱신되는데, 버그가 있어 직접 사용하면 모듈을 찾지 못한다는 에러가 난다. 이 경우 다음을 확인하고 수정해 주자.

```
use lib ("D:/textmine/");
```

Crypt/Rot13.pm 대신에 Crypt/Rot47.pm을 설치했기 때문에 Utils.pm을 수정해 주어야 한다. 소스코드 중에서 rot13을 모두 rot47로 바꾸어 주자.

그리고 cronolog.org(http://cronolog.org/download/index.html)에서 win32 버전(1.6.1)을 다운받아 압축을 풀면 cronolog.exe 파일이 있는데, C:\logs 디렉토리를 만들어 이곳에 복사해 둔다.

이제 모든 준비가 끝났다.

자신의 홈페이지에 TextMine을 링크해 두자. 먼저 index.html 문서에

〈P〉〈a href="http://localhost/cgi-bin/tm/co_login.pl"〉TextMine〈/a〉〈/P〉

행을 삽입하고 저장한 후, 웹브라우저에서 localhost 주소로 홈페이지에 연결한다. 그리고 링크를 클릭한다.

위 화면이 뜨면 userid에 tmadmin, password에 tmpass를 입력하고 Submit 버튼을 클릭한다.

Database Monitor를 클릭하면,

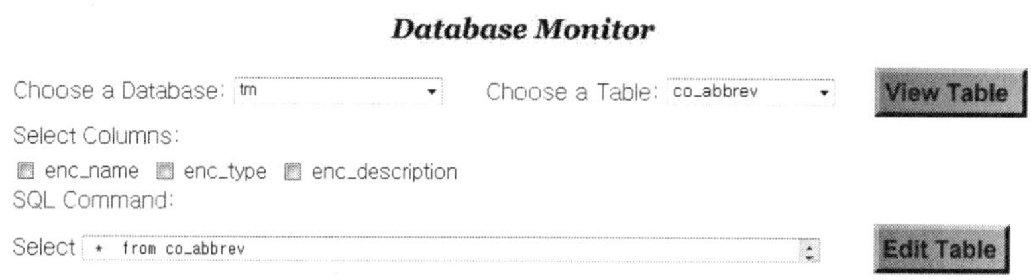

모두 44개의 테이블이 있는데, 그 중에서 co_abbrev 테이블 내용을 보기 위해 View Table을 클릭한다.

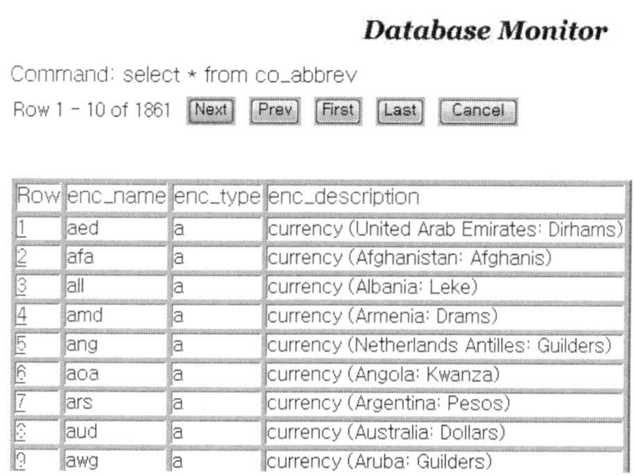

Row	enc_name	enc_type	enc_description
1	aed	a	currency (United Arab Emirates: Dirhams)
2	afa	a	currency (Afghanistan: Afghanis)
3	all	a	currency (Albania: Leke)
4	amd	a	currency (Armenia: Drams)
5	ang	a	currency (Netherlands Antilles: Guilders)
6	aoa	a	currency (Angola: Kwanza)
7	ars	a	currency (Argentina: Pesos)
8	aud	a	currency (Australia: Dollars)
9	awg	a	currency (Aruba: Guilders)

테이블에 레코드를 삽입, 수정, 삭제하려면 Edit Table을 클릭한다.

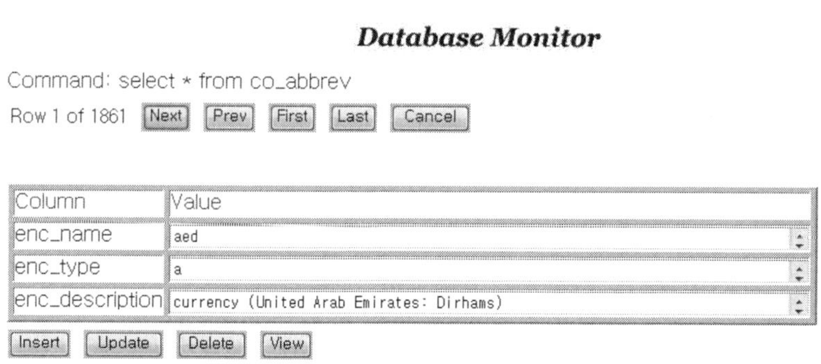

Column	Value
enc_name	aed
enc_type	a
enc_description	currency (United Arab Emirates: Dirhams)

다른 테이블의 내용도 한번 살펴보자.

10.4.4.1 정보 검색 및 추출

1) 정보 검색

메뉴에서 Search the Web을 클릭한다.

2) 정보 추출

텍스트에서 어떻게 정보를 추출하는지 보여 주는 그림이다.

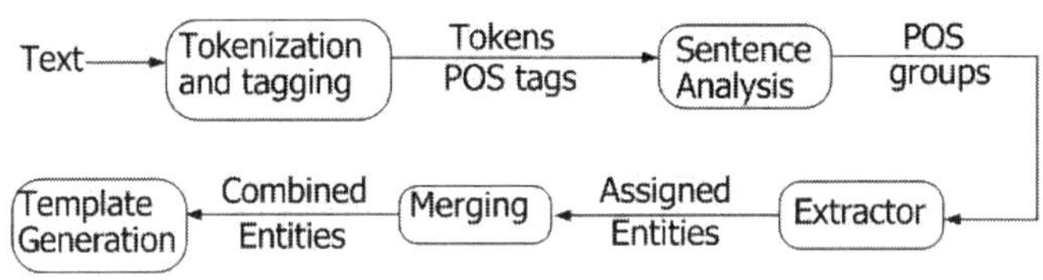

예문) The growing popularity of Linux in Asia, Europe, and the U.S. is a major concern for Microsoft. It costs less than 1 USD a month to maintain a Linux PC in Asia. By 2007, over 500,000 PCs sold in Asia maybe Linux based.

위 예문을 이용하여

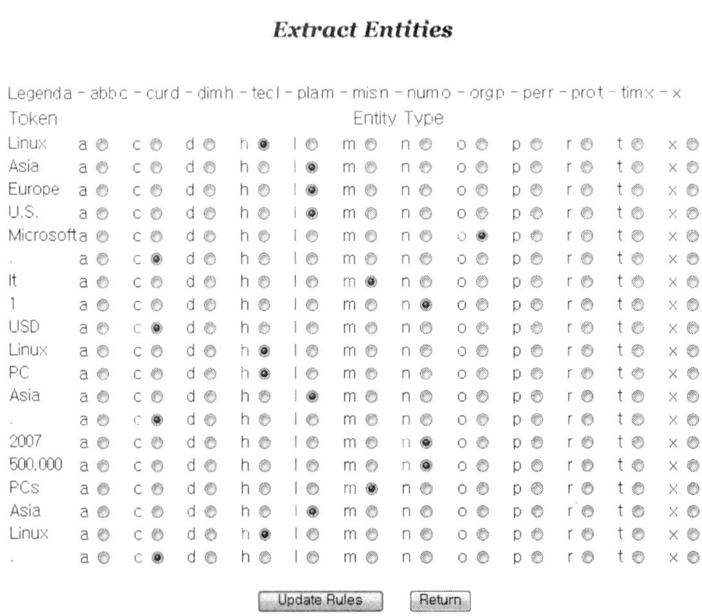

정리하는 기능은 제공하지 않고 있으나, 홈페이지에서 제공한 화면을 보면,

Token	Type
Linux	Tech
Asia	place
Europe	place
U.S.	place
Microsoft	org
1	number
USD	currency
PC	tech
2007	number
500,000	number
PCs	miscellaneous

추출할 수 있는 개체는 사전 테이블에 등록된 내용에 따라 달라진다. 사전에는 자신이 관심을 갖고 있는 개체들을 삽입하여 자신의 용도에 맞게 활용할 수 있다.

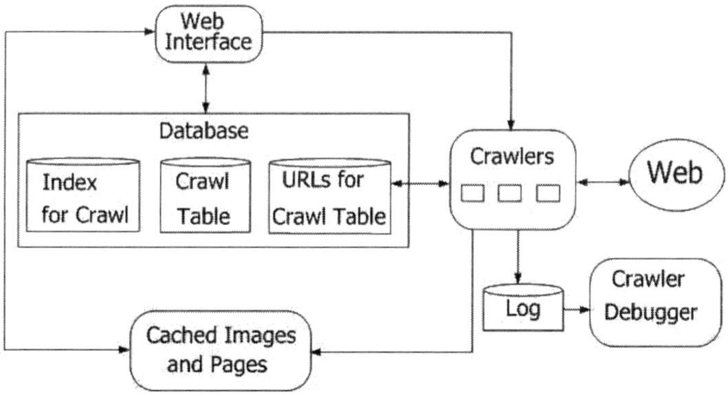

3) Q&A 찾기

quanda 모듈은 질문을 분류하고, 질문의 특징을 추출한 다음, 질문에 가장 적절한 답을 정리해 준다.

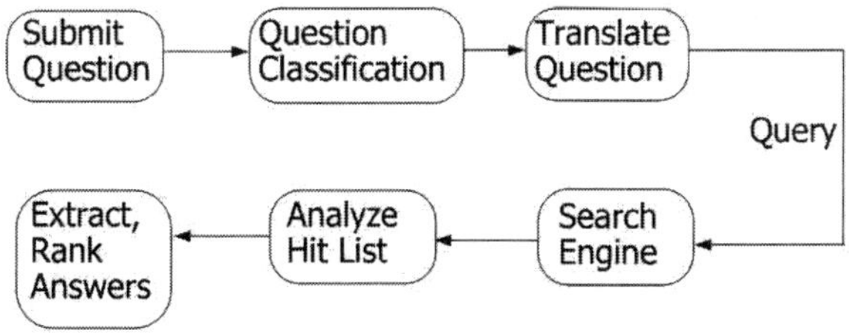

296개의 질문과 답이 수집되었다.

quc_question	quc_answer
What is Perl? EOL EOL	Perl is a high-level programming language with an eclecti
Who supports Perl? Who develops it? Why is it free? EOL EOL	The original culture of the pre-populist Internet and the de
Which version of Perl should I use? EOL EOL	You should definitely use version 5. Version 4 is old, limite
What are perl4 and perl5? EOL EOL	Perl4 and perl5 are informal names for different versions c
What is perl6? EOL EOL	At The Second O'Reilly Open Source Software Conventi
How stable is Perl? EOL EOL	Production releases, which incorporate bug fixes and nev
Is Perl difficult to learn? EOL EOL	No, Perl is easy to start learning--and easy to keep learnir
How does Perl compare with other languages like Java, Python, REXX, Scheme, or Tcl? EOL EOL	Favorably in some areas, unfavorably in others. Precisely
Can I do [task] in Perl? EOL EOL	Perl is flexible and extensible enough for you to use on vi
When shouldn't I program in Perl? EOL EOL	When your manager forbids it--but do consider replacing
What's the difference between "perl" and "Perl"? EOL EOL	One bit. Oh, you weren't talking ASCII? :-) Larry now use:

10.5 E-mail 다루기

10.5.1 TextMine의 E-mail 다루기

TextMine에는 E-mail을 다루는 기능도 있다. 각 이메일은 자동적으로 적절한 범주로 분류된다. 한 범주는 가중치가 부여된 키워드 세트로 구성된다. 범주는 계층적 구조를 가질 수 있다. 이메일은 가중치가 부여된 키워드 세트로 전환되고, 이들을 각 범주의 키워드와 비교한다. 가장 가까운, 즉 가장 유사도가 높은 범주가 만약 임계값을 초과한다면 선택되고, 그렇지 않다면 기타 범주가 선택된다.

한 범주에 속한 모든 이메일을 각각 살펴보고, 수작업으로 정확히 분류되지 않은 이메일을 다른 범주로 이동시킨다. 그리고 키워드의 가중치를 변환시킨다. 한 세트의 이메일로 훈련을 거듭하여 최종적으로 안정되고 정확한 범주를 구성한다.

E-flow 함수는 이메일 트래픽을 추적한다. 받을 이메일이 있으면 도착 여부를 알려주고, 보낼 메일이 있으면 송신 여부를 알려준다.

모듈

MailUtil 모듈은 CGI 스크립트를 위한 이메일 헤더 HTML을 보여주는 기능, 데이터베이스에 이메일을 보관하는 기능, 이메일 범주를 계산하는 기능 등을 가지고 있다. 이메일 기능을 보여주는 그림이다.

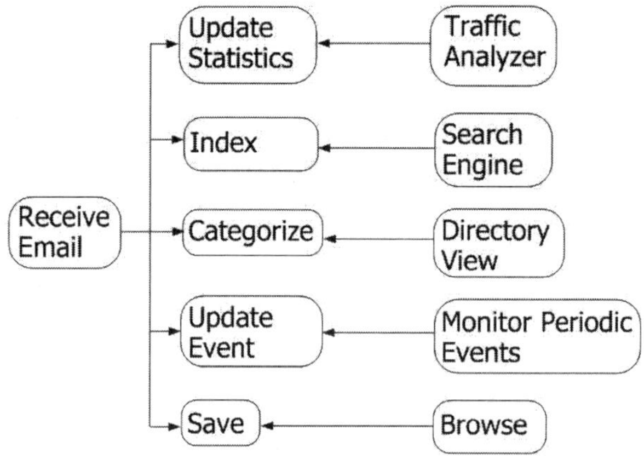

이 기능들을 수행하는 CGI 스크립트인 em_category.pl, em_compose.pl, em_list.pl, em_people.pl, em_search.pl, em_work.pl 이 제공되고 있다. 다음은 em_search.pl을 실행시킨 화면이다.

자신에게 온 메일서버, 메일클라이언트, 웹기반 이메일을 자신의 컴퓨터 이메일 보관소에 복사해 두는 기능은 아직 제공하고 있지 않아, TextMine의 이메일 기능을 실제로 활용할 수는 없다. 이러한 기능은 외부 메일서버에서 제공하고 있으니 이를 활용한다면 가능하지 않을까?

연습문제

❶ 이메일 알림 서비스는 매우 유용하다. 많은 웹사이트에서 혹은 회사에서 update가 되었음을 알려주는 서비스를 하고 있다. 가령 누군가 자신의 데이터베이스에 자료를 올려놓았을 때, 이메일로 자신에게 알려준다면 일일이 데이터베이스를 열어 확인하는 수고를 덜어 줄 것이다.
리눅스에서 이메일을 자동으로 보내는 기능은 잘 알려져 있다. 첫째는 use Mail::Sendmail;을 활용하는 방법이다. 둘째는 use MIME::Lite;를 활용하는 방법이다. 셋째는 use Email::Send;를 활용하는 방법이다. 이외에도 여러 가지가 있다. 리눅스는 자체적으로 이메일 서버를 갖고 있을 수 있기 때문에 가능하다. 그러나 메일서버가 설치되어 있지 않은 윈도우에서 외부 메일서버를 이용하여 실행하면 '대상컴퓨터에서 연결을 거부했으므로 연결하지 못했습니다.' 라는 에러 메시지가 뜬다. gmail 이나 naver 등의 메일서버에서는 스팸메일 우려 때문에 이러한 기능을 차단한 것으로 보인다. 자신의 컴퓨터에 이메일 서버를 설치하여 연습해 보자.

참고문헌

GATE(http://gate.ac.uk/)
KNIME(http://tech.knime.org/knime-text-processing)
LPU(http://www.cs.uic.edu/~liub/LPU/LPU-download.html)
ORANGE(http://orange.biolab.si/)
RapidMiner(http://rapid-i.com/content/view/181/190/)

11장 유전체 분석 워크플로우

11.1 마이크로비옴 분석

이제 유전체 시대에서 마이크로비옴 시대로 옮겨 가고 있다. 그러나 미생물체라고 하더라도 그 데이터양이 방대하다 뿐이지 결국은 유전체 서열 분석 작업과 크게 다르지 않다. 다만 종 분류라던가, 집단 네트워크 분석 등 새로운 지식을 얻어내기 위한 분석 도구가 더 필요할 뿐이다.

11.1.1 HMP(http://commonfund.nih.gov/Hmp/)

HMP와 관련한 각종 정보는 HMP 홈페이지를 방문하면 얻을 수 있다. 이외에도 HMP 사업과 연관된 센터인 DACC(establishment of Data Analysis and Coordinating Center, http://www.hmpdacc.org/)에서 HMP Data 중앙 저장소를 통해 Database와 Library는 물론 Research tool에 대한 정보를 제공한다.

11.1.1.1 HMP 데이터 처리 및 분석 방법

HMP 데이터는 NGS 데이터 처리가 중심이며 그 처리 및 분석 방법은 아래 그림에

요약되어 있는데, http://www.hmpdacc.org/doc/hmp_dataflow.pdf에서 볼 수 있다.

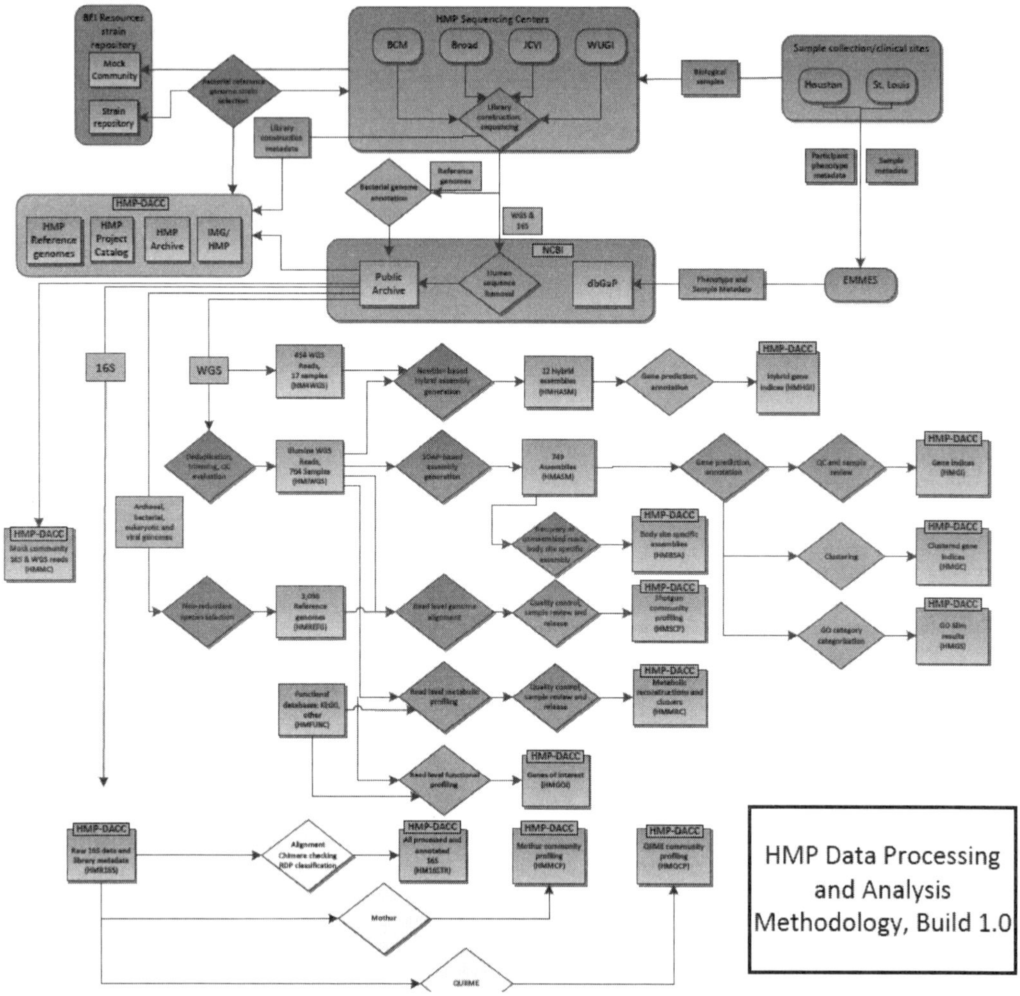

11.1.1.2 Database & Library

HMP databases는 http://www.ncbi.nlm.nih.gov/bioproject/43021에서 제공받을 수 있으며, HMP reference 유전체는 http://www.ncbi.nlm.nih.gov/bioproject/28331에서 볼 수 있다.

11.1.1.3 Research tool
(http://www.hmpdacc.org/tools_protocols/tools_protocols.php)

DACC에서 제공해주는 Research tool은 체내 미생물 data의 분석에 용이한 도구로 online resources이거나 직접 다운로드 받을 수 있는 소프트웨어로 제공된다. 제공되는 기능은 크게 [Microbial Reference Genomes], [Sampling, Sequencing & Analysis of 16S RNA], 그리고 [Sampling, Sequencing & Analysis of Whole Metagenomic Sequence]로 분류되어 있다.

11.1.2 Genboree Microbiome Toolset
(http://genboree.org/theCommons/projects/pub-gen-microbiome)

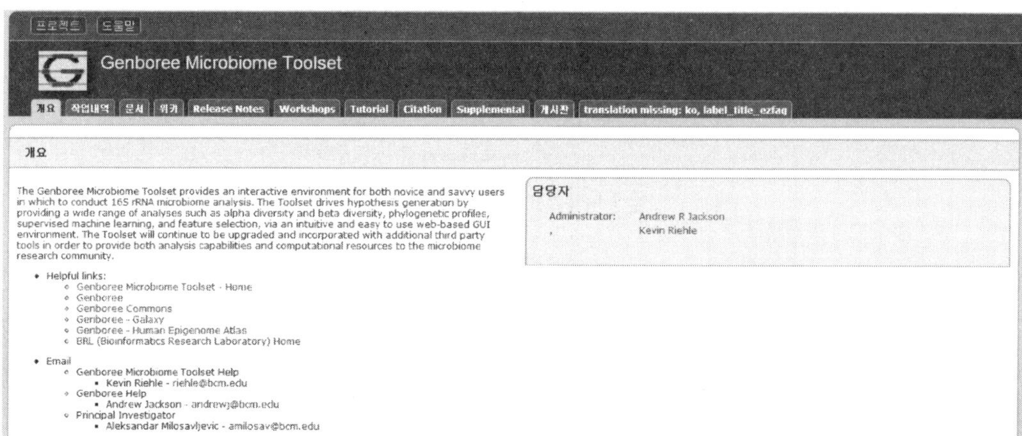

Genboree Microbiome Toolset은 16S rRNA의 microbiome 분석을 수행하는 사용자에게 상호적인 환경을 제공한다. Toolset은 직관적이고 사용하기 쉬운 웹 기반의 GUI 환경을 통해 이러한 알파 다양성과 베타 다양성, phylogenetic profiles, supervised machine learning 및 기능 선택과 같은 분석의 넓은 범위를 제공하여 가설 생성을 구동한다. Toolset은 microbiome 연구 커뮤니티에 컴퓨터 자원과 분석 기능을 모두 제공하기 위해 추가로 third party의 도구를 사용하여 업그레이드 및 통합을 지속해 갈 것이다.

11.2 클라우드 컴퓨팅

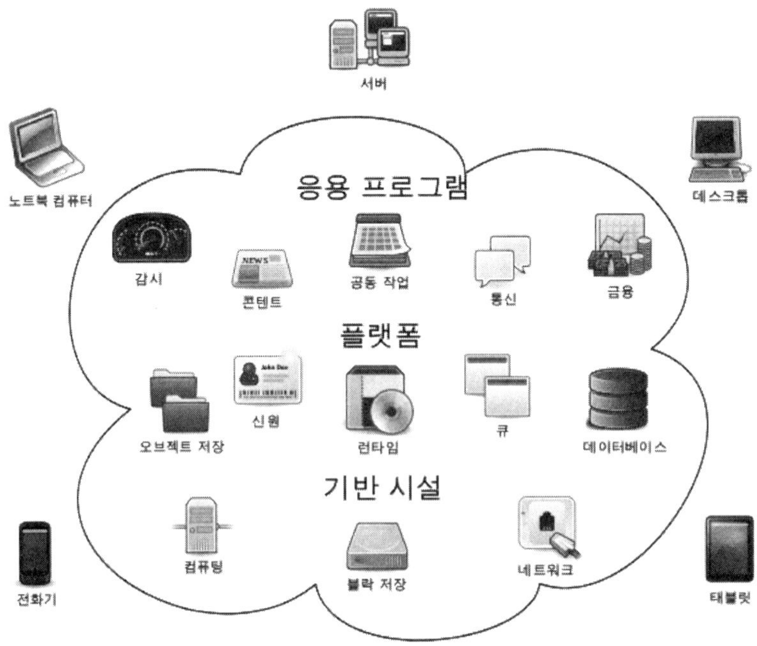

클라우드 컴퓨팅

클라우드 컴퓨팅의 정의는 개인이 가진 단말기를 통해서는 주로 입/출력 작업만 이루어지고, 정보분석 및 처리, 저장, 관리, 유통 등의 작업은 클라우드라고 불리는 제3의 공간에서 이루어지는 컴퓨팅 시스템 형태라고 할 수 있다(http://ko.wikipedia.org/).

컴퓨터 네트워크 구성도에서 인터넷을 구름으로 표현한다. 이때 구름은 숨겨진 복잡한 인프라 구조를 의미한다. 사용자는 이러한 복잡한 인프라 구조를 알지 못해도 클라우드 컴퓨팅을 이용할 수 있다.

현재는 클라우드 컴퓨팅 기반의 생명정보 분석 회사들은 주로 NGS 분석에 국한 되고 있다. 일부 게놈 정보 분석을 제공하는 곳도 있지만 매우 제한적이다. 빅 데이터 관점에서 하둡에 기반을 둔 클라우드 컴퓨팅 회사도 있다.

NGS/SNP 분석 워크플로우를 제공하는 Amazon EC2(http://aws.amazon.com/ko/ec2/), DNANEXUS(https://www.dnanexus.com/), Appistry(http://www.appistry.com/), SPIRAL GENETICS(http://www.spiralgenetics.com/) 등 많은 외국회사들과 우리나라의 KT가 이 사업에 뛰어들었다.

11.3 유전체 서열의 비교 분석

유전체의 비교 분석은 동질성 또는 유사성을 찾아내는 유형과 반대로 차별성을 알아내는 유형이 있다.

진화 생물학자들은 모든 생물체의 유전적 구성이 일련의 공통된 선조 유전자들로 거슬러 올라갈 수 있다고 생각한다. 이런 추측은 과학자들이 다른 종의 유전자들 사이에서 염기서열을 비교하여 이들 사이의 멀고도 미묘한 관계를 확인하도록 하였다.

상동(homology)이라는 용어는 계통분류학에서는 공통 조상의 동일한 특성으로부터 유전적으로 전해진 서로 다른 개체들에서 나타나는 특성을 나타내는 말이다. 분자생물학에서는 "homologous"는 종종 유전적 연관 관계를 고려하지 않고 단순히 유사함을 의미하기도 한다.

두 생물체에서 상동성을 나타내는 서열로서 공통 조상이 가지고 있던 한 서열의 직접적인 (즉 유전자 중복이 수반되지 않은) 후손인 경우를 "orthologs"라고 한다.

한편 두 생물체에서 상동성을 나타내는 서열로서 공통 조상의 유전체에서 한 서열의 중복에 의해 생성된 서로 다른 두 복사본의 후손인 경우를 "paralogs"라고 한다.

완벽하게 염기서열이 결정된 유전체의 수가 점점 많아짐에 따라 주요 계통발생집단이나 특별한 생물체들 사이에 예견치 못했던 광범위한 비교가 가능해졌고 이들의 관계에 대한 개략적인 정보를 얻을 수 있었다. 이러한 광범위한 조망은 진화과정에 대한 우리의 지식을 증가시킬 것이고, 일부 생명체에 보존되어 있지만 다른 생명체에는 보존되어있지 않은 단백질의 기능을 확인시켜 줄 것이다.

11.3.1 CoreAligner

CoreAligner :Multiple Genome Alignment for Core Genome Structure Identification → http://mbgd.genome.ad.jp/CoreAligner/

RECOG를 내려받아야 한다. → http://mbgd.nibb.ac.jp/RECOG/

RECOG client (Java)

[current version: 1.0.17]

- Requirements: Sun Java SE (either JRE or JDK) 1.4 or higher.
- Mac Version
    1. Download the RECOG client installer for MacOSX
    2. Invoke the downloaded installer, which installs the RECOG client program in /Applications folder.
    3. Invoke the RECOG client (which creates RECOG folder in your home direcoery).
- Windows Version
    1. Download the RECOG client installer for Windows
    2. Invoke the downloaded installer, which installs the RECOG client program in \Program Files\RECOG folder.
    3. Invoke the RECOG client from the Start menu (which creates RECOG folder in your home directory).

E. coli 모든 종과 Shigella 모든 종을 ingroup으로 정하고, Salmonella typhimurium을 outgroup으로 정한다.

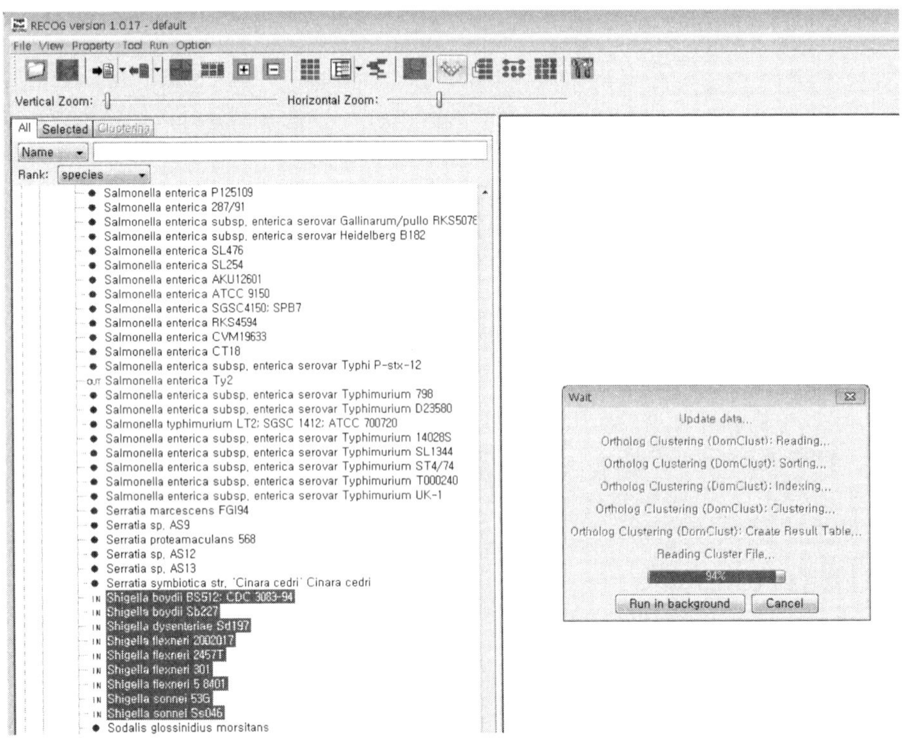

CoreAligner는 MBGD의 synteny 정보를 제공한다. MBGD(Microbial Genome Database for Comparative Analysis)는 CoreAligner를 사용하여 추출된 주어진 그룹에서 신테니로서 보존된 지역을 나타내는 각각의 taxonomic 그룹에서 '핵심 구조(core structure)'를 제공한다. CoreAligner는 orthologs 의 유전자 보존 순서를 이용하여 관련된 생물체에

보존된 핵심 게놈 구조를 식별하기 위해 개발되었다. CoreAligner는 syntenic 보존을 고려한 교환에서 핵심 유전자보다 더 많은 유전자를 수집 할 수 있게 하는 관대한 보존 기준을 채택한다. 이 디스플레이는 각 열은 CoreAligner에 의해 결정된 공통 순서(consensus order)에 따라 왼쪽에서 오른쪽으로 정렬되어진 추출된 핵심 orthologous 그룹에 해당하는 gene-by-gene 게놈 정렬의 종류를 나타낸다.

각 게놈 속 유전자는 점으로 표현되고, 유전자 간의 인접관계는 그들을 연견한 선으로 표시된다. 사용자는 다이어그램을 위 아래로 크기를 조절할 수 있고, 다이어드램을 클릭하여 각 orthologous 그룹의 정보를 볼 수 있다.

- **RECOG를 통한 CoreAligner 이용**

RECOG (Research Environment for Comparative Genomics()는 http://mbgd.nibb.ac.jp/RECOG/ 에서 다운로드 받을 수 있다.

RECOG는 내장 함수로 CoreAligner를 가지고 있어 이를 통해 CoreAligner를 이용할 수 있다.

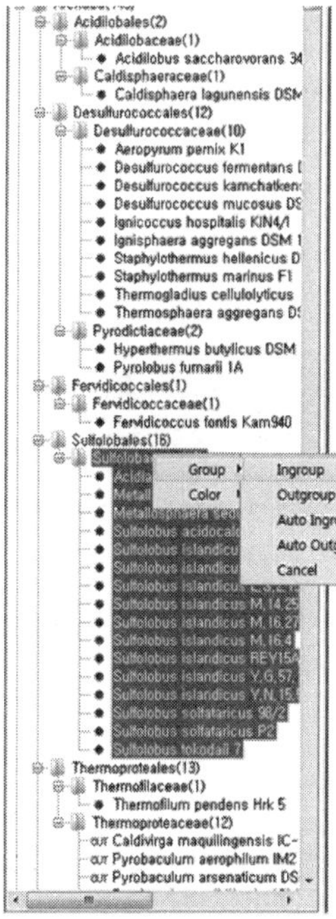

RECOG를 통해 CoreAligner를 이용하려면 먼저 마우스의 오른쪽 버튼을 눌러 원하는 생물체를 선택해야 한다. 위 사진은 ingroup으로 Archaea인 Sulfolobaceae 16종을 선택하였고, outgroup으로 Archaea인 Thermoproteaceae 12종을 선택하였다.

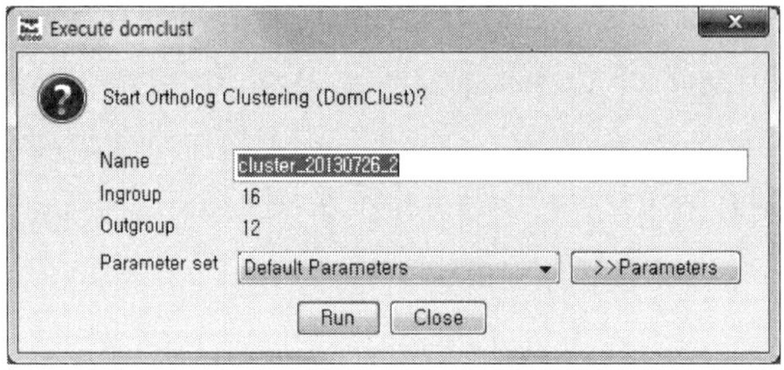

메뉴 표시줄에서 'RUN'을 클릭한 후, ortholog clustering을 누르면 위과 같은 팝업 창이 뜨고 'Run'을 클릭하여 실행시킨다.

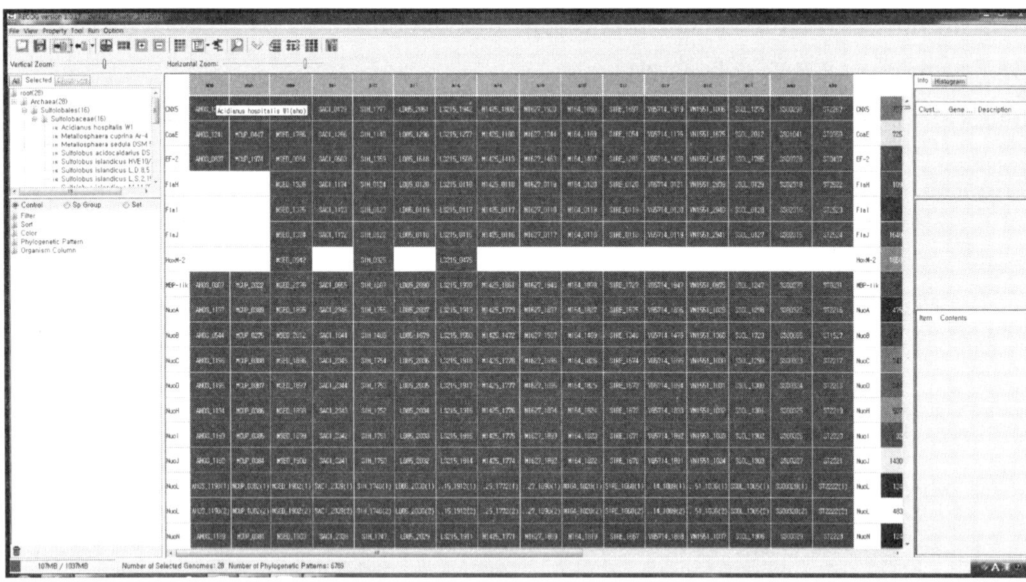

그 후, 위와 같은 결과 값이 나온다. 각각의 세로줄은 각각의 생물체(게놈)를 나타내며, 각각의 가로줄은 같은 기능은 가진 유전자를 나타낸다.

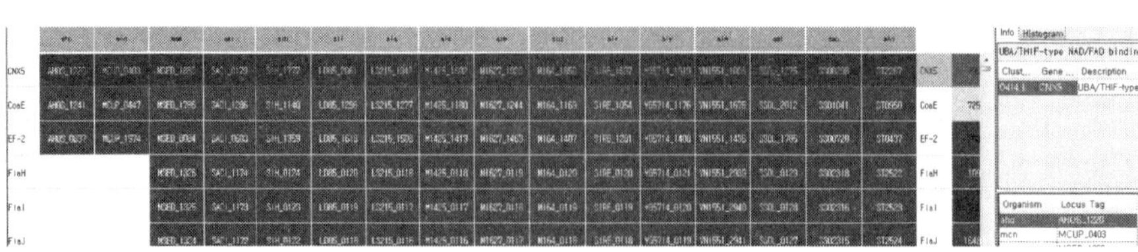

한 가로줄, 즉 한 유전자를 선택하면 화면의 오른쪽에 간략한 해당 정보를 보여준다.

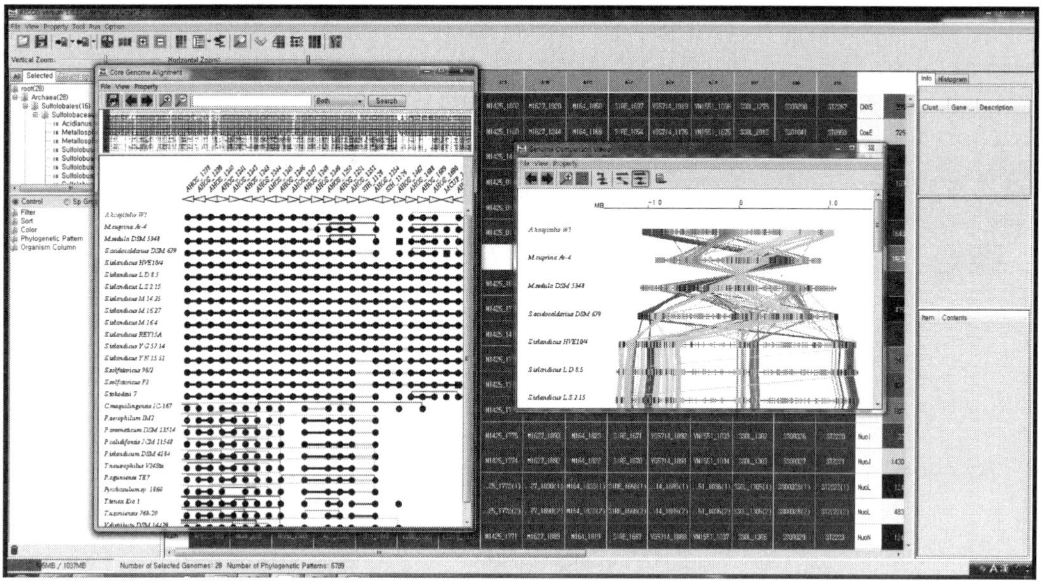

화면 상단의 여러 아이콘 중 Core Genome Aliment (CoreAligner)을 선택하여 실행시킨다. 그럼 위 그림과 같이 두 가지의 결과값(Core Genome Alignment, Genome Comparison Viewer)이 나온다.

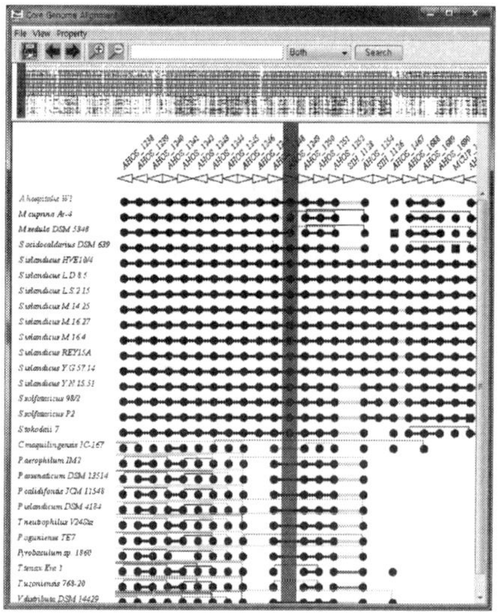

이것은 Core Genome Alignment이다. 이 다이어그램에서 각 열은 추출한 '핵심' orthologous 그룹에 해당하고, 각 행은 게놈에 해당한다. 점은 orthologous 유전자를 나타내며, 선은 각 게놈에서 유전자 사이의 인접 관계를 나타낸다. 빨간색 선은 역위(inversion)가 있음을 나타내고, 녹색 선은 그들 사이에 삽입된 유전자가 있음을 나타낸다.

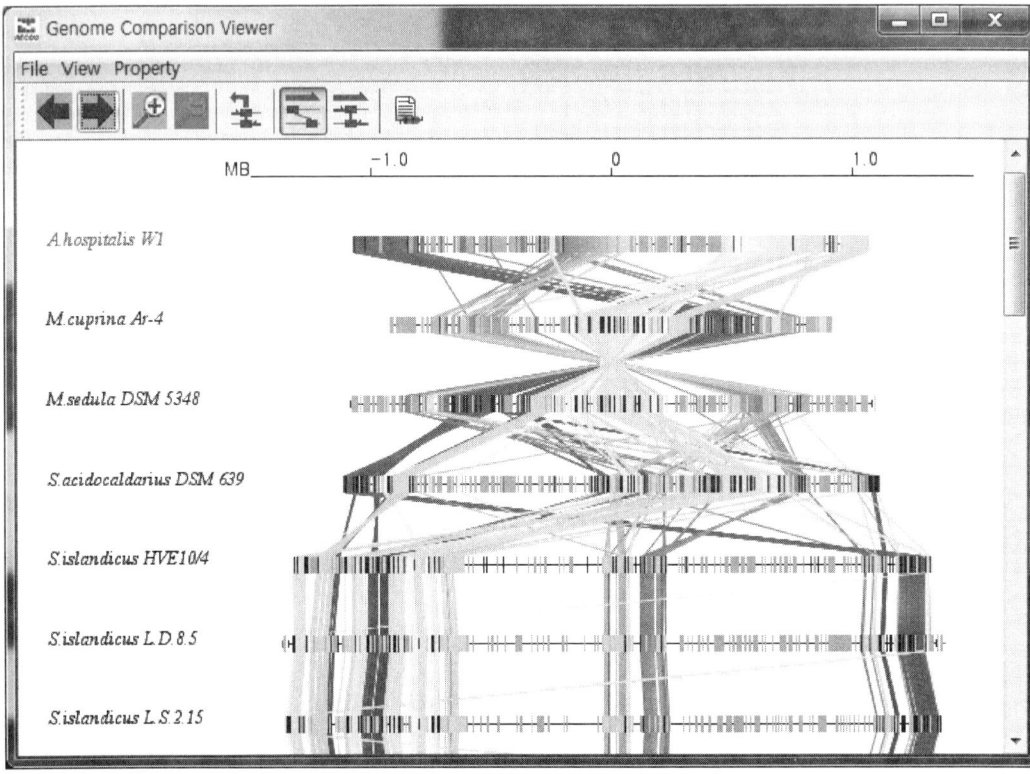

이것은 Genome Comparison Viewer입니다. 각각의 유전자를 각각은 짧은 세로 막대로 표시한 것 같다. 마우스로 한 게놈의 한 세로 막대를 클릭하면 위와 같이 파란색 선으로 다른 게놈 속의 유사한 유전자를 표시해준다. Genome Comparison Viewer에서 마우스로 클릭한 각각의 유전자에 따라 ortholog clustering 화면(아래 그림의 뒤쪽 화면)이 이동하여 해당 유전자에 대한 정보를 표현해준다. Genome Comparison Viewer에서 클릭한 유전자는 ortholog clustering 화면에서 붉은색 선으로 하이라이트 되며, 해당 정보도 우측에 나타난다. Core Genome Alignment도 마찬가지이다.

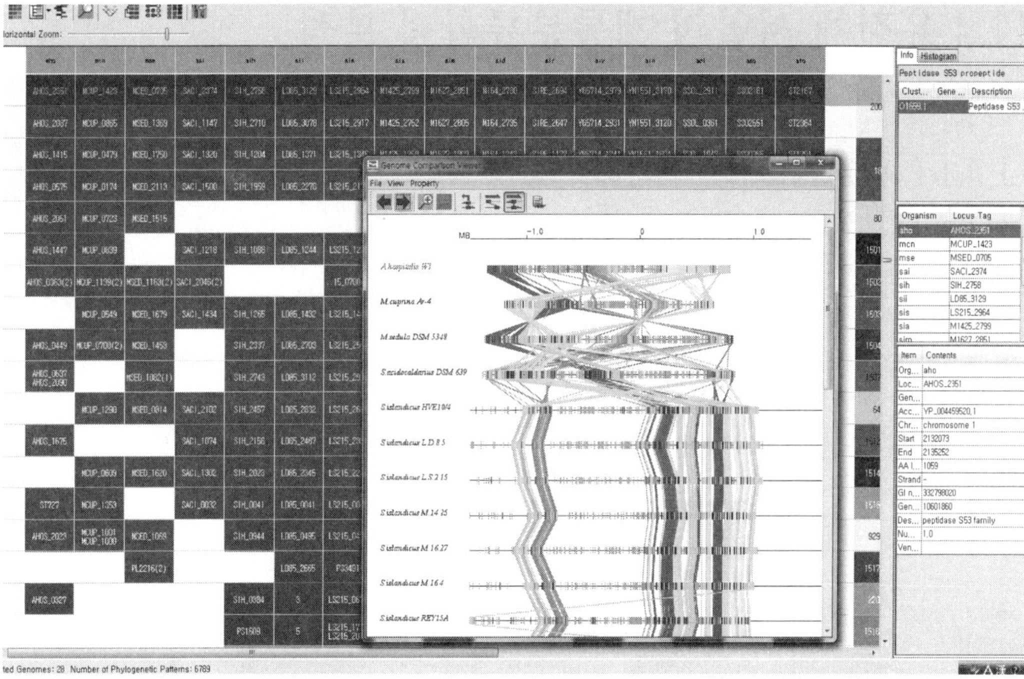

CoreAligner정보 및 Core Genome Alignment에 대한 내용 참고 http://www.ncbi.nlm.nih.gov/pubmed/23118485

11.4 유전체 서열의 계통분류학적 분석

11.4.1 LAGAN

LAGAN =〉 Shuffle Lagan =〉 PhyloVista

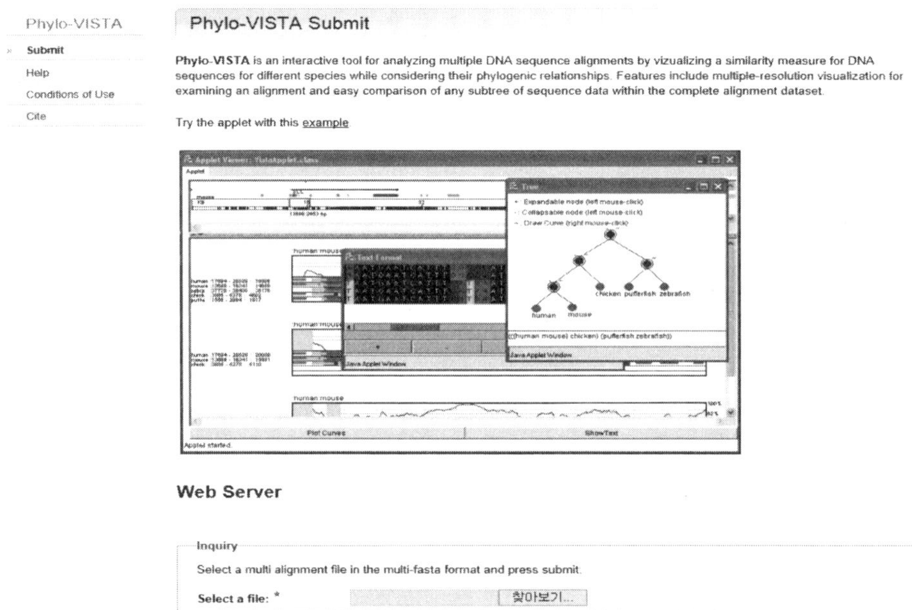

LAGAN - windows 용 실행파일은 제공하지 않지만 요구하면 가능

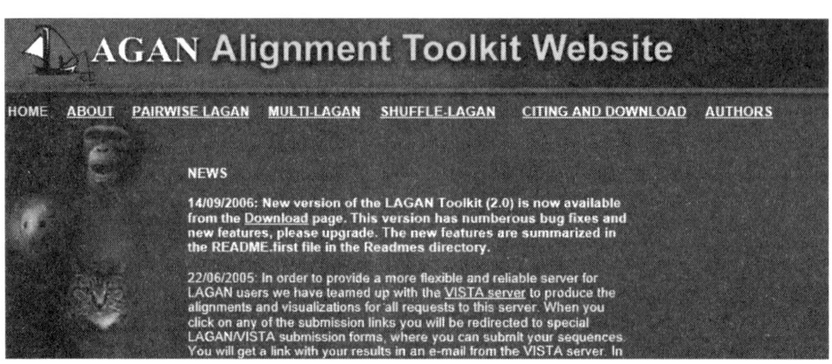

LAGAN은 PAIRWISE LAGAN, MULTI-LAGAN, SHUFFLE-LAGAN 등의 기능을 제공한다.

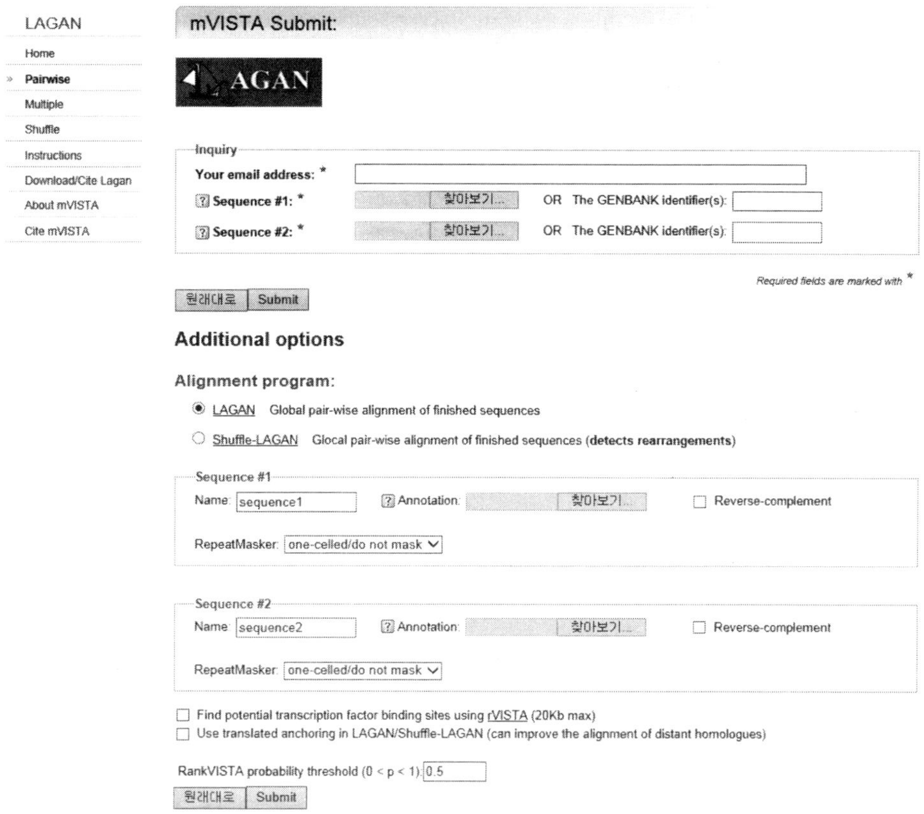

MULTI-LAGNA은 여러 개의 Sequence를 이용하는 기능으로 3개에서 31개사이의 Sequence를 비교해준다.

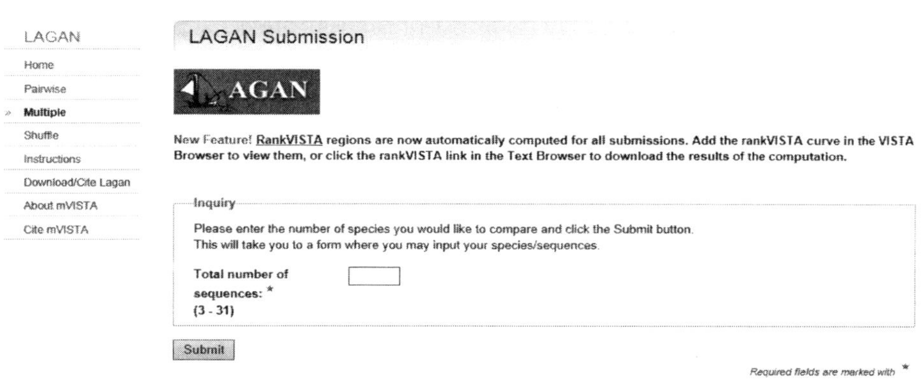

원하는 Sequence의 수를 입력한 뒤 'Submit'을 누르면 PAIRWISE LAGAN와 같은 화면이 나타나며 동일한 방법으로 입력하면 된다.

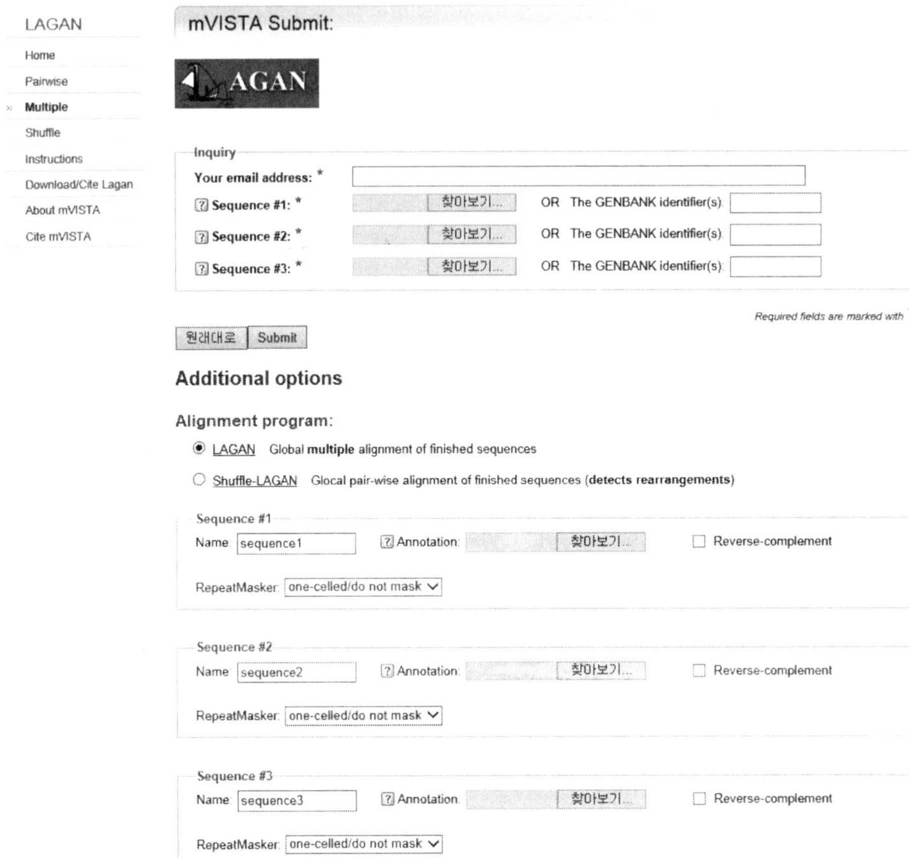

마지막으로 Shuffle-LAGAN은 재배열(rearrangements)를 찾아주는 알고리즘으로 도치(inversion), 전이(transposition), 복제(duplication)등을 찾아준다.

추가적인 기능으로는 Alignment Program, Annotation, Reverse-complement(Antisence 생성)이 있다.

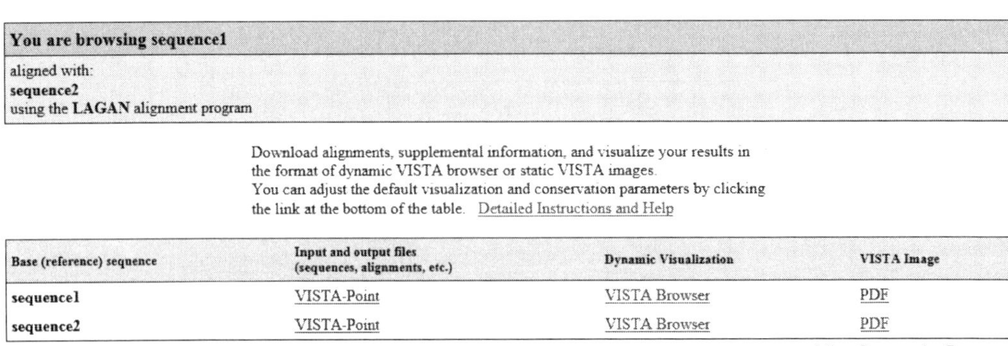

결과는 다음과 같은 형식으로 등록한 이메일로 전송된다.

You are browsing sequence1

aligned with:
sequence2
using the **LAGAN** alignment program

Download alignments, supplemental information, and visualize your results in the format of dynamic VISTA browser or static VISTA images.
You can adjust the default visualization and conservation parameters by clicking the link at the bottom of the table. Detailed Instructions and Help

Base (reference) sequence	Input and output files (sequences, alignments, etc.)	Dynamic Visualization	VISTA Image
sequence1	VISTA-Point	VISTA Browser	PDF
sequence2	VISTA-Point	VISTA Browser	PDF

Adjust Conservation Parameters

VISTA Browser를 클릭하면 기본으로 선택된 해당하는 Organism으로 애플릿을 실행한다. VISTA 브라우저는 다중 정렬을 시각화하도록 설계된 상호 작용하는 Java 애플릿이다.

마지막으로 PDF는 alignment와 conserved regions을 시각화해주는 파일로, 세로축은 보존비율을 보여주고 색상은 각각 부분의 주석에 해당한다.(보라-exon, 파랑-UTR, 분홍-CNS, 회색-mRNA)

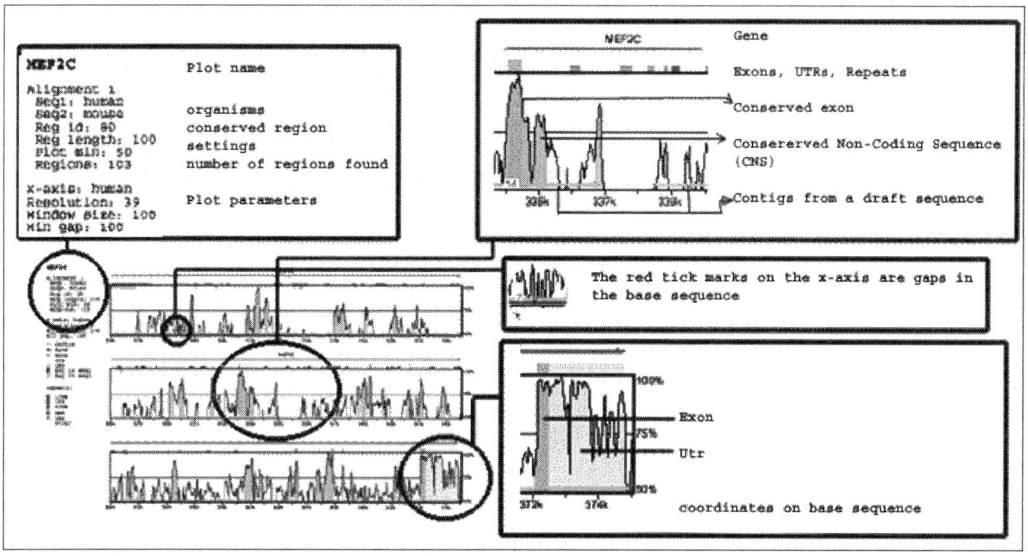

11.5 유전체 분석 워크플로우

11.5.1 Taverna 설치 사용법

Taverna의 Workbench는 http://www.taverna.org.uk/download/workbench/2-4/ 에서 다운로드 받을 수 있다.

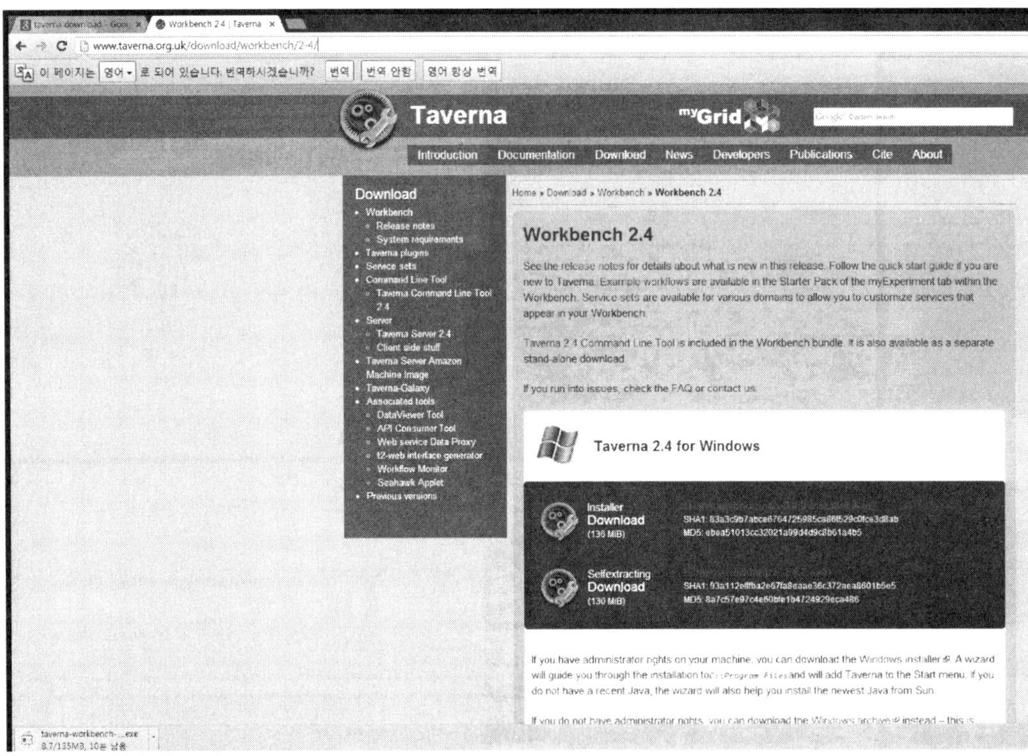

다운로드가 끝나면 다운된 파일을 클릭하여 자신의 컴퓨터에 설치한다.
taverna를 사용하기에 앞서 두 용어의 개념을 알고 넘어가자.

❶ WSDL(Web Services Description Language)은 XML에 기초하여 웹 인터페이스의 기능을 묘사하기 위한 언어이다. WSDL 파일은 서비스를 호출하는 방법, 필요한 매개변수, 반환하는 자료 구조 등에 관한 내용을 기계어로 담고 있다.

❷ SOAP(Simple Object Access Protocol)는 컴퓨터 네트워크에서 웹서비스를 구현할 때 구조화된 정보를 교환하는 데 사용되는 프로토콜의 규격을 말한다. 메시지 포맷은 XML, message negotiation은 Hypertext Transfer Protocol (HTTP), 메시지 전송은 Simple Mail Transfer Protocol (SMTP)을 따른다.

이제 taverna를 사용할 시간이다. taverna를 이용하면,
첫째 이미 만들어진 워크플로우를 가져와서 실행할 수 있다.
둘째 공개된 구성요소로부터 자신만의 워크플로우를 만들 수 있다.
셋째 데이터를 워크플로우로 넣거나 받아올 수 있다.

taverna를 쉽게 이해하는 방법은 기존에 만들어진 워크플로우를 이용하여 실행해 보는 것이다.

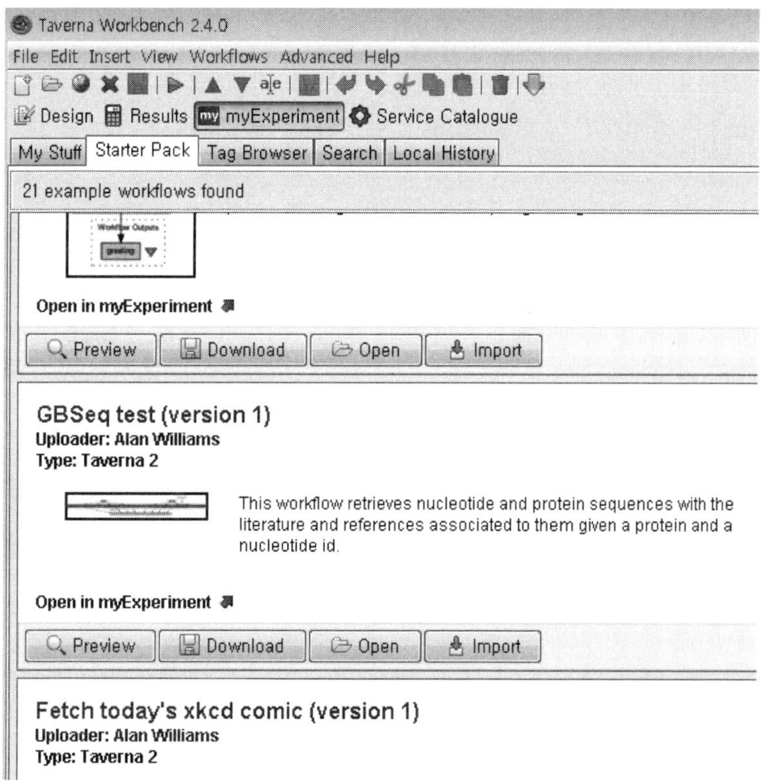

GBSeq test를 다운로드 받자. 파일 이름은 gbseq_test_310396.t2flow이다. 이제 File => open 한 후, 이 워크플로우를 열자. Design 창에 다음과 같은 화면이 뜬다.

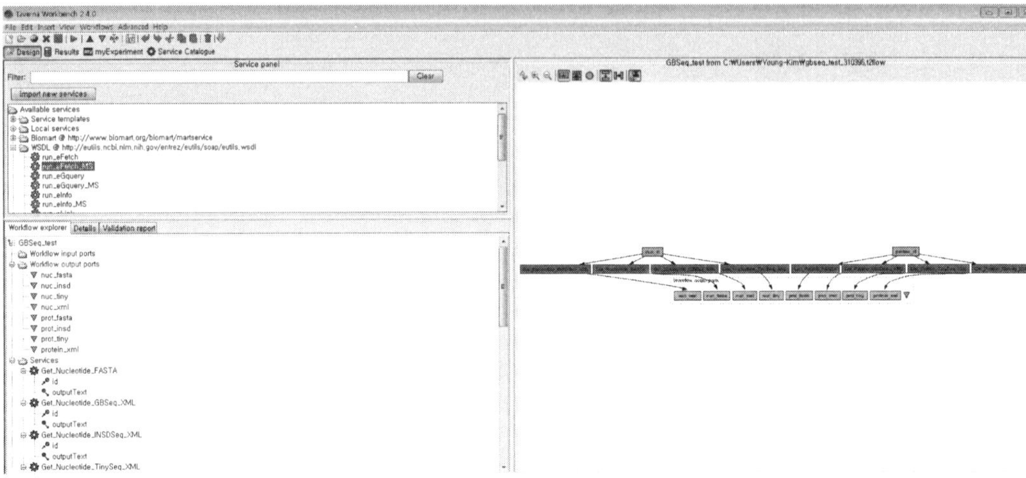

run을 클릭한다. 그러면 Graph의 색깔이 진행되는 대로 검게 변하며 완료되고, 결과는 좌하단의 value 1을 클릭하면 오른쪽에 fasta 포맷의 데이터가 뜬다.

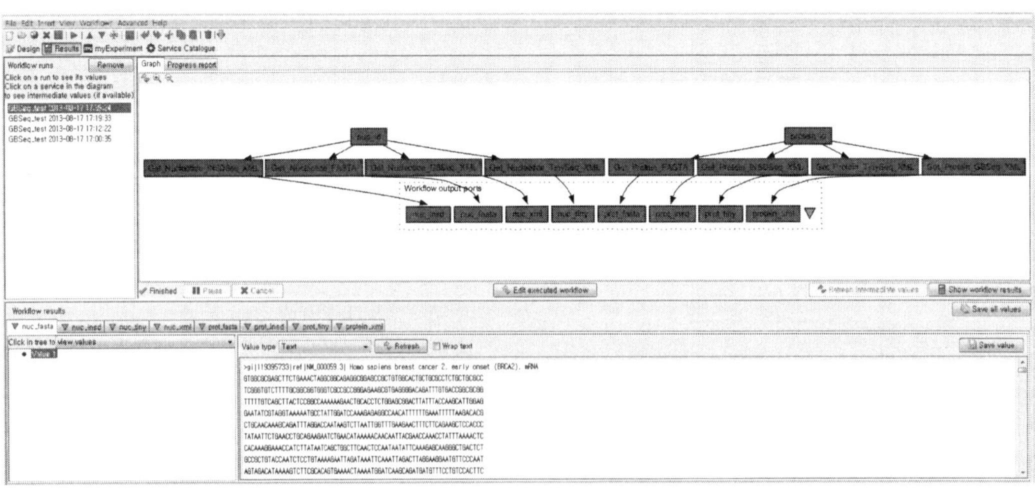

NCBI local services는 아래와 같이 10개의 서비스가 나타나 있다.

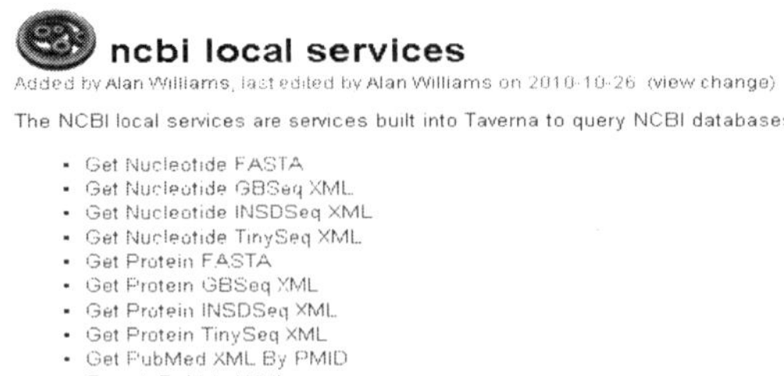

이중에서 Get Nucleotide FASTA만 정의되어 있다.

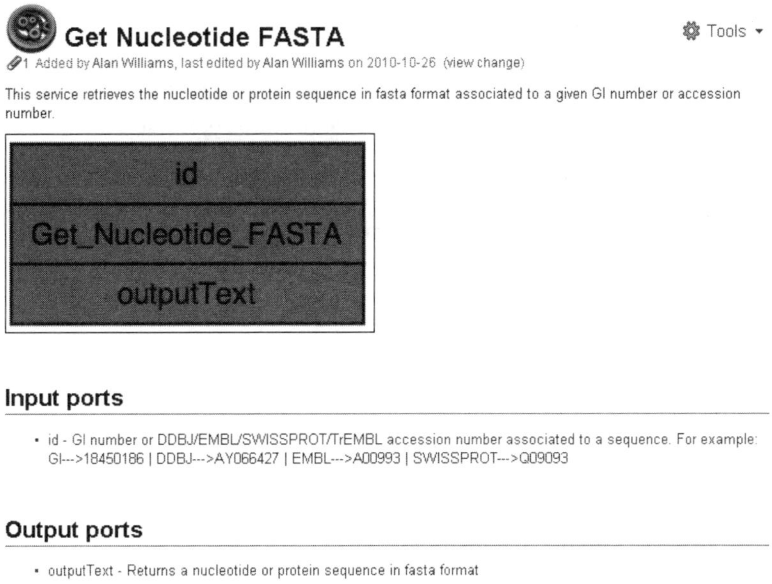

이 목록은 Service panel의 local services => ncbi를 펼치면 볼 수 있다.

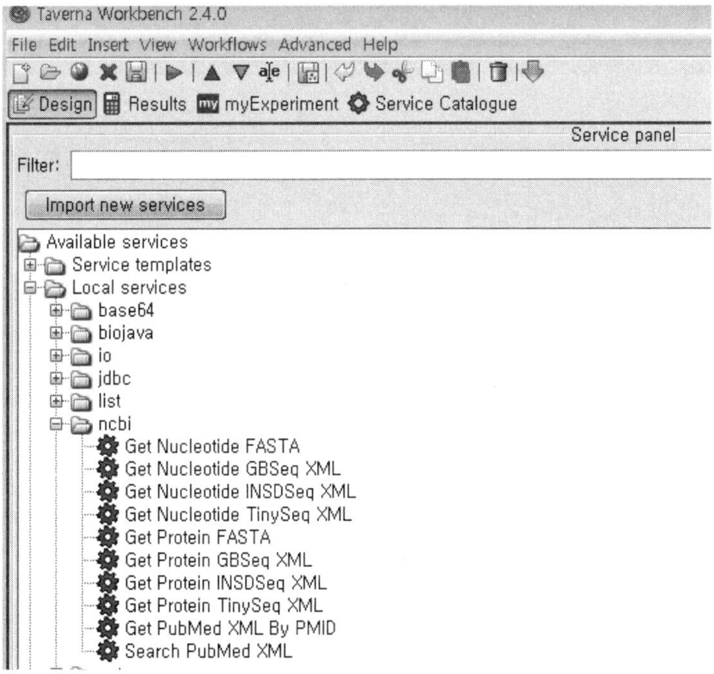

NCBI와 어깨를 나란히 하고 있는 유럽의 EMBL에 있는 EBI(European Bioinformatics Institute, http://www.ebi.ac.uk)를 방문해 보자. 그리고 EBI의 데이터베이스와 검색 도구들을 사용해 보자.

http://www.uniprot.org/에서 DB를 Protein Knowledgebase(uniProtKB)로 선택하고, 검색어를 shigatoxin "subunit B"로 하여 검색해 보자. 그 결과는 예전의 결과와 같다.

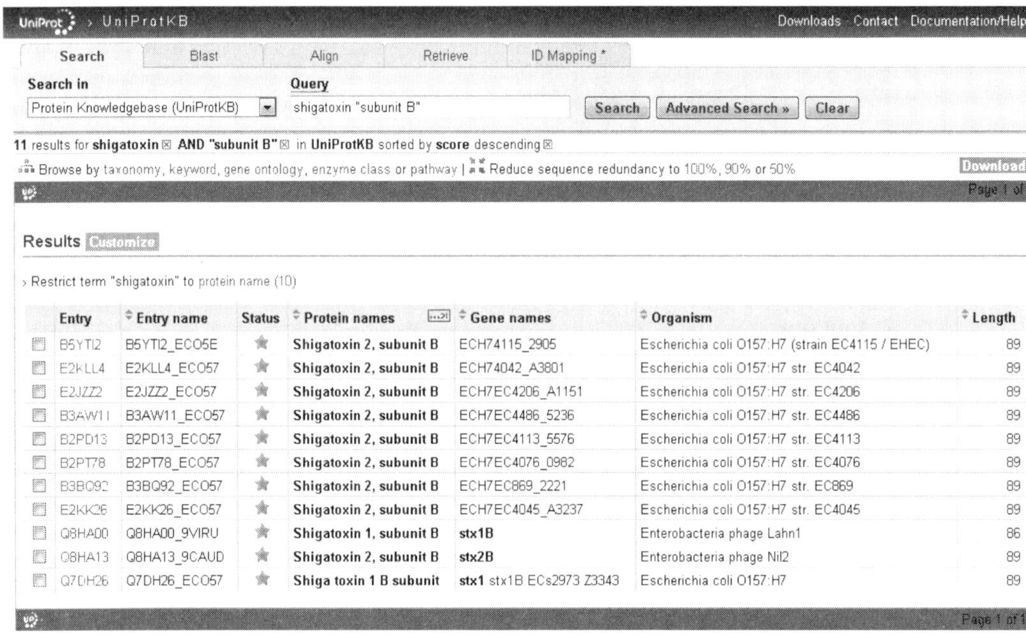

taverna에서는 EBI의 Dbfetch(http://www.ebi.ac.uk/Tools/dbfetch/) 도구를 제공하고 있다. DB, Search Items, Format, Style 등 네 개의 매개변수를 요구한다.

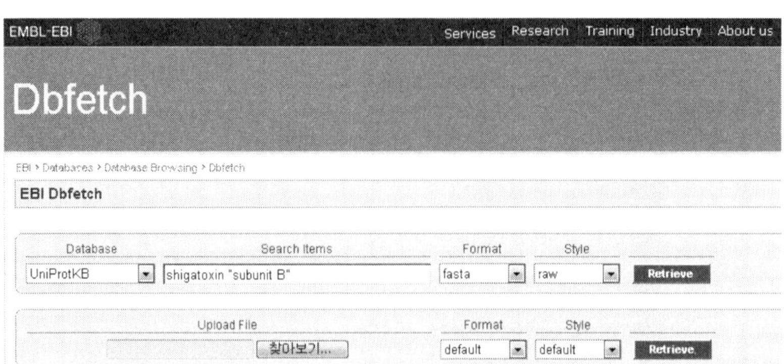

그러나 Dbfetch에서는 결과가 나오지 않는다. 오류가 있는듯하다.

그러면 앞서 우리가 Ebot를 이용하여 만든 search_fetch 파이프라인을 taverna에서 EBI의 Dbfetch 서비스를 이용하여 한번 만들어 보자.

File => New workflow를 선택하고

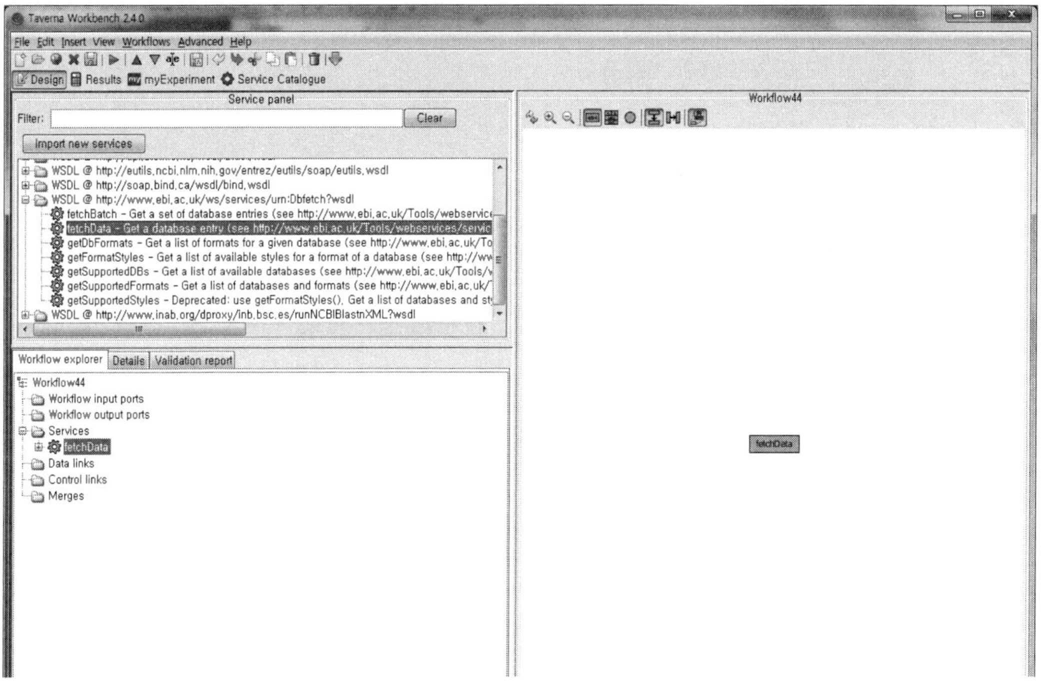

Service panel에서 'WSDL @ http://www.ebi.ac.uk/ws/services/urn:Dbfetch?wsdl'을 클릭한다. 그 중 'fetchData'를 워크플로우로 드래그하여 옮긴다. Workflow explorer의 Workflow input ports를 우클릭하여, Add workflow input port를 클릭한다. 아래와 같은 팝업창이 뜨면 Name을 format으로 지정해준다.

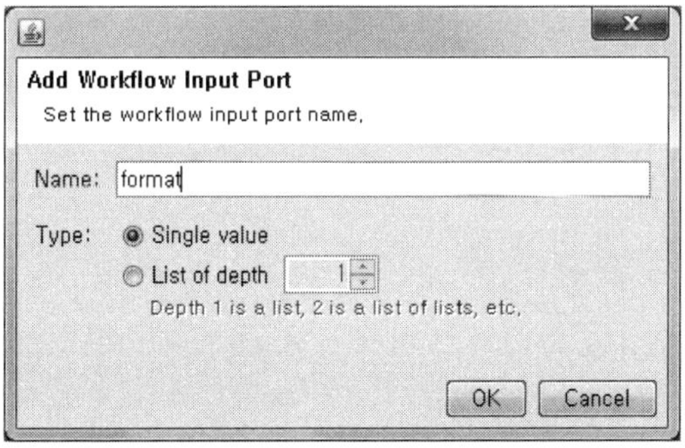

계속해서 같은 방법으로 'query' 와 'style'이란 이름의 input port를 만든다. 이젠 format input port의 값을 fetchData의 format input으로 연결해준다. 계속해서 같은 방법으로 'query' 와 'style'도 연결해 준다.

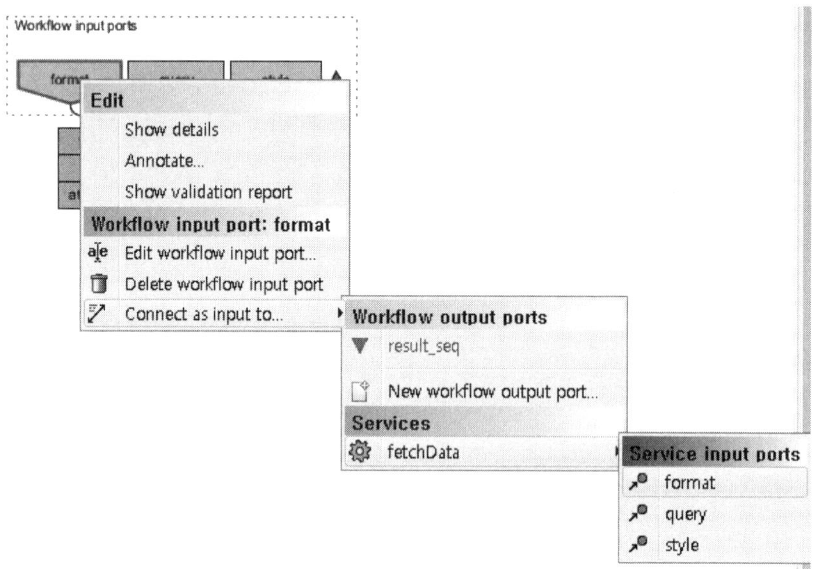

이번에는 'Workflow output ports'를 우클릭하고 'Add workflow output port'를 선택한다. name에 'result_seq'이라고 쓴다. 워크플로우 출력 포트를 드래그하여 fetchData의 'fetchDataReturn'과 연결해준다. 이제 하나의 워크플로우 1이 설계된 것이다.

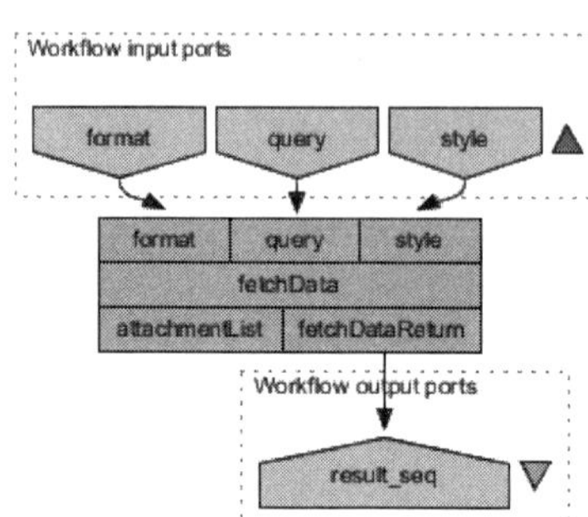

생성한 워크플로우의 오류를 확인하기 위해 Service panel의 'Validation report'를 클릭한 뒤, 'Validate workflow'를 누른다.

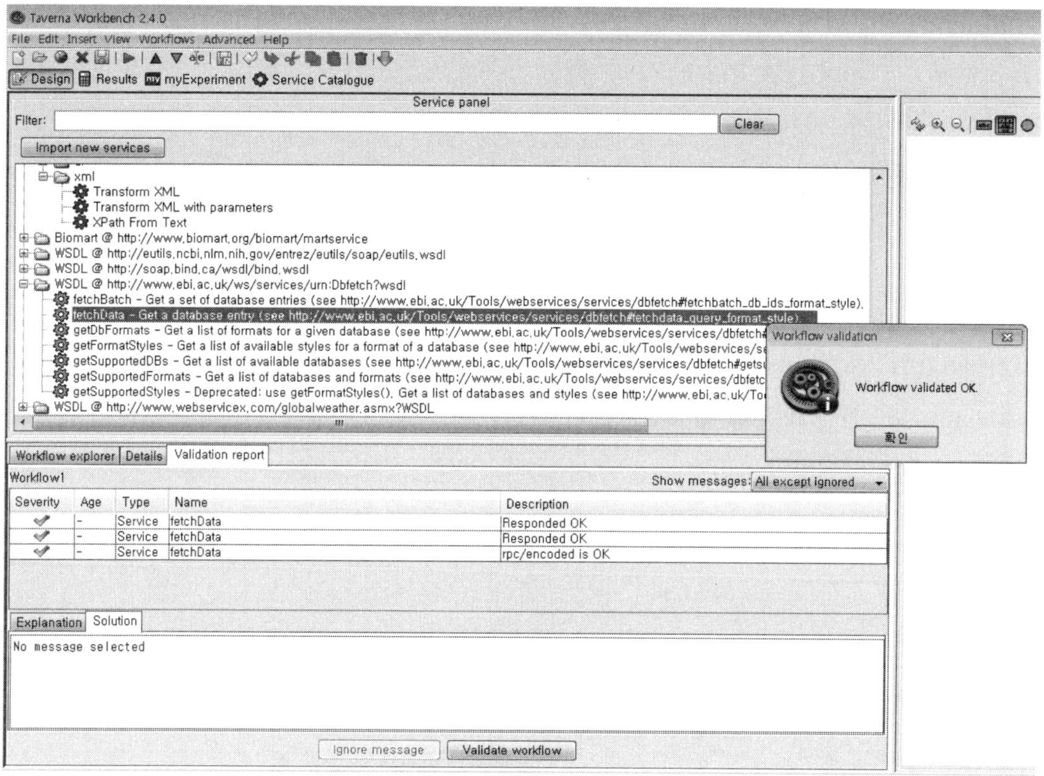

생성된 워크플로우 1에 오류가 없다면 위와 같은 팝업 창이 뜬다. 그러면 Run workflow'를 선택하자.

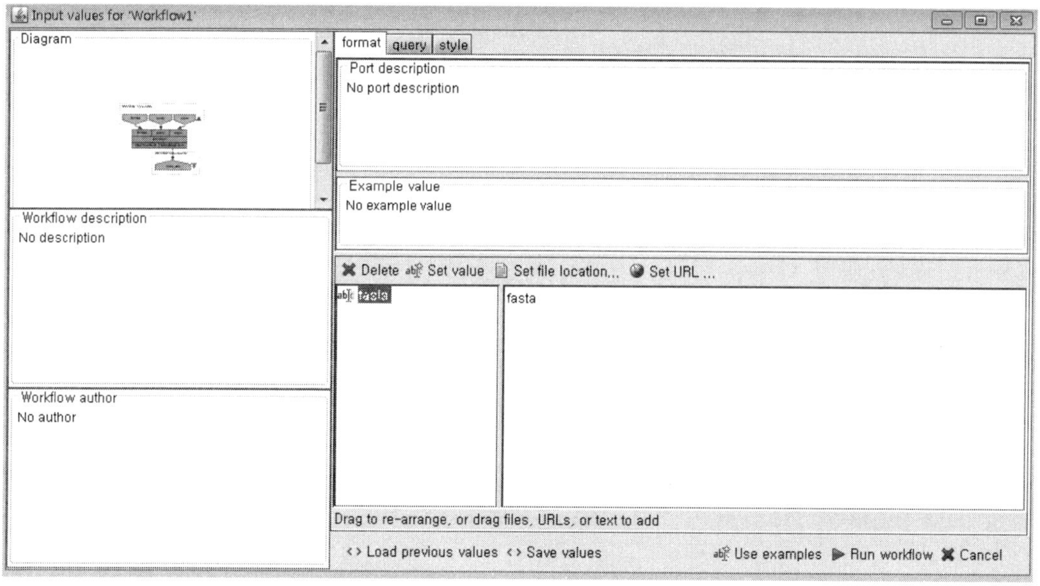

Workflow1의 매개변수 값을 입력하는 창이 나타난다. format 상수 값에 fasta, query 상수 값에 UniProtKB:B5YTI2_ECO5E, style 상수 값에 raw를 지정한다. 그 후 하단의 'Run workflow' 버튼을 클릭한다.

EMBL-EBI 웹서비스페이지(http://www.ebi.ac.uk/Tools/webservices/services/dbfetch)에 query 상수 값을 표현하는 방법이 소개되어 있다. query는 db:id 형태로 표기한다.

워크플로우의 그래프가 색깔이 어둡게 변하면서 종료된다. Progress report에는 처리 시간이 나타나있고, 왼쪽에는 분석 일시가 나타나 있다. 아래쪽에는결과가 나와 있는데, value 1을 클릭하면 오른쪽 창에 그 값이 나타나며, 이 모든 값들을 저장하려면 'Save all values' 버튼을 클릭한다.

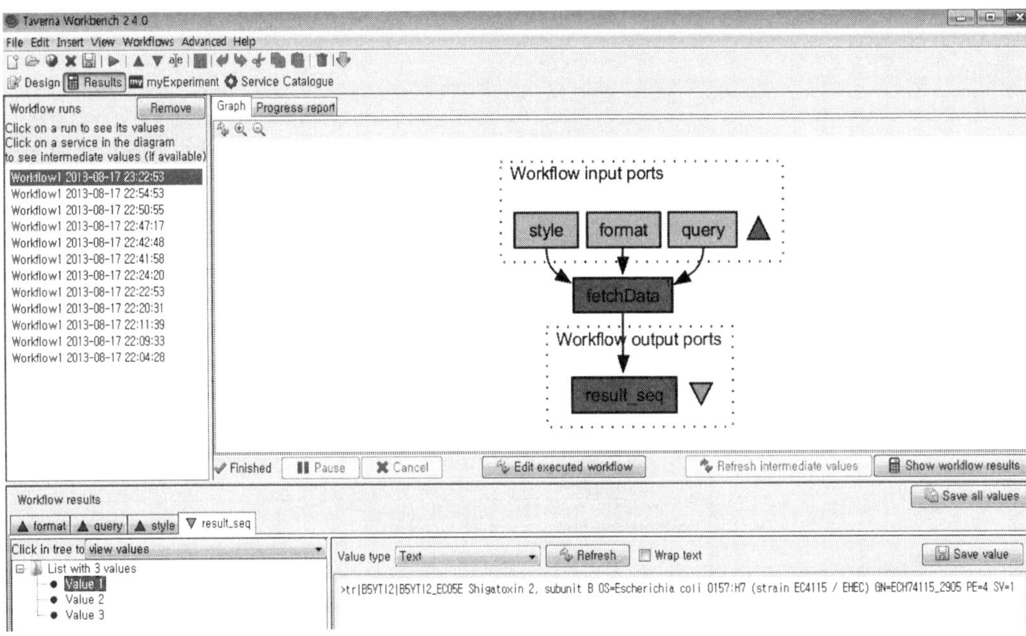

XML이나 Excel 등 다양한 형태로 결과를 저장할 수 있다.

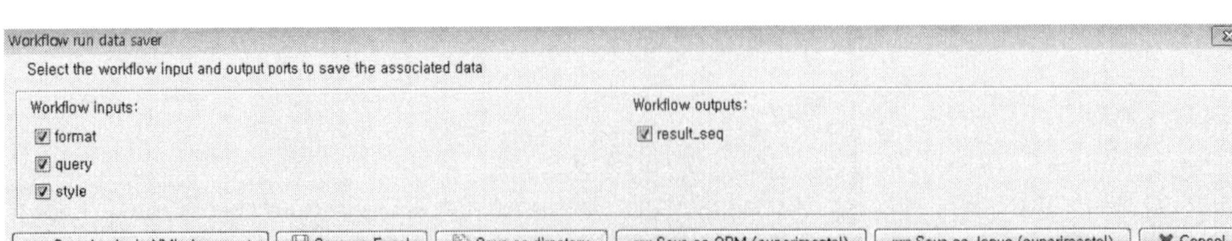

workflow1.xml로 저장해 보자. 그리고 이 문서를 살펴보자.

11.5.2 BioCatalogue

https://www.biocatalogue.org/

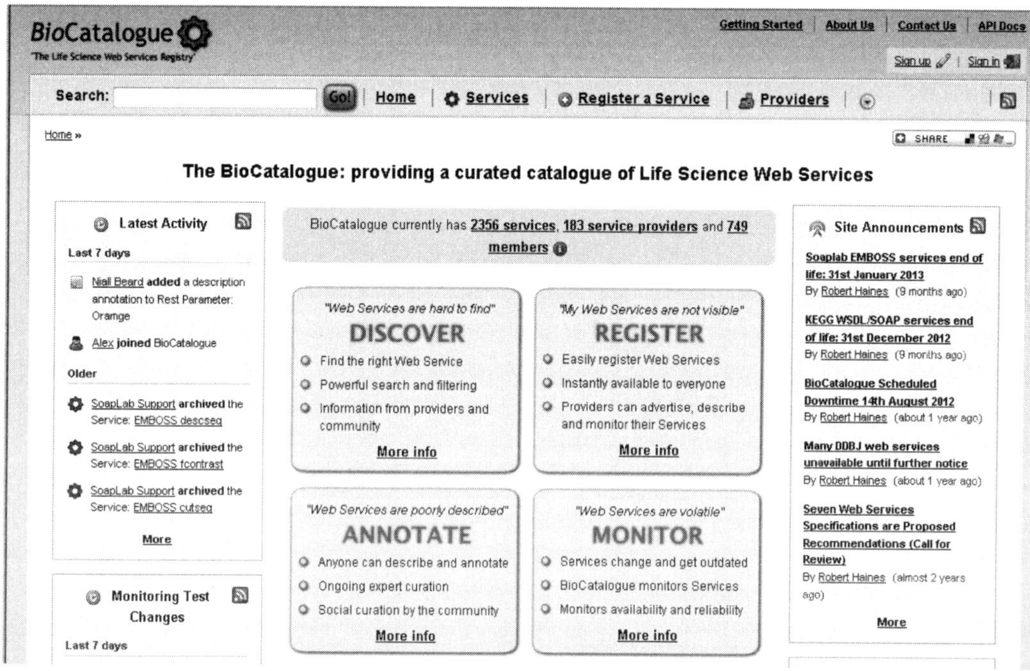

Taverna에 서비스 추가하기

원하는 기능을 taverna는 알지 못한다. 새로운 웹서비스를 추가하기 위해서는 Service panel에 있는 Import new services => WSDL service

WSDL Location: http://biomoby.org/services/wsdl/icapture.ubc.ca/Gene2Ontology (download last cached WSDL file)

URL을 입력하고 OK하면 된다.

12장 유전체 설계 프레임워크

이 장은 우리의 미래에 관한 이야기다. 어떻게 잃어버린 조상 세포를 만들어 낼 수 있을까? 세상에 존재하지 않는 유용한 새로운 세포를 어떻게 만들어 낼 수 있을까? 여러분들이 사회의 주역이 되는 날, 그 시대는 합성생물학 시대다. 이 새로운 세계를 준비하는 개척자들은 지금 어떠한 연구를 수행하고 있는가? 나는 어떤 준비를 해야 할까? 이 장에서 영감을 얻을 수 있다면 여러분의 인생에서 이미 절반의 성공을 거둔 것이 아닐까?

12.1 합성생물학 도구

12.1.1 Brickit

Brickit(http://sourceforge.net/apps/mediawiki/brickit/index.php?title=Main_Page)는 합성생물학을 계획하고, 해당 지역 biobrick 샘플을 구성하고 추적하는 것을 돕는 휴대용 웹 기반의 레지스트리를 생성하는 것을 목표로 하고 있다. 데이터베이스 기반 웹 서버가 신속하게 실험실, 연구소나 커뮤니티 안의 일을 조정하는 로컬(local) 레지스트리를 설정하기 위해 가상 기계(컴퓨터)로 다운로드 할 수 있다. 데이터가 로컬로 남아 있지만, 웹 서버 자체는 오픈 소스 프로젝트이며, 개선이나 새로운 기능이 다른 로컬 레지스트리 간에 쉽게 교환 할 수 있다. 따라서 Brickit는 도구의 개발을 공유하기 위한 플랫폼을 제공하며, 합성 생물학 커뮤니티 내의 협력을 조성하는 공공 기반 시설(infrastructure)을 제공한다.

12.1.2 Clotho

Clotho(http://www.clothocad.org/)는 합성생물학의 시스템 엔지니어링과 그들을 만들기 위한 데이터를 이용하기 위한 것이다. 이것은 합성생물학을 위한 방법론과 표준화 된 데이터, 알고리즘을 만드는 과정을 시작하기 위한 메커니즘을 제공한다.

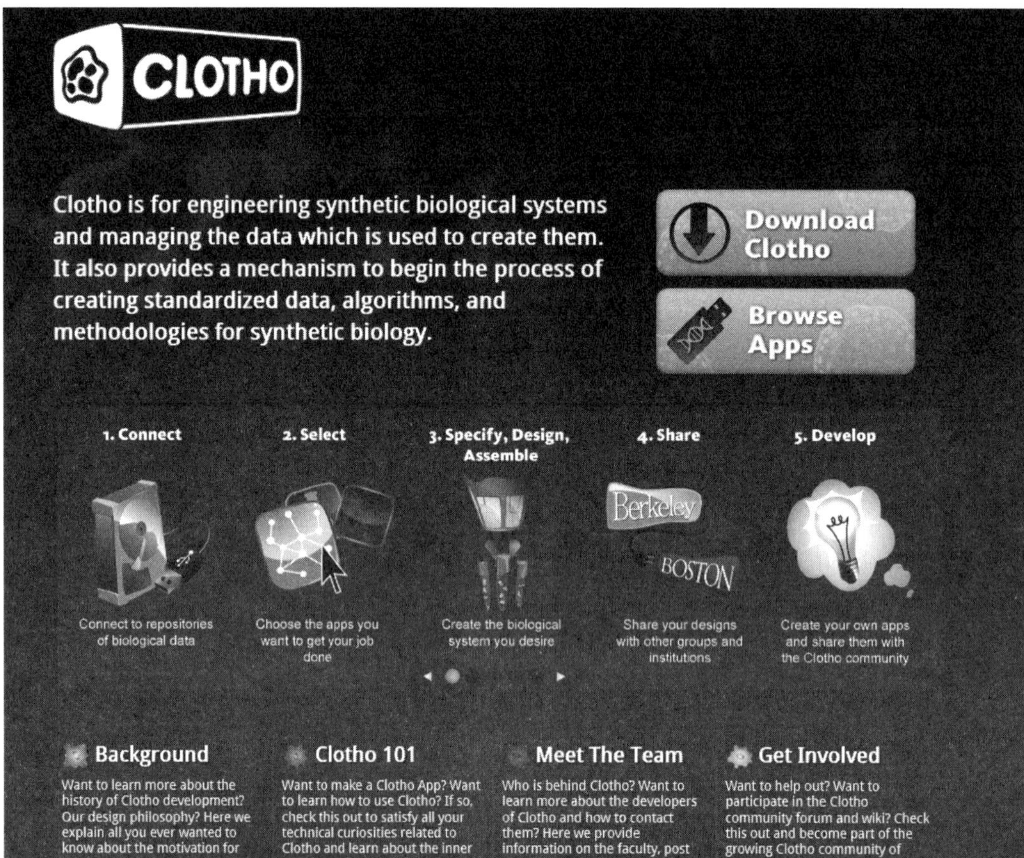

12.1.3 GenoCAD

GenoCAD(http://www.genocad.org/)는 합성생물학을 위한 오픈 소스 컴퓨터 보조 설계(CAD) 응용 프로그램이다. GeneCAD의 기초는 합성생물학 시스템을 프로그래밍하는 언어로 DNA를 고려한 것이다. GeneCAD는 주석 달린 유전자 파트의 큰 데이터베이스가 포함되어 있다. GeneCAD는 부분(parts)이 유전자 구조에 결합하는 방법을 묘사하는 설계 규칙이 포함되어 있다. 이러한 규칙은 복잡한 유전자 구조와 인공 유전자 네트워크의 설계하는 과정을 통해 사용자를 안내하는 마법사(컴퓨터 마법사)를 구축하는 데 사용된다.

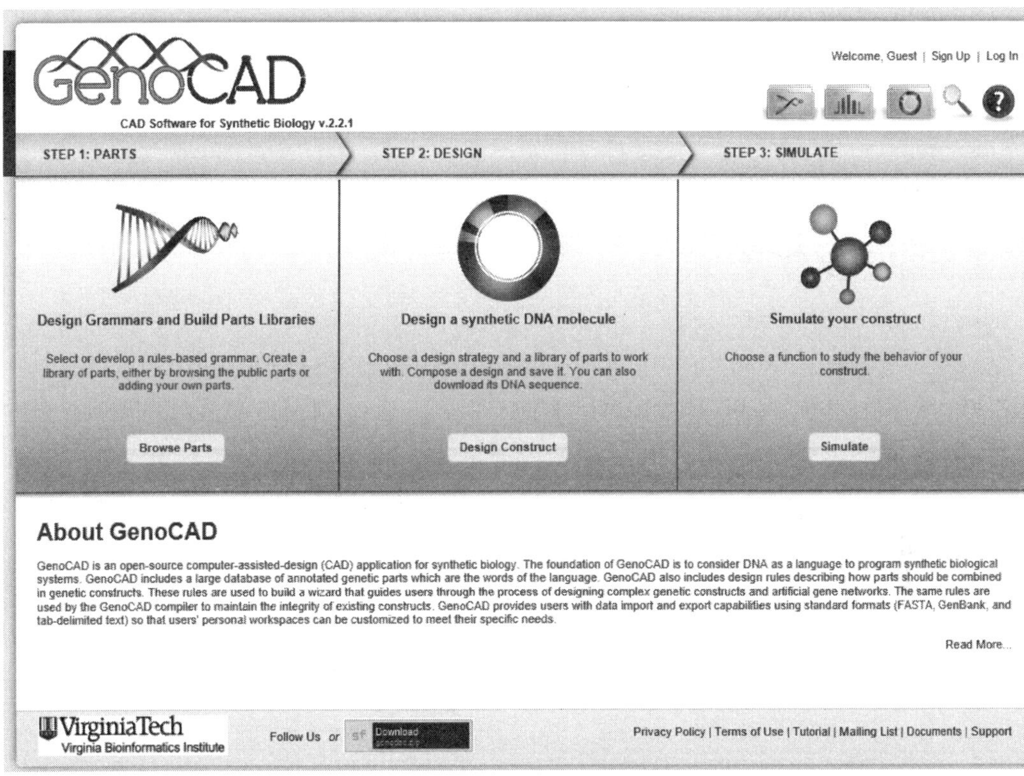

25. DeviceEditor

웹 기반 bioCAD 소프트웨어 도구인 DeviceEditor는 생물 실험실에서 직관적인 시각적 화이트보드 디자인 과정(whiteboard design process)을 모방한 그래픽 디자인 환경을 제공한다. DeviceEditor의 주요 혁신은 시각적 조합의 라이브러리 디자인, scar-leess multi-part DNA assembly 설계 자동화를 가진 직접 통합, 설계 사양 규칙의 작성 및 수정에 대한 그래픽 사용자 인터페이스가 있다. DeviceEditor는 DNA 염기 쌍 조작에서 연구자들을 자유롭게 해주고, 표준화, 기능 및 시각적 추상화를 사용하여 성공적으로 프로타입을 생성할 수 있게 한다. 열기 및 문서화 소프트웨어 인터페이스는 다른 bioCAD 도구 및 소프트웨어 플랫폼을 가진 DeviceEditor의 통합을 지원한다. DeviceEditor는 지루한 작업의 자동화, 설계 재사용 및 DNA assembly 비용의 최소화, 지능형 오류 제거 기술(correct-by-construction) 통해 연구자의 시간과 제도적 자원을 절약한다.

12.1.4 OpenCell

OpenCell(http://www.cellml.org/tools/opencell)은 시스템 및 합성 생물학 분야의 수학적 모델을 포함하여 임의의 수학적 모델을 만들고 시뮬레이션 하기 위한 환경이다. PCEnv는 저장 모델에 대한 기본 형식으로 CellML을 사용한다.

12.1.5 PROMOT

PROMOT(http://www.mpi-magdeburg.mpg.de/projects/promot/)는 프로세스 엔지니어링에서 기원되었다. Diana 시뮬레이션 환경과 함께 그것은 그들의 시뮬레이션과 분석, 차등 대수 방정식(differential-algebraic equation)을 기반으로 한 동적인 모듈의 개발을 위한 능력을 제공한다. 시스템 생물학의 응용을 위한 ProMoT의 주요한 특징은 국제적인 기준 SBML을 통한 모델 교환에 대한 지원과 모듈식 모델의 개발이다.

ProMoT는 모델의 시각화와 탐구, 실행을 위한 그래픽 도구를 시행하다. ProMoT는 동적인 모델의 구성뿐만 아니라 CellNetAnalyzer으로 분석 할 수 있는 Boolean 모델의 시각적 구조(구성)를 위한 모델링 도구로 사용되고 있다.

12.1.6. Athena

아테나: 합성생물학을 위한 모듈 형 CAD/CAM 소프트웨어이다.

CodePlex Project Hosting for Open Source Software Register | Sign In | Search all projects

Athena: Modular CAD / CAM Software for Synthetic Biology

HOME | SOURCE CODE | DOWNLOADS | DOCUMENTATION | DISCUSSIONS | ISSUES | PEOPLE | LICENSE

Page Info | Change History (all pages) ★ Follow (0) | Subscribe

Project Description

Synthetic biology is the engineering of cellular networks. It combines principles of engineering and the knowledge of biological networks to program the behavior of cells. Computational modeling techniques in conjunction with molecular biology techniques have been successful in constructing biological devices such as switches, oscillators, and gates. The ambition of synthetic biology is to construct complex systems from such fundamental devices, much in the same way electronic circuits are built from basic parts. As this ambition becomes a reality, engineering concepts such as interchangeable parts and encapsulation will find their way into biology. We realize that there is a need for computational tools that would support such engineering concepts in biology. As a solution, we have developed the software Athena that allows biological models to be constructed as modules. Modules can be connected to one another without altering the modules themselves. In addition, Athena houses various tools useful for designing synthetic networks including tools to perform simulations, automatically derive transcription rate expressions, and view and edit synthetic DNA sequences. New tools can be incorporated into Athena without modifying existing program via a plugin interface, IronPython scripts, Systems Biology Workbench interfacing and the R statistical language.

In order to obtain the full functionality from Athena, including SBML support, AutoLayout and Simulation capabilities, it is recommended to install a copy of the Systems Biology Workbench (sys-bio.org). Furthermore you need to have R installed in order to take advantage of the R integration.

Additional information and downloads are available at sys-bio.org.

As of now Athena is used to experiment with the Systems Biology Graphical Notation http://sbgn.org. While the current prototype is not ready to be a usable editor yet, all components of SBGN are available and can be experimented with. Here only a couple of examples:

A rather complex Complex

In SBGN you can annotate every element rather extensively, by attaching either "Units of Information" or display

Search Wiki & Documentation

download

CURRENT	Athena - Release 4
DATE	Fri Sep 25, 2009 at 7:00 AM
STATUS	Beta
DOWNLOADS	533
RATING	0 ratings

ACTIVITY

PAGE VIEWS	VISITS	DOWNLOADS
24	9	1

Days: 7 30 All Details

Athena (http://athena.codeplex.com/)

12.1.7 SBML Software Guide

SBML(http://sbml.org/SBML_Software_Guide)

Software Guide; 이 시스템 생물학은 언어를 mark-up하고, SynBio에 적용된다.

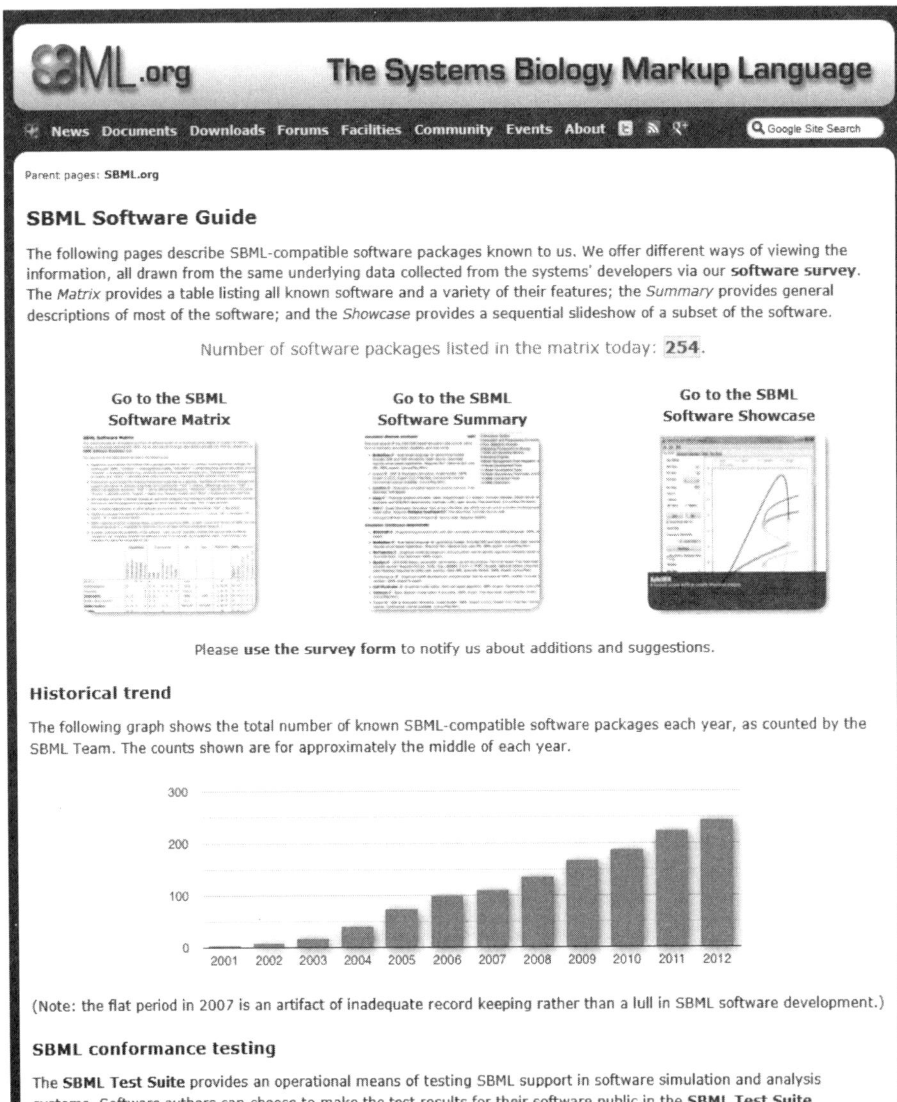

12.1.8 j5(http://j5.jbei.org/)

합성 생물학의 최근 발전은 생명공학연구 및 개발의 넓은 범위를 가능하게 하는 표준화 및 자동화된 DNA 어셈블리 프로토콜을 생산한다. 불행하게도, 실험 설계는 시간이 걸리고 오류가 발생하기 쉽고, 힘든 modern scar-leess 다중 DNA 조립 방법(multipart DNA assembly)을 필요로 한다. 웹 기반 소프트웨어 도구인 J5는 SLIC, Gibson, CPEC, Golden Gate 등의 scar-leess multipart DNA assembly 프로토콜 설계를 자동화 한다. J5 디자인 과정의 주요 혁신은 비용 최적화, 어셈블리 오류를 완화하기 위한 계층 어셈블리 전략, 그리고 scar-leess combinatorial DNA 라이브러리의 수동 또는 자동화된 구성의 설명을 포함한다. J5는 조합 라이브러리를 만드는데 사용될 수 있고, 선형 유전자 삭제 카세트(cassette)의 준비에 적용할 수 있다. 이러한 혁신은 연구원에게 시간과 노력을 절약할 수 있게 하고, 사용자의 설계 오류 및 정확하지 않은 어셈블리 제품의 빈도를 줄이며, 연구 비용을 절감하고, 컴퓨터 지원 설계 없이 실행할 수 없는 규모에서 scar-leess multipart와 조합 DNA 구성을 활성화한다.

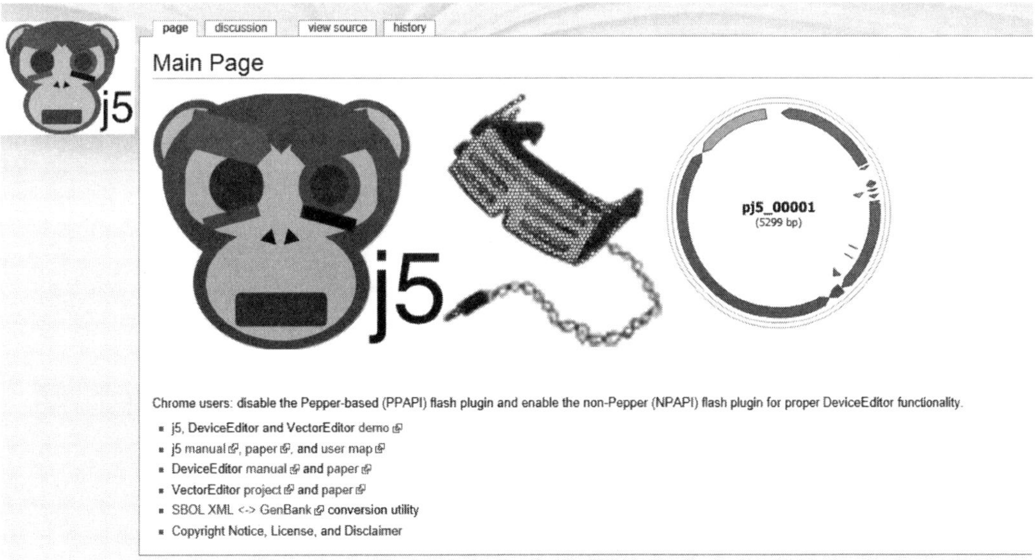

12.1.9 Genome Compiler

게놈 컴파일러는 생물학은 정보 기술이라는 생각을 기반으로 한다. 컴퓨터, 유전학 엔지니어와 같은 다른 정보 기술은 설계나 디버그, 그들의 코드 컴파일러를 위한 도구가 필요하다. Genome compiler(http://www.genomecompiler.com/)는 새로운 코드, 새로운 아미노산, 안전 및 바이러스 내성(resistance) 등의 형태에서 기능적인 변경을 위해 요구되며, 전체 박테리아의 게놈 엔지니어링의 달성한 JCVI 와 Harvard를 통한 연구자들에 의해 영감을 받았다.

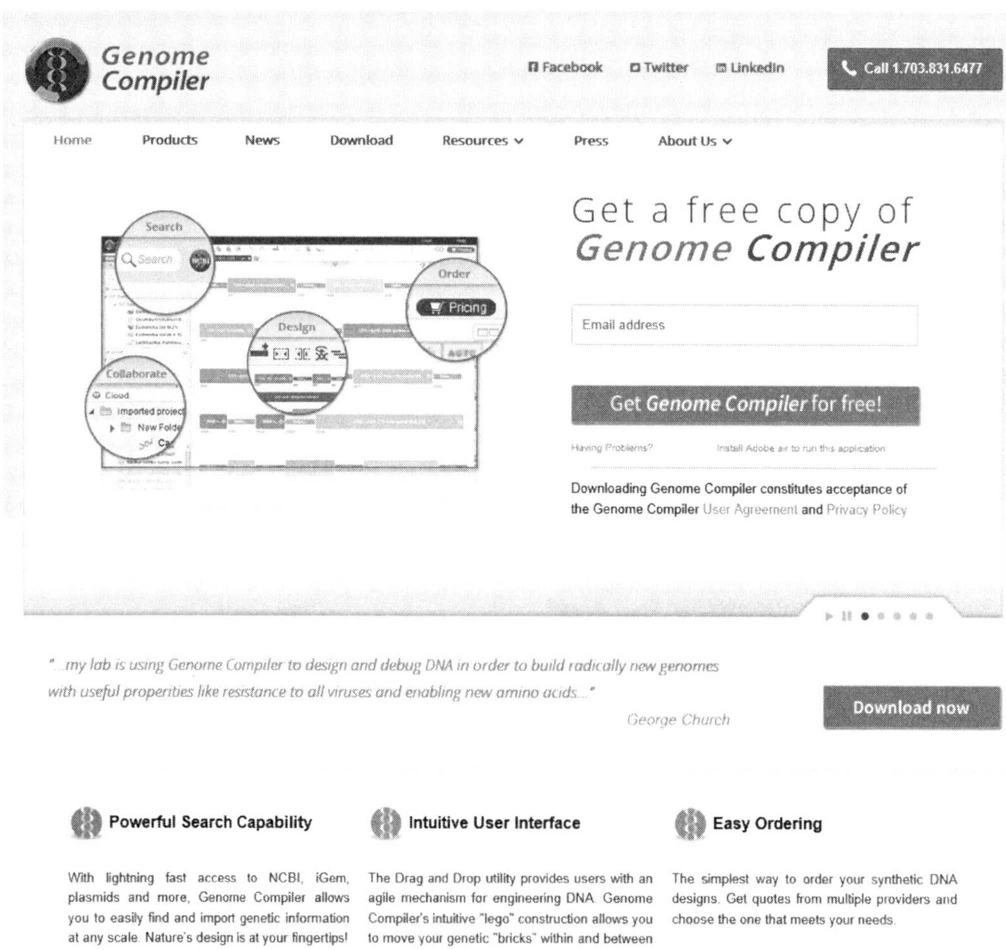

12.1.10 Synthetic Biology Open Language(SBOL)

Synthetic Biology Open Language(SBOL)는 유전 부품, 장치, 모듈, 시스템 및 엔지니어링 게놈의 설명과 사양의 전자 교환을 위한 소프트웨어 표준이다.

12.2 유전자 설계 워크플로우

12.2.1 올리고뉴클레오티드 설계

Polymerase chain reaction (PCR) 기술은 열에 안정한 DNA 중합효소를 사용하여 핵산의 일부 염기서열을 증폭하는 것을 말하는데, 이렇게 증폭시킨 DNA를 사용하여 일부 염기서열만 알고 있는 유전자라도 쉽게 전체의 유전자 DNA를 분리해낼 수 있게 되었다. 그 뿐만 아니라, 일부 아미노산 서열만 알고 있는 단백질의 경우에도 PCR을 이용해 그 단백질을 coding하는 유전자의 전체 DNA를 분리해낼 수 있다. 이러한 강력한 방법인 PCR이 다양한 분야에서 성공적인 결과를 낼 수 있도록 해준 것은 바로 적절한 oligo DNA를 설계할 수 있었던 것에서 기인하였다. oligo DNA는 PCR에만 사용하는 것이 아니라, DNA의 일부 서열을 인위적으로 변형시키고자 할 때에도 사용하고 있다. 즉 유전자 promoter의 일부서열을 바꾸어 줌으로써 그 부위 염기서열의 기능을 추적할 수 있을 뿐만 아니라, 구조유전자 부위의 염기서열을 변형시킴으로써 발현된 단백질의 기능을 역추적하여 단백질 기능에 중요한 부위를 추적하고 더 나아가 그 기능을 알아낼 수도 있는 것이다.

이제 21세기를 맞이하여 올리고뉴클레오티드 합성은 새로운 국면을 맞이하고 있다. 유전자 합성, 바이러스 합성을 넘어 세균 합성 시대에 접어듦에 따라, 보다 저렴하게 보다 길게 합성하는 신기술들이 속속 개발되고 있다. 어떠한 생명체를 합성하든 올리고뉴클레오티드의 설계 및 합성이 기본이 되기 때문에 중요한 의미를 지닌다. 본 절에서는 여러 목적으로 사용하는 올리고뉴클레오티드의 염기서열을 어떻게 설계하는지를 알아보기로 한다.

12.2.2 PCR을 위한 primer 디자인

PCR을 통해 DNA를 증폭하고자 할 때, 성공을 좌우하는 결정적 요소 중의 하나는 oligonucleotide primer의 정확한 설계다. 선택된 원동자 서열은 PCR을 통해 만들어지는 DNA의 크기와 위치를 결정하며, 증폭 산물 (amplicon 이라고 함)의 수율에 영향을 주는 중요한 변수 중의 하나인 증폭된 지역의 Tm 값을 결정하기 때문이다. 그리고 원동자를 정확히 디자인해야만 비특이적 생성물이나 background의 생성을 최소화시킬 수 있는 것이다. Primer의 디자인이 어떠냐에 따라 증폭된 생성물의 양도 변하게 된다. 디자인이 잘못되면 생성물이 전혀 만들어지지 않거나, 만들어져도 그 양이 매우 적게 된다. 반면 정확히 디자인된 primer를 사용하면 거의 예상한 값에 근접하여 생성물이 만들어진다. Primer를 디자인할 때, 달성하고자 하는 두 가지 목표 (증폭의 특이성과 효율성) 사이의 균형을 이루어 주어야 한다. 그러나 의학용 진단의 경우에는 증폭의 효율성 보다는 특이성이 더 중요하다.

12.2.2.1 Primer의 길이

증폭의 특이성은 primer의 길이와 PCR시의 annealing 온도에 의해 영향을 받는다. Tm 값에서 몇 도 이내로 annealing 온도를 결정해 준다면 oligonucleotide의 길이가 18-24 base 정도일 때 매우 서열 특이적인 결과를 얻을 수 있다. Primer의 길이가 길어지면, 주형 DNA와 annealing 시킬 때 primer의 일부만이 annealing 되는 현상이 나타난다. 이런 현상이 일어나면, PCR시 각 단계마다 일어날 수 있는 약간의 부실함이 최종적으로는 생성물이 현저히 감소되는 결과를 초래할 수 있는 것이다. 일반적으로 54℃ 이상의 융해온도를 보장하는 최소 길이의 원동자를 사용하는 것이 좋은 결과를 나타낼 수 있다. 20 base 이내인 primer의 Tm 값은 아래의 공식으로 간단히 계산할 수 있다.

$$Tm = 4(G+C)+2(A+T)$$

반면에 길이가 긴 primer의 Tm 값을 구하기 위해서는 nearest-neighbor 계산이 필요한데, 이 계산은 primer를 디자인 해주는 프로그램이 자동으로 해준다. 이 공식에 대해서는 응용프로그램 설명 시에 보여줄 것이다.

12.2.2.2 Primer 말단의 nucleotide

Primer의 3' 말단이 상당히 중요하다. Primer 쌍 간에 결합하지 않도록 주의를 기울여야 하는데, 특히 3' 말단 쪽이 중요하다. 만일 primer 쌍 간에 원치 않는 dimer가 형성되면, PCR의 산물이 경우에 따라서는 primer를 증폭한 결과가 나타날 수도 있기 때문이다. 이럴 경우 hot start 기법을 이용하면 그 가능성을 많이 감소시킬 수 있다.

12.2.2.3 합리적인 GC 함량과 Tm

Primer에는 적당량의 GC가 들어 있어야 한다. 20 base primer에 50%의 GC가 있으면, Tm 값은 효율적인 annealing이 일어나는 56-62℃ 범위에 있게 된다. Primer 쌍 간에는 GC 함량과 Tm 값이 잘 맞아 떨어져야 한다 (차이가 2-3℃ 이내). 낮은 Tm 값을 갖는 primer에 맞추어 온도를 결정하면 높은 Tm 값을 갖는 primer는 잘못된 priming을 할 확률이 높아진다. 만약 높은 Tm 값을 갖는 primer에 맞추어 온도를 결정하면, 낮은 Tm 값을 갖는 primer는 전혀 작동을 하지 못하게 된다.

12.2.2.4 PCR 산물의 길이와 표적서열내의 위치

모든 프로그램에는 PCR 생성물의 길이를 선택하게 해주는 기능이 있다. PCR 생성물의 길이는 PCR 증폭시 그 효율성에 상당히 영향을 준다. 생성물의 길이는 그 목적에 따라 달라지는데, 특정 부위를 확인하는 임상 진단 목적이라면 120-300 bp가 적당하다. RT-PCR을 이용하여 유전자의 발현을 조사하고자 한다면, 생성물의 길이는 더 커야 한다. 그래야만 경쟁적으로 작용하는 주형이 만들어져서, 생성물과 경쟁자인 주형이 gel 상에서 쉽게 구별될 수 있기 때문이다. 이때의 생성물은 그 크기가 250-750 bp 범위에 있어야 한다. cDNA 서열내에서 primer를 디자인하려면 두 가지를 염두에 두어야 한다. 하나는 mRNA의 단백질 coding 부위에 primer를 위치시켜야 한다는 것이다. Non-coding 부위에는 다른 mRNA와도 유사 염기서열이 존재하기 때문에 바람직하지 않은 것이다. 두 번째로는 primer의 위치를 각각 서로 다른 exon에 있도록 해야만 RNA에서 만들어지는 생성물을 DNA에서 만들어지는 생성물과 구별할 수 있는 것이다.

12.2.2.5 Primer3 프로그램의 이용

Primer3 프로그램의 저작권은 Whitehead Institute for Biomedical Research에 있으며, 이 프로그램은 David C. Page와 Eric S. Lander가 Howard Hughes Medical Institute와 National Institute of Health, National Human Genome Research Institute에서 연구비를 지급받아 제작되었다고 한다. 이 프로그램은 internet 상에서 구동되는 여느 프로그램에 비해 구성이 잘 되어있다. 변수의 지정도 사용자가 원하는 대로 할 수 있도록 되어 있는 것이

특징이다. 실제로 이 site를 열어보면 상당히 많은 변수를 물어보고 있다. 이 프로그램에 관해서는 좀 더 상세히 설명하기로 한다. 이 site에 접속을 하면 입력을 요구하는 부분이 상당히 많음을 알 수 있다. 따라서 여기서는 입력을 요구하는 부분이 무엇을 의미하고 있는지를 애매한 부분만 설명하기로 한다.

1) 이 창은 분석하고자 하는 염기서열을 입력하는 곳이다. 커다란 창 아래에 세 부분으로 나뉘어진 곳이 있는데, 이것은 primer로 선택할 것인지 hybridization probe로 선택할 것인지를 정하는 항목이다.

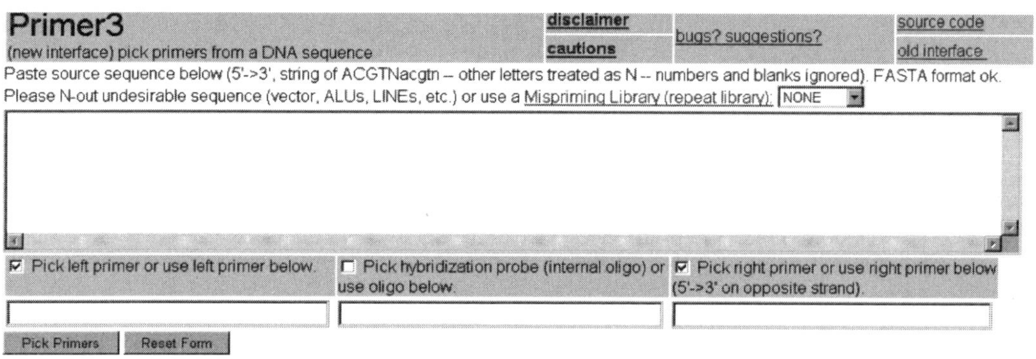

2) Targets: Primer가 위치할 곳을 지정해 주는 것으로 원하는 위치를 포함한 primer를 선택하게 해준다. 입력 예) 50,2 --- 50번째와 51번째의 2 base를 포함하는 primer를 찾게 함 또는 ....ATCT[CCCC]TCAT....와 같은 식으로 입력하면 primer의 중앙에 CCCC가 오도록 한다.

3) Excluded Regions: Primer 내에 정해준 위치가 포함되지 않도록 해주는 기능이다. 예) 410,7 --- 401번째로부터 7 base가 포함되지 않도록 해줌 또는 ....ATCT〈CCCC〉TCAT....형식은 primer 내에 CCCC가 포함되지 않도록 함.

4) Number to Return: quiality에 의해 선별하는 것으로 이 숫자를 크게 하면 시간이 오래 걸린다.

5) Max 3' Stability: 3' 말단 5 base의 안정성을 의미하는 것으로, 숫자가 클수록 안정한 것을 의미함.

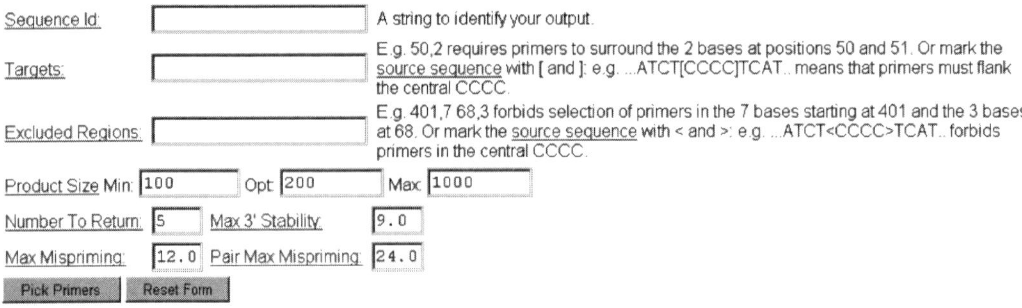

6) Max Poly-X: 반복된 염기가 어느 이상 오지 못하게 하는 기능

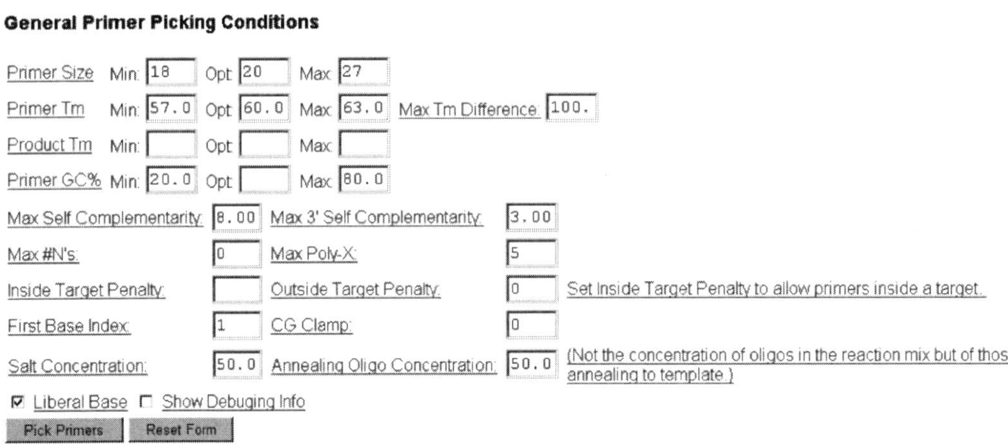

7) Included Region: 예) 20,400 --- 20번째부터 시작하여 400 base 내에서 primer를 찾으라는 기능. 또는 in ATC{TTC....TCT}AT에서는 {}안에서 primer를 찾게 한다.

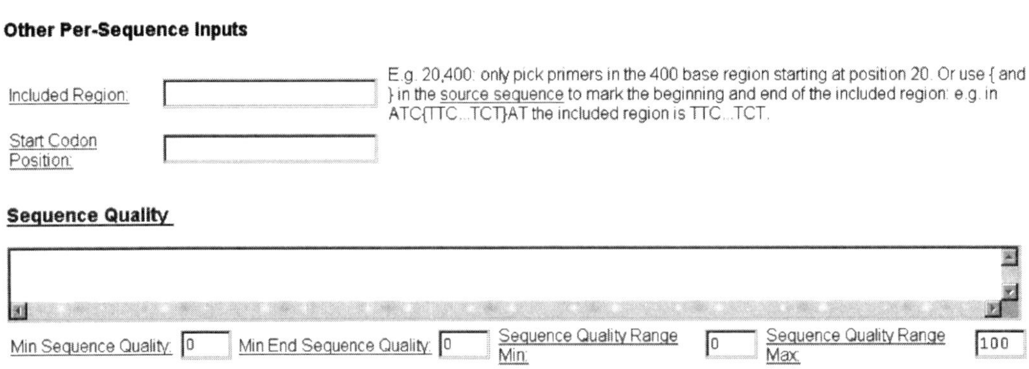

Objective Function Penalty Weights for Primers

Tm	Lt	1.0	Gt	1.0
Size	Lt	1.0	Gt	1.0
GC%	Lt	0.0	Gt	0.0

Self Complementarity	0.0
3' Self Complementarity	0.0
#N's	0.0
Mispriming	0.0
Sequence Quality	0.0
End Sequence Quality	0.0
Position Penalty	[illegible]
End Stability	0.0

Objective Function Penalty Weights for Primer Pairs

Product Size	Lt	0.05	Gt	0.05
Product Tm	Lt	0.0	Gt	0.0

Tm Difference	0.0
Any Complementarity	0.0
3' Complementarity	0.0
Pair Mispriming	0.0
Primer Penalty Weight	1.0
Hyb Oligo Penalty Weight	0.0

Pick Primers | Reset Form

Hyb Oligo (Internal Oligo) Per-Sequence Inputs

Hyb Oligo Excluded Region:

Hyb Oligo (Internal Oligo) General Conditions

Hyb Oligo Size:	Min	18	Opt	20	Max	27
Hyb Oligo Tm:	Min	57.0	Opt	60.0	Max	63.0
Hyb Oligo GC%	Min:	20.0	Opt:		Max:	80.0

Hyb Oligo Self Complementarity:	12.0	Hyb Oligo Max 3' Self Complementarity:	12.0
Max #Ns:	0	Hyb Oligo Max Poly-X:	5
Hyb Oligo Mishyb Library:	NONE	Hyb Oligo Max Mishyb:	12.0
Hyb Oligo Min Sequence Quality:	0		
Hyb Oligo Salt Concentration:	[illegible]	Hyb Oligo DNA Concentration:	[illegible]

Pick Primers | Reset Form

Objective Function Penalty Weights for Hyb Oligos (Internal Oligos)

Hyb Oligo Tm	Lt	1.0	Gt	1.0
Hyb Oligo Size	Lt	1.0	Gt	1.0
Hyb Oligo GC%	Lt	0.0	Gt	0.0

Hyb Oligo Self Complementarity	0.0
Hyb Oligo #N's	0.0
Hyb Oligo Mishybing	0.0
Hyb Oligo Sequence Quality	0.0

Pick Primers | Reset Form

연습 문제

❶ **다음의 유전자를를 분석하여 어떤 유전자가 존재하는지 알아보자.**
http://www.ncbi.nlm.nih.gov/nuccore/NC_011353.1?report=gbwithparts&log$=seqview
(1) **이 DNA 염기 서열의 coding region을 알아보자.**
(2) **이 염기 서열의 암호 서열 부위만을 fasta 포맷으로 정리한 파일을 만들고 기능을 알아보자.**
(3) **이 염기서열이 암호화하고 있는 단백질의 아미노산 서열을 분석해 보자.**

❷ **1번에서 알아 본 염기 서열의 유전자를 이용하여 GenBank에 수록된 같은 기능을 하는 유전자들의 암호 서열 부위만을 (1) fasta포맷으로 정리하고, 이 파일을 가지고 (2) ClustalX로 다중정렬한다. 그리고 이 결과를 참고로 하여 이 유전자를 검출할 수 있는 (3) PCR primer 쌍을 설계하자.**

❸ **대장균 O157의 베로독소 (verotoxin)는 α -하단위체 하나와 β -하단위체 다섯 개로 이루어져 있는데, 크게 두 가지 형이 존재한다. GenBank에 수록된 베로독소의 α -하단위체 유전자들의 암호서열 부위만을 fasta 포맷으로 정리한 파일과 형별로 따로 정리한 파일 (I형과 II형), 그리고 이 파일을 가지고 ClustalW로 다중정렬한 결과 (I형과 II형)를 참고로 하여 각 형의 유전자를 검출할 수 있는 PCR primer 쌍을 설계하시오. Primer3 프로그램과 이외의 프로그램을 적어도 한 가지 이상을 사용하여 비교해 보시오.**

12.2.2 Gene2Oligo (http://berry.engin.umich.edu/gene2oligo/)

PCR에 근거한 유전자 합성에 필요한 올리고뉴클레오티드를 자동으로 설계해 주는 프로그램이다. Gene2Oligo는 입력된 긴 DNA 시퀀스를 인접한 올리고뉴클레오티드의 세트로 자르는 웹 기반 tool이다. 각 가닥의 올리고뉴클레오티드는 다른 것과 서로 겹치기 때문에 입력 시퀀스를 생성하기 위해 이들을 함께 연결하거나 hybridize한다.

하나의 올리고뉴클레오티드에 상보적인 말단을 지닌 "hybridization unit"를 호출한다. 따라서 한 올리고뉴클레오티드는 두 hybridization units로 구성된다. Ligase Chain Reaction (LCR) 나 assembly PCR을 사용하여 올리고뉴클레오티드를 조립할 수 있다.

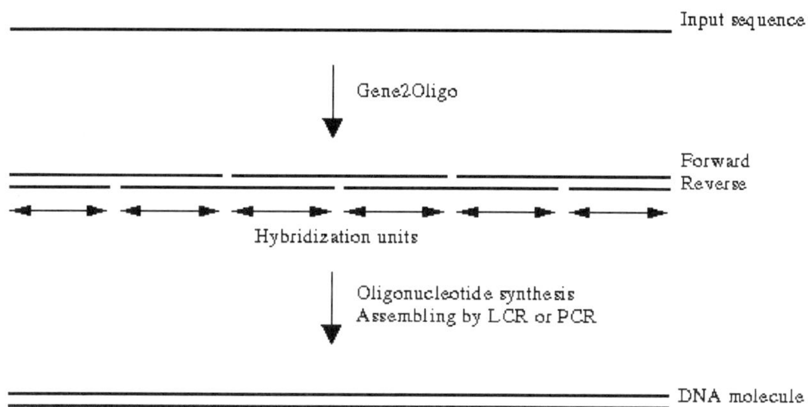

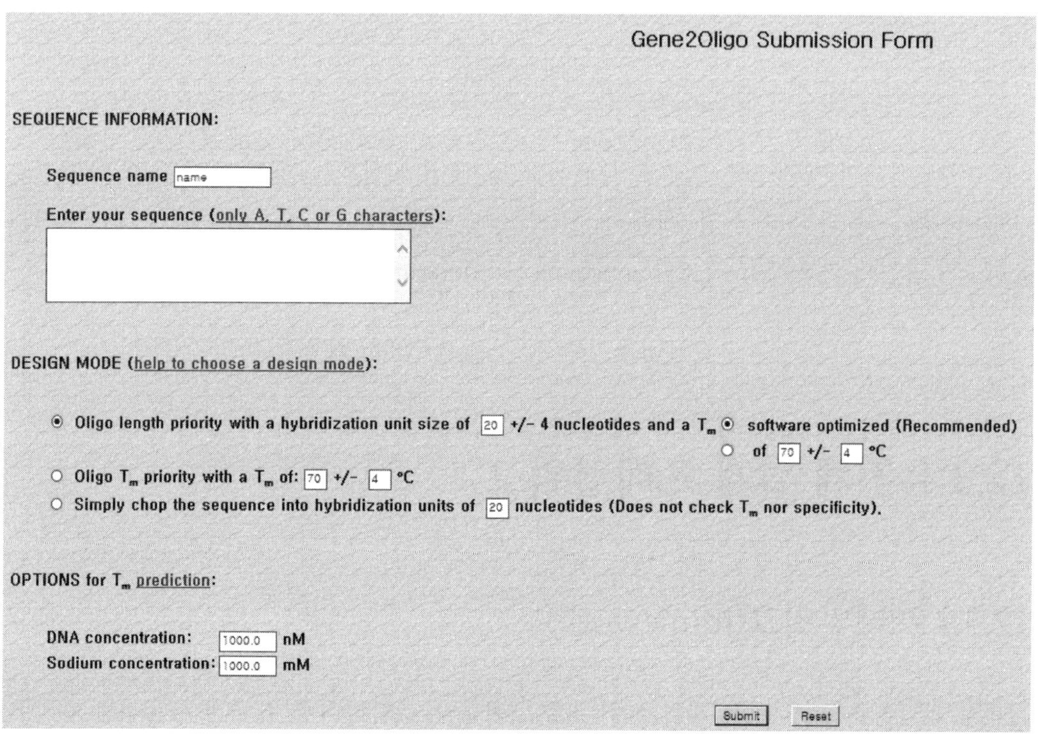

12.2.3. GeneDesign (http://www.genedesign.org/) (https://github.com/GeneDesign/GeneDesign)

단백질의 발현을 최적화하고 세부 구조와 기능 연구를 하기 위하여 유전자를 재설계할 때 사용하는 도구이다. 수 킬로미터 길이의 합성 유전자를 설계하는데 사용할 수 있다.

이 프로그램은 perl을 사용하였다. 합성 유전자의 설계를 위한 플랫폼을 제공하는 다양한 모듈을 결합하는 툴 환경을 가진다. 아래 그림에서 볼 수 있듯 6개의 모듈을 가진다.

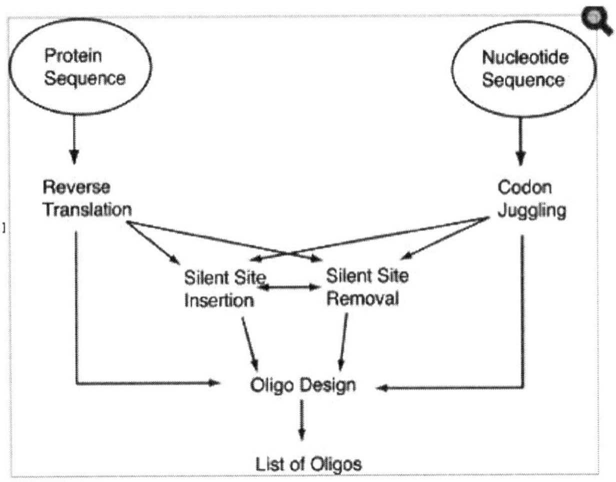

600 bp 이하의 시퀀스는 그대로 사용하고, 800bp 이상의 서열은 대략 500bp 크기로 나누어진다. 이 각각의 서열 내에서, 올리고가 설계된다. 사용자는 올리고의 길이와 올리고의 겹침에 대한 주요 지표인 annealing temperature를 결정해 주어야 한다.

12.3 유전체 설계 프레임워크

12.3.1 프레임워크(framework)

특정 목적을 위하여 여러 개의 단위 프로그램들을 조합하여 일관되게 사용하는 환경을 프레임워크라고 한다. 이에 관한 연구는 NGS 데이터 분석 분야에서 제일 활발한데, 다양한 파이프라인 및 워크플로우를 관리할 수 있는 오픈소스 혹은 상업용 프레임워크들이 개발되고 있다.

특정 유전자를 찾고 그 유전자의 프로모터를 분석하는 일은 컴퓨터 화면에서 마우스를 클릭하면서 할 수 있는 일이 아니다. 스크립트 프로그래밍으로 방대한 데이터를 자기 입맛에 맞게 처리, 변환, 분석해야만 한다. 그러나 프로그래밍을 할 수 있다는 것과 의미 있는 생명과학 연구를 한다는 것 사이에는 커다란 괴리가 있다. 오류가 없이 정확하게 동작하도록 프로그래밍하기도 어렵고 또한 복잡한 '유전체 설계'라는 주제 아래 일관된 프로그래밍 인터페이스를 갖추기도 쉽지 않다. 그렇다고 다른 사람이 만든 프로그램을 이용하여 분석 과정을 재현하거나 수정 보완하기도 어렵다. 이는 아무리 소스코드가 공개된 프로그램이라 하더라도 알고리즘을 쉽게 이해하기 어렵기 때문이다. 즉 정작 중요한 "분석 과정"은 가려져 있어 중요한 핵심내용을 파악하기가 쉽지 않기 때문이다.

프레임워크는 이러한 문제점들을 해결해 준다. Galaxy(http://galaxyproject.org/) 프레임워크를 살펴보자. Galaxy는 공개되어 있지만 window용은 제공하지 않는다. 그러나 개별적으로 python을 이용하여 설치할 수 있다.

웹 인터페이스 모습 - 세 개의 화면으로 분리되어 있다. 왼쪽에 단위 분석 도구들이 메뉴형식으로 있으며, 오른쪽에는 분석 히스토리가 각 단계별로 표시된다. 가운데 화면에서 상세한 분석 인터페이스와 정보들이 표시된다.

프로그래밍 못하는 분자생물학자도 엑셀을 다루듯 쉽게 유전체 분석을 수행할 수 있도록 지원하고, 또 그 각각의 분석과정, 중간 단계의 결과들을 히스토리로 계속 관리할 수 있도록 설계하였다. 또한 단위 분석과정을 조합하여 워크플로우라는 개념으로 파이프라인을 만들 수 있도록 하였으며, 이 파이프라인을 공유 및 확장시킬 수 있도록 만들었다. 이 모든 것을 웹 인터페이스에서 가능하도록 하여 쉽게 사용하고 또한 타 연구인들과 쉽게 공유할 수 있는 환경을 만들어냈다.

Galaxy의 가장 큰 장점은 투명한 워크플로우를 만들 수 있다는 점이다. 보통의 경우 파이프라인 같은 것을 만들기 위해서는 단위 프로그램들을 조합하는 별도의 프로그래밍이 필요하다. 이 경우, 분석 과정상의 중요한 과정 및 논리가 프로그램 코드에 녹아있어 일반인이 쉽게 이해하기 어렵다는 문제가 있는데, Galaxy에서는 다이어그램 형식으로 각각의 단위 분석을 조합하여 구성할 수 있도록 하여 분석과정을 투명하게 관리한다.

최근 다양한 유전체분석 논문에 Galaxy 히스토리 및 워크플로우를 고유 URL과 함께 표시하는 추세가 있으며, 이를 통해 구독자는 직접 데이터 이력을 확인하고 또 직접 돌려볼 수 있다. 이제 더 이상 생명정보 분석이 스크립트 소스코드 뒤에 가려지지 않고 분명하게 드러난다는 의미가 있다.

사용자 정의 분석도구를 등록하는 방법 - 실행 스크립트 소스코드와 메타정보를 다루는 XML파일만 생성하는 것만으로 바로 웹 인터페이스에 표시된다.

또한 오픈소스로 제공되는 프로그램 자체를 다운로드 받아 자신의 서버에 설치하여 자신만의 분석을 수행할 수도 있다. 대용량 데이터를 분석해야 하거나 자신만의 분석도구(tool)를 설치하여 사용하고자 할 때 유용하다.

이밖에도, HTML5 기반의 가시화 도구를 통합하여 사용하는 기능, 클러스터 컴퓨팅 환경에서 분석 작업을 병렬로 수행하는 기능, 프로그램 자체를 아마존 클라우드(Amazon EC2)에 올려 클라우드에서 분석을 수행하는 기능 등이 제공된다.

Galaxy는 대표적인 오픈소스 NGS 분석 프레임워크로서 다양한 기능들을 제공하고 있지만, 실제 업무에 활용하기 위해서는 별도의 맞춤화 과정이 필요하다. 원하는 특정 단위 분석기능이 없을 수 있으며, 기존 단위의 조합만으로 해결할 수 없는 상황도 꽤 많다. 프로그래밍을 할 수 있다면 보다 더 효과적인 NGS 분석환경을 구축할 수 있다.

이외 pipeline pilot와

http://accelrys.com/resource-center/case-studies/area/platform.html

ClcBio 등

http://www.clcbio.com/products/clc-main-workbench/#features

http://www.clcbio.com/support/tutorials/

등 다양한 프레임워크가 개발되고 있다.

유전체 설계를 위해 연구를 진행하고 있는 곳은 전 세계적으로 10여 군데도 되지 않는다. 그 만큼 아직은 어렵고 힘든 연구 분야이다. 그러나 커다란 목표를 갖고 한 걸음 한 걸음 내딛다 보면 어느새 '골디락스'에 도착해 있는 자기 자신을 발견하게 되리라.

12.3.2 생명체의 최소 유전체 단위

하나의 살아있는 세포를 구성하는데 반드시 필요한 유전자의 최소 숫자는 얼마일까? 현재 많은 유전체 사업이 완료되어 있기 때문에, 우선 이들을 비교하여 최소 유전자수를 알아볼 수 있을 것이다. 반드시 필요한 유전자는 모든 유전체에서 공통적으로 존재할 것이기 때문이다.

12.3.2.1 *Mycoplasma genitalium*과 *Haemophilus influenzae* 유전체 비교 분석

유전체 서열이 완전히 밝혀진 생물체 중에서 Mycoplasma genitalium은 유전체 크기가 로 제일 작다. 이 균주는 Gram-positive이기 때문에 진화적 유연관계가 먼 Gram-negative인 Haemophilus influenzae와 비교하면 유전체의 최소 단위를 밝힐 수 있을 것이다(http://www.ncbi.nlm.nih.gov/pmc/articles/PMC38325/).

Mycoplasma genitalium에는 468개의 유전자가 있는데, Haemophilus influenzae의 1703개의 유전자와 비교해 볼 때 240개의 상동 유전자가 있고, 22개의 non-orthologous 유전자가 치환되어 있으며, 6개의 유전자는 기능적으로 중복되었거나, 기생과 관련되어 있다. 따라서 아래와 같이 계산하면,

240 homologues to H. influenzae genes
+22 non-orthologous displacements
-6 functional redundancy, parasite-specific

현대의 세포를 유지하는데 필수적인 최소 유전자는 256개임을 알 수 있다. 물론 이와 같은 분석을 좀 더 많은 종으로 확대한다면 아마도 최소 생명체 단위는 좀 더 적은 숫자의 유전자로 좁혀질 것으로 예상된다.

12.3.3 차별적 유전체 분석 (Differential Genome Analysis)

한 종의 특성을 알아보기 위해서 차별적 유전체 분석을 행할 수 있다 [FEBS Lett 1998 Apr 10; 426(1):1-5](http://www.ncbi.nlm.nih.gov/pubmed/9598967). 다시 말하면 종 특이적 유전자 목록을 만들어 낼 수 있으며, 이를 종 특이적 성질이나 표현형과 결부 해석할 수 있다.

바이오펄과 함께하는 **생명정보학**

저 자 : 김 영 창

발행처 : 충북대학교 출판부

발행인 : 윤 여 표

주 소 : (28644) 충북 청주시 서원구 충대로1

전 화 : (043) 261-2952, 3014

팩 스 : (043) 274-1256

이메일 : presscbu@chungbuk.ac.kr

등 록 : 제1983-2001-7호

초판1쇄 : 2014. 3. 7.

초판2쇄 : 2017. 2. 20.

인쇄처 : 다해 02)2266-9247

ⓒ충북대학교 출판부 2017, printed in KOREA

ISBN 978-89-7295-212-1 93470

값 20,000원